高职高专系列教材

化工催化剂应用技术

主　编：牛治刚

副主编：赵立祥　李　倩

U0264207

中国石化出版社

内 容 提 要

全书共分两篇 10 章：第一篇基础理论篇，介绍了催化剂的基本概念、基本原理及基本知识，包括绪论、催化剂与催化作用、催化剂生产技术、催化剂表征及其评价、催化剂使用与保护等内容；第二篇应用技术篇，介绍了有关领域的催化过程，包括石油炼制和石油化工催化过程、煤化工催化过程、精细化工催化过程、无机化工催化过程、环境保护及其他新型催化剂等。为了让学生了解更多催化剂相关知识，每章都设有"知识拓展"，以达到拓展学生素质的目的。

本书可作为高职高专院校化学工程与工艺及相近专业作为教材使用，也可供从事工业催化技术工作的工程技术人员阅读参考。

图书在版编目（CIP）数据

化工催化剂应用技术/牛治刚，赵立祥，李倩主编．
—北京：中国石化出版社，2013.7（2018.1 重印）
高职高专系列教材
ISBN 978-7-5114-2234-7

Ⅰ.①化… Ⅱ.①牛… ②赵… ③李… Ⅲ.①化工生产—催化剂—高等职业教育—教材 Ⅳ.①TQ426

中国版本图书馆 CIP 数据核字（2013）第 139689 号

中国石化出版社出版发行
地址：北京市朝阳区吉市口路 9 号
邮编：100020　电话：(010)59964500
发行部电话：(010)59964526
http://www.sinopec-press.com
E-mail:press@sinopec.com
北京艾普海德印刷有限公司印刷
全国各地新华书店经销
*
787×1092 毫米 16 开本 16.25 印张 408 千字
2018 年 1 月第 1 版第 2 次印刷
定价：36.00 元

前　言

　　人类有目的地使用催化剂已有两千余年的历史。20世纪下半叶，催化技术获得了空前的发展，化学工业产品种类的增多，生产规模的扩大，无不借助于催化剂和催化技术。目前，催化剂已经渗透在人类生活的各个方面，是现代化学工业的基石。

　　《化工催化剂应用技术》主要针对化工类高职高专学生，全面介绍了催化剂的定义及组成、催化作用基本理论、催化剂生产技术，催化剂的使用与保护，对常用化学工业催化剂进行了分类介绍，对新型催化剂的研究进展情况以及在工业中的应用情况也作了相应的介绍。重点突出了广泛应用的多相固体催化剂的制造方法和使用技术以及在石油炼制、煤化工、精细化工、无机化工等相关领域的具体应用，列举了一系列在实际应用中具有代表性的典型实例。

　　全书共分两篇10章：第一篇基础理论。本篇通过5章内容介绍了催化剂的基本概念、基本原理及基本知识，为不同专业的学生提供催化剂的基本理论及要点，重在强基础。第二篇应用技术。本篇从石油化工、煤化工、无机化工、精细化工等不同领域出发，通过5章内容，讨论了常见催化剂的应用技术。同时，根据国内高职高专院校所开设专业的实际情况以及化学工业产业发展方向，介绍了典型催化剂应用实例，旨在重应用。每章都设有"知识拓展"，目的是让学生了解更多催化剂相关知识，达到拓展学生素质的目的。

　　针对高职高专院校化工类专业工业催化课程内容多和学时少的特点，笔者在成书过程中一方面贯彻以"素质为基础、能力为本位"的教育教学指导思想，满足学生"必须，够用"的原则，另一方面在内容选取上注重了既要广还要有一定深度的要求。内容上力求做到理论与实践紧密结合，深入浅出地介绍基本理论知识，并辅以大量工业实例，帮助学生加深理解。本书可作为高职高专院校化学工程与工艺及相近专业教材使用，也可供从事工业催化技术工作的工程技术人员阅读参考。

　　本书由兰州石化职业技术学院牛治刚［第一章、第二章、第三章、第四章（第一节、第二节）］、赵立祥［第四章（第三节）、第五章、第六章、第七章（第一节、第二节、第三节）］、李倩［第七章（第四节）、第八章、第九章、第十章］共同完成。全书由牛治刚统稿，由兰州石化职业技术学院王焕梅教授主审。

　　由于编者水平有限，书中疏漏在所难免，敬请读者批评指正。

编　者

目　　录

第一篇　基础理论

第二篇　应用技术

第一篇　基础理论

导　读

　　本章主要介绍了催化剂的发展简史、发展现状、发展方向、国内外著名催化剂专家简况以及催化剂的地位与作用。通过本章的学习，要求学生了解催化剂的发展概况及前景展望；重点掌握催化剂的地位与作用。

第1章　绪论

1.1　催化剂与催化过程发展简史

1.1.1　世界工业催化剂的发展

1.1.1.1　萌芽时期(20世纪以前)

　　催化剂工业发展史与工业催化过程的开发及演变密切相关。1740年英国医生 J. 沃德在伦敦附近建立了一座用硫黄和硝石制造硫酸的工厂，接着，1746年英国 J. 罗巴克建立了铅室反应器，生产过程中由硝石产生的氧化氮实际上是一种气态的催化剂，这是利用催化技术从事工业规模生产的开端。1831年 P. 菲利普斯获得二氧化硫在铂催化剂上氧化成三氧化硫的英国专利；19世纪60年代，开发了以氯化铜为催化剂使氯化氢进行氧化以制取氯气的迪肯过程。1875年德国人 E·雅各布在克罗伊茨纳赫建立了第一座生产发烟硫酸的接触法装置，并制造了所需的铂催化剂，这是固体工业催化剂的先驱。

　　铂是第一个工业催化剂，现在铂仍然是许多重要工业催化剂中的催化活性组分。19世纪，工业催化剂的品种少，且都采用手工作坊的方式生产。由于催化剂在化工生产中的重要作用，自工业催化剂问世以来，其制造方法就被视为秘密。

1.1.1.2　奠基时期(20世纪初)

　　在这一时期，制成了一系列重要的金属催化剂，催化活性组分也由金属扩大到了氧化物，液体酸催化剂的使用规模扩大。制造者开始利用较为复杂的配方来开发和改善催化剂，并运用高度分散可提高催化活性的原理，设计出有关的制造技术，例如沉淀法、浸渍法、热熔融法、浸取法等，成为现代催化剂工业中的基础技术。催化剂载体的作用及其选择也受到重视，选用的载体包括硅藻土、浮石、硅胶、氧化铝等。为了适应于大型固定床反应器的要求，在生产工艺中出现了成型技术，已有条状和锭状催化剂投入使用。这一时期已有较大的生产规模，但品种较为单一，除自产自用外，某些广泛使用的催化剂已作为商品进入市场。同时，工业生产的进步推动了催化理论的快速发展。1925年 H. S. 泰勒提出活性中心理论，这对以后催化剂制造技术的发展起了重要作用。

1. 金属催化剂

20 世纪初，在英国和德国建立了以镍为催化剂的油脂加氢制取硬化油的工厂，1913 年，德国巴登苯胺纯碱公司用磁铁矿为原料，经热熔法并加入助剂以生产铁系氨合成催化剂。1923 年 F. 费歇尔以钴为催化剂，从一氧化碳加氢制烃取得成功。1925 年，美国 M. 雷尼获得制造骨架镍催化剂的专利并投入生产。这是一种从 Ni－Si 合金用碱浸去硅而得的骨架镍。1926 年，法本公司用铁、锡、钼等金属为催化剂，从煤和焦油经高压加氢液化生产液体燃料，这种方法称柏吉斯法。该阶段奠定了制造金属催化剂的基础技术，包括过渡金属氧化物、盐类的还原技术和合金的部分萃取技术等，催化剂的材质也从铂扩大到铁、钴、镍等较便宜的金属。

2. 氧化物催化剂

鉴于 19 世纪已开发的二氧化硫氧化用铂催化剂易被原料气中的砷所毒化，出现了两种催化剂配合使用的工艺。德国曼海姆装置中第一段采用活性较低的氧化铁为催化剂，剩余的二氧化硫再用铂催化剂进行第二段转化。这一阶段，开发了抗毒能力高的负载型钒氧化物催化剂，并于 1913 年在德国巴登苯胺纯碱公司用于新型接触法硫酸厂，其寿命可达几年至十年之久。20 年代以后，钒氧化物催化剂迅速取代原有的铂催化剂，并成为大宗的商品催化剂。制硫酸催化剂的这一变革，为氧化物催化剂开辟了广阔前景。

3. 液态催化剂

1919 年美国新泽西标准油公司开发了以硫酸为催化剂从丙烯水合制异丙醇的工业过程，1920 年建厂，至 1930 年，美国联合碳化物公司又建成乙烯水合制乙醇的工厂。这类液态催化剂均为简单的化学品。

1.1.1.3　大发展时期(20 世纪 30～60 年代)

此阶段工业催化剂生产规模扩大，品种增多。在第二次世界大战前后，由于对战略物资的需要，燃料工业和化学工业迅速发展而且相互促进，新的催化过程不断出现，相应地催化剂工业也得以迅速发展。首先由于对液体燃料的大量需要，石油炼制工业中催化剂用量很大，促进了催化剂生产规模的扩大和技术进步。移动床和流化床反应器的兴起，使得催化剂工业创立了新的成型方法，包括小球、微球的生产技术。同时，由于生产合成材料及其单体方法的陆续出现，工业催化剂的品种迅速增多。这一时期开始出现生产和销售工业催化剂的大型工厂，其中有些工厂已开始多品种生产。

1. 工业催化剂生产规模的扩大

这一时期曾对合成燃料和石油工业的发展起了重要作用。继柏吉斯过程之后，1933 年，在德国，鲁尔化学公司利用费歇尔的研究成果，兴建了以煤为原料从合成气制烃的工厂，并生产所需的钴负载型催化剂，以硅藻土为载体。该制烃工业生产过程称费歇尔－托罗普施过程，简称费－托合成，第二次世界大战期间在德国大规模采用，40 年代又在南非建厂。1936 年 E. J. 胡德利开发成功经过酸处理的膨润土催化剂，用于固定床石油催化裂化过程，生产辛烷值为 80 的汽油，这是现代石油炼制工业的重大成就。1942 年，美国格雷斯公司戴维森化学分部推出用于流化床的微球形合成硅铝裂化催化剂，不久即成为催化剂工业中产量最大的品种。

2. 工业催化剂品种的增加

首先开发了以煤为资源经乙炔制化学品所需的多种催化剂，其中制合成橡胶所需的催化剂开发最早。1931～1932 年从乙炔合成橡胶单体 2－氯－1，3－丁二烯的技术开发中，用氯化亚铜催化剂由乙炔生产乙烯基乙炔；40 年代，以锂、铝及过氧化物为催化剂分别合成丁苯橡胶、丁腈橡胶、丁基橡胶的工业技术相继出现，这些反应均为液相反应。为了获得有关的单体，也出现了许多固体催化剂。第二次世界大战期间出现了丁烷脱氢制丁二烯用 Cr－Al－O 催化剂，40 年代中期投入使用。同一时期开发了乙苯脱氢生产苯乙烯用氧化铁系催化剂。聚酰胺纤维(尼龙 66)的生产路线，在 30 年代后半期建立后，为了获得大量的单体，40 年代生产出苯加氢制环己烷用固体镍催化剂，并开发了环己烷液相氧化制环己酮(醇)用钴系催化剂。这一时期还开发了烯烃羰基合成用钴系络合催化剂。

在此阶段固体酸催化剂的生产和使用促进了固体酸催化剂理论的发展。为获得生产 TNT 炸药的芳烃原料，1939 年美国标准油公司开发了临氢重整技术，并生产所需的氧化铂－氧化铝、氧化铬－氧化铝催化剂。1949 年美国环球油品公司开发了长周期运转半再生式的固定床作业的铂重整技术，生产含铂和氧化铝的催化剂。在这种催化剂中，氧化铝不仅作为载体，也是作为活性组元之一的固体酸，是第一个重要的双功能催化剂。

50 年代由于丰富的中东石油资源的开发，油价低廉，石油化工迅猛发展。与此同时，在催化剂工业中逐渐形成几个重要的产品系列，即石油炼制催化剂、石油化工催化剂和以氨合成为中心的无机化工催化剂。在催化剂生产上配方越来越复杂，这些催化剂包括用金属有机化合物制成的聚合用催化剂，为谋求高选择性而制作的多组元氧化物催化剂，高选择性的加氢催化剂，以及结构规整的分子筛催化剂等。由于化工科学技术的进步，形成工业催化剂品种迅速增多的局面。

3. 有机金属催化剂的生产

过去所用的均相催化剂多数为酸、碱或简单的金属盐。1953 年德国 K. 齐格勒开发了常压下使乙烯聚合的催化剂(C_2H_5)$_3$Al－$TiCl_4$，于 1955 年投入使用；1954 年意大利 G. 纳塔开发了(C_2H_5)$_3$Al－$TiCl_3$ 体系用于丙烯等规聚合，1957 年在意大利建厂投入使用。自从这一均相催化剂作为商品进入市场后，催化剂工业中开始生产某些有机金属化合物。目前，催化剂工业中，聚合用催化剂已成为重要的生产部门。

4. 选择性氧化用混合催化剂的发展

选择性氧化是获得有机化学品的重要方法之一，早已开发的氧化钒和氧化钼催化剂，选择性都不够理想，于是大力开发适于大规模生产用的高选择性氧化催化剂。1960 年俄亥俄标准油公司开发的丙烯氨氧化合成丙烯腈工艺技术工业化，使用复杂的铋－钼－磷－氧/二氧化硅催化剂，后来发展成为含铋、钼、磷、铁、钴、镍、钾 7 种金属组元的氧化物负载在二氧化硅上的催化剂。60 年代还开发了用于丁烯氧化制顺丁烯二酸酐的钒－磷－氧催化剂，用于邻二甲苯氧化制邻苯二甲酸酐的钒－钛－氧催化剂，乙烯氧氯化用的氯化铜催化剂等，均属负载型固体催化剂。在生产方法上，由于浸渍法的广泛使用，生产各种不同性质的载体也成为该工业的重要内容，包括不同牌号的氧化铝、硅胶及某些低比表面积载体。由于流化床反应技术从石油炼制业移植到化工生产，现代催化剂厂也开始用喷雾干燥技术生产微球形化工催化剂。在均相催化选择性氧化中最重要的成就是 1960 年乙烯直接氧化制乙醛的大型装置投产，用氯化钯－氧化铜催化剂制乙醛的这一方法称瓦克法。

5. 加氢精制催化剂的改进

为了发展石油化工，出现了大量用于石油裂解馏分加氢精制的催化剂，其中不少是以前一时期的金属加氢催化剂为基础予以改进而成的。此外，还开发了裂解汽油加氢脱二烯烃用的镍－硫催化剂和钴－钼－硫催化剂，以及烃液相低温加氢脱除炔和二烯烃的钯催化剂。

6. 分子筛催化剂的崛起

50 年代中期，美国联合碳化物公司首先生产 X 型和 Y 型分子筛，它们是具有均一孔径的结晶型硅铝酸盐，其孔径为分子尺寸数量级，可以筛分分子。1960 年用离子交换法制得的分子筛，增强了结构稳定性。1962 年催化裂化用小球分子筛催化剂在移动床中投入使用，1964 年 XZ－15 微球分子筛在流化床中使用，将石油炼制工业技术水平提高到一个新的高度。自分子筛出现后，1964 年联合石油公司与埃索标准油公司推出载金属分子筛裂化催化剂。继 60 年代在炼油工业中取得的成就，70 年代以后在化学工业中开发了许多以分子筛催化剂为基础的重要催化过程。在此时期，石油炼制工业催化剂的另一成就是 1967 年出现的铂－铼/氧化铝双金属重整催化剂。

7. 大型合成氨催化剂系列的形成

60 年代起合成氨工业中由烃类制氢的原料由煤转向石脑油和天然气。1962 年美国凯洛格公司与英国卜内门化学工业公司(ICI)分别开发了使用碱或碱土金属的负载型镍催化剂，可在加压条件下作业(3.3MPa)而不致积炭，这样有利于大型合成氨厂的节能。烃类蒸汽转换催化剂、加氢脱硫催化剂、高温变换催化剂、低温变换催化剂、氨合成催化剂、甲烷化催化剂等构成了合成氨系列催化剂。

1.1.1.4　更新换代时期(20 世纪 70～80 年代)

在这一阶段，高效率的络合催化剂相继问世；为了节能而发展了低压作业的催化剂；固体催化剂的造型渐趋多样化；出现了新型分子筛催化剂；开始大规模生产环境保护催化剂；生物催化剂受到重视。各大型催化剂生产企业纷纷加强研究和开发部门的力量，以适应催化剂更新换代周期日益缩短的趋势，力争领先，并加强对用户的指导性服务，出现了经营催化剂的跨国公司，其重要特点是：

1. 高效络合催化剂的出现

60 年代，曾用钴络合物为催化剂进行甲醇羰基化制乙酸的研发，但操作压力很高，而且选择性不好。1970 年左右出现了孟山都公司开发的低压法甲醇羰基化工艺，使用选择性很高的铑络合物催化剂。后来又开发了膦配位基改性的铑络合物催化剂，用于丙烯氢甲酰化制丁醛。这种催化剂与原有的钴络合物催化剂比较，具有很高的正构醛选择性，而且操作压力低，1975 年以后美国联合碳化物公司大规模使用。70 年代，开始出现利用铑络合物催化剂，从 α－氨基丙烯酸加氢制备手性氨基酸，这些催化剂均用于均相催化系统。继铂和钯之后，大约经历了一个世纪，铑成为用于催化剂工业的又一贵金属。在碳一化学发展中，铑催化剂将具有重要意义。一氧化碳与氢直接合成乙二醇所用的铑络合物催化剂正在开发。络合催化剂的另一重大进展是 70 年代开发的高效烯烃聚合催化剂，这是由四氯化钛－烷基铝体系负载在氯化镁载体上形成的负载型络合催化剂，其效率极高，1 克钛可生产数十至近百万克聚合物，因此不必从产物中分离催化剂，可降低生产过程的能耗。

2. 固体催化剂的工业应用

1966 年英国卜内门化学工业公司开发了低压合成甲醇催化剂，用铜－锌－铝－氧催化剂代替了以往高压法中使用的锌－铬－铝－氧催化剂，使过程压力从 24～30MPa 降至 5～10MPa，可适应当今烃类蒸汽转化制氢流程的压力范围，达到节能的目的。这种催化剂在 70 年代投入使用。为了达到提高生产负荷、节约能量的目标，70 年代以来固体催化剂形状日益多样化，出现了诸如加氢精制中用的三叶形、四叶形催化剂，汽车尾气净化用的蜂窝状催化剂，以及合成氨用的球状、轮辐状催化剂。对于催化活性组分在催化剂中的分布也有一些新的设计，例如裂解汽油一段加氢精制用的钯/氧化铝催化剂，使活性组分集中分布在近外表层。

3. 分子筛催化剂的工业应用

继石油炼制催化剂之后，分子筛催化剂也成为石油化工催化剂的重要品种。70 年代初期，出现了用于二甲苯异构化的分子筛催化剂，代替了以往的铂/氧化铝；开发了甲苯歧化用的丝光沸石(M - 分子筛)催化剂。1974 年莫比尔石油公司开发了 ZSM - 5 分子筛，用于择形重整，可使正枸烷烃裂化而不影响芳烃。70 年代末期开发了用于苯烷基化制乙苯的 ZSM - 5 分子筛催化剂，取代了以往的三氯化铝。80 年代初，开发了催化甲醇合成汽油的 ZSM - 5 分子筛催化剂。在开发资源、发展碳一化学中，分子筛催化剂将具有重要作用。

4. 环境保护催化剂的工业应用

1975 年美国杜邦公司生产汽车尾气净化催化剂，采用的是铂催化剂，金属铂用量很大，1979 年占美国用铂总量的 57%，达 23.33t。目前，环保催化剂与化工催化剂(包括合成材料、有机合成和合成氨等生产过程中用的催化剂)和石油炼制催化剂并列为催化剂工业中的三大领域。

5. 生物催化剂的工业应用

在化学工业中使用生化方法的过程增多。60 年代中期，酶固定化的技术进展迅速。1969 年，用于拆分乙酰基 - DL - 氨基酸的固定化酶投入使用。70 年代以后，制成了多种大规模应用的固定化酶。1973 年制成生产高果糖糖浆的葡萄糖异构酶，不久即大规模使用。1985 年，丙烯腈水解酶投入工业使用。生物催化剂的发展将引起化学工业生产的巨大变化。

此外，还发展了用于能源工业的催化剂，例如燃料电池中用铂负载于碳或镍上作催化剂，以促进氢与氧的化合。

1.1.2　中国催化剂工业的发展

我国第一个催化剂生产车间是南京永利宁厂触媒部(1959 年改名为南京化学工业公司催化剂厂)，于 1950 年开始生产 AI 型合成氨催化剂、C - 2 型一氧化碳高温变换催化剂和用于二氧化硫氧化的 Ⅵ 型钒催化剂，以后逐步完成了合成氨工业所需各种催化剂的生产。80 年代中国开始生产天然气及轻油蒸汽转化用负载型镍催化剂。至 1984 年已有 40 多家单位生产硫酸、硝酸、合成氨工业用催化剂。

为发展燃料化工，50 年代初期我国开始生产页岩油加氢用硫化钼 - 白土、硫化钨 - 活性炭、硫化钨 - 白土及纯硫化钨、硫化钼催化剂、费托合成用钴系催化剂，1960 年起生产叠合用磷酸 - 硅藻土催化剂。60 年代初期，我国开始石油炼制催化剂的工业生产。当时，石油裂化催化剂最先在兰州炼油厂生产，1964 年小球硅铝裂化催化剂厂建成投产。70 年代开始生产稀土 - X 型分子筛和稀土 - Y 型分子筛。70 年代末在长岭炼油厂催化剂厂，开始生产共胶法硅铝载体稀土 - Y 型分子筛，以后在齐鲁石化公司催化剂厂开始生产高堆比、耐磨半合成稀土 - Y 型分子筛。60 年代起我国即开始发展重整催化剂，开始生产铂催化剂，70 年代先后生产出双金属铂 - 铼催化剂及多金属重整催化剂。在加氢精制方面，开始生产钼 - 钴及钼 - 镍重整预加氢催化剂，70 年代开始生产钼 - 钴 - 镍低压预加氢催化剂，80 年代开始生产三叶形加氢精制催化剂。

为了发展有机化学工业，50年代末至60年代初开始制造乙苯脱氢用铁系催化剂，乙炔与氯化氢加成制氯乙烯的氯化汞/活性炭催化剂，流化床萘氧化制苯酐用氧化钒催化剂，以及骨架镍加氢催化剂等。60年代中期为适应中国石油化工发展的需要，新生产的催化剂品种迅速增多，至80年代已生产多种精制烯烃的选择性加氢催化剂，并开始生产丙烯氨化氧化用微球型氧化物催化剂，乙烯与乙酸氧化制乙酸乙烯酯的负载型金属催化剂，高效烯烃聚合催化剂以及治理工业废气的蜂窝状催化剂等。

1.2　催化剂的地位与作用

催化剂是影响化学反应的重要媒介物，是开发和生产诸多化工产品的关键。在现代化学工业和石化工业、食品工业及其他一些工业部门中，广泛使用催化剂。据估计，现代石化工业和化学工业生产，80%以上采用催化过程。新开发的产品中，采用催化的比例高于传统产品，有机产品生产中的比例又高于无机产品。

工业催化剂是小产量、高附加产值的特殊精细化学品。再者，许多重要的石油化工过程，不用催化剂时，其化学反应速率非常缓慢，或者根本无法进行工业生产。采用催化方法可以加速化学反应，广辟自然资源，促进技术革新，大幅度地降低产品成本，提高产品质量，并且合成用其他方法不能得到的产品。因此，催化剂在工业中对提高其间接经济效益的作用更大。

随着世界工业的发展，保护人类赖以生存的大气、水源和土壤，防止环境污染是一项刻不容缓的任务。这就要求尽快地改造引起环境污染的现有工艺，并研发无污染物排出的新工艺，以及大力开发有效治理废渣、废水和废气污染的化工过程和催化剂。在这方面，催化剂也起着越来越重要的作用，具有极大的社会效益，并且还将对人类社会的可持续发展做出重大的贡献。

总之，可以说没有催化剂就没有近代的化学工业，催化剂是化学工业的基石。以下几方面的典型实例，可说明催化剂对化学工业乃至整个国计民生的重要作用。

1.2.1　合成氨及合成甲醇催化剂

合成氨工业，对于世界农业生产的发展，乃至对于整个人类物质文明的进步，都是具有重大历史意义的事件。氨是世界上最大的工业合成化学品之一，主要用作肥料。中国是第一大氮肥生产和消费国。

正是合成氨铁系催化剂的发现和应用，才实现了用工业的方法从空气中获得氮，进而廉价地制得了氨。此后各种催化剂的研发与合成氨工艺过程的完善化相辅相成。到今天，现代化大型合成氨厂中几乎所有工序都采用催化剂。图1-1是典型的现代化合成氨厂工艺流程示意图。表1-1列举了现代化合成氨厂所用催化剂。

工业氨由氮气和氢气合成。氮气从空气中获取，氢气从含氢的水或烃(天然气、石脑油、重油等)中获取。各种工业合成氨工艺路线的不同，本质在于其制氢路线的区别。其中，由水电解法、水煤气法或重油部分氧化法制氢是非催化过程。世界上现代化的大型合成氨厂，多数采用技术先进、经济合理的烃类水蒸气转化法，按下列反应制得氢，进而制氨。

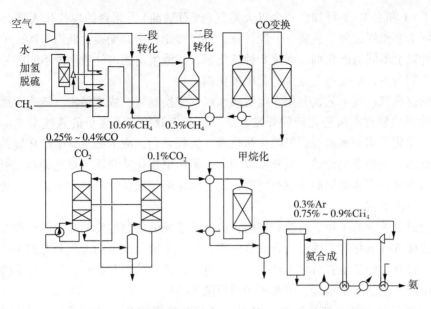

图 1-1 以天然气为原料生产合成氨的工艺流程示意图[T10]

表 1-1 天然气或石脑油水蒸气转化制氨所用催化剂

催化反应器名称	加氢反应炉	脱硫塔		一段转化炉	二段转化炉	一氧化碳变换炉			甲烷化炉	氨合成塔
催化剂名称	钼酸钴催化剂	钼酸钴催化剂	氧化锌脱硫剂	一段转化催化剂	二段转化催化剂	中变催化剂	低变防护剂	低变催化剂	甲烷化催化剂	氨合成催化剂
使用前活性组分	MoO_3	ZnO	NiO	NiO	Fe_2O_3	ZnO 或 CuO-ZnO	CuO	NiO	Fe_3O_4
使用后活性组分	MoS_2	ZnO	Ni	Ni	Fe_3O_4	ZnO 或 CuO-ZnO	Cu	Ni	Fe
操作温度/℃	350~430	350~430	500~800	800~1000	300~500	200~280	200~280	250~400	400~500
操作压力/MPa	3	3	3	3	3	3	3	3	20~30
催化剂装量/m³	10~50	26~60	16~26	25~30	50~75	5~10	60~65	20~30	30~50
预期寿命/a	3~4	取决于进气硫含量	3~4		3~4		2~3	3~5	4~5
保证寿命/a	1	1~2	1	1~2	1		1	1~2	1~3

$$CH_4 + H_2O \longrightarrow 3H_2 + CO \qquad (1-1)$$

（天然气）

$$C_nH_m + nH_2O \longrightarrow (n + \frac{m}{2})H_2 + nCO \qquad (1-2)$$

（石脑油）

$$CO + H_2O \longrightarrow H_2 + CO_2 \qquad (1-3)$$

从图 1-1 和表 1-1 可知，一个以天然气（或石脑油）为原料的现代化大型合成氨生产装置，实际上要使用加氢、脱硫、一段转化、二段转化、中温变换、低温变换、甲烷化及氨合成等 8 种以上不同的催化剂。而这 8 种催化剂，又派生出国内外数十种不同牌号的催化剂产品。以它们为主，形成一个庞大的化肥催化剂系列。

最初的合成氨造气工艺，利用水电解或水煤气变换制氢，成本昂贵。随着天然气或石脑油（轻油）水蒸气转化制氢催化剂的开发，使合成氨工业得到了廉价的氢气来源。早期的合成氨原料气净化，用铜氨液吸收脱除一氧化碳，流程繁杂，成本昂贵，生产环境条件差，在一氧化碳低温变换和甲烷化催化剂开发成功后，采用甲烷化法脱除一氧化碳和二氧化碳，各种问题迎刃而解。许多类似的事例都说明，没有催化剂领域科学和技术的进步，便不会有合成氨工业今日的面貌。

当前合成氨工业的革新、改造和挖潜，也有待于新催化剂的发明和老催化剂的更新。近年来一氧化碳选择氧化过程的引入合成氨流程，是一个催化剂带动过程开发的生动例证。

甲醇是最重要的基本有机化工产品之一，也是最简单的醇基燃料。其主要下游产品包括甲醛、二甲醚、甲基叔丁基醚、甲基丙烯酸甲酯等。

合成甲醇是合成氨的姊妹工业，因为两者的原料路线和工艺流程都极为相似。例如，按式（1-1）或式（1-2）反应，调节两反应条件，并且进行式（1-3）的变换反应，则烃类水蒸气转化反应最终可得一氧化碳和氢气为主的甲醇合成气，进而可以由它们合成甲醇。该反应与合成氨有相近的高压条件，但却有各不相同的合成催化剂。合成甲醇，同样也是一个需要多种催化剂的生产过程。而且同样地，合成甲醇所用的降低操作温度与压力的多种节能催化剂的开发，也是层出不穷，数十年来一直不断地进行着换代开发。目前，国内外采用的甲醇合成催化剂，主要有 Cu-Zn-Al 催化剂（中、低压法）和 Cu-Zn-Cr 催化剂（高压法）等。

1.2.2　催化剂与石油炼制及合成燃料工业

石油是当代工业的血液。石油工业的蓬勃兴起，是第二次世界大战后世界经济繁荣的主要支柱之一。

早期的石油炼制工业，从原油中分离出较轻的液态烃（汽油、煤油、柴油）和气态烃类作为工业和交通的能源。早期主要用蒸馏等物理方法，以非化学、非催化过程为主。

近代的石油炼制工业，为了扩大轻馏分燃料的收率并提高油品的质量，普遍发展了催化裂化、烷基化、加氢精制、加氢脱硫等新工艺。在这些新工艺的开发中，无一不伴有新催化剂的成功开发。

第二次世界大战后，随着新兴的石油化学工业的发展，许多重要的化工产品的起始原料由煤转向石油和天然气。乙烯、丙烯、丁二烯、乙炔、苯、甲苯、二甲苯是有机合成和三大合成材料（塑料、橡胶、纤维）的基础原料。过去这些原料主要来源于煤和农副产品，产量非常有限，现在则大量地来自石油和天然气。当以石油和天然气生产石油化工基础原料时，广泛采用的方法有石油烃的热裂解和石油炼制过程中的催化重整，特别是流化床催化裂化（FCC）工艺的开发，被称为 20 世纪的一大工业革命。裂化催化剂是世界上应用最广、产量最多的催化剂。从石油烃非催化裂解可以得到乙烯、丙烯和部分丁二烯。催化重整的根本目的是从直链或支链烃石油馏分中制取苯、甲苯和二甲苯等芳烃。在上述这些生产过程中，裂解气选择加氢脱炔烃催化剂、催化重整催化剂的开发和不断进步，起着决定性的作用。表

1-2列出了从石油出发生产的若干重要石油化工产品及其多相催化剂。

表1-2 若干重要石油化工产品及其多相催化剂

过程或产品	催化剂	反应条件
催化裂化以生产汽油	Al_2O_3/SiO_2分子筛	$500\sim550℃$, $0.1\sim2.0MPa$
加氢裂化生产汽油及其他燃料	$MoO_3 - CoO/Al_2O_3$ $Ni/SiO_2 - Al_2O_3$ $Pd/$分子筛	$320\sim420℃$, $10\sim20MPa$
原油加氢脱硫	$NiS - WS_2/Al_2O_3$ $CoS - MoS_2/Al_2O_3$	$300\sim450℃$, $10MPa$
石脑油催化重整(制高辛烷值汽油、芳烃、液化石油气)	Pt/Al_2O_3 双金属$/Al_2O_3$	$470\sim530℃$, $1.3\sim4.0MPa$
轻汽油(烷烃)异构化或间二甲苯异构化制邻或对二甲苯	Pt/Al_2O_3 $Pt/Al_2O_3 - SiO_2$	$400\sim500℃$, $2\sim4MPa$
甲苯脱甲基化制苯	MoO_3/Al_2O_3	$500\sim600℃$, $2\sim4MPa$
甲苯歧化制苯和二甲苯	$Pt/Al_2O_3 - SiO_2$	$420\sim550℃$, $0.5\sim3.0MPa$
烯烃低聚生产汽油	$H_3PO_4/$硅藻土 $H_3PO_4/$活性炭	$200\sim240℃$, $2\sim6MPa$

在经历了约半个世纪高消耗量的开发使用后，石油资源如今已面临日渐枯竭的前景。据预测，石油大约还有50年的可开采期，而天然气和煤则要长得多。加之，当前世界煤、石油、天然气的消费结构与资源结构间比例失衡，价廉而方便的石油消费过度。因此，在未来"石油以后"的时代里，如何获取新的产品取代石油，以生产未来人类所必须的能源和化工原料，已成为一系列重大而紧迫的研究课题。于是 C_1 化学应运而生。

C_1 化学主要研究含1个碳原子的化合物(甲烷、甲醇、一氧化碳、二氧化碳、氢氰酸等)参与的化学反应。目前已可按 C_1 化学的路线，从煤和天然气出发，生产出新型的合成燃料，以及三烯(乙烯、丙烯、丁二烯)、三苯(苯、甲苯、二甲苯)等重要的起始化工原料。这些新工艺的开发，几乎毫无例外地需要首先解决催化剂这一关键问题。有关催化剂的开发，目前已有程度不同的进展。

新型的合成燃料，包括甲醇等醇基燃料、甲基叔丁基醚、二甲醚等醚基燃料以及合成汽油等烃基燃料。

由异丁烯与甲醇经催化反应而制得的甲基叔丁基醚(MTBE)是一种醚基燃料，兼作汽油的新型抗爆添加剂，取代污染空气的四乙基铅。由2分子甲醇催化脱水，或由合成气(CO + H_2)一步催化合成，均可得二甲醚。二甲醚的燃烧性能和液化性能均与目前大量使用的液化石油气相近。它不仅可以取代后者，用作石油化工原料和燃料，而且可望取代汽油、柴油，作为污染较少的"环境友好"燃料。有专家经论证后认为，二甲醚是21世纪新型合成燃料中之首选品种。二甲醚再催化脱水还可制乙烯。

由天然气催化合成汽油已在新西兰成功工业化，使这个贫油而富产天然气的国家实现了汽油的部分自给。

由甲醇经催化合成制乙烯、丙烯等低级烯烃，由甲烷催化氧化偶联制乙烯，都是目前正在大力开发并有初步成果的新工艺。由乙烯、丙烯在催化剂的作用下，通过低聚等反应可制取丁烯，进而制取丁二烯，以及其他更高级的烯烃。由低级烯烃等还可催化合成苯类化合物（苯、甲苯、二甲苯）。

1.2.3 基础无机化学工业用催化剂

以"三酸两碱"为核心的基础无机化工产品，品种不多，但产量巨大。硫酸是最基本的化工原料，曾被称为化学工业之母，是一个国家化学工业强弱的重要标志。硝酸为"炸药工业之母"，有重大的工业和国防价值。

早期的硫酸生产是以二氧化氮为催化剂在铅室塔内氧化二氧化硫制硫酸，设备庞大、硫酸浓度低。1918 年开发成功钒催化剂，其活性高、抗毒性好、价格低廉，使硫酸产品质量提高、产量增加、成本大幅度下降。

早期硝酸生产在原料上依赖于硝石，用浓硫酸分解硝石制取，成本高，生产能力小。之后发展的高温电弧法，使氨和氧直接化合为氮氧化物进而生产硝酸，能耗大。1913 年，在铂–铑催化剂的存在下实现了氨的催化氧化，在此基础上奠定了硝酸的现代生产方法，从而完全淘汰了历史上的硝石法和高温电弧法。生产工业原料气及主要无机化学品使用的多相催化剂见表 1–3。

表 1–3 生产工业原料气及主要无机化学品使用的多相催化剂

过程或产品	催化剂（主要成分）	反应条件
甲烷水蒸气转化 $H_2O + CH_4 \longrightarrow 3H_2 + CO$	Ni/Al_2O_3	750～950℃，3.0～3.5MPa
CO 变换	Fe/氧化铬 Cu/ZuO	350～450℃ 140～260℃
甲烷化（合成天然气）	Ni/Al_2O_3	500～700℃，2～4MPa
氨合成	$Fe_3O_4(K_2O，Al_2O_3)$	450～500℃，25～40MPa
SO_2 氧化为 SO_3	V_2O_5/载体	400～500℃
NH_3 氧化为 NO_2（制硝酸）	Pt–Rh 网	约900℃
Claus 法制硫 $2H_2S + SO_2 \longrightarrow 3S + 2H_2O$	铝钒土，Al_2O_3	300～350℃

1.2.4 基本有机合成工业用催化剂

基本有机化学工业，在化学上是基于低分子有机化合物的合成反应。有机物反应有反应速率慢及副产物多的普遍规律。在这类反应中，寻找高活性和选择性的催化剂，往往成为其工业化的首要关键。故基本有机化学工业中催化反应的比例更高。在乙醇、环氧丙烷、丁醇、辛醇、1，4–丁二醇、乙酸、苯酐、苯酚、丙酮、顺丁烯二酸酐、环氧乙烷、甲醛、乙醛、环氧氯丙烷等生产中，无一不用到催化剂，分类举例如表 1–4。基本有机合成化学品，在加工其下游高分子化工和精细化工产品中，是关键的基础原料，故在近半个世纪以来，其产量有高速的增长。

表 1-4 生产基本有机合成化学品的多相催化过程

过程或产品	催化剂	反应条件
加氢		
甲醇合成 $CO + 2H_2 \longrightarrow CH_3OH$	$ZnO - Cr_2O_3$ $CuO - ZnO - Cr_2O_3$	$250 \sim 400℃$，$20 \sim 30MPa$ $230 \sim 280℃$，$6MPa$
油脂硬化	Ni/Cu	$150 \sim 200℃$，$0.5 \sim 1.5MPa$
苯制环己烷	骨架镍贵金属	液相 $200 \sim 225℃$，$5MPa$ 气相 $400℃$，$2.5 \sim 3.0MPa$
醛和酮制醇	Ni，Cu，Pt	$100 \sim 150℃$，$3MPa$
酯制醇	$CuCr_2O_4$	$250 \sim 300℃$，$25 \sim 50MPa$
腈制胺	Co 或 Ni （负载于 Al_2O_3 上）	$100 \sim 200℃$，$20 \sim 40MPa$
脱氢		
乙苯制苯乙烯	Fe_3O_4（Cr、K 的氧化物）	$500 \sim 600℃$，$0.12MPa$
丁烷制丁二烯	Cr_2O_3/Al_2O_3	$500 \sim 600℃$，$0.1MPa$
氧化		
乙烯制环氧乙烷	Ag/载体	$200 \sim 250℃$，$1.0 \sim 2.2MPa$
甲醇制甲醛	Ag 晶体	约 $600℃$
苯或丁烷制顺丁烯二酸酐	V_2O_5/载体	$400 \sim 450℃$，$0.1 \sim 0.2MPa$
邻二甲苯或萘制苯二甲酸酐	V_2O_3/TiO_2 $V_2O_3 - K_2S_2O_7/SiO_2$	$400 \sim 450℃$，$0.12MPa$
丙烯制丙烯醛	Bi/Mo 氧化物	$350 \sim 450℃$，$0.15MPa$
氨氧化		
丙烯制丙烯腈	钼酸铋（U、Sb 氧化物）	$400 \sim 450℃$，$1 \sim 3MPa$
甲烷制氢氰酸	Pt/Rh 网	$800 \sim 1400℃$，$0.1MPa$
乙烯 + 氯化氢/氧制氯乙烯	$CuCl_2/Al_2O_3$	$200 \sim 240℃$，$0.2 \sim 0.5MPa$
羰基化		
甲醇羰基化合成乙酸	Rh 配合物（均相）	$150 \sim 200℃$，$3.3 \sim 6.5MPa$
烷基化		
甲苯和丙烯制异丙基苯 甲苯和乙烯制乙苯	H_3PO_4/SiO_2 Al_2O_2/SiO_2 或 H_3PO_4/SiO_2	$300℃$，$4 \sim 6MPa$ $300℃$，$4 \sim 6MPa$
烯烃反应		
乙烯聚合制聚乙烯	Cr_2O_3/MoO_3 或 Cr_2O_3/SiO_2	$50 \sim 150℃$，$2 \sim 8MPa$

1.2.5 三大合成材料工业用催化剂

合成树脂与塑料、合成橡胶以及合成纤维三大合成材料是石油化工最重要的三大下游产品，有广泛的用途和巨大的经济价值。

近年世界塑料年产量已超过 $10^2 Mt$（以体积计），已与钢铁持平。产量最大的通用塑料聚乙烯、聚丙烯、聚苯乙烯、聚氯乙烯和热塑性聚酯等，它们在包装、建筑、电器等各行业用途广、用量大，发展很快。

在合成树脂及塑料工业中，聚乙烯、聚丙烯等的生产以及单体氯乙烯、苯乙烯、乙酸乙烯酯等的生产，都要使用多种催化剂(见表1-4及图1-2)。

1953年，Ziegler-Natta催化剂问世，这是化学工业中的里程碑事件，由此给聚合物的生产带来一次历史性的飞跃。利用这种催化剂，首先使乙烯在常压下聚合成高分子量聚合物。而在过去，该反应要在100～300MPa才能实现。继而又发展到丙烯的聚合，并成功地确立了"有规立构聚合物"的概念。在此基础上，关于聚丁二烯、聚异戊二烯等有规立构聚合物也相继被发现。于是，一个以聚烯烃为主体的合成材料新时代便开始了。

到20世纪90年代前后，又出现了全新一代的茂金属催化剂等新型聚烯烃催化剂，如Kaminsky-Sinn催化剂等。新一代聚烯烃催化剂具有更高的活性和选择性，能制备出质量更高、品种更多的全新聚合物，如高透明度、高纯度的间规聚丙烯；高熔点、高硬度的间规聚苯乙烯；分子量分布极均匀或"双峰分布"的聚烯烃；含有共聚的高支链烃单体或极性单体的聚烯烃；力学性能优异且更耐老化的聚烯烃弹性体等等。总之，可以看到，在新世纪开始后的不长时期内，以茂金属为代表的全新聚合催化剂，将把人类带入一个聚烯烃以及其他塑料的新时代，聚合物生产的第二次大飞跃已经到来。

在合成橡胶工业中，丁苯橡胶、顺丁橡胶、异戊橡胶和乙丙橡胶等几个主要品种的生产中都要采用催化剂，如丁烯氧化脱氢制丁二烯、乙苯脱氢制苯乙烯、异戊烷制异戊二烯等用于单体生产的催化剂，以及进一步用于单体聚合的多种催化剂体系等。

在合成纤维工业中，四大合成纤维品种的生产无一不包含催化过程。涤纶(聚对苯二酸乙二酯)纤维的生产包含甲苯歧化、二甲苯异构化、对二甲苯氧化、对苯二甲酸酯化、乙烯氧化制环氧乙烷、对苯二甲酸与乙二醇缩聚等多个过程，几乎每一过程都有催化剂参与；腈纶(聚丙烯腈)纤维生产中，要用到丙烯氨氧化等多种催化剂；维纶(聚乙烯醇)纤维生产中，无论是由乙炔合成或由乙烯合成乙酸乙烯酯，均系催化过程；特别是在聚酰胺纤维生产中，还有可能用到苯加氢制环己烷和苯酚氧化制环己醇等各种催化剂。

这里仅以苯为原料制造聚酰胺纤维单体己内酰胺的过程为例(见图1-2)，加以具体说明。

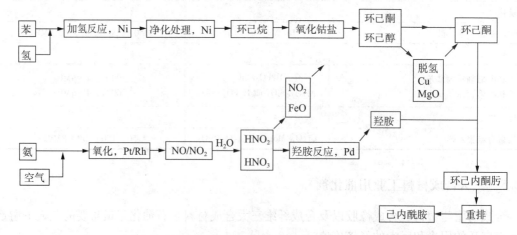

图1-2 由苯制取己内酰胺的过程

该过程包括：①加氢反应：由苯加氢成环己烷，使用骨架（Raney）镍或活性氧化铝作载体的钯（Pd/Al_2O_3）作催化剂；②氧化反应：由环己烷化生成环己酮和环己醇，所用催化剂为钴的乙酸盐或硼酸；③脱氢反应：由环己醇脱氢成为环己酮，早期使用锌-铁催化剂，反应温度约400℃；以后改为铜-镁催化剂，反应温度降至260℃；近来采用铜-锌催化剂后，在同样操作条件下，可使催化剂寿命大大延长。

1.2.6 精细化工及专用化学品中的催化

近20年来，精细及专用化学品工业发展很快。它包括数百种技术密集、产量小而附加值高的化工产品，例如塑料助剂、橡胶助剂、纤维用化学品、表面活性剂、胶黏剂、药品、染料、催化剂等等。其中，专用化学品一般指专用性质较强，能满足用户对产品性能要求，采用较高技术和中小型规模生产的高附加值化学品或合成材料（如某些功能高分子产品）；而精细化学品，一般指专用性不甚强的高附加值化学品。两者有时难以严格区分。精细及专用化学品的用途，几乎遍及国民经济和国防建设各个部门，其中也包括石油化工行业。

由于多品种的特点，在精细及专用化学品生产中往往要涉及多种反应，如加氢、氧化、酯化、环化、开环、重排等，且往往一种产品要涉及多步反应。因此，在这个工业部门中，催化剂使用量虽不大，但一种产品也许要涉及多个催化剂品种，有相当的普遍性。

精细化学品的化学结构一般比较复杂，产品纯度高、合成工序多、流程长。在实际生产工艺中多采用新的技术，以缩短工艺流程、提高效率、确保质量并降低能耗。目前，精细化学品研发的生产中所采用的新技术主要是指催化技术、合成技术、分离提纯技术、测试技术等。其中催化技术是开发精细化学品的首要关键。因此，重视精细化工发展就必须重视催化技术。

1.2.7 催化剂在生物化学工业中的应用

与典型的化学工程不同，生物化学工程所研究的是以活体细胞为催化剂，或者是由细胞提取的酶为催化剂的生物化学反应过程。生物化学工程是化学工程的一个分支。生物催化剂俗称酶。虽然酶是不同于化学催化剂的另一种类型，但现在人们已经相信，所有在生物细胞中发生的过程，都大体能用已知的物理和化学的科学理论加以概括，因此现在显然没有必要再把酶反应和化学催化反应区别开来研究。酶的催化作用是生化反应的核心，正如化学催化剂是化学反应的关键一样。

数千年前，中国人民已能用发酵的方法酿酒和制醋，这可以视为最古老的生物化学过程。19世纪初，国外科学家就已认识到，酵母是一种能使糖转化成酒精和二氧化碳的微生物。所以，生物化工有比现代化学工业更悠久的历史。

在传统产业与化工技术相结合的基础上，近年已逐渐发展并将形成庞大的生物化工产业，同时也伴随着生物催化剂（酶）的广泛研究和应用。

在医药和农药工业中，以种种酶作催化剂，现已能大量生产激素、抗生素、胰岛素、干扰素、维生素，以及多种高效的药物、农药和细菌肥料等。

在食品工业中，用酶催化的生物化工方法，可以生产发酵食品、调味品、饮料、有机酸、氨基酸、甜味剂、鲜味剂，以及各种保健功能食品。

在能源工业中，用纤维素、淀粉或有机废弃物发酵的方法，已可大量生产甲烷、甲醇、乙醇用作能源。巴西曾有80%以上的汽车使用过乙醇替代汽油。许多国家正致力于可再生能源(生物物质)的利用,以减少对石油的依赖。由微生物制氢的方法和生物电池目前也正在研究中。

在传统化工和冶金行业中,生物化工及酶催化剂的应用将会越来越具有竞争力。从长远的观点看,石油、煤和天然气等"化石能源"的枯竭已是不可避免的。因此,尽快寻求可再生资源,例如以淀粉和纤维素等作为化工原料已是当务之急。

目前,利用微生物发酵的生化工艺,已能生产多种化工原料,包括甲醇、乙醇、丁二醇、异丙醇、丙二醇、木糖醇、乙酸、乳酸(α-羟基丙酸)、柠檬酸(羟基羧基戊二酸)、葡萄糖酸、己二酸、癸二酸、丙酮、甘油、丙烯酰胺、环氧丙烷等。微生物还能合成许多高分子化合物,如多糖、葡聚糖等。国外已用微生物合成了聚羟基丁酸,它是一种可降解塑料,不会带来污染环境的后果。

在冶金工业中,可采用细菌浸出法萃取金属,特别是铜、金和一些稀有元素。

1.2.8　催化剂在环境化学工业中的应用

20 世纪,催化剂的应用对发展工业和农业,提高人民生活水平,甚至决定战争胜负,都起过巨大的作用。在 21 世纪中,催化剂在解决当前国际上普遍关注的地球环境问题方面,将起到同等甚至是更大的作用。催化研究的重点,将逐渐由过去以获取有用物质为目的的"石油化工催化",逐渐转向以消灭有害物质为目的的新的"环保催化"时期。

早在产业革命期间,人们就已经注意到,人类的生产实践会给环境带来污染和破坏。进入到 20 世纪 70 年代,由于世界人口的迅速增长和人民生活水平的不断提高,在大大强化了人类的生产活动同时,也使地球环境的污染和破坏达到了足以威胁人类自身生存的程度。产生这个问题的原因,无疑是和人类活动向地球排放的各种污染物有着直接的关系。因此,化工和催化方法在解决环境保护问题上,也发挥着越来越大的作用(见表 1-5)。

表 1-5　环境保护中的多相催化剂

过程	催化剂	反应条件
汽车尾气控制 (C_nH_m,CO,NO_2)	Pt、Pd、Rh 涂层陶瓷整体 Al_2O_3,硫 + 氧化物助剂	400 ~ 500℃ 短期 1000℃
燃料气净化(SCR)	Ti、W、V 混合氧化物	热脱硝(400℃)
用 NH_3 脱除 NO_2	蜂窝形整体催化剂,Ti、W、V 氧化物负载于惰性蜂窝形载体上	冷脱硝(300℃)
硫 - 硝联脱	SCR 催化剂 + V_2O_5	最高至 450℃
(DESONOX 过程)	蜂窝形催化剂,催化床	
催化"后燃烧"	Pt/Pd;$LaCeCoO_3$(钙钛矿)	150 ~ 400℃
	V、W、Cu、Mn、Fe 氧化物	
(废气净化)	V、W、Cu、Mn、Fe 氧化物	200 ~ 700℃
	负载催化剂(蜂窝形整体催化剂或催化床)或整体催化剂	

目前,治理环境污染的紧迫性已成当代人类的共识,也由于催化方法对环境保护的有效性,所以在近年来发展很快的环境保护工程中,脱硫催化剂、烃类氧化催化剂、氮氧化物净化催化剂、汽车尾气净化三效催化剂以及用于净化污水的酶催化剂等,应用也日益广泛。这正是前述的"石油化工催化"向"环保催化"转变的标志之一。

目前,治理环境污染的紧迫性已成为当代人类的共识,也由于催化方法对环境保护的有效性，所以在近年来发展很快的环境保护工程中，脱硫催化剂、烃类氧化催化剂、氮氧化物净化催化剂、汽车尾气净化三效催化剂以及用于净化污水的酶催化剂等的应用也日益广泛。目前这种保护环境、防止公害的催化剂的产量增长最快。

从以上 8 类化工过程与催化剂关系的简述中，对于两者间关系的现状已有了大致了解。在数以万计的无机化工产品及数以十万计的有机化工产品生产中，类似的实例数不胜数。由此可见，催化剂推动石油化工进展的重要作用。

1.3 催化剂工业的发展方向

1.3.1 催化剂工业的发展方向

全球催化剂工业面临的总形势：催化剂销售额继续增长，但原材料价格上涨和竞争加剧，开始出现产品与原料价格倒挂的情况，竞争非常激烈。在这样的形势下，催化剂制造业出现了如下变化方向。

1.3.1.1 催化剂企业间的大合作成为当前的热点

例如，Engelhard 公司以 2 亿美元兼并 Harshow/Filtrol 公司。此举使 Engelhard 公司在原有的贵金属催化剂系列之外又增添了碱金属催化剂系列，并进入加氢和烷基化镍系催化剂领域。

1988 年 8 月，联合碳化物公司的催化剂、吸收剂和工艺系统等装置与 Allied Signal 公司所属的 UOP 公司合并为 UOP 催化剂公司，从而使前者的分子筛技术与后者的催化剂技术相结合，加强了向炼油、化工和石化企业的供应能力，其销售额得到明显的增长。

1989 年 2 月，迪高沙公司从 Air Products 公司买进了肯塔基州的 Calvert 汽车尾气净化催化剂厂并加以扩建。

还有，欧洲 Royal Dutch/Shell 公司催化剂部与美国氰胺公司合资创建了 Criterion 催化剂公司。

1.3.1.2 催化剂生命周期变短，更新换代快

据估计，15% ~20% 的品种 1 年以后将被新品种取代。催化剂制造商只有不断地开发新产品，才能保持竞争力。

1.3.1.3 保持竞争力，提供各种服务

现在越来越常见的一种服务项目是贵金属回收，其好处之一是解决了废催化剂的污染问题。另外，某些废催化剂就其贵金属本身的价值也值得回收，甚至有些废催化剂即使远离回收装置所在地，其回收也仍然比较经济。

另一种服务项目就是催化剂再生，其中炼油业对催化剂再生的需求量很大。不过由于计算机技术的发展，自动化程度的不断提高，炼油设备越来越先进，如再生反应器的出现，它能在几十分之一秒的时间内，完成催化剂的再生。

知 识 拓 展

国内外著名催化剂专家与学者简介

1. 琼斯·雅可比·贝采里乌斯

琼斯·雅可比·贝采里乌斯(1779 年 8 月 20 日 ~1848 年 8 月 7 日)，瑞典化学家、伯爵，现代化学命名体系的建立者，硅、硒、钍和铈元素的发现者，被称为有机化学之父。

第一篇 基础理论

他发现并首次提出了"催化"的概念。在发展化学中作出了重要贡献，他以氧作标准测定了40多种元素的相对原子质量；第一次采用现代元素符号并公布了当时已知元素的相对原子质量表；发现和首次制取了硅、铈、硒、钍等几种元素；首先使用"有机化学"概念；他是"电化二元论"学说的提出者。他的卓著成果，使他成为19世纪一位赫赫有名的化学权威。

2. 余祖熙

余祖熙，1914年12月出生，著名催化剂专家，长期从事化工催化剂的研究开发工作，研制成功一系列硫酸和合成氨用催化剂，并成功地进行了工业化生产，对中国化工生产发展作出了突出贡献。

建国之初，面对一些国家实行经济封锁，他以高昂的爱国热情，研制出中国第一批硫酸生产用钒催化剂，并于1951年撰写了题为《硫酸制造用钒触媒之研究》论文。接着，又发明并制造出具有当时国际先进水平的A4型氨合成催化剂。1956年后，历任公私合营永利宁厂第六车间（触媒车间）主任，南京化学工业公司催化剂厂总工程师。1965年参加筹建南京化工研究院（后改名为南京化学工业公司研究院），任副院长兼总工程师，直至1983年。

3. 石·米歇尔

石·米歇尔教授，国际著名催化专家和化学家1968年获法国里昂大学科学博士学位，1970年在美国普林斯顿大学从事博士后研究，1970年至1971年在该校担任研究助理，法国巴黎第六大学讲座教授。曾任法国化学会催化分会主席、欧洲催化学会主席和国际催化学会主席，现任十几种国际学术期刊编委。兼任中国科学院化学所及北京大学、山西大学、天津大学、太原工业大学等多所大学客座教授。

石·米歇尔是界面配位化学领域的先驱者，为搭建分子化学与固态化学之间的桥梁作出了重大贡献。他率先为多相催化过程创立了分子水平的研究方法，为界面配位化学的创立作出了巨大贡献。

4. 闵恩泽

闵恩泽，1924年2月生，石油化工催化剂专家，中国石化石油化工科学研究院高级顾问。

1946年国立中央大学毕业，1951年获美国俄亥俄州立大学博士学位。1980年当选中国科学院院士，1994年当选中国工程院院士，1993年当选第三世界科学院院士。主要从事炼油和石油化工催化剂研制，是我国炼油催化应用科学的奠基者，石油化工技术自主创新的先行者，绿色化学的开拓者，在国内外石油化工界享有崇高的声誉，获得2007年度国家最高科学技术奖。同年获"2007年度感动中国人物"。

思考题

1. 试举例说明催化剂在化工生产中的地位与作用。
2. 试简述催化剂工业的发展状况。
3. 试简述催化剂工业的发展方向。

导 读

本章主要介绍了催化剂的定义、分类、组成、催化剂的基本特性及其使用性能要求、催化剂与催化作用的基本原理。通过本章的学习，要求学生了解反应动力学在催化过程中的应用，明确催化剂的定义、分类、组成、催化剂与催化作用的基本原理，重点掌握催化剂的基本特性及活性、选择性等使用性能要求。

第2章 催化剂与催化作用

一个化学反应要在工业上实现，基本要求是该反应要以一定的速率进行。也就是说，要求在单位时间内能够获得足够数量的产品。欲提高反应速率可以有多种手段，如采用加热的方法、光化学方法、电化学方法和辐射化学方法等。加热的方法往往缺乏足够的化学选择性，其他的光、电、辐射等方法作为工业装置使用往往需要消耗额外的能量。应用催化的方法，既能提高反应速率，又能对反应方向进行控制，且催化剂原则上是不消耗的。因此，应用催化剂是提高反应速率和控制反应方向较为有效的方法，而对催化剂与催化作用的研究应用，也就成为现代化学工业的重要课题之一。本章主要讨论催化剂的定义及分类、组成、基本特性与使用性能要求、催化作用的基本概念和原理。

2.1 催化剂的定义及分类

2.1.1 催化剂与催化作用的定义

早在20世纪初，催化现象的客观存在启示人们产生了催化剂与催化作用的概念。1902年，W. Ostwald 曾将催化作用定义为"加速反应而不影响化学平衡的作用"。

近百年来，相关定义有种种不同的文字表述。

例如，1976年国际纯粹化学与应用化学联合会(IUPAC)公布的催化作用的定义："催化作用是一种化学作用，是靠用量极少而本身不被消耗的一种叫做催化剂的外加物质来加速化学反应的现象。"并解释说，催化剂能使反应按新的途径、通过一系列基元步骤进行，催化剂是其中第一步的反应物、最后一步的产物，亦即催化剂参与了反应，但经过一次化学循环后又恢复原来的组成。这就极为全面地表述了催化作用是一种化学作用，且催化剂参与了反应这一认识。

1981年 IUPAC 的提出了催化剂的定义："催化剂是一种改变反应速率但不改变反应总标准吉布斯自由能的物质。"

长时间以来，文献中多使用如下定义："催化剂是一种能够改变化学反应的速率，而本身的质量和化学性质在化学反应前后都没有发生改变的物质(也叫触媒)。催化剂的这种作用，叫做催化作用。"这个定义，把催化剂对化学反应速率的影响，扩大到正、负两个方面。这也正是本书所提出的催化剂的定义。

催化反应可用最简单的"假设循环"(见图2-1)表示出来。图中 R、P、催化剂分别代表反应物、产物和催化剂，而催化剂-R 则代表由反应物和催化剂反应合成的中间物种。在暂存的中间物种解体后，又重新得到催化剂以及产物。这个简单的示意图，可以帮助人们理解

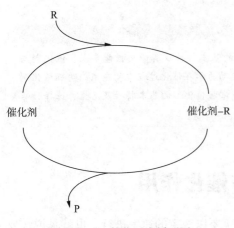

图 2-1 催化反应循环图

哪怕是最复杂的催化反应过程的本质。

新近在国内文献中，又出现如下的定义："催化是加速反应速率、控制反应方向或产物构成，而不影响化学平衡的一类作用。起这种作用的物质称为催化剂，它不在主反应的化学计量式中反映出来，即在反应中不被消耗。"这里不再强调催化剂必定是"少量的"。

事实上目前的工业催化剂是指一种化学品或生物物质或多种这些物质组成的复杂体系，例如酶、配合物（络合物），一种气体分子、金属、氧化物、硫化物、复合氧化物等固体表面上的若干分子、原子、原子簇等等。它们所起的作用是化学方面的。

因此，光、电子、热以及磁场等物理因素，虽然有时也能引发并加速化学反应，但其所起的作用一般都不能称为催化作用。而特殊的可称为电催化或光催化作用等，专门另作研究。自由基型聚合反应使用的引发剂与催化剂也有区别，它虽可以引发和加速高分子的链反应，但是在聚合反应中本身也被消耗，并最终进入了聚合产物的组成。阻抑链反应的添加物可称阻聚剂，而不适于叫做负催化剂。水和其他溶剂可使两种反应物溶解，并加速两者间的反应，但这仅仅是一种溶剂效应的物理作用，而并不是化学催化作用。

2.1.2 催化反应和催化剂的分类

2.1.2.1 催化反应分类

根据催化反应的不同特点，目前可从不同角度对其进行分类，大致有如下几种分类方法。

1. 按催化反应系统物相的均一性分类

按此进行分类，可将催化反应分为均相催化、非均相催化和酶催化反应。

1）均相催化反应

均相催化反应是指反应物和催化剂处于同一相态中的反应。催化剂和反应物均为气相的催化反应称为气相均相催化反应。例如

$$2SO_2 + O_2 \xrightarrow{NO} 2SO_3$$

反应物和催化剂均为液相的催化反应称为液相均相催化反应。例如

$$CH_3COOH + CH_3CH_2OH \xrightarrow{H_2SO_4} CH_3COOCH_2CH_3 + H_2O$$

均相催化体系的催化剂主要包括酸碱催化剂和可溶性过渡金属化合物（盐类和配合物）催化剂两大类。此外还有少数非金属分子催化剂，如 I_2、NO 等。虽然均相络合物催化剂有良好的催化性能，但在大规模生产中会不可避免地引起一系列问题，如催化剂与介质分离困难、体系不稳定等，因此从技术开发角度出发而提出的杂化催化剂，即均相催化剂的多相化，在络合催化中具有相当广阔的发展前景。

2）非均相（多相）催化反应

非均相催化反应是指反应物和催化剂处于不同相态的反应。由气体反应物与固体催化剂组成的反应体系称之为气-固相催化反应。例如

$$\frac{1}{2}N_2 + \frac{3}{2}H_2 \xrightarrow{Fe-K_2O-Al_2O_3} NH_3$$

由液态反应物与固体催化剂组成的反应体系称为液 - 固相催化反应，例如丙烯聚合采用的催化剂 $TiCl_4/MgCl_2$。由液态和气态两种反应物与固体催化剂组成的反应体系称为气 - 液 - 固三相催化反应，如苯在骨架镍催化剂上加氢生成环己烷的反应。由气态反应物与液相催化剂组成的反应体系称为气 - 液相催化反应。例如

$$CH_2\!=\!\!=\!CH_2 + O_2 \xrightarrow{\ \ PdCl_2 - CuCl_2\ \ } 1/2CH_3CHO$$

这种分类方法对于从反应系统宏观动力学因素考虑和工艺过程的组织来说是有意义的。因为在均相催化反应中，催化剂与反应物是分子与分子之间的接触，通常质量传递过程对动力学的影响较小；而在非均相催化反应中，反应物分子必须从气相（或液相）向固体催化剂表面扩散（包括内外扩散），表面吸附后才能进行催化反应，在很多场合下都要考虑扩散过程对动力学的影响。然而，上述分类方法不是绝对的，近年来又有新的发展，即不是按整个反应系统的相态均一性进行分类，而是按反应区的相态的均一性分类。如前述乙烯氧化制乙醛的反应，按整个反应体系相态分类为非均相（气 - 液相）催化反应，但按反应区的相态分类则是均相催化反应，因为在反应区内乙烯和氧均溶解于催化剂水溶液中才能发生反应。

3）酶催化反应

如果按照生物催化剂的出现来看催化化学，那么可以说催化是存在于大自然中的。生物体内有成百上千种生物催化剂，它们具有比一般化学催化剂高得多的催化活性和选择性。这种生物催化剂俗称酶，是一种具有催化作用的蛋白质（包括复合蛋白质）。酶是活细胞的成分，由活细胞产生，但它们能在细胞内外起同样的催化作用。也就是说，虽然酶是细胞的产物，但并非必须在细胞内才能起作用。正是由于酶的这种独特的催化功能，使它在工业、农业和医药等领域有着重要的作用。

2. 按反应类型分类

这种分类方法是根据催化反应所进行的化学反应类型进行分类的，如加氢反应、氧化反应、裂解反应等。这种分类方法不是着眼于催化剂，而是着眼于化学反应。因为同一类型的化学反应具有一定共性，催化剂的作用也具有某些相似之处，这就有可能用一种反应的催化剂来催化同类型的另一种反应。例如，铜基催化剂是一氧化碳加氢生成甲醇反应的催化剂，同样它也可用作一氧化碳加氢生成低碳醇反应的催化剂。按反应类型分类的反应和常用催化剂见表 2 - 1。

表 2 - 1　某些重要的反应类型及所用催化剂

反应类型	常用催化剂
加氢	Ni, Pt, Pd, Cu, NiO, MoS_2, WS_2, $Co(CN)_6^{3-}$
脱氢	Cr_2O_3, Fe_2O_3, ZnO, Ni, Pd, Pt
氧化	V_2O_3, MoO_3, CuO, Co_2O_4, Ag, Pd, Pt, $PdCl_2$
羰基化	$Co_2(CO)_3$, $Ni(CO)_4$, $Fe(CO)_6$, $PdCl(PPh_3)_3$[①]
聚合	CrO_3, MoO_2, $TiCl_4 - Al(C_2H_5)_3$
卤化	$AlCl_3$, $FeCl_3$, $CuCl_2$, $HgCl_2$
裂解	$SiO_2 - Al_2O_3$, $SiO_2 - MgO$, 沸石分子筛，活性白土
水合	H_2SO_4, H_3PO_4, $HgSO_4$, 分子筛，离子交换树脂
烷基化，异构化	$H_3PO_4/$硅藻土，$AlCl_3$, BF_3, $SiO_2 - Al_2O_3$, 沸石分子筛

①PPh_3：三苯基膦。

3. 按反应机理分类

按催化反应机理进行分类，催化反应可分为酸碱型催化反应和氧化还原型催化反应。

1）酸碱型催化反应

酸碱型催化反应可认为是催化剂与反应物分子之间通过电子对的授受而配位，或者发生强烈极化，形成离子型活性中间物种进行的催化反应。

例如，烯烃与质子酸作用，烯烃双键与质子配位形成 δ^- 碳氢键，生成碳正离子，如式：

$$CH_2 = CH_2 + HA \rightleftharpoons H_3C - CH_2^+ + A^-$$

2）氧化还原型催化反应

氧化还原型催化反应可认为是催化剂与反应物分子间通过单个电子转移，形成活性中间物种进行的催化反应。例如，在金属镍催化剂上的加氢反应，氢分子均裂与镍原子产生化学吸附，在化学吸附过程中氢原子从镍原子中得到电子，以负氢金属键键合。负氢金属键合物即为活性中间物质，它可进一步进行加氢反应：

$$H—H + M—M \rightleftharpoons \overset{\overset{\displaystyle H^{\sigma+}}{|}}{M}——\overset{\overset{\displaystyle H^{\sigma-}}{|}}{M}$$

2.1.2.2 催化剂分类

1. 按聚集状态分类

世界万物最直观的就是它的聚集状态，因为催化剂是一种物质，所以最早的催化剂分类便是以其所处聚集状态来考虑的，即分为气、液、固三种，涵盖了从最简单的单质分子到复杂的高分子聚合物及生物质（酶）的所有催化剂。从理论上分析，催化剂有三态，反应物是三态独存或几种状态的混合，两者交叉匹配会出现许多组合方式，见表 2 - 2。

表 2 - 2 聚集状态分类法的催化反应部分组合

反应类别	催化剂状态	反应物状态	实例
均相	气	气	NO_2 催化 SO_2 氧化为 SO_3
	液	液	
	固	固	
非均相（多相）	液	气	磷酸催化的烯烃聚合
	固	气	负载型钯催化的乙炔选择加氢
	固	液	Ziegler - Natta 催化剂作用下的丙烯聚合反应
	固	气 + 液	贵金属催化硝基苯加氢
	固	气 + 固	
	固	液 + 固	

但是，我们可以看出这种分类方法明显的缺点。在以聚集状态为标准的分类中不再有均相、非均相催化剂之分；从三态来说，对催化剂分类并不能反映出催化剂作用于反应的化学本质和内在联系，且过于笼统，不能反映出人们对催化实质认识的有用信息。另外，实用催化剂的研发越来越趋向于向复杂聚集体方向发展，这对于采用聚集状态分类的方法来说就存在很大困难。

2. 按化学键分类

不论是催化反应还是没有催化剂参加的普通化学反应，从其微观角度来看，都是反应物分子发生电子云的重新排布，实现旧化学键的断裂和新化学键的形成而转化为产物的过程。认识到化学过程就是有关化学键"破旧立新"的过程，那么催化剂的作用就是对化学反应中有关化学键断裂和形成的促进作用。在实际操作中，所有类型的化学键和化学反应都可能在催化反应中出现，而且同种催化剂有可能对几种类型的化学键和化学反应都有促进作用，即所说的催化剂的多功能性。表 2 – 3 列出了根据化学键类型对催化反应和催化剂进行的分类。

表 2 – 3　根据化学键类型对催化反应和催化剂进行的分类

化学键类型	催化剂实例
金属键	过渡金属镍，铂
离子键	二氧化锰，乙酸锰，尖晶石
配位键	Ziegler – Natta，Wäcker 法

3. 按催化剂组成及使用功能分类

在选择或开发一种催化剂时，问题的复杂性有时是难以想象的。所以根据实验数据归纳整理，以大量的事实为基础的分类方式可作为催化剂设计专家系统的参考，为评选催化剂提供线索。虽然催化科学不断发展丰富，但还是存在理论落后于实践的现象，这就不可避免地产生经验型选择催化剂的方式，所以某些时候尊重事实，没有深究其中原理对于工程设计来说也有很大的益处。表 2 – 4 为多相催化剂按其主要功能的分类。

表 2 – 4　多相催化剂按其主要功能的分类

类别	主要功能	实例
金属	加氢	Ni、Pd、Pt
	脱氢	Fe、Ag、Cu
	加氢裂化	
金属氧化物	部分氧化	
	还原	NiO、Fe_2O_3、ZnO
	脱氢	Cr_2O_3/Al_2O_3、WS_2
	环化	
	脱硫	
酸、碱	水解	
	聚合	$SiO_2 – Al_2O_3$
	裂解	酸性沸石
	烷基化	H_3PO_4、H_2SO_4
	异构化	NaOH
	脱水	
过渡金属络合物	加成	$PdCl_2 – CuCl_2$
	氧化	$TiCl_3 – Al(C_2H_5)_3$
	聚合	

4. 按催化剂工艺和工程特点分类

在工程研究中，以催化剂组成结构、性能差异和工艺工程特点为根据，催化剂被分为均相、多相及酶催化剂三大类，这是现在应用最普遍的方法。大量文献资料叙述中都会采用这种方法先缩小研究范围，再进行详细阐述。

2.2 催化剂的组成

2.2.1 多相固体催化剂

多相固体催化剂是目前石油化学等工业中使用比例最高的催化剂。其中包括气－固相（多数）和液－固相（少数）催化剂，前者应用更广。从化学成分上看，这类工业催化剂主要含有金属、金属氧化物或硫化物、复合氧化物、固体酸、碱、盐等，以无机物构建其基本材质。

除了早期用于加氢反应的骨架镍等极少数单组分催化剂外，大部分催化剂都是由多种单质或化合物组成的混合体——多组分催化剂。这些组分可根据其各自在催化剂中的作用，分别进行定义。

工业催化剂通常不是单一的物质，而是由多种物质组成。绝大多数工业催化剂有三类可以区分的组分，即活性组分、助催化剂、载体。这三类组分的功能及其相互关系如图2－2所示。

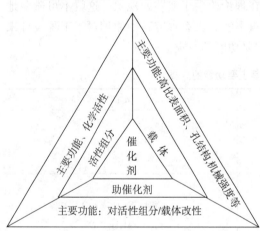

图2－2　催化剂组分与功能的关系

1. 活性组分

活性组分是催化剂的主要成分，是起催化作用的根本性物质。顾名思义，催化剂中若没有活性组分存在，那么就不可能起催化作用。例如，在合成氨催化剂中，无论有无氧化钾或氧化铝，金属铁总是有催化活性的，只是活性较低、寿命较短而已。相反，如果催化剂中缺少了金属铁组分，那么催化剂就完全没有活性。因此，铁在合成氨催化剂中是主催化剂。根据化学反应在各种材料上的催化机理，选择活性组分变得越来越科学，而且对于较常见的化学反应都可在相关的催化工具书上找到目前工业配方中常用活性组分的信息。

有研究者认为共催化剂是和活性组分同时起催化作用的组分。例如，丙烯腈的钼－铋化剂，当其中一种组分单独存在时对反应有一定的催化作用，但当两者结合共同催化时，催化活性显著提高，所以钼、铋互为共催化剂。脱氢催化剂 $MoO_3 - Al_2O_3$ 中也具有类似情况，当单独使用三氧化钼或氧化铝时都只有很小的催化活性，但结合后却可以制成高活性的催化剂，因而三氧化钼和氧化铝互为共催化剂。

活性组分的分类见表2－5。

表 2 - 5　活性组分的分类

类别	导电性(反应类型)	催化反应举例		活性组分示例
金属	导电体(氧化,还原反应)	选择性加氢	$\text{⬡} + 3H_2 \xrightarrow{Ni} \text{⬡}$	Fe, Ni, Pt
		选择性氢解	$CH_3CH_2(CH_2)_nCH_3 + H_2 \xrightarrow{Ni, Pt}$ $CH_4 + CH_2(CH_2)_nCH_3$	Pd, Cu, Ni, Pt
		选择性氧化	$C_2H_4 + [O] \xrightarrow{Ag} H_2C{\overset{\displaystyle}{\underset{\displaystyle O}{\diagdown\diagup}}}CH_2$	Ag, Pd, Cu
过渡金属氧化物、硫化物	半导体(氧化还原)	选择性加氢、脱氢	$\text{⬡}CH{=}CH_2 + H_2 \xrightarrow{CuO} \text{⬡}C_2H_3$	ZnO, CuO, NiO, Cr_2O_3
		氢解	$\text{⬠}_S + 4H_2 \xrightarrow{MoS_2} C_4H_{10} + H_2S$	MoS_2, Cr_2O_3
		氧化	甲醇$\xrightarrow{[O], Fe_2O_3, MoO_3}$甲醛	$Fe_2O_3 - MoO_3$
非过渡元素氧化物	绝缘体(碳离子反应,酸碱反应)	聚合、异构	正构烃$\xrightarrow{Al_2O_3}$异构烃	Al_2O_3, $SiO_2 - Al_2O_3$
		裂化	$C_nH_{2n+2} \xrightarrow[(n=m+p)]{SiO_2 - Al_2O_3} C_mH_{2m} + C_pH_{2p+2}$	$SiO_2 - Al_2O_3$, 分子筛
		脱水	异丙醇$\xrightarrow{A\ 型分子筛}$丙烯	分子筛

2. 助催化剂

助催化剂是催化剂中具有提高活性组分的活性、选择性,改善催化剂的耐热、抗毒、机械强度和寿命等性能的组分。一般来说,助催化剂本身没有催化活性,但只要添加少量到催化剂中即可达到明显改进催化剂性能的目的。通常加入助催化剂是为了抑制某些不希望反应,如结焦等。助催化剂通常可分为以下几种:

1)结构助催化剂

结构助催化剂能使催化活性物质粒度变小、比表面积增大,防止或延缓因烧结而降低活性等。能起结构稳定作用的助催化剂,大多数都是熔点较高、难还原的金属氧化物。例如,一氧化碳高温(中温)变换铁 - 铬系催化剂中的三氧化二铬,氨合成 $Fe - K_2O - Al_2O_3$ 催化剂中的氧化铝等。

2)电子助催化剂

电子助催化剂其作用是改变主催化剂的电子状态,从而使反应分子的化学吸附能力和反应的总活化能都发生改变,提高催化性能。例如,双助合成氨催化剂 $Fe - K_2O - Al_2O_3$ 中的氧化钾,虽然它的加入降低了催化剂的总比表面积,但使铁的费米能级发生变化,通过改变主催化剂电子结构提高了催化剂的活性和选择性。

3)晶格缺陷助催化剂

许多氧化物催化剂的活性中心是发生在靠近表面的晶格缺陷处,少量杂质或附加物对晶格缺陷的数目有很大影响,助催化剂实际上可看成是加入催化剂中的杂质或附加物。如果某种助催化剂的加入使活性物质晶面的原子排列无序化,晶格缺陷浓度提高,从而提高了催化剂的催化活性，则这种助催化剂便是晶格缺陷助催化剂。为了发生间隙取代，通常加入的助催化剂离子大小需要和被它取代的离子大小相近。

4）选择性助催化剂

选择性助催化剂其作用是对有害的副反应加以破坏，提高目标反应的选择性。例如，轻油水蒸气转化镍基催化剂以水泥为载体时，由于水泥中存在所含酸性氧化物的酸中心，催化轻油裂化时会导致积炭，因此需要添加少量碱性物如氧化钾，以中和酸性中心，抑制积炭。

在很多情况下，催化剂活性与选择性的变化不是一致的，所以将某些可以降低副反应性而提高目标产物选择性，或者说提高目标产物收率的"抑制剂"及延长使用寿命的"稳定剂"都归为助催化剂。实用的工业催化剂往往含有几种不同的助剂，而且催化剂的保密材料多数集中在助催化剂问题上，所以助催化剂的研究是许多研究工作的探索方向。

几种助催化剂及其作用类型见表 2 - 6。

表 2 - 6　几种助催化剂及其作用类型

反应过程	催化剂（制法）	助催化剂	作用类型
氨合成 $N_2 + 3H_2 \longrightarrow 2NH_3$	Fe_3O_4、Al_2O_3、K_2O （热熔解法）	Al_2O_3、K_2O	Al_2O_3 结构助催化剂 K_2O 电子助催化剂，降低电子逸出功，使 NH_3 易解吸
CO 中温交换 $CO + H_2O \longrightarrow CO_2 + H_2$	Fe_3O_4、Cr_2O_3 （沉淀法）	Cr_2O_3	Cr_2O_3 结构助催化剂，与 Fe_3O_4 形成固溶体，增大比表面积，防止烧结
萘氧化 萘 + 氧 —— 邻苯二甲酸酐	V_2O_5、K_2SO_4 （浸渍法）	K_2SO_4	与 V_2O_5 生成共熔物，增加 V_2O_5 催化剂的活性、结构稳定性和生成邻苯二甲酸酐的选择性
合成甲醇 $CO + 2H_2 \longrightarrow CH_3OH$	CuO、ZnO、Al_2O_3 （共沉淀法）	ZnO	结构性助催化剂，将还原后的细小铜晶粒隔开，保持大的铜表面
轻油水蒸气转化 $C_nH_m + nH_2O \longrightarrow nCO +$ $(\frac{m}{2} + n)H_2$	NiO、K_2O、Al_2O_3 （浸渍法）	K_2O	中和载体 Al_2O_3 表面酸性，防止积炭，增加低温活性、电子性

3. 载体

载体是固体催化剂的重要组成组分。载体主要作为负载催化剂的骨架，通常采用具有足够机械强度的多孔性物质。人们最初使用载体的目的只是为了增加催化剂比表面积，从而提高活性组分的分散度，但后来随着对催化现象研究的深入，发现载体的作用是复杂的。载体的主要作用有：

1）提供有效的表面和适宜的孔结构

将活性组分用各种方法负载于载体上，可以使催化剂获得大的活性表面和适宜的孔结构，催化剂的宏观结构对催化剂的活性和选择性会有很大影响，而这种宏观结构又往往由载体来决定。有些活性组分自身不具备这种结构，就要借助于载体实现。如粉状的全属镍、金属银等，它们对某些反应虽有活性，但不能实际应用，要分别负载于氧化铝、浮石或其他载体上，经成型后才在工业上使用。

2）改善催化剂的机械强度

工业催化剂对其机械强度有一定要求，这经常是通过载体的选择和设计得到满足。催化剂的机械强度，是指它抗磨损、抗冲击、抗重力、抗压和适应温变、相变的能力。机械强度高的催化剂，能够经受住颗粒之间、颗粒与气流、器壁之间的磨损，催化剂运输、装填时的冲击，催化剂自身的重量负荷，以及反应终始、还原过程等发生的温变、相变所产生的应力，颗粒孔隙中结焦产生膨胀等而不致破裂或粉碎。机械强度差的催化剂，由于上述种种过程导致其破裂或粉化，致使流体分布不均，增加床层阻力，乃至被迫停车。

3）改善催化剂的导热性和热稳定性，延长催化剂使用寿命

为了适应工业上强放（吸）热反应的需要，载体一般应具有较大的热容和良好的导热性，使反应热（外供热）能迅速传递出（进）去，避免局部过热而引起催化剂的烧结和失活或设备损坏，还可以避免高温下的副反应，从而提高催化剂的选择性。

4）提供活性中心

例如，正构烷烃的异构化便是通过加/脱氢活性中心铂和促进异构化的载体酸性中心进行的。

5）改善催化剂性能

载体有可能和催化剂活性组分发生作用，从而改善催化剂性能。选用适合的载体会起到类似助催化剂的效果。合成氨催化剂中的氧化铝，既是载体又充当了结构剂的角色。

载体种类繁多，天然、人工合成的都有。表 2－7 中列出了一些常用载体的比表面积和孔体积。

表 2－7　各种载体的比表面积和孔体积

分类	载体	比表面积/(m^2/g)	孔体积/(cm^3/g)	分类	载体	比表面积/(m^2/g)	孔体积/(cm^3/g)
合成产品	硅胶	200～800	0.2～0.4	合成产品	活性炭	500～1500	0.32～2.60
	白土	150～280	0.40～0.52		碳化硅	<1	0.40
	$\gamma-Al_2O_3$	150～300	0.3～1.2		氢氧化镁	30～50	0.8
	$\eta-Al_2O_3$	130～390	0.2	天然产品	硅藻土	2～3	0.5～6.1
	$\chi-Al_2O_3$	150～300	0.2		石棉	1～16	
	$\alpha-Al_2O_3$	<10	0.03		浮石	<1	
	硅酸铝（低铝）	550～600	0.65～0.75		铁钒土	150	0.25
	硅酸铝（高铝）	100～500	0.80～0.85		刚铝石	<1	0.33～0.45
	丝光沸石	600	0.17		刚玉	<1	0.08
	八面沸石	680	0.32		耐火砖	<1	
	NaY		0.25		多水高岭土	140	0.31
					膨润土	280	0.16

一般情况下，载体的作用在于改变主催化剂的形态结构，对主催化剂起分散和支撑作用，从而增加催化剂的有效表面积，提高机械强度，提高耐热稳定性，并降低催化剂的生产成本。而在很多情况下，活性组分负载在载体上后，二者之间会发生某种形式的相互作用或使相邻活性组分的原子或分子发生变形，导致活性表面的本质产生变化。这些作用对催化反应可能产生有益的或有害的影响。例如，蒸汽转化用镍催化剂，由于 NiO 与载体中的 Al_2O_3 生成 $NiAl_2O_4$ 而失去活性。又如，用共沉淀法制得的 Ni－Al_2O_3 催化剂，由于生成了 $NiAl_2O_4$ 尖晶石，用氢气还原后，对碳－碳双键具有很高的加氢活性，而对碳－碳单键却没有加氢分解活性，对反应起到了选择性作用。

另一类催化活性物质与载体间的相互作用，是建立在某种吸附气体能在表面上从活性组分

转移到载体的机制上，这种现象称为"溢流"。例如，氢在以活性炭为载体的铂催化剂上被大量地解离吸附，然后吸附的氢溢流到活性炭表面上，就是"氢溢流"。这样的氢已被活化，并能够在与铂接触的临近固体上发生反应。具有这种作用的金属还有钯、铑和镍，载体则包括氧化铝、沸石等。活性氢也能溢流到一些过渡金属氧化物上。氢溢流作用预料在加氢或脱氢反应中将有非常重要的效应，因为在这类反应中，氢的来源或储存方便，对反应有利。

此外，载体还和活性组分组成多功能催化剂，如 $Pt/SiO_2 - Al_2O_3$、$Pt/$分子筛等。多功能催化剂与共催化剂是有区别的。

4. 其他

例如稳定剂、抑制剂等。加入少量稳定剂的功能与载体有相近之处。如果在活性组分中添加少量的物质，便能使前者的催化活性适当调低，甚至在必要时大幅度下降，则后者被称为抑制剂。抑制剂的作用，正好与助催化剂相反。稳定剂的作用则与载体有相近之处。

一些催化剂配方中添加抑制剂，是为了使工业催化剂的诸性能达到均衡匹配，整体优化。有时，过高的活性反而有害，它会影响反应器换热而导致"飞温"，或者导致副反应加剧，选择性下降，甚至引起催化剂积炭失活。几种催化剂的抑制剂举例如表 2-8。

表 2-8 几种催化剂的抑制剂

催化剂	反应	抑制剂	作用效果
铁	氨合成	铜，镍，磷，硫	降低活性
五氧化二钒	苯氧化	氧化铁	引起深度氧化
二氧化硅、氧化铝	柴油裂化	钠	中和酸点，降低活性

综上所述，固体催化剂在化学组成方面，大多数由活性组分、助催化剂以及载体这三大部分构成，典型实例如表 2-9。个别情况下也有多于或少于这三部分的。

表 2-9 若干典型工业固体催化剂的组成

催化剂	主(共)催剂	助催化剂	载体
合成氨	Fe	K_2O，Al_2O_3	—
一氧化碳低温变换	Cu	ZnO	Al_2O_3
甲烷化	Ni	MgO、稀土等	Al_2O_3
硫酸	V_2O_5	K_2SO_4	硅藻土
乙烯氧化剂 环氧乙烷	Ag		$\alpha - Al_2O_3$
乙烯氧乙酰 乙酸乙烯酯	Pd(Au)	K_2COOH	硅藻土或 SiO_2
脱氢	Cr_2O_3	Al_2O_3	Al_2O_3
	MoO_3，（Al_2O_3）		（Al_2O_3）
加氢	Ni		$\gamma - Al_2O_3$
油脂加氢	骨架镍		

2.2.2 均相配合物催化剂

20 世纪 60 年代以前，在石油炼制、化工中采用的多为多相固体催化剂。之后，特别是

第一篇 基础理论

近 20 年以来，一些可溶性的过渡金属配合物获得了大规模的工业应用，如用于由乙烯合成乙醛的钯配合物（Wacker 法）催化剂，用于甲醇羰基化合成乙酸的铑配合物催化剂，用于烯烃二聚、低聚及聚合的可溶性 Ziegler 催化剂，以及近年发现的用于烯烃聚合的均相茂金属催化剂等。

这些均相配合物催化剂其理论基础——配位化学，已成为当前化学领域中最活跃的前沿科学之一，它联系并渗透到几乎所有的化学分支学科；而且在催化学科内的作用之深、之广远非其他学科所能比拟。同时，从工艺和工程的实用角度看，迄今为止，石油化工中已有20 多个生产过程用到此类催化剂，占整个催化生产过程产量的 1% 左右。今后这个比例定会日益增高。

均相配位催化是以所谓配合物（络合物）为催化剂。形成配合物的反应，实为如下这类反应：

$$A + B: \longrightarrow A: B$$

早在 19 世纪末至 20 世纪初，科学家已经发现，由金属卤化物和别的盐类，能形成中性的"化合物"，而且这样的"化合物"能够很容易地在水溶液中形成。尔后有人阐明，化学键的形成需要共享电子对。上式正是由于通过电子的给予和接受而形成的配合物。例如，像 $CoCl_3 \cdot 6NH_3$ 这样的配合物中性盐，可记作 $[Co(NH_3)_6]^{3+} Cl^-$，而如果围绕金属的分子或离子（配体）占据的位置分别在八面体和正方形的角上，那么还可以得到立体结构不同的配合物。

正在研究的配合物催化剂，涵盖面广，包括广义的酸碱催化剂、金属离子、过渡金属离子、过渡金属配合物等。而研究较为成熟并且应用较广的，目前主要是一些均相配合物（或络合物）催化剂。

均相配合物催化剂在化学组成上，是由通常所称的中心金属（M）和环绕在其周围的许多其他离子或中性分子（即配位体）所组成的配合物。凡是含有两个或两个以上孤对电子或双键的分子或离子，通称为配位体，例如 Cl^-、Br^-、CN^-、H_2O、NH_3 等。

配合物催化剂的中心金属 M，多数采用 d 轨道未填满电子的过渡金属，如铁、钴、镍、钌以及锆、钛、钒、铬等金属。配位体虽然不直接参与催化反应，但对金属、碳键和金属－烯烃（或 CO）键起着很大作用，影响催化反应的进行。

配合物催化剂中，一类是在中心金属周围没有配位体存在的称原子状态催化剂，如采用裸镍或裸铝进行的丁二烯聚合催化剂；另一类则是中心金属持有若干配位体的。后一类实用价值更大，它是通过对原子态金属添加对金属具有强亲和力的配位体，而使其显著提高催化活性和选择性的，如 $Ti(CH_3)_3$、$Cr(CO)_6$。

若与非均相固体催化剂的化学组成加以对比，在均相配合物催化剂中，中心金属类似于主催化剂或活性组分，而配位体则类似于助催化剂；或者，主催化剂与助催化剂均是均相配合物。

均相配合物催化剂有种种缺陷，如催化剂分离回收困难，需要稀有贵金属，热稳定性差及对反应器腐蚀严重等。因此，近来在研究其固相化（或负载化）形成的种种非均相催化剂。所使用的载体有硅胶、氧化铝、活性炭、分子筛等传统的无机材料，也有离子交换树脂、交联聚苯乙烯、聚氯乙烯等有机高分子材料。这里，引入载体也同样形成了负载催化剂，或称固定化催化剂、锚定配合物等。

均相配合物催化剂在化学组成方面的三大化学组分，在含义和功能方面可与上述多相固体催化剂类比。

2.2.3 生物催化剂(酶)

在生物体细胞中发生着无数的生物化学反应,其中同样存在着增大反应速率的催化剂。这种生物催化剂俗称酶。酶和一般化学催化剂(多相的或均相的)一样,本质上可以定义为能加速特殊反应的生物分子。现在已经知道,酶是生物体内一类天然蛋白质。所有的酶都是蛋白质,但并非所有的蛋白质都是酶,因为甚多的蛋白质并无酶那样的生物催化活性。

关于酶的化学组成,许多研究一致证明,它们均由碳(约55%)、氢(约7%)、氧(约20%)、氮(约18%)以及少量硫(约2%)和金属元素组成的天然高分子化合物,与其他非酶蛋白质的化学组成接近。

2.3 催化剂的基本特性与使用性能要求

2.3.1 催化剂的基本特性

由各种有关催化作用和催化剂概念的表述加以引伸,并总结前人的研究成果,可概括出下述催化剂的基本特性。

2.3.1.1 加快化学反应速率

催化剂能够加快化学反应速率,但它本身并不进入化学反应的计量。这里指的是一切催化剂的共性——活性,即加快反应速率的关键特性。由于催化剂在参与化学反应的中间过程后,又恢复到原来的化学状态而循环起作用,所以一定量的催化剂可以促进大量反应物发生反应,生成大量的产物。例如,氨合成用熔铁催化剂,1t 催化剂能有效地促进反应的进行生产出约 20000t 氨,其废催化剂还可以回收。

2.3.1.2 对反应具有选择性

催化剂对反应的选择性即催化剂对反应类型、反应方向和产物的结构具有选择性。

例如,$SiO_2 - Al_2O_3$ 催化剂对酸碱催化反应是有效的,但它对氨合成反应无效,这就是催化剂对反应类型的选择性。

从同一反应物出发,在热力学上可能有不同的反应方向,生成不同的产物。利用不同的催化剂,可以使反应有选择性地朝某一个所需要的方向进行,生产所需产品。例如,乙醇可以进行二三十个工业反应,生成用途不同的产物。它既可以脱水生成乙烯,又可以脱氢生成乙醛,也可以同时脱氢脱水生成丁二烯。

$$CH_3CH_2OH \begin{cases} \xrightarrow{Al_2O_3} C_2H_4 + H_2O \\ \xrightarrow{ZnO} CH_3CHO + H_2 \\ \xrightarrow{Al_2O_3 - ZnO} \frac{1}{2}CH_2{=}CH{-}CH{=}CH_2 + H_2O + \frac{1}{2}H_2 \end{cases}$$

又如甲酸也可用不同催化剂,使之发生不同的反应。

$$脱水反应 \quad HCOOH \xrightarrow{Al_2O_3} H_2O + CO$$

$$脱氢反应 \quad HCOOH \xrightarrow{金属} H_2 + CO_2$$

更重要的工业实例还有很多。例如,通过改变催化剂(以及催化过程的条件),可以有选择性地将 $H_2 + CO$ 混合物(合成气)转化成甲烷(Ni/Al_2O_3),烷烃(Fe/硅藻土),醇、醛和酸(Co/ThO_2)，或者甲醇(Cu/ZnO)。这里的催化剂，于是变成了调控反应选择性的有效工具。此外，对于某些串联反应，利用催化剂可以使反应停留在主要生成某一中间产物的阶段上，其意义也与此相近。如乙炔选择加氢，只停留在乙烯上，而不进一步生成乙烷。再如，利用不同催化剂也可使烃类部分氧化为醇、醛或酮等不同产物，而并不完全氧化为二氧化碳和水。

从同一反应物乙烯出发，使用不同的催化剂，所得到的都是聚乙烯，但其立构规整性不同，性能也不同，这是催化剂对立构规整性选择的一个实例。例如：

$$C_2H_4 \xrightarrow{\text{聚合}} \begin{cases} \xrightarrow[\text{200MPa}]{\text{过氧化物}} \text{聚乙烯} \quad \text{（立构规整性低，熔点低）} \\[2mm] \xrightarrow[\text{150~180℃，3MPa}]{\text{Cr-Si-Al 的氧化物}} \text{聚乙烯} \quad \text{（立构规整性中等，熔点中等）} \\[2mm] \xrightarrow[\text{60~80℃}]{\text{Ziegler-Natta 催化剂}} \text{聚乙烯} \quad \text{（立构规整性较高，熔点较高）} \end{cases}$$

又如，用不同的催化剂可以生产等规、间规、无规等多种不同空间结构因而性能迥异的聚丙烯。

表 2－10 列出了催化剂对可能进行的特定反应的选择催化作用。

总之，选择性强调的是催化剂的特殊性和专用性，与活性的那种共性正好相反。

表 2－10　催化剂对可能进行的特定反应的选择催化作用

反 应 物	催化剂及反应条件	产　物
$CO + H_2$	$Rh/Pt/SiO_2$，573K，70bar（$1bar = 10^5 Pa$）	乙醇
	$Cu-Zn-O$，$Zn-Cr-O$，573K，100~200bar	甲醇
	Rh 络合物，473~563K，500~3000bar	乙二醇
	$Cu-Zn$ 及分子筛，493K，30bar	二甲醚
	Ni，473~573K，1~20bar	甲烷
	Co，Fe，473K，1~30bar	合成汽油，柴油

2.3.1.3　仅加速热力学上可行的化学反应

催化剂只能加速热力学上可能进行的化学反应，而不能加速热力学上无法进行的反应。例如，在常温、常压、无其他外加功的情况下，水不能变成氢气和氧气，因而也不存在任何能加快这一反应的催化剂。

2.3.1.4　不改变化学平衡

催化剂只能改变化学反应的速率，而不能改变化学平衡的位置。在一定外界条件下某化学反应产物的最高平衡浓度，受热力学变量的限制。换言之，催化剂只能改变达到（或接近）这一极限值所需要的时间，而不能改变这一极限值的大小。

2.3.1.5　加速可逆反应的正、逆反应

催化剂不改变化学平衡，意味着对正方向反应有效的催化剂，对反方向反应亦有效。

对于任一可逆反应，催化剂既能加速正反应，也能同样程度地加速逆反应，这样才能使其化学平衡常数保持不变。因此，某催化剂如果是某可逆反应正反应的催化剂，必然也是其逆反应的催化剂，这是一条非常有用的推论。

设某可逆反应的化学平衡常数为 K_r，其正、逆反应的化学反应速率常数分别为 k_1 和 k_2，由物理化学可知 $K_r = k_1/k_2$，又因为催化剂不能改变 K_r，故它使 k_1 增大的同时，必然使 k_2 成

比例地增大。

例如，合成氨反应

$$N_2 + 3H_2 \rightleftharpoons 2NH_3$$

其氨的平衡含量与反应温度和压力的关系如图 2-3 所示。由图 2-3 可见，高压下平衡趋向于正反应氨的合成，低压下平衡趋向于逆反应氨的分解。如果要寻找氨合成的催化剂，就需要在高压下进行实验。由于催化剂不改变化学平衡，正反应的催化剂也是逆反应的催化剂，于是，就可以从氨分解逆反应催化剂的研究来寻找氨合成正反应的催化剂。这样就可以在低压下进行实验。在氨合成的早期研究中，就是采用这样的方法研发出了性能较好的催化剂。

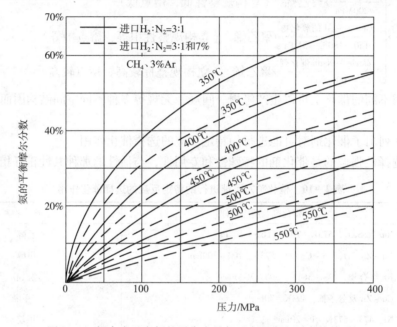

图 2-3　氨合成反应氨的平衡含量与反应温度和压力的关系

镍、铂等金属是脱氢反应的催化剂，自然同时也是加氢反应的催化剂。这样，在高温下平衡趋向于脱氢方向，就成为脱氢反应催化剂；而稍低的温度下平衡趋向于加氢方向，就成为加氢反应催化剂。当然有例外，例如铜催化剂是很好的加氢催化剂，但是因为铜熔点比镍、铂低，在高温下易于烧结导致物理结构改变，所以不宜在高温下使用，因此不宜作为高温下脱氢反应的催化剂。当然这只是物理上的原因。

同理，对甲醇合成有效的催化剂，对甲醇分解亦有利。这样，当研究甲醇合成催化剂缺乏方便的条件时，不妨过来研究甲醇分解的催化剂。当然，要实现方向不同的反应，应选用不同的热力学条件和不同的催化剂配方。

2.3.2　催化剂的使用性能要求

一种良好的工业实用固体催化剂应该满足三方面的基本要求，即一定的活性、选择性和稳定性(或寿命)。此外，社会的发展还要求催化反应过程满足循环经济的需要，即是环境友好的，反应剩余物是与生态相容的。

2.3.2.1　活性

催化剂活性是表示该催化剂催化功能大小的重要指标。一般来说，催化剂活性越高，促进原料转化的能力越大，在相同的反应时间内会取得更多的产品。因此，催化剂的活性往往是用目的产物的产率高低来衡量。为方便起见，常用在一定反应条件下，即在一定反应温度、反应压力和空速(即单位时间内通过单位体积催化剂的标准状态下的原料气体积量)下，原料转化的百分率来表示活性，并简称为转化率。例如，对于一氧化碳变换反应：

$$CO + H_2O \rightleftharpoons CO_2 + H_2$$

一氧化碳的转化率 X_{CO} 表示为：

$$X_{CO} = \frac{已反应的 CO 摩尔数}{原料气中 CO 的总摩尔数} \times 100\%$$

用转化率来表催化剂活性并不确切，因为原料的转化率并不和反应速率成正比，但这种方法比较直观，为工业生产所常用。

2.3.2.2　选择性

通常催化剂除加速希望发生的反应外，往往还伴随着副反应的发生。一般希望一种催化剂在一定条件下只对其中的一个反应起加速作用，这种专门对某一个化学反应起加速作用的性能，称为催化剂的选择性。选择性 S 可用下式表示：

$$S = \frac{消耗于目的产物的原料量}{原料总的转化量}$$

催化剂的选择作用，在工业上具有特殊意义，选择某种催化剂，就有可能合成出某一特定产品。另一方面，催化剂有优良的反应选择性，就可以降低原料消耗和减少反应后处理工序。

有时，催化剂的活性与选择性不能同时满足时，就应根据工业生产过程的要求综合考虑。如果反应原料昂贵或产物与副产物很难分离，最好选用高选择性催化剂。反之，如原料价廉且与产物易于分离，则宜采用高活性(即高转化率)的催化剂。

2.3.2.3　稳定性

催化剂稳定性主要是指其耐热性、抗毒性及长期操作条件下的稳定活性；耐热性要求一种良好的催化剂，应能在高温苛刻的反应条件下长期具有一定水平的活性，而且能经受开车、停车时的温度变化。

催化剂的耐热性与选择助催化剂、载体及制备工艺有关。助催化剂和载体不但对活性相的晶体起着隔热和散热作用，而且可使催化剂的比表面积及孔体积增大，孔径分布合理，还可避免在高温下因受热烧结而引起的微晶长大使活性很快丧失。

在工业生产中，尽管对原料采取一系列净化处理，但仍不可能达到实验室研究所用原料的纯度，不可避免地带入某些杂质。催化剂对有害杂质的抵制能力称为催化剂的抗毒稳定性。不同催化剂对各种杂质有不同的抗毒性，同一种催化剂对同一种杂质在不同的反应条件也有不同的抗毒性。

催化剂中毒本质上多为催化剂表面活性中心吸附了毒物，或进一步转化为较稳定的表面化合物，钝化了活性中心，从而降低催化活性及选择性。因此，获得具有良好抗毒性的催化剂，也是制备工业催化剂的一个重要环节。

此外，催化剂还应在长期苛刻操作条件下保持稳定的化学组成、化合状态和物相，以保证其稳定的活性。

2.3.2.4　机械强度

机械强度也是催化剂的一个重要性能。一种固体催化剂应有足够的机械强度来承受下面4 种不同形式的应力：

①能经受包装及运输过程中引起的磨损及碰撞；

②能承受往反应器装填时所产生的冲击及碰撞；

③能经受使用时由于相变及反应介质的作用所发生的化学变化；

④能承受催化剂自身重量、压力降及热循环所产生的外应力。

催化剂的机械强度，不仅与其组成有关，而且还与制备方法紧密相关。特别是，载体的选择及成型方法对机械强度的影响很大。

催化剂机械强度的测定方法有直压和侧压两种。前者是将球状、条状、环状催化剂放在强度测定计中，不断增加负载直至催化剂破裂，再换算为每平方厘米所受的重力，一般至少以10次试验的平均值作为抗碎强度。后一种方法是将催化剂侧放在强度测定计中，侧压压碎，读出强度测定计上的负载，再换算为每厘米所受的重力，或直接以破碎时的重力为读数。

流化床催化剂的强度以耐磨性作为衡量指标，是在催化剂流化的条件下测定其磨损率。

2.3.2.5 寿命

催化剂寿命是指催化剂在操作运转条件下，活性及选择性不变的情况下能连续使用的时间，或指活性下降后经再生处理而使活性又恢复的累计使用时间。

不同催化剂的使用寿命各不相同，寿命长的，可用十几年，寿命短的只能用几十天。而同一品种催化剂，因操作条件不同，寿命也会相差很大。

工业催化剂，在使用过程中通常有活性随时间而变化的活性曲线。这种活性变化可分为成熟期、稳定期、衰化期这三个阶段。一些工业催化剂，最好的活性并不是在开始使用时达到，而是经过一定诱导期之后，逐步增加并达到一最佳点，即所谓成熟期。经过这一段不太长的时间后，活性达到最大值，继续使用，活性会略有下降而趋于稳定，并在相当长时间内保持不变，只要维持最合适的工艺操作条件，就可使催化剂按着基本不变的活性运行。这个稳定期的长短一般就代表催化剂的寿命。随着使用时间增长，催化剂因吸附毒物、或因过热使催化剂发生结构变化等原因致使催化剂活性完全消失，经历这种衰化期后，催化剂就不能再继续使用，有的催化剂经再生后还可再继续使用，而有的催化剂则需重新更换。

相对来说，催化剂的寿命长，表示使用价值高，但对催化剂的使用寿命也要综合考虑。有时从经济观点看，与其长时期在低活性下工作，不如在短时间内有很高活性，特别对失活后容易再生的催化剂或可以低价更新的催化剂更是如此。

2.3.2.6 环境友好与自然界的相容性

时至今日，社会发展对技术和经济提出了更高的要求。适应于循环经济的催化反应过程，其催化剂不仅要具有高活性和高选择性，而且还应是无毒无害、对环境友好的，反应尽量遵循"原子经济性"，且反应剩余物与自然界相容，也就是"绿色化"。

用于持续化学反应的催化剂在自然界已经发展数亿万年，这就是所谓的生物催化剂——酶。酶催化剂能够在温和条件下高选择性地进行有机反应，而且反应剩余物与自然界是相容的。

2.4 催化作用基础

2.4.1 催化剂的作用

在催化剂"按化学键分类"一节中，我们提到化学反应的本质在于化学键的"破旧立新"，在这个过程中往往需要一定的活化能（E）。如果反应体系没有提供足够的活化能，则根据玻尔兹曼分布，仅有部分反应分子能获得足够能量成为活化分子，从而参与反应。通过大量实验事实我们知道，许多反应：①纯粹离子间的反应（电解除外），②与自由基有关的反应，③极性很大的配位反应，④可充分提供能量的高温反应，都可在没有催化剂的情况下迅速进行。但是，对于稳定化合物，特别是有机化合物来说，它们在没有催化剂的情况下，不容易发生反应。

在以上提到的四种化学反应中，全部或者部分化学键的断裂和形成只需要很小的活化能，所以反应可以不使用催化剂；反之，我们不难想到，要是在反应体系中加入某种有利于反应物化学键重排的物质，降低反应所需的活化能，那么反应不就可以进行了吗？这就是催化剂作用的化学本质。

根据过渡态理论，任何一个化学反应总是沿着它所能选择的最省力的反应路径来进行反应的。反应路径中一般得翻越一个（或主要的一个）高坡顶峰，即能垒，才能转化为产物，见图 2-4。在能垒顶端的体系称为反应的过渡态，过渡态与反应物及产物之间的能量差对应于正向和逆向反应的活化能。催化剂借助化学作用力参与反应，一旦完成反应物到产物的过程，就又恢复到原来的化学组成。催化剂暂时介入反应，使反应体系始态和终态之间由于增加了化学因素而改变了位能面的结构和位能峡谷的地形地貌，因而有可能选择一条更为省力的反应路径进行变化。

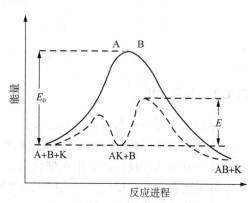

图 2-4　活化能与反应路径

固体催化剂的主要作用是通过表面中间化合物的形成，改变反应路径，降低反应活化能，从而加速反应的进行。

现以乙醇分解为例，说明催化剂对反应活化能的影响。

$$CH_3CH_2OH \xrightarrow[600℃]{\triangle} CH_3CHO + CO + CH_4$$

$$CH_3CH_2OH \xrightarrow[150\sim200℃]{Cu} CH_3CHO + H_2$$

$$CH_3CH_2OH \xrightarrow[300℃]{Al_2O_3} H_2C{=\!=}CH_2 + H_2O$$

对于非催化的脱氢反应要求高温，说明反应的活化能非常高，事实上所要求的能量已足以使反应产物——乙醛进一步脱去羰基，副产物是甲烷和一氧化碳。如图 2-5(a)所示，铜催化剂为乙醇分解提供了一条能量上更加有利的反应路径——生成乙醛。可以假定 O_2 的孤对电子和铜的表面以及在附近的乙醇的 C—H 键作用，形成中间化合物，随后的反应使 O—H 键断裂，生成的乙醛吸附在带有 2 个氢原子的铜的表面上，2 个氢原子和 1 个氧原子反应生成水，同时乙醛从铜的表面脱附。铜催化剂的作用是促进 C—H 键的断裂。

乙醇脱水在热力学上是可行的反应，但没有催化剂存在时，热脱水反应的活化能比热脱氢反应的还大。氧化铝催化剂由于它表面的酸中心促进了乙醇的脱水，生成乙烯（参看图

2-5(b))。由此可见，对大多数催化反应，催化剂是决定反应选择性的关键因素。

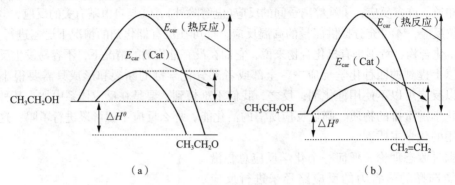

图 2-5　乙醇分解反应位能曲线图

2.4.2　吸附作用

多相催化反应通常包括下列几步：

①反应物从反应混合物中迁移到催化剂表面；

②一种或几种反应物吸附在催化剂表面上；

③吸附物种彼此反应或与反应混合物反应，在催化剂表面上生成产物；

④产物从催化剂表面脱附；

⑤产物从催化剂表面迁移进入反应混合物中。

在多相催化反应中催化剂表面上的吸附是关键的一步，大体上有两种类型的吸附：物理吸附和化学吸附。物理吸附是由 Vander-Waals 力引起的，它的性质类似于蒸气分子凝聚成为同组分的液体。而化学吸附涉及化学键，性质上类似于化学反应，并包含有催化剂（吸附剂）和吸附质之间的电子转移。

2.4.2.1　物理吸附

物理吸附提供了测定催化剂此表面积、平均孔径及孔径分布的方法。

气体在固体上的吸附量通常以单位质量的吸附剂（或固体催化剂），所吸附气体的体积（V）来表示，单位是 cm^3/g 或 mL/g。吸附体积一般换算成标准状态下的体积。吸附量的大小也可用表面覆盖度（θ）来表示。它是吸附量（V）与单层饱和吸附量（V_m）之比（$\theta = V/V_m$）。描述在恒温下达到平衡时吸附量和吸附质分压 p（或以相对压力 p/p_0——蒸气压与饱和蒸气压之比表示）之间的关系曲线称为等温线。

大多数物理吸附等温线可以分成 5 类（图 2-6）。在所有情况下，吸附量都随蒸气分压的增加而增加，在某点时达到相当于单分子层，然后再增加而形成多分子层，最后变成凝聚相。

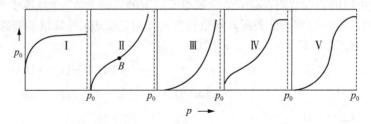

图 2-6　吸附等温线图

Ⅰ型，通常称为 Langmuir 型。无限渐近的值相应单分子层。对于可逆的化学吸附也会是这种类型等温线。

Ⅱ型，有时称为 S 型等温线。它在无孔物质上是常常遇到的。位于"拐点"处的 B 点是单分子层覆盖完成的地方。

Ⅲ型，等温线在整个范围内都是弯曲的，并且没有 B 点。它是很少见到的，是吸附力较弱体系的典型情况。

Ⅳ型，对于多孔工业催化剂常常遇到这种类型的等温线。在低 p/p_0 值时等温线与Ⅱ型相同，但在较高 p/p_0 值发生细孔内凝聚时，吸附量就显著增加。伴随孔内凝聚而来的滞后效应也是常有的，毛细凝聚曲线可以用来测定于孔径分布。

Ⅴ型，类似于Ⅲ型。但在较高 p/p_0 值时发生细孔内凝聚，它也是较少见的。

Langmuir 在以下假设的基础上，用动力学方法推导了气体平衡压力与吸附量的数学关系，解释了实验测得的吸附等温线。其基本假设为：

①固体表面是均匀的。因此，它对所有分子吸附的机会都相等，而且吸附热以及吸附和脱附活化能与表面覆盖度无关。

②每个吸附位只能吸附 1 个气体分子，而且吸附分子之间没有相互作用。

③吸附以进行到单分子层为止。

④吸附平衡是动态平衡，即达到平衡时吸附速率和脱附速率相等。

吸附平衡可用下式表示：

$$A + M \underset{K_d}{\overset{K_a}{\rightleftharpoons}} A—M$$

式中，A 是吸附分子；M 是表面活性位；A—M 是吸附中间络合物；k_a、k_d 分别是吸附和脱附速率常数。根据质量作用定律，得到：

$$吸附速率 = K_a[A][M]$$
$$脱附速率 = K_d[A—M]$$

现将[A]用平衡下 A 的压力 p 代替，而[M]是空位浓度，用 $n(1-\theta)$ 代替，同样[A—M]用 $n\theta$ 代替。将吸附和脱附速率写成等式，并代入上述值，就可得到：

$$K_a pn(1-\theta) = K_d n\theta$$

经整理后得到：

$$\theta = \frac{V}{V_m} = \frac{K_a p}{K_d + K_a p} = \frac{bp}{1 + bp}$$

式中，$b = k_a/k_d$，称为 A 在所用固体上的吸附系数，其大小代表 A 的吸附强度。n 的值与吸附无关。上式反映了吸附量（表面覆盖度）与压力的关系，称为 Langmuir 吸附等温式。

符合 Langmuir 吸附等温式的典型曲线如图 2-6。从曲线直线部分外推到压力为零处，可得单层饱和吸附量。但是实际上物理吸附往往是多层吸附过程，也就是说在完成单层吸附后气体分子继续凝聚在第 1 层吸附分子的顶上。许多固体吸附剂（催化剂）对氮气的吸附等温线如图 2-7，用外推到零压的方法难以决定饱和吸附量。

Brunauer、Emmell 及 Teller 将 Langmuir 吸附等温式推广到多分子层吸附。类似 Langmuir 方法，假定第 1 层蒸发的速率等于凝聚的速率；吸附热与覆盖度无关。对于第 1 层以外的其他层，吸附速率正比于在该层存在的分子数量。除第 1 层外，所有其他层的吸附热等于吸附气体的液化热，对从第 1 层到无限层数进行加和后，得到如下最终表达式（BET方程）：

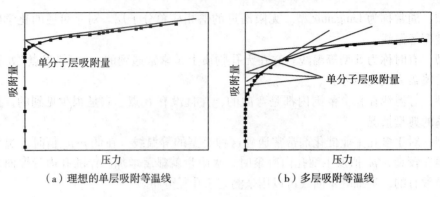

（a）理想的单层吸附等温线　　　　　　（b）多层吸附等温线

图 2-7　吸附等温线

$$\frac{p}{V(p_0-p)} = \frac{1}{V_\mathrm{m}C} = \frac{(C-1)p}{V_\mathrm{m}Cp_0}$$

式中，V、V_m 的含义与 Langmuir 方程相同；p_0 为吸附质气体在实验温度下的饱和蒸气压；C 为与气体液化热、吸附热有关的常数。C 值越大，等温线越接近 Ⅱ 型（图 2-6），表面积越易精确测定。

由上式，以 $p/V(p_0-p)$ 对 p/p_0 作图，应当得出一条直线，从直线的斜率（S）和截距（I）可以计算得到 V_m 和 C。

$$S = (C-1)/V_\mathrm{m}C；\quad I = I/V_\mathrm{m}C$$

则 $S+I = I/V_\mathrm{m}$ 在相对压力 $p/p_0 = 0.05 \sim 0.3$ 时许多吸附数据，与 BET 方程很好吻合（图 2-8），因此这个区域通常用于测定比表面积。在较高相对压力时，伴随发生多层吸附以及可能出现的孔内凝聚引起的复杂性，会引起偏离直线越来越大。而在相对压力低于 0.05 时，吸附量是如此之低，以至于在许多场合下数据不甚准确。

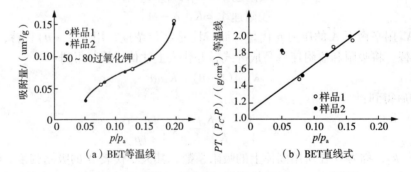

（a）BET 等温线　　　　　　　　（b）BET 直线式

图 2-8　氮在过氧化钾上的物理吸附(77K)

测定催化剂比表面积（S_A）通常采用氮气作为吸附质。氮气分子的横截面积（A_m）为 0.162nm^2，若以 N 表示 Avogadro 常数，比表面积单位为 m^2/g，n 为每克吸附剂吸附的氮气分子数，则

$$SA = V_\mathrm{m} \cdot N \cdot A_\mathrm{m} \cdot 10^{-2}n$$

吸附完成后再测定氮气脱附曲线，可以获得吸附剂（催化剂）的孔体积和孔径分布。

2.4.2.2　化学吸附

化学吸附相当于吸附质和吸附剂表面原子发生了化学反应，导致活泼的表面物种的形成。例如简单的加氢反应，烯烃在过渡金属表面上吸附的模型如图 2-9(a)，烯烃双键的

π 电子授予催化剂表面金属原子的空轨道；同时，烯烃的 π^* 反键轨道从金属原子满的 d 轨道接受电子，削弱了烯烃的双键。氢分子吸附在催化剂表面的金属原子上，有类似的情况。氢分子的 σ 成键电子授予表面金属原子的空轨道；同时，金属原子的 d 电子反馈给氢分子的反键 σ^* 轨道，从而使 H—H 键断裂，在金属催化剂表面生成 2 个 M—H 键，如图 2 – 9(b)。

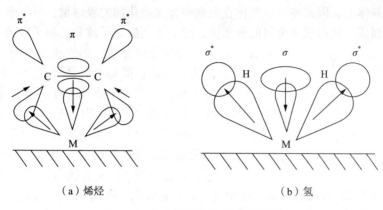

（a）烯烃　　　　　　　　　　（b）氢

图 2 – 9　在金属活性位上的吸附模型

反应物在催化剂表面吸附是反应过程的必经步骤，但吸附本身并不一定导致反应。为了随后进行催化反应，反应物的吸附既不能过强，也不能太弱。过强会导致吸附物种不易从表面脱附，类似于催化剂中毒。太弱则催化剂表面吸附量太少，不足以持续反应，由此得到所谓的“山形曲线”（图 2 – 10）。

几乎所有的金属都吸附氢，大多数的金属吸附乙烯、钛、钒、铬、钼、钨吸附乙烯过强，不能促进加氢反应；锰、金、银吸附氢太弱，不能生成表面氢化物。因此，它们都不是烯烃加氢催化剂。

在化学吸附过程中生成新键的同时旧键断裂，能量上是有利的。大多数化学吸附的活化能是非常低的，有时甚至为零。图 2 – 11 描绘了在镍表面上吸附氢的势能曲线。最初是物理吸附，它的势能曲线（P）的最低点相应于镍和氢的 van der Waals 半径之和（z）。物理吸附使

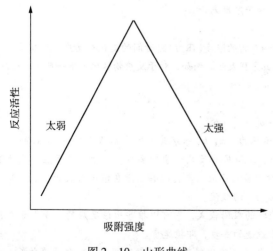

图 2 – 10　山形曲线

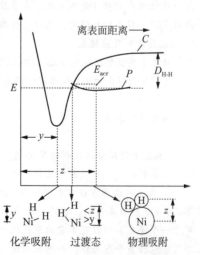

图 2 – 11　在镍表面上吸附氢的势能曲线

氢分子充分靠近镍原子，使前者的 σ、σ^* 分子轨道和镍的原子轨道相互作用。随着相互作用的加强，体系势能微弱增加将导致物理吸附的势能曲线 (P) 和化学吸附的势能曲线 (C) 交叉。在交叉点吸引力是主要的，导致 Ni—H 的距离缩短和 H—H 键断裂。化学吸附势能曲线 (C) 的最低点相应于镍与氢原子半径之和 (y)，在该点生成了 Ni—H 键。

化学吸附是选择性吸附，一种气体(如氢、一氧化碳)可以在金属上形成单分子吸附层，却很少吸附到载体上。因此测定该气体在负载型金属催化剂的吸附量，可用来计算催化剂表面暴露的金属面积，从而求出金属的分散度，即表面金属原子数和总原子数的比值。

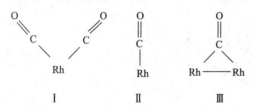

图 2 – 12　一氧化碳在铑上的 3 种吸附类型

测定金属分散度的先决条件是必须知道化学吸附计量比，即每个气体吸附分子所覆盖的表面原子数，以及每个金属原子占据的表面积。对于氢，计量数总是 2，因为通常氢分子在吸附时离解，而且每个氢原子吸附在 1 个金属原子上。一氧化碳能够或者按覆盖 1 个金属原子的直线式吸附，计量数为 1；或者按覆盖 2 个金属原子的桥式吸附，计量数为 2；有时还有第 3 种类型，1 个金属原子吸附 2 个一氧化碳分子，如一氧化碳在铑上的吸附经红外光谱检定有 3 种类型(图 2 – 12)。

知 识 拓 展

反应动力学

反应动力学主要论述反应速率和各种反应参数的关联。弄清一个反应的动力学规律，测定反应速率达式，对于催化反应的实际应用、反应器设计、选择最佳反应条件和反应过程的控制，以及深入了解反应的机理和表面中间化合物，都有十分重要的作用。

催化反应通常包含一系列复杂的基元步骤，其中之一常比其他步骤慢而成为控制总反应速率的步骤(控速步)。

无论多相或均相催化反应都服从下述两条原理：

①催化剂并不改变总反应的平衡，仅仅影响反应的速率。

②催化活性中心数目是不变的。在多相催化中，活性中心的密度以每千克催化剂或单位表面积的活性中心数目表示。对于均相催化，则以活性络合物的分子浓度表示。

1. 反应速率和反应级数

化学动力学实验数据包括在反应过程中反应物和产物的浓度(压力)随时间的变化；反应温度在反应过程中维持恒定。实验得出的反应速率通常以浓度的指数方程表示。例如，对于反应物转化为单一产物的反应：

$$A + B \longrightarrow C$$

该反应的速率表示式可写成：

$$r = k \cdot p_A^a \cdot p_B^b \cdot p_C^c$$

式中，r 是相应单位质量催化剂的反应速率；p 表示压力；a、b、c 分别是反应物 A、B、产物 C 的反应级数，通常不是整数。反应级数在某种程度上反映 A、B 和 C 对反应速率的影响。对于均相反应，产物浓度(压力)出现在反应速率方程中是很少遇到的。但对于多相反应，产物能够吸附在催化剂表面，从而影响反应速率。k 是反应速率系数，它的量纲依赖于 a、b 与 c 的数值。

对于一个反应，若假定了它的反应机理和反应物的吸附模式，则可以推导出该反应的速率表示式，反应机理可能包括多个基元步，而总反应速率取决于最慢的一步，即控速步。

反应机理最简单的反应为单分子反应：A→C，假定在催化剂表面 A 非解离吸附，转化为产物 C，随即脱附进入气相。显然，A 的反应速率与它在催化剂表面的浓度，即表面覆盖度 θ_A 成正比。再带入 Langmuir

方程，得到下式：

$$\frac{-\mathrm{d}p_A}{\mathrm{d}t} = \frac{kb_A p_A}{1 + b_A p_A}$$

此反应在低压时为一级反应，高压时为零级反应，在中等压力区间反应级数处于 0~1 级之间。

许多催化反应为双分子反应：A + B→C，反应物 A 和 B 同时为催化剂表面吸附，若假定：

①A 和 B 分子分别吸附在不同的吸附位上，且都是非解离吸附；

②吸附是反应控速步；

③产物 C 不被催化剂表面吸附。

在这些条件下，应用 Langmuir 方程可导出反应速率表示式。

$$\frac{\mathrm{d}p_C}{\mathrm{d}t} = \frac{kb_A p_A b_B p_B}{(1 + b_A p_A + b_B p_B)^2}$$

当 θ_A 等于 θ_B，也就是 $b_A p_A = b_B p_B$ 时，反应速率达到最大。若令 p_B 数值保持不变，测定反应速率随 p_A 的变化，由反应速率达到最大时的 p_A / p_B 值，可以计算 b_A / b_B 比值(图 2 - 13)。

2. 温度对催化反应速率的影响

大多数化学反应的速率系数 k 按 Arrhenius 方程随反应的绝对温度 T 而变化：

$$k = A\exp(-E/RT) \text{ 或 } \ln k = \ln A - E/RT$$

式中，A 即所谓的指前因子；E 是活化能；R 是气体常数。$\ln k$ 对 $1/T'$ 作图得一直线。如为单分子分解反应，其速率常数有下列关系式：

$$k_r = k_{roe} Er/(-RT) \quad \ln k_r = \ln k_{ro} - E_r/RT$$

多相催化反应是由吸附、表面反应和脱附等连续步骤实现的，各步的反应速率常数与温度的关系都遵循 Arrhenius 方程。总反应的表观速率系数在反应温度的变化范围不是太大时也近似遵循 Arrhenius 方程。但由于各步骤的温度系数彼此并不一定相同，如果反应温度的变化范围较大，就有可能导致控速步位置的移动，因而在 Arrhenius 图上呈现曲线或几条直线线段(图 2 - 14)。

许多可比较的多相催化反应系列间常常存在补偿效应，即指前因子 A 和活化能 E 值常常是同方向变化的。补偿效应常用下列直线方程来表示：

$$\ln A = E/RT_\theta + B$$

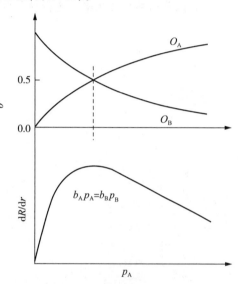

图 2 - 13　双分子表面反应的速率与反应物分压(p_A)关联图$(p_B$ 为常数)

式中，T_θ 和 B 是特征常数。在 T_θ 温度下所有相关的反应速率都变为相等(图 2 - 15)。已经提出多种理论来解释补偿效应，各有其特定的假设，但都归结于催化剂表面能量的不均匀性。

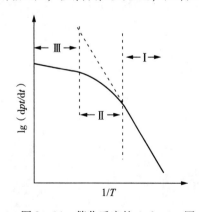

图 2 - 14　催化反应的 Arrhenius 图

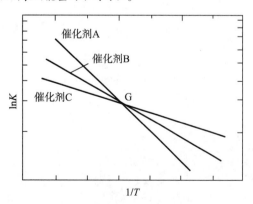

图 2 - 15　Arrhenius 图和补偿效应

思考题

1. 什么叫催化剂？催化剂的分类方法有哪几种？

2. 试述催化剂的基本特性。

3. 工业催化剂的使用性能包括哪几方面？

4. 试述物理吸附与化学吸附的区别及两者在催化研究中的应用。

5. 催化剂的组成包括哪几部分？并说明载体的作用。

6. 催化剂的吸附等温线可以概括为哪几种类型？

7. 多相催化反应过程中，从反应物到产物要经历那几个步骤？哪些属于物理过程？哪些属于化学过程？

8. 试分别解释转化率、选择性和收率的含义。三者有何关系？

本章主要介绍了常见固体催化剂的制备方法、主要成型技术、典型固体催化剂的制备过程及新进展，通过本章的学习，要求学生了解常见固体催化剂的制备方法以及新进展，重点掌握沉淀法、浸渍法、混合法、热熔融法及离子交换法的基本原理、操作过程及典型生产实例。

第3章　催化剂生产技术

研究催化剂的生产技术，具有极为重要的现实意义。一方面，与所有化工产品一样，要从制备、性质和应用这三个基本方面来对催化剂加以研究；另一方面，工业催化剂又不同于绝大多数以纯化学品为主要形态的其他化工产品。催化剂(尤其是固体催化剂)多数有较复杂的化学组成和物理结构，并因此而形成千差万别的品种系列、纷繁用途以及专利特色。因此，研究催化剂的制备技术，便会有更大的价值及更多的特色，而不可简单地混同于通用化学品。

工业催化剂的性能主要取决于其化学组成和物理结构。由于制备方法的不同，尽管成分、用量完全相同，所制出的催化剂的性能仍可能有很大的差异。在科学技术发达的今天，厂家要对其工业催化剂的化学组成保守商业秘密已是相当困难的事。只要获得少量的工业催化剂样品，用不太长的时间，用户就比较容易地弄清其主要化学成分和基本物理结构，然而却往往并不能据此轻易仿造好该种催化剂。因为，其制造技术的许多 Know – How(诀窍)，并不是通过其组成化验之后，就可以轻易地"一目了然"的。这正是一切催化剂发明的关键和困难之所在。

在化学工业中，可以用作催化剂的材料很多。以无机材质为主的固体非均相催化剂，包括金属、金属氧化物、硫化物、酸、碱、盐以及某些天然原料；以分子筛等复盐为代表的无机离子交换剂和离子交换树脂等有机离子交换剂，也是这类催化剂的常用材料；以金属有机化合物为代表的均相配合物催化剂，是目前新型的另一大类工业催化剂；以酶为代表的生物催化剂，其在化工领域的研究和应用，近年也有了长足的进展。不同形态的催化剂，需要不同的制备方法。

本章主要以目前应用最广的固体多相催化剂为例，介绍工业催化剂的基本制造方法，以及各种催化剂制造方法的新发展。

3.1　固体催化剂的制备方法

3.1.1　沉淀法

沉淀法是以沉淀操作作为其关键和特殊步骤的制造方法，是制备固体催化剂最常用的方法之一，广泛用于制备高含量的非贵金属、金属氧化物、金属盐催化剂或催化剂载体。

沉淀法的一般操作是在搅拌的情况下把碱类物质(沉淀剂)加入金属盐类水溶液中，再将生成的沉淀物洗涤、过滤、干燥和焙烧，制造出所需要的催化剂前驱物。在大规模的生产中，金属盐制成水溶液，是出于经济上的考虑，在某些特殊情况下，也可以用非水溶液，例

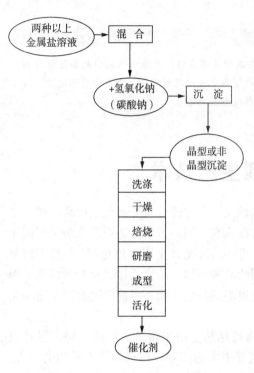

图 3-1 沉淀法的生产工艺流程图

如酸、碱或有机溶剂的溶液。

沉淀法的关键设备一般是沉淀槽，其结构，如一般的带搅拌的釜式反应器。以沉淀一步为核心，沉淀法的生产工艺流程如图 3-1 所示。

3.1.1.1 沉淀法的分类

随着催化实践的进展，沉淀方法已由单组分沉淀法发展到多组分共沉淀法、均匀淀沉法、超均匀共沉淀法、浸渍沉淀法和导晶沉淀法等。

1. 单组分沉淀法

即通过沉淀剂与一种待沉淀溶液作用以制备单一组分沉淀物的方法。这是催化剂制备中最常用的方法之一。由于沉淀物只含 1 个组分，操作不太困难。它可以用来制备非贵金属的单组分催化剂或载体。如与机械混合和其他操作单元组合使用，又可用来制备多组分催化剂。

氧化铝是最常见的催化剂载体。氧化铝晶体可以形成 8 种变体，如 $\alpha - Al_2O_3$、$\beta - Al_2O_3$、$\gamma - Al_2O_3$ 等。为了适应催化剂或载体的特殊要求，各类氧化铝变体，通常由相应的水合氧化铝加热失水而得。文献报道的水合氧化铝制备实例甚多，但其中属单组分沉淀法的占绝大多数，并被分为酸法与碱法两大类。

酸法以碱为沉淀剂，从酸化铝盐溶液中沉淀水合氧化铝。

$$Al^{3+} + OH^- \longrightarrow Al_2O_3 \cdot nH_2O \downarrow$$

碱法则以酸为沉淀剂，从偏铝酸盐溶液中沉淀水合物，所用的酸包括硝酸、盐酸等。

$$AlO_2^- + H_3O^+ \longrightarrow Al_2O_3 \cdot nH_2O \downarrow$$

2. 共沉淀法（多组分共沉淀法）

共沉淀法是将催化剂所需的 2 个或 2 个以上组分同时沉淀的一种方法。本法常用来制备高含量的多组分催化剂或催化剂载体。其特点是一次可以同时获得几个催化剂组分，而且各个组分之间的比例较为恒定，分布也比较均匀。如果组分之间能够形成固溶体，那么分散度和均匀性则更为理想。共沉淀法的分散性和均匀性好，是它较之于混合法等的最大优势。

典型的共沉淀法，以低压合成甲醇用的 $CuO - ZnO - Al_2O_3$ 三组分催化剂为典型实例。将给定比例的硝酸铜、硝酸锌、硝酸铝混合盐溶液与碳酸钠并流加入沉淀槽，在强烈搅拌下，于恒定的温度与近中性的 pH 值下，形成三组分沉淀。沉淀经洗涤、干燥与焙烧后，即为该催化剂的先驱物。

3. 均匀沉淀法

以上两种沉淀法，在其操作过程中，难免会出现沉淀剂与待沉淀组分的混合不均匀、沉淀颗粒粗细不等、杂质带入较多等现象。均匀沉淀法则能克服此类缺点。均匀沉淀法不是把沉淀剂直接加入到待沉淀溶液中，也不是加入沉淀剂后立即产生沉淀，而是首先使待沉淀金属盐溶液与沉淀剂母体充分混合，预先造成一种十分均匀的体系，然后调节温度和时间，逐渐提高 pH 值（图 3-2），或者在体系中逐渐生成沉淀剂等方式，创造形成沉淀的条件，使沉淀缓慢进行，以制得颗粒十分均匀而且比较纯净的沉淀物。例如，为了制取氢氧化铝沉淀，可在铝盐溶液中加入尿素溶化其中，混合均匀后，加热升温至 90~100℃ ，此时溶液中各处的尿素同时水解，释放出 OH^- 。

$$(NH_2)_2CO + 3H_2O \xrightarrow{90\sim100℃} 2NH_4^+ + 2OH^- + CO_2$$

于是氢氧化铝沉淀即在整个体系内均匀而同步地形成。尿素的水解速率随温度的改变而改变，调节温度可以控制沉淀反应在所需要的 OH^- 浓度下进行。

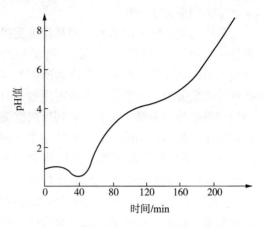

图 3-2 尿素水解过程中 pH 值随时间的变化

均匀沉淀不限于利用中和反应，还可以利用其他有机物的水解、配合物的分解或氧化还原等方式来进行。除尿素外，均匀沉淀法常用的类似沉淀母体列于表 3-1。

表 3-1 均匀沉淀法常用的部分沉淀剂母体

沉淀剂	母体	化学反应
OH^-	尿素	$(NH_2)_2CO + 3H_2O \longrightarrow 2NH_4^+ + 2OH^- + CO_2$
PO_4^{3-}	磷酸三甲酯	$(CH_3)_3PO_4 + 3H_2O \longrightarrow 3CH_3OH + H_3PO_4$
$C_2O_4^{2-}$	尿素与草酸二甲酯或草酸	$(NH_2)_2CO + 2HC_2O_4^- + H_2O \longrightarrow 2NH_4^+ + 2C_2O_4^{2-} + CO_2$
SO_4^{2-}	硫酸二甲酯	$(CH_3)_2SO_4 + 2H_2O \longrightarrow 2CH_3OH + 2H^+ + SO_4^{2-}$
SO_4^{2-}	磺酰胺	$NH_2SO_3H + H_2O \longrightarrow NH_4^+ + H^+ + SO_4^{2-}$
S^{2-}	硫代乙酰胺	$CH_3CSNH_2 + H_2O \longrightarrow CH_3CONH_2 + H_2S$
S^{2-}	硫脲	$(NH_2)_2CS + 4H_2O \longrightarrow 2NH_4^+ + 2OH^- + CO_2 + H_2S$
CrO_4^{2-}	尿素与 $HCrO_4^-$	$(NH_2)_2CO + 2HCrO_4^- + H_2O \longrightarrow 2NH_4^+ + CO_2 + 2CrO_4^{2-}$

当使用过量氢氧化铵作用于镍、铜或钴等离子时，在室温条件下，会发生沉淀重新溶解形成可溶性金属配合物的现象。而配合物离子溶液加热或温度降低时，又会产生沉淀。这种配合沉淀的方法，也可归于均匀沉淀一类，使用也较广泛。

4. 浸渍沉淀法

浸渍沉淀法是在普通浸渍法的基础上辅以沉淀法发展起来的一种新方法，即待盐溶液浸渍操作完成之后，再加沉淀剂，而使待沉淀组分沉积在载体上。

5. 导晶沉淀法

本法是借助晶化导向剂（晶种）引导非晶型沉淀转化为晶型沉淀的快速而有效的方法。近年它普遍用来制备以廉价易得的水玻璃为原料的高硅钠型分子筛，包括丝光沸石、Y 型与 X 型分子筛。分子筛催化剂的晶形和结晶度至关重要，而利用结晶学中预加少量晶种引导结晶快速完整形成的规律，可简便有效地解决这一难题。

6. 超均匀共沉淀法

超均匀共沉淀法也是针对沉淀法、共沉淀法等制法中，所得沉淀粒度大小和组分分布不够均匀等缺点而提出的。这些粒子分布之所以不够均匀，其原因在于它们在逐渐加料中先后形成沉淀时，相互间有不可避免的时间差和空间差，其形成历程中的反应时间、pH 值、温度、浓度也有不可避免的差异。前述均匀沉淀法在克服这种差异方面已有所突破，而超均匀共沉淀法则更进了一步。

超均匀共沉淀法的基本原理是将沉淀操作分成两步进行。首先制成盐溶液的悬浮层，并将这些悬浮层(一般是 2～3 层)立即瞬间混合成为过饱和的均匀溶液；然后由过饱和溶液得到超均匀的沉淀物。两步操作之间所需的时间，随溶液中的组分及其浓度而不同，通常需要数秒钟或数分钟，少数情况下也有用数小时的。这个时间是沉淀的引发期。在此期间，所得超饱和溶液处于不稳定状态，直到形成沉淀的晶核为止。瞬间立即混合是本法的关键操作。它可防止形成不均匀的沉淀。例如用本法制备硅酸镍催化剂时，可先将硅酸钠溶液(密度为 $1.3kg/m^3$)放到混合器底部，然后将 20% 硝酸钠溶液(密度为 $1.2kg/m^3$)放于其上，最后，将含硝酸镍和硝酸的溶液(密度为 $1.1kg/m^3$ 时)慢慢倒在前两种液层之上(在容器中形成 3 层)。之后立即开动搅拌机，使之成为过饱和溶液。放置数分钟至几小时，最终可形成均匀的水凝胶或胶冻。用分离方法将水凝胶自母液中分出，或将胶冻破碎成小块。得到的水凝胶经水洗、干燥和焙烧，即得所需催化剂先驱物。这样制得的硅酸镍催化剂，同一般由氢氧化镍和水合硅胶机械混合而得的催化剂，在结构和性能上是大不相同的。其原因在于，"立即混合"的操作大大缩小了沉淀历程中的时间差和空间差。

3.1.1.2　沉淀操作的原理和技术要点

一般而言，沉淀法的生产流程较长，包括溶解、沉淀、洗涤、干燥、焙烧等各步。操作步骤较多，同时要消耗较多的酸和碱。这当然是其不足，然而这一切也正是为制得性能较好催化剂必不可少的代价。操作步骤多，影响因素复杂，常使沉淀法的制备重复性欠佳，这又是问题的另一方面。

与沉淀操作各步骤有关的操作原理和技术要点，扼要讨论如下。其中若干原理，也原则上适用于除沉淀法以外的其他方法中的相同操作。

1. 金属盐类和沉淀剂的选择

一般首选硝酸盐来提供无机催化剂材料所需要的正离子，因为绝大多数硝酸盐都可溶于水，并可方便地由硝酸与对应的金属或其氧化物、氢氧化物、碳酸盐等反应制得。两性金属铝，除可由硝酸溶解外，还可由氢氧化钠等强碱溶解其氧化物而正离子化。

金、铂、钯、铱等贵金属不溶于硝酸，但可溶于王水，溶于王水的这些贵金属，在加热驱赶硝酸后，得相应氯化物。这些氯化物的浓盐酸溶液，即为对应的氯金酸、氯铂酸、氯钯酸和氯铱酸等，并以这种特殊的形态，提供对应的正离子。氯钯酸等稀有贵金属溶液，常用于浸渍沉淀法制备负载催化剂。这些溶液先浸入载体，而后加碱沉淀。在浸渍－沉淀反应完成后，这些贵金属正离子转化为氢氧化物而被沉淀；而氯离子则可被水洗去。金属铼正离子溶液来自高铼酸。

最常用的沉淀剂是氨、氢氧化铵以及碳酸铵等铵盐。因为它们在沉淀后的洗涤和热处理时易于除去而不残留；而若用氢氧化钾或氢氧化钠时，要考虑到某些催化剂不希望有 K^+ 或 Na^+ 存留其中，且氢氧化钾价格较贵。但若允许，使用氢氧化钠或碳酸钠来提供 OH^-、CO_3^{2-}，一般也是较好的选择。特别是后者，不但价廉易得，而且常常形成晶体沉淀，易于洗净。此外，下列的若干原则亦可供选择沉淀剂时参考。

①尽可能使用易分解挥发的沉淀剂。前述常用的沉淀剂如氨气、氨水和铵盐(如碳酸铵、醋酸铵、草酸铵)、二氧化碳和碳酸盐(如碳酸钠、碳酸氢铵)、碱类(如氢氧化钠、氢氧化钾)以及尿素等，在沉淀反应完成之后，经洗涤、干燥和焙烧，有的可以被洗涤除去，有的能转化为挥发性的气体而逸出(如二氧化碳、氨)，一般不会遗留在催化剂中，这为制

备纯度高的催化剂创造了有利条件。

②形成的沉淀物必须便于过滤和洗涤。沉淀可以分为晶形沉淀和非晶形沉淀，晶形沉淀中又细分为粗晶和细晶。晶形沉淀带入的杂质少，也便于过滤和洗涤，特别是粗晶粒。可见，应尽量选用能形成晶形沉淀的沉淀剂。上述那些盐类沉淀剂原则上可以形成晶形沉淀。而碱类沉淀剂，一般都会生成非晶形沉淀，非晶形沉淀难于洗涤过滤，但可以得到较细的沉淀粒子。

③沉淀剂的溶解度要大。溶解度大的沉淀剂，可能被沉淀物吸附的量较少，洗涤脱除残余沉淀剂等也较快。这种沉淀剂可以制成较浓溶液，沉淀设备利用率高。

④沉淀物的溶解度应很小。这是制备沉淀物最基本的要求。沉淀物溶解度愈小，沉淀反应愈完全，原料消耗量愈少。这对于银、铝、镍等贵重或比较贵重的金属特别重要。

⑤沉淀剂必须无毒，不应造成环境污染。

2. 沉淀形成的影响因素

1）浓度

在溶液中生成沉淀的过程是固体（即沉淀物）溶解的逆过程，当溶解和生成沉淀的速率达到动态平衡时，溶液达到饱和状态。溶液中开始生成沉淀的首要条件之一，是其浓度超过饱和浓度。溶液浓度超过饱和浓度的程度称为溶液的过饱和度。形成沉淀时所需要达到的过饱和度，目前只能根据大量实验来估计。

对于晶形沉淀，应当在适当稀的溶液中进行沉淀反应。这样，沉淀开始时，溶液的过饱和度不至于太大，可以使晶核生成的速率降低，因而有利于晶体长大。

对于非晶形沉淀，宜在含有适当电解质的较浓的热溶液中进行沉淀。由于电解质的存在，能使胶体颗粒胶凝而沉淀，又由于溶液较浓，离子的水合程度较小，这样就可以获得比较紧密的沉淀，而不至于成为胶体溶液。胶体溶液的过滤和洗涤都相当困难。

2）温度

溶液的过饱和度与晶核的生成和长大有直接的关系，而溶液的过饱和度又与温度有关。一般来说，晶核生长速率随温度的升高而出现极大值。

晶核生长速率最快时的温度，比晶核长大时达到最大速率所需温度低得多。即在低温时有利于晶核的形成，而不利于晶核的长大。所以在低温时一般得到细小的颗粒。

对于晶形沉淀，沉淀应在较热的溶液中进行，这样可使沉淀的溶解度略有增大，过饱和度相对降低，有利于晶体成长增大。同时，温度越高，吸附的杂质越少。但这时为了减少已沉淀晶体溶解度增大而造成的损失，沉淀完毕，应待熟化、冷却后过滤和洗涤。

非晶形沉淀，在较热的溶液中沉淀也可以使离子的水合程度较小，获得比较紧密凝聚的沉淀，防止胶体溶液的形成。

此外，较高温度操作对缩短沉淀时间提高生产效率有利，对降低料液黏度亦有利。但显然温度受介质水沸点的限制，因此多数沉淀操作均在 70～80℃ 之间进行温度选择。

3）pH 值

既然沉淀法常用碱性物质作沉淀剂，因此沉淀物的生成在相当程度上必然受溶液 pH 值的影响，特别是制备活性高的混合物催化剂更是如此。

由盐溶液用共沉淀法制备氢氧化物时，各种氢氧化物一般并不是同时沉淀下来，而是在不同的 pH 值下（表 3 - 2）先后沉淀下来的。即使发生共沉淀，也仅限于形成沉淀所需 pH 值相近的氢氧化物。

第一篇 基础理论

表 3 - 2　形成氢氧化物沉淀所需的 pH 值

氢氧化物	形成沉淀物所需的 pH 值	氢氧化物	形成沉淀物所需的 pH 值
Mg(OH)$_2$	10.5	Be(OH)$_2$	5.7
AgOH	9.5	Fe(OH)$_2$	5.5
Mn(OH)$_2$	8.5 ~ 8.8	Cu(OH)$_2$	5.3
La(OH)$_3$	8.4	Cr(OH)$_3$	5.3
Ce(OH)$_3$	7.4	Zn(OH)$_2$	5.2
Hg(OH)$_2$	7.3	U(OH)$_4$	4.2
Pr(OH)$_3$	7.1	Al(OH)$_3$	4.1
Nd(OH)$_3$	7.0	Th(OH)$_4$	3.5
Co(OH)$_2$	6.8	Sn(OH)$_2$	2.0
U(OH)$_3$	6.8	Zr(OH)$_4$	2.0
Ni(OH)$_2$	6.7	Fe(OH)$_3$	2.0
Pd(OH)$_2$	6.0		

这即是说，由于各组分的溶度积是不同的，如果不考虑形成氢氧化物沉淀所需 pH 值相近这一点的话，那么很可能制得的是不均匀的产物。例如，当把氨水溶液加到含有两种金属硝酸盐的溶液中时，氨将首先沉淀一种氢氧化物，然后再沉淀另一种氢氧化物。在这种情况下，欲使所得的共沉淀物更均匀些可以采用如下两种方法：第一是将两种硝酸盐溶液同时加到氨水溶液中，这时两种氢氧化物就会同时沉淀；第二是将一种原料溶解在酸性溶液中，而将另一种原料溶解在碱性溶液中。例如，氧化硅—氧化铝的共沉淀可以由硫酸铝与硅酸钠（水玻璃）的稀溶液混合制得。

氢氧化物共沉淀时有混合晶体形成，这是由于量较少的一种氢氧化物进入另一种氢氧化物的晶格中，或者生成的沉淀以其表面吸附另一种沉淀所致。

4）加料方式和搅拌强度

沉淀剂和待沉淀组分两组溶液进行沉淀反应时，有一个加料顺序问题。以硝酸盐加碱沉淀为例，是先预热盐至沉淀温度后逐渐加入碱中，或是将碱预热后逐渐加入盐中，抑或是两者分别先预热后，同时并流加入沉淀反应器中，这其中至少可以有三种可能的加料方式——正加、反加和并流加料。有时甚至可以是这三种方式的分阶段复杂组合。经验证明，在溶液浓度、温度、加料速度等其他条件完全相同的条件下，由于加料方式的不同，所得沉淀的性质也可能有很大的差异，并进而使最终的催化剂或载体的性质出现差异。

搅拌强度对沉淀的影响也是不可忽视的。不管形成何种形态的沉淀，搅拌都是必要的。但对于晶形沉淀，开始沉淀时，沉淀剂应在不断搅拌下均匀而缓慢地加入，以免发生局部过浓现象，同时也能维持一定的过饱和度。而对非晶形沉淀，宜在不断搅拌下，迅速加入沉淀剂，使之尽快分散到全部溶液中，以便迅速析出沉淀。

综上所述，影响沉淀形成的因素是复杂的。在实际工作中，应根据催化剂性能对结构的不同要求，选择适当的沉淀条件，注意控制沉淀的类型和晶粒大小，以便得到预定结构和组成的沉淀物。

3. 沉淀的陈化和洗涤

在催化剂制备中，沉淀形成以后往往有所谓陈化（或熟化）的工序。对于晶形沉淀尤其如此。

沉淀在其形成之后发生的一切不可逆变化称为沉淀的陈化。最简单的陈化操作是沉淀形成后并不立即过滤，而是将沉淀物与其母液一起放置一段时间。这样，陈化的时间、温度及母液的 pH 值等便会成为陈化所应考虑的几个影响因素。

在晶形催化剂制备过程中，沉淀的陈化对催化剂性能的影响往往是显著的。因为在陈化过程中，沉淀物与母液一起放置一段时间(必要时保持一定温度)时，由于细小的晶体比粗大晶体溶解度大，溶液对于大晶体而言已达到饱和状态，而对于细晶体则尚未饱和，于是细晶体逐渐溶解，并沉积于粗晶体上。如此反复溶解、沉积的结果，基本上消除了细晶体，获得了颗粒大小较为均匀的粗晶体。此外，孔隙结构和表面积也发生了相应的变化。而且，由于粗晶体总面积较小，吸附杂质较小，在细晶体之中的杂质也随溶解过程转入溶液。此外，初生的沉淀不一定具有稳定的结构，例如，草酸钙在室温下沉淀时得到的是 $CaC_2O_4 \cdot 2H_2O$ 和 $CaC_2O_4 \cdot 3H_2O$ 的混合沉淀物，它们与母液在高温下一起放置，将会变成稳定的 $CaC_2O_4 \cdot H_2O$。某些新鲜的无定形或胶体沉淀，在陈化过程中逐步转化而结晶也是可能的，例如，分子筛、水合氧化铝等的陈化，即是这种转化最典型的实例。

多数非晶形沉淀，在沉淀形成后不采取陈化操作，宜待沉淀析出后，加入较大量热水稀释之，以减少杂质在溶液中的浓度，同时使一部分被吸附的杂质转入溶液。加入热水后，一般不宜放置，而应立即过滤，以防沉淀进一步凝聚，并避免表面吸附的杂质包裹在沉淀内部不易洗净。某些场合下，也可以加热水放置熟化，以制备特殊结构的沉淀。例如，在活性氧化铝的生产过程中，常常采用这种办法，即先制出无定形的沉淀，再根据需要采用不同的陈化条件，生成不同类型的水合氧化铝($\alpha - Al_2O_3 \cdot H_2O$ 或 $\alpha - Al_2O_3 \cdot 3H_2O$ 等)，经锻烧转化为 $\gamma - Al_2O_3$ 或 $\eta - Al_2O_3$。

沉淀过程固然是沉淀法制备催化剂的关键步骤，然而沉淀的各项后续操作，例如过滤、洗涤、干燥、焙烧、成型等，同样会影响催化剂的质量。其中洗涤一步，是沉淀法制备催化剂的特有操作，值得在此加以讨论。

洗涤操作的主要目的是除去沉淀中的杂质。用沉淀法制备催化剂时，沉淀终点在控制和防止杂质的混入上是很重要的。一方面要检验沉淀是否完全，另一方面要防止沉淀剂的过量，以免在沉淀中带入外来离子和其他杂质。杂质混入催化剂主要发生在沉淀物生成过程中。沉淀带入杂质的原因是表面吸附、形成混晶、机械包藏等。其中，表面吸附是具有大表面非晶形沉淀玷污的主要原因。通常，沉淀物的表面积相当大，颗粒大小 0.1mm 左右的 0.1g 结晶物质(相对密度1)共有 10 万个晶粒，总表面积为 $60cm^2$ 左右；如果颗粒尺寸减至 0.01mm(微晶沉淀)，颗粒的数目就增加到 1 亿个，表面积达到 $600 cm^2$，考虑到结晶表面的不整齐等因素，它的表面积显然还要大得多。有这样大的表面积，对杂质的吸附就不可避免。

此外，沉淀形成后的陈化时间过长，母液中其他的可溶或微溶物可能沉积在原沉淀物上，这种现象称为后沉淀。显然，在陈化过程中发生后沉淀而带入杂质是我们所不希望的。

根据以上分析，为了尽可能减少或避免杂质的引入，应当采取以下几点措施：

①针对不同类型的沉淀，选用适当的沉淀和陈化条件；

②在沉淀分离后，用适当的洗涤液洗涤；

③必要时进行再沉淀，即将沉淀过滤、洗涤、溶解后，再进行一次沉淀；再沉淀时由于杂质浓度大为降低，吸附现象可以减轻或避免。这与一般晶体物质的重结晶有相近的纯化

效果。

在催化剂制备中，以洗涤液除去固态物料中杂质的操作称为洗涤。最常用的洗涤液是纯水，包括去离子水和蒸馏水，其纯度可用电导仪方便地检验。纯度越高，电导越小。有时在纯水中加入适当的洗涤剂配成洗涤液。当然洗涤剂应是可分解和易挥发的，例如用草酸铵稀溶液洗涤草酸钙沉淀。溶解度较小的非晶形沉淀，应该选择易挥发的电解质稀溶液洗涤，以减弱形成胶体的倾向，例如水合氧化铝沉淀宜用硝酸铵溶液洗涤。

选择洗涤液温度时，一般来说，温热的洗涤液容易将沉淀洗净。因为杂质的吸附量随温度的提高而减少，通过过滤层也较快，还能防止胶体溶液的形成。但是，在热溶液中沉淀损失量也较大。所以，溶解度很小的非晶形沉淀，宜用热的溶液洗涤，而溶解度很大的晶形沉淀，以冷的洗涤液洗涤为好。

实际操作中，洗涤常用倾析法和过滤法。洗涤的开始阶段，多用倾析洗涤，即操作时先将洗涤槽中的母液放尽，加入适当洗涤液，充分搅拌并静置澄清后，将上层澄清液尽量倾出弃去，再加入洗涤液洗涤之。重复洗涤数次，将沉淀物移入过滤器过滤，必要时可以在过滤器中继续洗涤（冲洗）。为了提高洗涤效率、节省洗涤液并减少沉淀的溶解损失，宜用尽量少的洗涤液，分多次洗涤，并尽量将前次的洗涤液沥干。洗涤必须连续进行，不得中途停顿，尤其是一些非晶形沉淀，放置凝聚后，就更难洗净。沉淀洗净与否，应进行检查，一般是定性检查最后洗出液中是否还显示某种离子效应。通常以洗涤水不呈 OH^-（用酚酞）或 NO_3^-（用二苯胺浓硫酸溶液）的反应时为止。对某些类型的催化剂，洗涤不净在催化剂中留下残余的碱性物，将影响催化剂的性能。

4. 干燥、焙烧和活化

干燥是用加热的方法脱除已洗净湿沉淀中的洗涤液。干燥后的产物，通常还是以氢氧化物、氧化物或硝酸盐、碳酸盐、草酸盐、铵盐和乙酸盐的形式存在。一般来说，这些化合物既不是催化剂所需要的化学状态，也尚未具备较为合适的物理结构，对反应不能起催化作用，故称催化剂的钝态。把钝态催化剂经过一定方法处理后变为活泼催化剂的过程，叫做催化剂的活化（不包括再生）。活化过程，大多在使用厂的反应器中进行，有时在催化剂制造厂进行，后者称预活化或预还原等。

焙烧是继干燥之后的又一热处理过程。但这两种热处理的温度范围和处理后的热失重是不同的，其区别见表 3-3。干燥对催化剂性能影响较小，而焙烧的影响则往往较大。

表 3-3 干燥与焙烧的区别

单元操作	温度范围/℃	烧失重（1000℃）/%
干燥	80~300	10~50
中等温度焙烧	到600	2~8
高温焙烧	>600	<2

被焙烧的物料可以是催化剂的半成品（如洗净的沉淀或先驱物），但有时可能是催化剂成品或催化剂载体。

焙烧的目的：

①通过物料的热分解，除去化学结合水和挥发性杂质（如 CO_2、NO_2、NH_3），使之转化为所需要的化学成分，其中可能包括化学价态的变化；

②借助固态反应、互溶、再结晶，获得一定的晶型、微粒粒度、孔径和比表面积等；

③让微晶适度地烧结，提高产品的机械强度。

可见，焙烧过程有化学变化和物理变化发生，其中包括热分解过程、互溶与固态反应、再结晶过程、烧结过程等。这些复杂的过程对成品性能的影响也是多方面的。如许多无机化合物在低温下就能发生固态反应，而催化剂（或其半成品）的焙烧温度常常近于500℃左右。所以，活性组分与载体间发生固态相互反应是可能的。再如，烧结一般使微晶长大，孔径增大，比表面积、孔体积减小，强度提高等等，对于一个给定的焙烧过程，上述几个作用过程往往同时或先后发生。当然也必定有1个或几个过程为主，而另一些过程处于次要的地位。显然，焙烧温度的下限取决于干燥后物料中氢氧化物、硝酸盐、碳酸盐、草酸盐、铵盐之类易分解化合物的分解温度。这个温度，可以通过查阅物性数据和一般的热分解失重曲线的测定来确定。焙烧温度的上限要结合焙烧时间一并考虑。当焙烧温度低于烧结温度时，时间愈长，分解越完全；若焙烧温度高于烧结温度，时间愈长，烧结愈严重。为了使物料分解完全，并稳定产物结构，焙烧至少要在不低于分解温度和最终催化剂成品使用温度的条件下进行。焙烧温度较低时，分解过程或再结晶过程占优势；焙烧温度较高时，烧结过程可能较突出。

焙烧设备很多，有高温电阻炉、回转窑、隧道窑（图3-3）、流化床等。选用什么设备要根据焙烧温度、气氛、生产能力和设备材质的要求来决定。

任何给定的焙烧条件都只能满足某些主要性能的要求。例如，为了得到较大的比表面积，在不低于分解温度和不高于使用温度的前提下，焙烧温度应尽量选低，并且最好抽真空焙烧。为了保证足够的机械强度，则可以在空气中焙烧，而且焙烧时间可长一些。为了制备某种晶形的产品（如 γ - Al_2O_3 或 α - Al_2O_3），必须在特定的相变温度范围内焙烧。为了减轻内扩散的影响，有时还要采取特殊的造孔技术，例如，预先在物料中加入造孔剂，然后在不低于造孔剂分解温度的条件下焙烧，等等。

经过焙烧后的催化剂（或半成品），相当多数尚未具备催化活性，必须用氢气或其他还原性气体，还原成为活泼的金属或低价氧化物，这步操作称为还原，也称为活化。当然，还原只是催化剂最常见的活化形式之一，因为许多固体催化剂的活化状态都是金属形态；然而还原并非活化的惟一形态，因为某些固体催化剂的活化状态是氧化物、硫化物或其他非金属态。例如，烃类加氢脱硫用的钴-钼催化剂，其活性状态为硫化物。因此这种催化剂的活化是预硫化，而不是还原。

图3-3 在隧道窑中焙烧的催化剂载体

气-固相催化反应中，固体催化剂的还原多用气体还原剂进行。影响还原的因素大体是还原温度、压力、还原气组成和空速等。

若催化剂的还原是一个吸热反应，提高温度，有利于催化剂的彻底还原；反之，若还原是放热反应，提高温度就不利于彻底还原。提高温度可以加大催化剂的还原速率，缩短还原时间。但温度过高，催化剂微晶尺寸增大，比表面积下降；温度过低，还原速率太慢，影响反应器的生产周期，而且也可能延长已还原催化剂暴露在水汽中的时间（还原伴有水分产生），增加氧化－还原的反复机会，也使催化剂质量下降。每一种催化剂都有一个特定的起始还原温度、最快还原温度、最高允许还原温度。因此，还原时应根据催化剂的性质选择并控制升温速率和还原温度。

还原性气体有氢气、一氧化碳、烃类等含氢化合物（甲烷、乙烯）等，用于工业催化剂还原的还有氮－氢气（氨裂解气）、氢气－一氧化碳（甲醇合成气）等，有时还原性气体还含有适量水蒸气，配成湿气。不同还原性介质的还原效果不同，同一种还原气，因组成含量或分压不同，还原后催化剂的性能也不同。一般来说，还原气中水分和氧含量愈高，还原后的金属晶体愈粗。还原气体的空速和压力也能影响还原质量。高的空速有利于还原的平衡和速率。如果还原是分子数变少的反应，压力的变化将会影响还原反应平衡的移动，提高压力可以提高催化剂还原度。

在还原的操作条件（如温度、压力、时间及还原气体组成与空速等）一定时，还原效果的好坏尚取决于催化剂的组成、制备工艺及颗粒大小。例如，加进载体的氧化物比纯粹的氧化物所需的还原温度往往要高些；相反，加入某些物质有时可以提高催化剂的还原性，例如在难还原的铝酸镍中加入少量含铜化合物，可以加速铝酸镍的还原。通常还原反应有水分产生，在催化剂床层压力降许可的情况下，使用颗粒较细的催化剂，可以减轻水分对催化剂的反复氧化－还原作用，从而减轻水分的毒化作用。

有时某些催化剂的预还原还在液相中进行，详见以下实例。

3.1.1.3 沉淀法催化剂制备实例

以下所举的几个最简单实例，仅仅是为便于初步理解前述沉淀法的基本原理和操作要点而特意选用的。

1. 银催化剂的制备（单组分沉淀法）

单质银对某些反应的催化活性极高。例如，对于乙烯氧化制环氧乙烷，工业上多用银催化剂。以下是一个实验室银催化剂的制法提要。

将100g硝酸银溶于800mL蒸馏水中，在充分搅拌下徐徐加入10%苛性钠溶液，至溶液中残留少量的硝酸银时为止。再加入20mL 30%过氧化氢20mL，即可按下式将生成的氧化银还原成单质银。在这里，由于过氧化氢急剧分解成氢气和氧气，而氢气促进氧化银中的银游离出来。

$$Ag_2O + H_2O_2 \longrightarrow 2Ag + H_2O + O_2 \uparrow$$

用倾析法滤出上部澄清溶液，再将4mL 30%过氧化氢溶液以蒸馏水稀释至100mL，用这种水洗涤沉淀，直至滤液中不含银离子为止。将沉淀移入瓷碟中，加入400g 14～25目的氧化铝，再加入14g过氧化钡，所得催化剂混合物在水浴上蒸除水分，115℃干燥20h。

这种催化剂需在250℃用10%乙烯和90%氮气组成的混合物处理3h，在290℃处理8h后，方能投入使用。

本例中，载体氧化铝和助催化剂过氧化钡，是在活性组分银沉淀后湿混加入的。氧化银的还原，使用了液体H_2O_2，在常温下进行，并在使用时的高温下再用含氢化合物乙烯，进行了补充活化。

2. 活性氧化铝的制备（单组分沉淀法）

现举一个以碱为沉淀剂的沉淀法制取活性氧化铝的实例。

在20～30℃下将4mol氨水缓慢加入10% Al(NO₃)₃水溶液中，使之达到规定的pH值，放置一昼夜后，过滤，清洗，即可得到氢氧化铝凝胶。将这种凝胶浸于与沉淀时相同pH值的氨水溶液中，在搅拌下，于 20～25℃放置30d进行陈化。其结果，当pH值为10，不管是否陈化，生成物以拜耳石为主，焙烧后主要得到 $\eta - Al_2O_3$；但当pH值小于8，生成物则以水合氧化铝为主，焙烧后形成 $\gamma - Al_2O_3$。由此可见，在pH值高时形成的沉淀容易得到拜耳石。有鉴于此，如把前述操作颠倒过来，即向搅拌的氨水中加硝酸铝水溶液，可使pH值始终保持在9以上。缓慢加入硝酸铝，勿使溶液pH值出现局部过低，按原有状态放置4h，过滤，将沉淀在水中熟化12h，再过滤，于120℃下干燥72h，即可得到充分结晶的拜耳石。将它在250℃下加热16h，再在500℃下加热24h，则脱水为 $\eta -$ 氧化铝。工业上也用大体相同的方法制造 $\eta - Al_2O_3$。

从本例可以看出，沉淀法反应的条件变化可以是灵活而多样的，而它们对产物氧化铝形态的影响，则又是非常广泛而深刻的。

3.1.2 浸渍法

浸渍法以浸渍为关键和特殊的一步，是制造催化剂广泛采用的另一种方法。按通常的做法，本法是将载体放进含有活性物质（或连同助催化剂）的液体（或气体）中浸渍（即浸泡），当浸渍达到平衡后，将剩余的液体除去，再进行干燥、焙烧、活化等与沉淀法相近的后处理，其制备工艺流程示意如图3-4。

浸渍法具有下列优点。第一，可以用即成外形与尺寸的载体，省去催化剂成型的步骤。目前国内外均有市售的各种催化剂载体供应。第二，可选择合适的载体，提供催化剂所需物理结构特性，如比表面积、孔半径、机械强度、热导率等。第三，负载组分多数情况下仅仅分布在载体表面上，利用率高，用量少，成本低，这对铂、钯、铱等贵金属催化剂特别重要。正因为如此，浸渍法可以说是一种简单易行而且经济的方法，广泛用于制备负载型催化剂，尤其是低含量的贵金属负载型催化剂。其缺点是焙烧分解工序常产生废气污染。

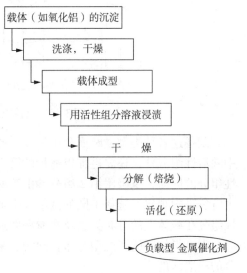

图3-4 浸渍法制备负载型催化剂的工艺流程图

常用的多孔载体有氧化铝、氧化硅、活性炭、硅酸铝、硅藻土、浮石、石棉、陶土、氧化镁、活性白土等。根据催化剂的用途可以用粉状的载体，也可以用成型后的颗粒状载体。

活性物质在溶液里应具有溶解度大、结构稳定且在焙烧时可分解为稳定活性化合物的特性。一般采用硝酸盐、氯化物、乙酸盐或铁盐制备浸渍液。也可以用熔盐，例如处于加热熔融状态的硝酸盐，作浸渍液。

浸渍法的基本原理，一方面是因为固体的孔隙与液体接触时，由于表面张力的作用而产生毛细管压力，使液体渗透到毛细管内部；另一方面是活性组分在载体表面上的吸附。为了增加浸渍量或浸渍深度，有时可预先抽空载体内的空气，而使用真空浸渍法；提高浸渍液温度（降低其黏度）和增加搅拌，效果相近。

浸渍法虽然操作很简单，但是在制备过程中也常遇到许多复杂的问题。如在催化剂干燥时，有时因催化活性物质向外表面移动而使部分内表面活性物质的浓度降低，甚至载体未被覆盖。

活性物质在载体横断面的均匀或不均匀分布，也是值得深入探讨的问题。对于某些反应，有时并不需要催化剂活性物质均匀地分散在全部内表面上，而只需要表面和近表面层有较多的活性物质。活性组分在载体横断面上的分布可以有如图3-5所示的各种类型。

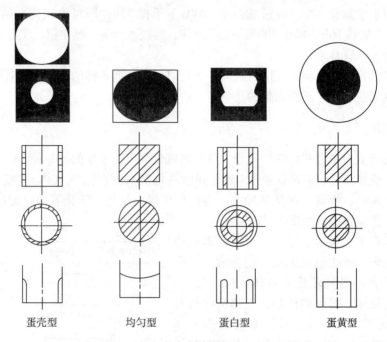

蛋壳型　　　　　均匀型　　　　　蛋白型　　　　　蛋黄型

图3-5　活性组分在载体横断面上的不同分布

制备这各种类型横断面分布催化剂的方法，是竞争吸附法。按照这种方法，在浸渍溶液中除活性组分外，还要再加以适量的第2种称为竞争吸附剂的组分。浸渍时，载体在吸附活性组分的同时，也吸附第2组分。由于两种组分在载体表面上被吸附的几率和深度不同，发生竞争吸附现象。选择不同的竞争吸附剂，再对浸渍工艺和条件进行适当调节，就可以对活性组分在载体上的分布类型及浸渍深度加以控制，如使用乳酸、盐酸或氯乙酸为竞争吸附剂时，则可得加厚的蛋壳型分布。同时，采用不同用量和浓度的竞争吸附剂，可以控制活性组分的浸渍深度。

3.1.2.1　各类浸渍法的原理及操作

1. 过量浸渍法

本法系将载体浸入过量的浸渍液中（浸渍液体积超过载体可吸收体积），待达到吸附平衡后，沥去过剩溶液，干燥、活化后得催化剂成品。

过量浸渍法的实际操作步骤比较简单。例如，先将干燥后的载体放入不锈钢或搪瓷容器中，加入调好酸碱度的活性物质水溶液浸渍。这时载体细孔内的空气，依靠液体的毛细管压力而被逐出，一般不必预先抽空。过量的水溶液用过滤、沥析或离心分离的方法除去。浸渍后，一般还有与沉淀法相近的干燥、焙烧等工序操作。多余的浸渍液一般不加处理或略加处理后，还可以再次使用。

2. 等体积浸渍法

本法系将载体与它正好可吸收体积的浸渍液相混合，由于浸渍液的体积与载体的微孔体积相当，只要充分混合，浸渍液恰好浸渍载体颗粒而无过剩，可省去废浸渍液的过滤与回收操作。但是必须注意，浸渍液的体积是浸渍化合物性质和浸渍液黏度的函数。确定浸渍液体积，应预先进行试验测定。等体积浸渍可以连续或间歇进行，设备投资少，生产能力大，能精确调节负载量，所以被工业上广泛采用。

实际操作时，该法是将需要量的活性物质配成水溶液，然后将一定量的载体浸渍其中。这个过程通常采用喷雾法，即把含活性物质的溶液喷到装于转动容器中的载体上来完成。本法适用于载体对活性物质吸附能力很强的情况。就活性物质在载体上的均匀分布而言，此法不如过量浸渍法。

对于多种活性物质的浸渍，要考虑到由于有两种以上溶质的共存，可能改变原来某一活性物质在载体上的分布。这时往往要加入某种特定物质，以寻找催化活性的极大值。例如制备铂重整催化剂时，在溶液中加入若干竞争吸附剂乙酸，可以改变铂在载体上的分布。而乙酸含量达到一定比例时，催化活性就出现极大值。在另外的情况下，也可采用分步浸渍，即先将一种活性物质浸渍后，经干燥、焙烧，然后再用另一种活性物质浸渍。有时可将多种活性物质制成混合溶液，而后浸之。

当需要活性物质在载体的全部内表面上均匀分布时，载体在浸渍前要进行抽真空处理，抽出载体内的气体，或同时提高浸渍液温度，以增加浸渍深度。

载体的浸渍时间取决于载体的结构、溶液的浓度和温度等条件，通常为 $30 \sim 90 \text{min}$。

3. 多次浸渍法

为了制得活性物质含量较高的催化剂，可以进行重复多次的浸渍、干燥和焙烧，此即所谓多次浸渍法。

采用多次浸渍法的原因有两点：第一，浸渍化合物的溶解度小，一次浸渍的负载量少，需要重复浸渍多次；第二，为避免多组分浸渍化合物各组分的竞争吸附，应将各组分按次序先后浸渍。每次浸渍后，必须进行干燥和焙烧，使之转化为不可溶性的物质，这样可以防止上次浸渍在载体上的化合物在下一次浸渍时又重新溶解到溶液中，也可以提高下一次的浸渍载体的吸收量。例如，加氢脱硫用 $CoO - MoO_3 / Al_2O_3$ 催化剂的制备，可将氧化铝用钴盐溶液浸渍、干燥、焙烧后，再用钼盐溶液按上述步骤反复处理。必须注意每次浸渍时负载量的提高情况。随着浸渍次数的增加，每次的负载量将会递减。

多次浸渍法工艺过程复杂，劳动效率低，生产成本高，除非上述必要的特殊情况，应尽量避免采用。

4. 浸渍沉淀法

即先浸渍而后沉淀的制备方法。本法是某些贵金属浸渍型催化剂常用的方法。这时由于浸渍液多用例如氯化物的盐酸溶液——氯铂酸、氯钯酸、氯铱酸或氯金酸等，这些浸渍液在被载体吸收吸附达到饱和后，往往紧接着再加入氢氧化钠溶液等，使氯铂酸中的盐酸得以中和，并进而使金属氯化物转化为氢氧化物，而沉淀于载体的内孔和表面。这种先浸渍而后再沉淀的方法，有利于 Cl^- 的洗净脱除，并可使生成的贵金属化合物在较低温度下用肼、甲醛、过氧化氢等含氢化合物水溶液进行预还原。在这种条件下所制得的活性组分贵金属，不仅易于还原，而且粒子较细，并且还不产生高温焙烧分解氯化物时造成的废气污染。

5. 流化喷洒浸渍法

对于流化床反应器所使用的细粉状催化剂，可应用本法，即浸渍液直接喷洒到反应器中处于流化状态的载体上，完成浸渍后，接着进行干燥和焙烧。

6. 蒸气相浸渍法

可借助浸渍化合物的挥发性，以蒸气的形态将其负载到载体上去。这种方法首先应用在正丁烷异构化反应过程中。催化剂为三氯化铝/铁钒土。在反应器内，先装入铁钒土载体，然后以热的正丁烷气流将活性组分三氯化铝升华并带入反应器，当负载量足够时，便转入异构化反应。用此法制备的催化剂，在使用过程中活性组分也容易流失，必须随反应气流连续外补浸渍组分。近年，用固体 $SiO_2 \cdot Al_2O_3$ 作载体，负载加入五氟化锑蒸气，合成 $SbF_5/SiO_2 \cdot Al_2O_3$ 固体超强酸。

3.1.2.2 浸渍催化剂的热处理

1. 干燥过程中活性组分的迁移

用浸渍法制备催化剂时，毛细管中浸渍液所含溶质在干燥过程中会发生迁移，造成活性组分的不均匀分布。这是由于在缓慢干燥的过程中，热量从颗粒外部传到颗粒内部，颗粒外部总是先达到颗粒的蒸发温度，因而孔口部分先蒸发使部分溶质析出。由于毛细管上升现象，含有活性组分的溶液不断从毛细管内部上升到孔口，并随着溶剂的蒸发而不断析出，活性组分就会不断向表层集中，留在孔内的活性组分减少。因此，为减少干燥过程中活性组分的迁移，常用快速干燥法，以使溶质迅速析出，有时可用稀溶液多次浸渍。

2. 负载催化剂的焙烧与活化

负载型催化剂中的活性组分是以高度分散的形式存在于载体上的。这类催化剂在焙烧过程中活性组分表面会发生变化，一般是由于金属晶粒大小的变化导致活性表面积的变化，也就是说在较小的晶粒长成较大的晶粒的过程中，表面自由能也相应地减小。至于金属晶粒烧结的机理，目前还存在很多争论，没有一种理论能够完全解释这类催化剂烧结过程中所观察到的现象。有些情况下载体和活性组分都有可能烧结，但多数情况下只有活性金属表面积减小，而载体的表面积不发生变化。

在实际应用中，为了抑制活性组分的烧结，可以加入耐高温的稳定剂起间隔作用，以防止容易烧结的微晶相互接触，从而抑制烧结。易烧结物在烧结后的平均晶粒度与加入稳定剂的量及其晶粒大小有关。在金属负载型催化剂中，载体实际上起着间隔作用，分散在载体中的金属含量越低，烧结后的金属晶粒越小；载体的晶粒越小，烧结后的金属晶粒也越小。

对于负载型催化剂，除了烧结可影响金属晶粒大小外，还原条件对金属的分散度也有影响。为了得到高活性催化剂，就要使金属的分散度尽量高。按结晶学原理，在还原过程增大晶核生成的速率，有利于生成高分散的金属微晶；而提高还原速率，特别是还原初期的速率，可增大晶核的生成速率。在实际操作中，可采用以下方法提高还原速率：

①在不发生烧结的前提下，尽可能高地提高还原温度。提高还原温度可以大大提高催化剂的还原速率，缩短还原时间，而且还原过程有水分产生，提高温度可以减少已还原催化剂暴露在水汽中的时间，减小反复氧化还原的机会。

②使用较高的还原气空速。高空速有利于还原反应平衡向右移动，提高还原速率。另外，高空速时气相水汽浓度低，扩散快，催化剂孔内水汽容易逸出。

③尽可能地降低还原气中水蒸气的分压。一般来说，还原气体中的水分和氧含量越多，还原后的金属晶粒越大。因此，可在还原前先将催化剂进行脱水，或用干燥的惰性气体通过催化剂床层。

3. 固相互溶体与固相反应

在热处理过程中，活性组分和载体之间可能生成固体溶液或化合物，这就要根据需要选用不同的操作条件，促使其生成或避免其生成。如果负载的活性组分能与载体生成固溶体，且负载的活性组分最后能被还原，则互溶将促使金属与载体形成最紧密的混合；若负载的活性组分最终不能被还原，则所得的样品就没有催化活性。固溶体的生成一般可以减缓晶体长大的速率，如纯 NiO 样品在 500℃ 焙烧 4h，NiO 晶粒成长到 30～40μm 大小，而 NiO 与 MgO 形成固溶体时，在同样的焙烧条件下，固溶体中 NiO 的晶粒仅在 8.0μm 左右。

活性组分与载体之间发生固相反应也是可能的。当金属氧化物与作为分散剂（载体）的耐高温氧化物发生固相反应，而金属氧化物在最后的还原阶段又能被还原成金属时，由于金属与载体形成最紧密的混合，阻止了金属微晶的烧结，使催化剂具有高活性和高稳定性；然而所形成的化合物不能被还原时，这部分金属就没有催化活性。在催化剂的热处理过程中，有意识地利用固相互溶和固相反应对催化剂进行改性，将会得到意想不到的效果。

3.1.2.3 浸渍法催化剂制备实例

以下简单实例，也仅供帮助初步理解本法的基本原理和操作要点。

1. 由乙炔制乙酸乙烯酯的乙酸锌/活性炭催化剂的制备（等体积浸渍法）

乙酸乙烯酯是一种重要的基本有机原料，用途广泛，主要应用于制造乙酸乙烯酯聚合物和共聚物，并进一步加工用于涂料、胶黏剂、纺织品加工、纸张涂层等。也有相当数量的乙酸乙烯酯用于生产聚乙烯醇，后者是生产合成纤维维尼纶的原料。

用乙炔和乙酸蒸气在 180～200℃ 时通过乙酸锌/活性炭催化剂，即发生下列合成乙酸乙烯酯的反应：

$$HC \equiv CH + HOOCCH_3 \longrightarrow CH_2 = CHOOCCH_3$$

所用催化剂通常采用浸渍法，在粒状活性炭载体上浸渍加入 20%～30% 活性组分乙酸锌即得。以下是用等体积浸渍法制备这种催化剂的过程提要。

实验室制备方法：将市售乙酸锌溶于含有少量乙酸的水溶液中（质量浓度约为 350g/L），粒状活性炭载体预先干燥一昼夜后冷却备用。将上述方法制备的乙酸锌饱和水溶液喷洒在活性炭上。所用的乙酸锌溶液量与活性炭的表观体积大约相当。待活性炭将乙酸锌水溶液完全吸收后，再将其蒸发干燥，便成为催化剂成品。注意本例中的活性组分为盐类的乙酸锌，并不需要再转化为氧化锌或金属锌的还原活化过程。

2. 铂/氧化铝重整催化剂的制备（过量浸渍法）

重整是炼油工业中一个重要的加工过程，用于粗汽油的加工。目的是通过重整，使汽油中的直链烃芳构化，成为苯类化合物，以提高汽油的辛烷值，或为石油化工生产更多的苯类原料。

铂催化剂用于重整反应极为有效。多数催化剂含有卤素，少数催化剂加金属镍，成为铂－镍双金属重整催化剂。目前工业用铂重整催化剂多为载体浸渍法制备的。无载体时，催化剂在高温下活性变弱，而且价格昂贵。

以下是一种重整催化剂的实验室制法。以市售高纯度的 $\gamma - Al_2O_3$ 为载体原料。其中 Al_2O_3 含量大于 99.9%，预压成为直径 4.233mm × 4.233mm 的圆柱体。载体比表面积 250m²/g，吸水率 0.56mL/g。将载体加热至 539℃，冷却后，在室温下使足量的氯铂酸溶液浸入其中，使成品催化剂中含铂 0.1%～0.8%。浸渍后沥出，120℃ 干燥一夜，205～593℃ 加热 4h，再于 593℃ 加热 1h。制成后密封贮存。该催化剂投用前必须在反应器中于高温下用氢气还原。

3. 浸渍型镍系水蒸气转化催化剂的制备（多次浸渍法）

浸渍型镍系催化剂是合成氨及炼油工艺中应用最广的工业催化剂之一，用于气态（甲烷）或液态（石脑油）的催化水蒸气转化反应，以制取合成气（CO + H₂）或氢气。这类催化剂多用预烧结的氧化铝或氧化铝 - 水泥载体，多次浸渍硝酸镍水溶液或其熔盐制备，是典型的多次浸渍工艺（图3 - 6）。

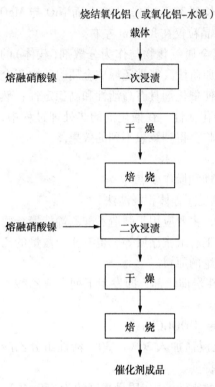

图3 - 6　浸渍型水蒸气转化镍
催化剂的工业生产流程

注意本例中焙烧是在 400 ~ 600℃ 的较高温度下完成镍盐的分解反应，因而有氮氧化物产生的环境污染问题。

$$Ni(NO_3)_2 \longrightarrow NiO + 2NO_x \uparrow$$

氧化镍可在反应器中用氢气还原为活性金属镍。

预烧结型载体的制备方法，可举一种国产轻油水蒸气一段转化炉中的下段催化剂的典型实例加以说明。用铝酸钙水泥（主要成分为 $2Al_2O_3 \cdot CaO$）65 份（质量，下同）、$\alpha - Al_2O_3$ 35 份、石墨 2 份、木质素 0.5 份，经球磨混合 2h，加水 15 份，造粒，压制成直径为 16mm 的拉西环，用饱和蒸汽加热养护 12h，100℃烘干 2h，再在 1400℃下焙烧 2h，即制成载体。

3.1.3　混合法

不难想象，两种或两种以上物质机械混合，可算是制备催化剂的一种最简单最原始的方法。多组分催化剂在压片、挤条或滚球之前，一般都要经历这一操作。有时混合前的一部分催化剂半成品，或许要用沉淀法制备。有时还用混合法制备各种催化剂载体，而后烧结、浸渍。

混合法设备简单，操作方便，产品化学组成稳定，可用于制备高含量的多组分催化剂，尤其是混合氧化物催化剂。此法分散性和均匀性显然较低。但在合适的条件下也可与其他经典方法相比拟，或相接近。为改善这种制法分散性差的弱点，可以加入表面活性剂、分散剂等一起混合，或改善催化剂后处理工艺。

根据被混合物料的物相不同，混合法可以分为干混与湿混两种类型。两者虽同属于多组分的机械混合，但设备有所区别。多种固体物料之间的干式混合，常用拌粉机、球磨机等设备，而液 - 固相的湿式混合，包括水凝胶与含水沉淀物的混合、含水沉淀物与固体粉末的混合等，多用捏合机、槽式混合器、轮碾机等，有时也用球磨机或胶体磨。也还有使沉淀法浆料与载体粉料相混，称为混沉法的，在槽式沉淀反应器中进行。下面列举制备实例。

3.1.3.1　固体磷酸催化剂的制备（湿混法）

磷酸和磷酸盐属于强酸型催化剂，它们一般是通过与反应成分间进行质子交换而促进化学反应的。这一类强酸型催化剂，往往具有促进链烯烃的聚合、异构化、水合、烯烃烷基化及醇类脱水等各种反应的功能。

将磷酸用作催化剂有三种方式：一是以液态的方法使用，其次是涂于石英等的表面而形成薄膜后使用，再者就是载于硅藻土等吸附性载体上形成所谓固体磷酸。

硅藻土是一种天然矿物，多以粉状出售，主要成分为二氧化硅，此外还含有氧化铝、三氧化二铁等。硅藻土本身是一种酸性物质，与磷酸难于反应，但对磷酸有较强的吸附和载持能力，用作固体磷酸的载体较为合适。

以下是以湿混法制备固体磷酸催化剂的一个实例的要点。

在 100 份硅藻土中，加入 300 ~ 400 份 90% 正磷酸和 30 份石墨。石墨使催化剂易于成型，且由于它传热快，能有效地防止反应中因部分蓄热而引起催化剂的损坏。充分搅拌上述 3 种物料，使之均匀。然后放置在平瓷盘中，在 110℃ 烘箱中使之干燥到适于成型的湿度。用成型机将干燥后的催化剂粉末制成规定大小的片剂，再进行热处理，例如在马弗炉或回转炉中通热风进行活化。这样制得的固体磷酸催化剂，其活性由于载体的形态、磷酸量、热处理方法、热处理温度及时间等条件不同而有显著差异。

3.1.3.2　转化吸收型锌锰系脱硫剂的制备（干混法）

本催化剂主要用于某些合成氨厂原料气的净化，目的是将气体中所含的有机硫（噻吩除外）转化并吸收，以保证一氧化碳低温变换催化剂和甲烷化催化剂的正常使用。也可以在天然气制氢等其他过程中用于脱除有机硫。

本催化剂可以直接采用市售活性氧化锌（或碳酸锌）、二氧化锰、氧化镁为原料制备。碳酸锌也可以由锌锭、硫酸、碳酸钠通过沉淀反应自行制备。按规定配方将碳酸锌、二氧化锰、氧化镁依次倒进混合机混合 10 ~ 15min，然后恒速送入一次焙烧炉，在 350℃ 左右进行第 1 次焙烧，使大部分碳酸锌分解为活性氧化锌。将初次焙烧过的混合物慢慢地加到回转造球机中，喷水滚制成小圆球。小圆球进入二次焙烧炉，在 350℃ 左右第 2 次焙烧，过筛、冷却、气密包装，即得产品。这种典型干混法制备的催化剂，由于分散性差，脱硫效果不甚理想，因而大部分已被先进的钴钼加氢 – 氧化锌脱硫的新工艺所取代。

3.1.4　热熔融法

热熔融法是制备某些催化剂较特殊的方法。适用于少数必须经熔炼过程的催化剂，为的是要借高温条件将各个组分熔炼成为均匀分布的混合物，甚至氧化物固溶体或合金固溶体。配合必要的后续加工，可制得性能优异的催化剂。特别是所谓固溶体，是指几种固体成分相互扩散所得到的极其均匀的混合体，也称固体溶液。固溶体中的各个组分，其分散度远远超过一般混合物。由于在远高于使用温度的条件下熔炼制备，这类催化剂常有高的强度、活性、热稳定性和很长的使用寿命。

本法的特征操作工序为熔炼，这是一个类似于平炉炼钢的较复杂和高能耗工艺。熔炼常在电阻炉、电弧炉、感应炉或其他熔炉中进行。显然，除催化剂原料的性质和助剂配方外，熔炼温度、熔炼次数、环境气氛、熔浆冷却速率等因素，对催化剂的性能都会有一定影响，操作时应予以充分注意。如果提高熔炼温度，一方面可以降低熔浆的黏度，另一方面可以增加各个组分质点的能量，从而加快组分之间的扩散，弥补缺乏搅拌的不足。增加熔炼次数，采用高频感应电炉，都能促进组分的均匀分布。有些催化剂熔炼时应尽量避免接触空气，或采用低氧分压的熔炼和冷却。有时在熔炼后采用快速冷却工艺，让熔浆在短时间内淬冷，以产生一定内应力，可以得到晶粒细小、晶格缺陷较多的晶体，也可以防止不同熔点组分的分步结晶，以制得分布尽可能均匀的混合体。有理论认为，晶格缺陷与催化活性中心有关，缺陷多往往活性高。

3.1.4.1　用于合成氨的熔铁催化剂

合成氨是众所周知的重要化学反应。该反应的催化剂，以四氧化三铁为活性组分，成品催化剂组成例如为：Fe_2O_3 66%、FeO 31%、K_2O 1%、Al_2O_3 1.8%。

向已粉碎的电解铁中加入作为促进剂的氧化铝、石灰、氧化镁等氧化物粉末，充分混合，然后装入细长的耐火舟皿中，在 900～950℃下置于氢或氮的气流中烧结。再向这种烧结试样中，按需要量均匀注入浓度 20% 的硝酸钾溶液，吹氧燃烧熔融。这种制法在实验室比较容易进行。熔融时，上述原料必须逐步少量加入，操作反复进行。

3.1.4.2 骨架镍催化剂

1925 年，Raney 提出的骨架镍催化剂制备方法，通过熔炼 Ni – Si 合金，并以氢氧化钠溶液沥滤出（溶出）硅组分，首次制得了分散状态独具一格的骨架镍加氢催化剂。1927 年，改用 Ni – Al 合金又使骨架催化剂的活性进一步提高。这种金属镍骨架催化剂，具有多孔骨架结构，类似海绵，呈现出很高的加氢脱氢活性。后来，这类催化剂都以发明者命名，称雷尼镍。相似的催化剂还有铁、铜、钴、银、铬、锰等的单组分或双组分骨架催化剂。目前工业上雷尼镍应用最广，主要用于食品（油脂硬化）和医药等精细化学品中间体的加氢。由于其形成多孔海绵状纯金属镍，故活性高、稳定且不污染其加工制品，特别重要的是不污染食品。

图 3 – 7 是加氢用骨架镍催化剂的工业生产流程。其流程包括了 Ni – Al 合金的炼制和 Ni – Al 合金的沥滤 2 个部分，少数用于固定床连续反应的催化剂还要经过成型工序。按照给定的 Ni – Al 合金配比（一般 Ni 含量为 42%～50%，Al 含量为 50%～58%），首先将金属铝（熔点 658℃）加入电熔炉，升温加热至 1000℃左右，然后投入小片金属镍（熔点 1453℃）混熔，充分搅拌之。由于反应放出较多的热量（镍的熔解热），炉温容易上升到 1500℃。熔炼后将熔浆倾入浅盘冷却固化，并粉碎为 200 目的粉末。如要成型，可用 SiO_2 或 Al_2O_3 水凝胶为胶黏剂，混合合金粉，成型，干燥，并在 700～1000℃下焙烧，得丸粒状合金。称取合金质量 1.3～1.5 倍的氢氧化钠，配制 20% NaOH 溶液，加入合金中，温度维持在 50～60℃充分搅拌 30～100min，使铝溶出完全，最后洗至酚酞无色（pH ≈ 7），包装备用。长期储存，适于浸入无水乙醇等惰性溶剂中加以保护。

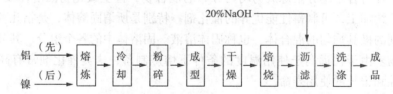

图 3 – 7　骨架镍催化剂的工业生产流程

为了适于固定床操作，还可制备夹层型与薄板型的雷尼镍催化剂。

3.1.4.3 粉体骨架钴催化剂

与骨架镍催化剂的制法相近，还可以制备骨架铜、骨架钴等以及多种金属的合金催化剂。这些催化剂可为块状、片状，亦可为粉末状。

粉体骨架钴催化剂制法要点如下：将 Co – Al 合金（47∶53）制成粉末，逐次少量地加入用冰冷却的、过量的 30% NaOH 水溶液中，可见到铝溶于氢氧化钠生成偏铝酸钠时逸出的氢气。全部加完后，在 60℃ 以下温热 12h，直至无氢气发生。除去上部澄清液，重新加入 30% NaOH 溶液并加热。该操作需重复 2 次，待观测不到再有氢气发生后，用倾泻法水洗，直至呈中性为止。再用乙醇洗涤后，密封保存于无水乙醇中。这种催化剂可在 175～200℃时进行苯环的加氢，作脱氢催化剂时活性也相当高。

3.1.5　离子交换法

某些催化剂利用离子交换反应作为其主要制备工序的化学基础。制备这类催化剂的方法，称为离子交换法。

离子交换反应发生在交换剂表面固定而有限的交换基团上，是化学计量的、可逆的(个别交换反应不可逆)、温和的过程。离子交换法系借用离子交换剂作为载体，以正离子的形式引入活性组分，制备高分散、大比表面积、均匀分布的负载型金属或金属离子催化剂。与浸渍法相比，用此法所负载的活性组分分散度高，故尤其适用于低含量、高利用率的贵金属催化剂的制备。它能将直径小至 0.3～4.0nm 的微晶贵金属粒子负载于载体上，而且分布均匀。在活性组分含量相同时，其催化剂的活性和选择性一般比浸渍法催化剂高。

3.1.5.1　由无机离子交换剂制备催化剂

1. 概念和分类

目前所指的无机离子交换剂，其原料单体主要是各种人工合成的沸石，天然沸石应用较少。

沸石是由 SiO_2、Al_2O_3 和碱金属或碱土金属组成的硅酸盐矿物，特别是指 Na_2O、Al_2O_3、SiO_2 三者组成的复合结晶氧化物(也称复盐)。

这些合成沸石结晶的孔道，通常被吸附水和结晶水所占据。加热失水后，可以用作吸附剂。在沸石晶体内部，有许多大小相同的"孔穴"，孔穴之间又有许多直径相同的孔(或称窗口)相通。由于它具有强的吸附能力，可以将比其孔径小的物质排斥在外，从而把分子大小不同的混合物分开，好像筛子一样。因此，人们习惯上把这种沸石材料称为分子筛。

主要由于分子筛中 Na_2O、Al_2O_3、SiO_2 三者的数量比例不同，而形成了不同类型的分子筛。根据晶型和组成中硅铝比的不同，把分子筛分为 A、X、Y、L、ZSM 等各种类型；而又根据孔径大小的不同，再可分为 3A(孔径在 0.3nm 左右)、4A(孔径比 0.4nm 略大)、5A(孔径比 0.5nm 略大)等型号。几种常见分子筛的化学组成经验式及其孔径如表 3-4 所示。

表 3-4　常见分子筛的化学组成经验式及其孔径

名称	经验化学式	孔径/nm
天然方沸石	$Na_2O \cdot Al_2O_3 \cdot 4SiO_2 \cdot H_2O$	0.28
3A 分子筛	$K_2O \cdot Al_2O_3 \cdot 2SiO_2 \cdot 4.5H_2O$	0.30
4A 分子筛	$Na_2O \cdot Al_2O_3 \cdot 2SiO_2 \cdot 4.5H_2O$	0.40
5A 分子筛	$0.66CaO \cdot 0.33Na_2O \cdot Al_2O_3 \cdot 2SiO_2 \cdot 6H_2O$	0.50
X 型分子筛	$Na_2O \cdot Al_2O_3 \cdot 2.8SiO_2 \cdot 6H_2O$	0.80
Y 型分子筛	$Na_2O \cdot Al_2O_3 \cdot 5SiO_2 \cdot 7H_2O$	0.80
丝光沸石	$Na_2O \cdot Al_2O_3 \cdot 10SiO_2$ (失水物)	—
ZSM-5 分子筛[①]	$Na_2O \cdot Al_2O_3 \cdot (5\sim50)SiO_2$ (失水物)	—

①ZSM-5 分子筛的硅铝比甚至可大于 3000。

为了适应分子筛的各种不同用途，特别是用作催化剂，需要把表 3-4 常见的 Na 型分子筛中 Na^+ 用离子交换的方法交换成其他正离子，如 CaX、HZSM-5 等不同的衍生物，分别称 CaX 分子筛、HZSM-5 分子筛等。

当分子筛中的硅铝比(SiO_2/Al_2O_3 物质的量比)不同时，分子筛的耐酸性、热稳定性等各不相同。一般硅铝比愈大，耐酸性和热稳定性愈强。高硅沸石，如丝光沸石和 ZSM-5 分子筛，若欲将 Na^+ 型转化为 H^+ 型分子筛，可直接用盐酸交换处理，而低硅的 X、Y、A 型分子筛则不能。13X 分子筛在 500℃ 水汽中处理 24h，其晶体结构可能遭到破坏，而 Y 型和丝光沸石，则不受影响。

各种分子筛的区别，更明显的是表现在晶体结构的不同上。由于晶体结构的不同（图 3-8），各种分子筛表现出自身独有的吸附和催化性质。加上用离子交换方法转化而成的各种金属离子的分子筛衍生物，于是便构成了日益增多的分子筛催化剂新品种，其系列至今仍在不断扩大中。

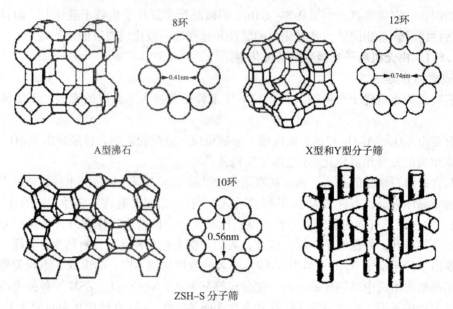

（a）垂直于主孔道的剖面图　　　　　　　　　　（b）孔道结构示意图

图 3-8　某些分子筛的晶体结构

2. 钠型分子筛的一般制法

天然矿物的沸石分子筛，种类较少，而且结构成分不纯，因此用途受限。早期的合成沸石，是采用模拟天然沸石矿物的组成和生成条件，用碱处理的办法来制备的；以后发展成用水热合成方法系统地合成多种沸石分子筛。

沸石的合成方法按原料不同大致可以分为水热合成法及碱处理法两大类。

水热合成法是在适当的温度下进行的。反应温度在 20～150℃ 称为低温水热合成反应，反应温度在 150℃ 以上称为高温水热合成反应。所用原料主要是含硅化合物、含铝化合物、碱和水。常用的碱有氧化钠、氧化钾、氧化锂、氧化钙等，也可以用这些碱的混合物。

含铝化合物是各种水合氧化铝，也可采用铝盐作原料。硅源化合物是水玻璃、硅酸、硅溶胶、卤代硅烷及各种活性无定形硅石。

将上述几种原料与水按适当比例均匀混合制成反应混合物，加到密闭容器中，经加热反应一定时间，就可使沸石结晶出来。加热需要均匀热源以避免局部过热。

碱处理法所用原料有高岭土、膨润土、硅藻土、火山玻璃等天然矿物，也可采用如硅铝凝胶之类的人工合成的凝胶颗粒。因为高岭土来源较广，组成也最稳定，所以用碱处理高岭土的方法是制备沸石分子筛最常用的原料。

第一篇　基础理论

两种方法的主要操作工序都基本相同，主要差别仅在于原料及其配比和晶化条件的不同。现主要以 Y 型及 ZSM - 5 分子筛为例简述其一般制法。

1）Y 型分子筛

通常生产 Y 型分子筛所用的硅酸钠是模数（即 SiO_2/Na_2O 比）3.0 ~ 3.3 的浓度较高的工业水玻璃，用时稀释。

偏铝酸钠溶液由固体氢氧化铝在加热搅拌下与氢氧化钠碱液反应制得。为防止偏铝酸钠水解，溶液应使用新配制的，且 Na_2O/Al_2O_3 比应控制在 1.5 以上。

碱度指晶化阶段反应物中碱的浓度，习惯上是以 Na_2O 的摩尔分数及过量碱的摩尔分数（或质量分数）来表示。在制备 Y 型分子筛时，要求碱度控制在 Na_2O 摩尔分数为 0.75 ~ 1.5，过量碱为 800% ~ 1400%，Na_2O/SiO_2 质量比为 0.33 ~ 0.34。

偏铝酸钠、氢氧化钠与水玻璃反应生成硅铝酸钠，称为成胶。成胶温度、配料的硅铝比、钠硅比及原料碱度，是影响成胶的重要因素。

成胶后的硅铝酸钠凝胶经一定温度和时间晶化成晶体，这相当于前述沉淀法中的陈化工序。晶化温度和晶化时间应严格加以控制，且不宜搅拌过于剧烈。通常采用反应液沸点左右为晶化温度。Y 型分子筛一般控制成胶温度在 97 ~ 100℃。结晶时可加入导晶剂，以提高结晶度。这就是前述的导晶沉淀法。

洗涤的目的是冲洗分子筛上附着的大量氢氧化物。洗涤终点控制在 pH = 9 左右。

2）ZSM - 5 分子筛

由美国 Mobil 公司首创的 ZSM - 5 分子筛，文献报道的制备方法已不可胜数，其结构、用途各异。主要原料除硫酸钠、氯化钠、硫酸铝以及硅酸钠等通用原料外，还要加入有机铵盐等，作为控制晶体结构的"模板剂"。有些配方，除使用水和硫酸等无机溶液外，还使用有机溶液。

这些原料，按一定配比和加料方式加入热压釜中，保持一定的时间和温度反应。凝胶、结晶、洗涤、焙烧后，得钠型的 NaZSM - 5 分子筛。NaZSM - 5 分子筛可以交换为氢型和其他金属离子取代的分子筛。其中氢型分子筛 HZSM - 5 最为常用，是一种工业固体酸催化剂。

3. 分子筛上的离子交换

通常用下列通式来表示包括上述各种常见分子筛在内的一切分子筛的化学组成。

$$M^{n+} \cdot [(Al_2O_3)_p \cdot (SiO_2)_q] \cdot wH_2O$$

式中 M 为 n 价的正离子，最常见的是碱金属、碱土金属离子，特别是钠离子；p、q、w 则分别为 Al_2O_3、SiO_2、H_2O 的分子数。由于 n、p、q、w 数量的改变和分子筛晶胞内四面体排列组合的不同（链状、层状、多面体等），衍生出各种类型的分子筛。

大量实验证明，上列通式中由 Al_2O_3 和 SiO_2 构成的"硅铝核"，在通常的温度和酸度下相对稳定。而这硅铝核以外，水较易析出，不太稳定；正离子 M^{n+} 也不如硅铝核稳定，特别是在水溶液中，它们即成为可以发生离子交换反应的正离子。利用分子筛上可交换正离子的上述特性，可用离子交换的方法，即用其他的正离子来交换替代钠离子。一般使用相应正离子的水溶液，一次或数次地常温浸渍，或者动态地淋洗，必要时搅拌或加温，以强化传质。这时，用离子交换法制备催化剂的工艺，在化学上类似于两种无机盐间的、或者一种金属（例如铁）和另一种金属盐（例如硫酸铜）间进行的离子交换反应，而在催化剂制备工艺上，与浸渍法较为接近。不过，本法涉及的溶液浓度，一般比浸渍法低得多。不同分子筛上进行的离子交换反应，有各种由实验测得的离子交换顺序表，可供参考，见表 3 - 5。

表 3 - 5　分子筛的离子交换顺序（置换能力由大到小）

4A：Ag^+，Cu^{2+}，Tn^{4+}，Al^{3+}，Zn^{2+}，Sr^{2+}，Ba^{2+}，Ca^{2+}，Co^{2+}，Au^{3+}，K^+，$Na^{+①}$，Ne^{2+}，NH_4^+，Cd^{2+}，Hg^{2+}，Li^+，Mg^{2+}
13X：Ag^+，Cu^{2+}，H^+，Ba^{2+}，Al^{3+}，Tn^{4+}，Sr^{2+}，Hg^{2+}，Cd^{2+}，Zn^{2+}，Ni^{2+}，Ca^{2+}，Co^{2+}，NH_4^+，K^+，Au^{3+}，$Na^{+①}$，Mg^{2+}，Li^+

①表示常见的 Na 型分子筛形态。

利用离子交换顺序表，并考虑到各种分子筛对酸和热的结构稳定性，即可用常见的钠型分子筛原粉商品为骨架载体，用离子交换法引进 H^+ 和其他各种活性正离子，以制备对应的催化剂。这时的操作也称分子筛催化剂的活化预处理。

最常用的离子交换法是常压水溶液交换法。特殊情况下也可热压水溶液或气相交换。交换液的酸性应以不破坏分子筛的晶体结构为前提条件。例如，通过离子交换，可将质子 H^+ 引入沸石结构，得氢型分子筛。低硅沸石如 X 型或 Y 型分子筛，一般用铵盐溶液交换，形成铵型沸石，再分解脱除氨后间接氢化。而高硅沸石，如丝光沸石和 ZSM - 5 分子筛，由于耐酸，可直接用酸处理，得氢型沸石。

用水溶液交换，通常的交换条件是：温度为室温至 100℃；时间 10min 至数小时；溶液浓度 0.1 ~ 1mol/L。

有实验证明，在 NaY 分子筛上，用酸交换，室温下的最高交换量不超过 68%，用 7mol/L $LaCl_3$ 溶液，100℃ 下 47d 交换量达 92%。对某些离子，宜进行多次交换，并在各次交换操作之间增加焙烧，可提高交换量。水溶液中的离子交换反应有可逆性，故提高其浓度也有利于交换的平衡和速率。

以下是丙烷芳构化的 Zn/ZSM - 5 催化剂的制备实例。以市售的 Na 型及 ZSM - 5 小晶粒（有机胺法合成）为起始原料，先将样品于 550℃ 下焙烧 4h，以脱除残存的有机胺。然后用浓度为 1mol/L 盐酸于 90℃ 下反复交换 3 次。每次每克样品加入盐酸 10mL，交换 1h。离心分离后，用蒸馏水洗涤至无氯离子。将样品置于烘箱中，在 90℃ 下烘干，再转移至马弗炉中，于 550℃ 焙烧 4h，即得 HZSM - 5。再用适当浓度的硝酸锌水溶液室温浸渍交换数次，即可制成 Zn/ZSM - 5 催化剂。

3.1.5.2　由离子交换树脂制备催化剂

1. 概述

有机离子交换剂，即离子交换树脂。它与上述无机离子交换剂一样，亦可在正离子水溶液中进行离子交换。

离子交换树脂作为净水剂用于制去离子水，或用于稀贵金属提纯的"湿法冶金"，已为人们熟知。离子交换树脂本身还可以用作催化剂，或者经过进一步加工而成为催化剂，如果树脂可耐受该有机反应温度的话。

离子交换树脂可看作是不溶于水和有机溶剂的固体酸或固体碱。因此，凡是原本用酸或碱作催化剂的有机化学反应，原则上都有可能改用离子交换树脂作催化剂。

例如，用两步法由异丁烯和甲醛制异戊二烯的反应过程，其第 1 步是异丁烯和甲醛的缩合反应：

$$CH_3— \underset{\underset{CH_3}{|}}{C}=CH_2 + 2HCHO \longrightarrow$$

$$\underset{\underset{CH_3}{|} \quad \underset{O——CH_2}{|}}{\overset{\overset{CH_3 \quad CH_2—CH_2}{|} \quad \overset{|}{}}{C}} O$$

（异丁烯）　　　（甲醛）　　[4，4-二甲基二氧杂环己烷(DMD)]

该反应以往一般是用硫酸作催化剂。1962 年，法国学者提出改用强酸型阳离子交换树脂作催化剂，立即引起各国关注。采用这种新的催化工艺有 3 个主要优点：①避免了原来采用硫酸作催化剂时，稀酸提浓、回收及处理废酸的问题，因为硫酸作为催化剂并不消耗，于是废酸处理为一大难题；②简化了 DMD 的分离过程；③避免了硫酸腐蚀等问题。

从上例中可以看出离子交换树脂催化剂的优越性。但与无机离子交换剂分子筛相比，有机离子交换树脂有机械强度低、耐磨性差、耐热性往往不高、再生时较分子筛催化剂困难等不足。

离子交换树脂大致可以分为阳离子交换树脂和阴离子交换树脂两大类。典型的阳离子交换树脂，是在树脂的骨架中含有作为阳离子交换基团的磺酸基($—SO_3H$)或羧基($—COOH$)等，前者称为强酸性阳离子交换树脂，后者称为弱酸性阳离子交换树脂。

典型的阴离子交换树脂，是在树脂的骨架中含有作为阴离子交换基团的季铵基的强碱性阴离子交换树脂，和以伯胺至叔胺基作为交换基团的弱碱性阴离子交换树脂。

阴、阳离子交换树脂均以苯乙烯、丙烯酸等的共聚高聚物作为其骨架。中国已可以生产各种牌号的阴、阳离子交换树脂出售，一般少有在催化实验室自行制备，除非是一些新型号的特殊品种。

离子交换树脂的商品形态通常为 10～50 目的小球状颗粒。由于市售的强酸性阳离子交换树脂为$—SO_3Na$ 型，因此，在使用前要对离子交换树脂进行活化。有时使用后的树脂在失活后，还要再次进行活化。

树脂的活化方法举例如下。

将树脂装入离子交换柱中，对阳离子交换树脂，可注入比树脂交换容量大为过量的 5%盐酸；对阴离子交换树脂，则注入大为过量的 5% 氢氧化钠。酸碱处理后，再用蒸馏水进行水洗。根据情况，最后可再用甲醇洗净。这样所得的树脂催化剂，既可直接用于反应，也可风干或在室温下减压干燥后再用于反应。制取盐类形式的树脂催化剂时，可在上述的[H^+]型或[OH^-]型树脂中注以适当的盐类水溶液即可制得，这和分子筛上的阳离子交换处理也是相近的。活化时，无论用盐酸、氢氧化钠或其他盐处理，均可使用静态的或者动态的(小流量置换)浸渍方法。

2. 制备和应用实例

制备热稳定性良好、具有较高催化活性、合理的骨架和孔结构的离子交换树脂，一直是人们努力追求的目标。普通离子交换树脂由于材质和结构的原因，不能在100℃以上的反应中长期使用。普通的凝胶型树脂的催化活性仅为大孔型强酸性树脂的1/3，用作催化剂效率很低。

本例通过改进树脂的孔结构及化学结构，制备了一种孔径分布较窄、化学稳定性良好的大孔强酸性阳离子交换树脂 C102，其催化活性比国外引进的 Amberlyst 15 等同类商品高。

C102 树脂制备工艺如下：

1) 苯乙烯-二乙烯苯共聚体的合成

将工业级苯乙烯与二乙烯苯单体依次用质量分数 5% NaOH 溶液和蒸馏水洗涤，脱除阻聚剂，加入 NB－1 型弱极性致孔剂和过氧化二苯甲酰引发剂，投入到含有明胶与助分散剂 E 的水溶液中，调整搅拌器转速，以控制球体粒度，升温至 78℃保温 2h，85℃保温 2h，95℃保温 4h。反应完毕，降温过滤。球体经水洗，用水蒸气蒸馏，蒸出并回收致孔剂 NB－1 烘干、筛分得共聚体(交联度 10%，致孔剂质量为单体总质量的 55%)。

2)氯化共聚体的合成

将干燥的聚苯乙烯－二乙烯苯加入到一定量的氯化烃中溶胀 1h，加入适量氯化催化剂，升温至 75～80℃，通入干燥氯气，反应 5～6h，取样测其氯含量(质量分数)至 24.5%停止反应，得氯化共聚体，不经分离即可进行磺化反应。

3)树脂的磺化

在上述氯化反应液中加入 98%(质量分数，下同)浓硫酸，升温至 90℃保温 4h，然后蒸出氯化烃至反应液温度达 110℃，1h 内滴加 50% 发烟硫酸，保持反应温度在 110～115℃继续反应 15h；取样，测其交换量，直至树脂质量交换量(干)大于 4.6mmol/g 时停止反应。反应毕，倾出废酸，用 60% 稀硫酸洗涤树脂，滤出树脂并装入洗涤柱，用蒸馏水连续洗涤至流出液呈中性，再用 3 倍于树脂体积的工业无水乙醇洗涤。将树脂置于 70℃真空干燥箱中干燥，得浅棕黄色大孔强酸性阳离子交换树脂(clue 树脂)催化剂。

将上述方法制备的 Clue 树脂，在绝热反应器中用作壬烯与苯酚烷基化反应催化剂，在反应温度 88～133℃、空速 9h^{-1}条件下，连续反应 600h 后壬烯转化率≥94%，壬基酚选择性达 95%；在等温反应器中用作二甘醇分子内脱水环化反应催化剂，在平均床温 155℃、空速 0.4h^{-1}条件下，连续反应 380h 后二甘醇的单程转化率≥62.9%。

3.2 催化剂与载体的成型技术

3.2.1 成型与成型工艺概述

固体催化剂，无论以任何方法制备，最终总是要以不同形状和尺寸的颗粒在催化反应器中使用的，因而成型是催化剂制造中的一个重要工序。

早期的催化剂成型方法，是将块状物质破碎，然后筛分出适当粒度的不规则形状的颗粒使用。这样制得的催化剂，因其形状不定，在使用时易产生气流分布不均匀的现象。同时大量被筛下的小颗粒甚至粉末状物质不能利用，也造成浪费。随着成型技术的发展，许多催化剂大都改用其他成型方法。但也有个别催化剂因成型困难目前仍沿用这种方法，如合成氨用熔铁催化剂、加氢用骨架金属催化剂等，因为这类催化剂不便采用其他方法成型。

市售固体催化剂必须是颗粒状或微球状，以便均匀地填充到工业反应器中。工业上常用的催化剂，除上述的无定形粒状外，还有圆柱形(包括拉西环形及多孔环形)、球形、条形、蜂窝形、内外齿轮形、三叶草形、小球及微球形、菊花形等等。

沸腾床等使用的小粒或微粒催化剂，欲调节催化剂形状而缺乏手段，故一般只能关心催化剂的粒径和粒径分布问题，而很少论及催化剂的形状。然而粒径大于 4～5mm 的固定床催化剂，这方面的研究、讨论和成果很多。由于各种成型工艺与设备从其他工业移植和改造，使固定床等使用的工业催化剂的形状变得丰富多样，早期那种无定形和球形为主的时代已成过去。

形状、尺寸不同，甚至催化剂的表面粗糙程度不同，都会影响到催化剂的活性、选择性、强度、阻力等性能。一般而言，这里最核心的是对活性、床层压力降和传热这三个方面的影响。改变各种催化剂形状的关键问题，是在保证催化剂机械强度以及压降允许的前提下，尽可能地提高催化剂的表面利用率，因为许多工业催化反应是内扩散控制过程，单位体积反应器内所容纳的催化剂外表面积越大，则活性越高。最典型的例子是烃类水蒸气转化催化剂的异形化，即由多年沿用的传统拉西环状，改为七孔形、车轮形等"异形转化催化剂"。异形化的结果，催化剂的化学性质物理结构不加改动，就可以使得活性提高，压降减小，而且传热改善。这不失为一条优化催化剂性能的捷径。典型数据见表3-6。

表3-6　车轮形与拉西环形烃类水蒸气转化催化剂性能比较

形状	尺寸/mm	相对热传递	相对活性	相对压力降
传统拉西环形	$\phi 16 \times 6.4 \times 16$	100	100	100
车轮形	$\phi 17 \times 17$	126	130	83

除转化催化剂外，还有甲烷化催化剂及硫酸生产用催化剂的异形化、氨合成催化剂的球形化等，都有许多新进展(图3-9)。新近公开的我国炼油加氢用四叶蝶形催化剂，具有粒度小、强度高和压力降低等优点，特别适于扩散控制的催化过程。但目前在固定床催化剂中，圆柱形及球形催化剂仍使用最广。

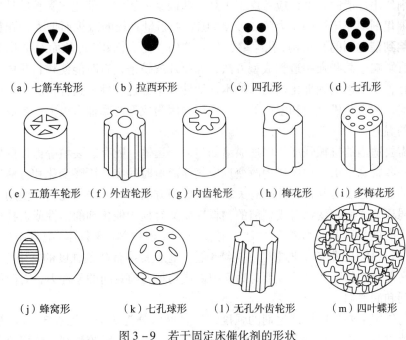

（a）七筋车轮形　　（b）拉西环形　　（c）四孔形　　（d）七孔形

（e）五筋车轮形　（f）外齿轮形　（g）内齿轮形　（h）梅花形　（i）多梅花形

（j）蜂窝形　　　（k）七孔球形　　（l）无孔外齿轮形　　（m）四叶蝶形

图3-9　若干固定床催化剂的形状

圆柱形有规则的、光滑的表面，易于滚动，充填均匀；空心圆柱形则有表观密度小，单位体积内催化剂表面积大的优点。

为了提高反应器的生产能力，一定容积的反应器内希望装填尽量多的催化剂。因此，球形是最为适宜的形状。球形颗粒更易滚动和充填均匀，耐磨性也高，因而表面成分被气流冲刷造成的损失小，这对稀贵金属催化剂尤为重要。

催化剂颗粒的形状、尺寸和机械强度，要能与相应的催化反应过程和催化反应器相匹配。固定床用催化剂的强度、粒度允许范围较大，可以在比较广的界线内操作。过去曾经使用过形状不一的粒状催化剂，易造成气流分布不均匀。后改用形状尺寸相同的成型催化剂，并经历过催化剂尺寸由大变小的发展过程。但催化剂颗粒尺寸过小，会加大气流阻力，影响正常运转，同时催化剂成型方面也会遇到困难。

移动床用催化剂：由于催化剂需要不断移动，机械强度要求更高，形状通常为无角的小球。移动床常用直径 3~4mm 或更大的球形颗粒。

流化床用催化剂：为了保持稳定的流化状态，催化剂必须具有良好的流动性能，所以，流化床常用直径 20~150μm 或更大直径的微球颗粒。

悬浮床用催化剂：为了在反应时使催化剂颗粒在液体中易悬浮循环流动，通常用微米级至毫米级的球形颗粒。

为加工不同形状的催化剂，便有不同的成型设备和成型方法。有时同一形状也可选用不同的成型方法。从不同的角度出发，可以对成型方法进行不同的分类。例如，从成型的形式和机理出发，可以把成型方法分为自给造粒成型（滚动成球等）和强制造粒成型（如压片与压环、挤条、滴液、喷雾等）。

成型方法的选择主要考虑两方面因素：①成型前物料的物理性质；②成型后催化剂的物理、化学性质。无疑，后者是重要的。当两者有矛盾时，大多数情况下，宁可去改变前者，而尽可能照顾后者。

从催化剂使用性能的角度，应考虑到下列一些因素的影响：催化剂颗粒的外形尺寸影响到气体通过催化剂填充床层的压力降 Δp，Δp 随颗粒当量直径的减少而增大；颗粒的外形尺寸和形状影响到催化剂的孔结构（孔隙率、孔径结构、比表面积），从而对催化剂的容积活性和选择性有影响；某些强制造粒成型方法，如压片或挤条，有时能使物料晶体结构或表面结构发生变化，从而影响到催化剂物料的本征活性和本征选择性。这种情况下，成型对催化剂性能的影响，常常是机械力和温度的综合作用，因为成型时摩擦力极大，被成型物料往往瞬间有剧烈的温升。

催化剂需要适当的机械强度，以适应诸如包装、运输、贮存、装填等操作的要求，以及在使用中的一些特殊要求，如操作中改变反应气体流量时的突然压降变化和气流冲击等。

催化剂的机械强度与其物料性能有关，也与成型方法有关。当催化剂在使用条件下的机械强度是薄弱环节，而改变物料成型前的物料性质又有损于催化剂的活性或选择性时，压片成型常是较可靠的增强机械强度的方法。必要时，在催化剂（或载体）配方中增加胶黏剂，或在催化剂（或载体）的制备工艺中增加烧结工艺，也是提高催化剂强度的常用方法。

为了提高催化剂强度和降低成型时物料内部或物料与模具间的摩擦力，有时配方中要加入某种胶黏剂和润滑剂。

胶黏剂的作用主要是增加催化剂的强度，一般可以分为 3 类，见表 3-7。基本胶黏剂主要用于压片成型过程，有时也用于某些物料的挤条过程。薄膜胶黏剂一般用溶剂，其中最常用的是水。薄膜胶黏剂的用量主要取决于物料性质。对大多数物料来说，0.5%~2% 的用量就足以使物料达到满意的表面润湿度。化学胶黏剂的作用是通过胶黏剂组分之间发生化学反应或胶黏剂与物料之间发生化学反应，使成型产品有很好的强度。不论选用哪种胶黏剂，都必须能润滑物料颗粒表面并具备足够的湿强度。湿强度欠佳的催化剂半成品，甚至在生产线上转移搬动时，即会破损，显然这是不允许的。催化剂成型后，都不希望产品被胶黏剂所污染，所以应当选用干燥或焙烧过程中可以挥发或分解的物质。

表 3 - 7　胶黏剂的分类与举例

基本胶黏剂	薄膜胶黏剂	化学胶黏剂
沥青	水	氢氧化钙 + 二氧化碳
水泥	水玻璃	氢氧化钙 + 糖蜜
棕榈蜡	合成树脂，动物胶	氧化镁 + 氯化镁
石蜡	硝酸、乙酸、柠檬酸	水玻璃 + 氯化钙
黏土	淀粉	水玻璃 + 二氧化碳
干淀粉		
树脂	皂土	铝溶胶
聚乙烯醇	糊精	硅溶胶
	糖蜜	

常用固体、液体润滑剂举例见表 3 - 8，其用量一般为 0.5% ~ 2% 之间。固体润滑剂一般用于较高压力成型的场合。这些润滑剂中多数为可燃或可挥发性物质，能在焙烧中分解，故可以同时起造孔作用。石墨和硬脂酸镁就是典型的例子。

表 3 - 8　常用成型润滑剂

液体润滑剂	固体润滑剂	液体润滑剂	固体润滑剂
水	滑石粉	可溶性油和水	硬脂酸镁或其他硬脂酸盐
润滑油	石墨	硅树脂	二硫化铝
甘油	硬脂酸	聚丙烯酰胺	石蜡

3.2.2　几种重要的成型方法

3.2.2.1　压片成型

1. 压片工艺与旋转式压片机

压片成型是广泛采用的成型方法，和西药片剂的成型工艺相接近。它应用于由沉淀法得到的粉末中间体的成型、粉末催化剂或粉末催化剂与水泥等胶黏剂的混合物的成型。也适于浸渍法用载体的预成型。

压片成型法制得的产品，具有颗粒形状一致、大小均匀、表面光滑、机械强度高等特点。其产品适用于高压高流速的固定床反应器。其主要缺点是生产能力较低，设备较复杂，直径 3mm 以下的片剂（特别是拉西环）不易制造，成品率低，冲头、冲模磨损大因而成型费用较高等。

本法一般压制圆柱状、拉西环状的常规形状催化剂片剂，也有用于齿轮状等异形片剂成型的。其常用成型设备是压片（打片）机或压环机。压片机的主要部件是若干对上下冲头、冲模，以及供料装置、液压传输系统等。待压粉料由供料装置预先送入冲模，经冲压成型后，被上升的下冲头排出。先进的压环机，在旋转的转盘上，装有数十套模具，能连续地进料出环，物料的进出量、进出速度及成型压力（压缩比），可在很大的范围内调节。压片机压缩成型原理及旋转式压片机动作展开示意分别如图 3 - 10 及图 3 - 11，旋转式压片机结构如图 3 - 12。

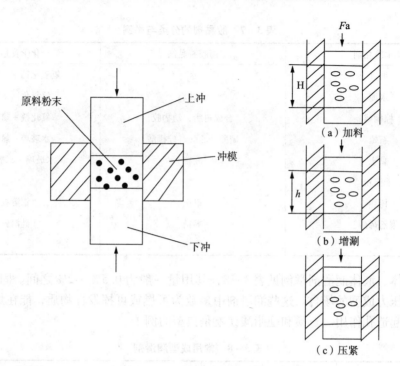

图 3 – 10　压片机压缩成型原理示意图

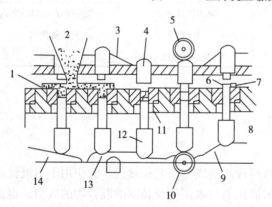

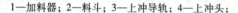

图 3 – 11　旋转式压片机动作展开示意图

1—加料器；2—料斗；3—上冲导轨；4—上冲头；
5—上压缩轮；6—压片；7—刮板；8—工作台；
9—推出轨道；10—下压缩轮；11—冲模；12—下冲头；
13—重量调节轨道；14—强制下降轨道

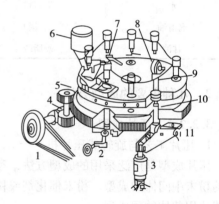

图 3 – 12　旋转式压片机结构

1—传动皮带；2—重量调节轨道；3—缓衡装置；
4—蜗轮蜗杆；5—小齿轮；6—料斗；7—刮刀；
8—上压轮；9—上冲头；10—下冲头；11—下压轮

　　显然，用这种方法成型，成型产品的形状和尺寸取决于冲头冲模的形状和尺寸。例如，圆柱形片剂产品，冲头和冲模也制成圆柱形；拉西环状产品，圆柱形下冲头中心增加一个圆棒状的冲钉，冲钉直径与拉西环内孔直径相等。

　　通过进料系统，控制进入冲模中物料的装填量和冲头的冲程，可以调整产品的长径比，调整成形压力可以控制产品的相对密度和强度。加入模腔中的物料量取决于固体粉末的密度和它的流动性，也取决于片剂的几何尺寸。用压片机成型的原料粉末，须事先在球磨机或拌粉机中混合均匀，有的物料还需要进行预压和造粒（粉料中含一定微粒状物料），以调整物料的堆积密度和流动性。原料粉末可以是完全干燥的，也可以保持一定湿度。压片机的成型压力一般为 100～1000MPa，催化剂的颗粒大小有一个较宽的范围，一般对圆柱形来说外径为 3～10mm，通常高和直径大体相等。

压片成型在催化剂制备中是较为关键和复杂的步骤，有许多因素会影响成品的质量和生产效率，如模具的材质和加工精度、粉料的组成和性质、成型压力与压缩比、预压条件等等。在实际生产中往往要经过许多必要的条件试验和多年的操作经验积累之后，对某种具体的催化剂才能使压片工艺达到比较完善的程度。

成型压力对催化剂性能的影响是各种因素中最大的。成型压力提高，在一定范围内，催化剂的抗压强度随之提高。这是容易理解的一般规律，因为压力使催化剂更加密实。但超过此范围，强度增势渐趋平缓。因此，使用过高成型压力，非但不能继续提高强度，在经济上反而是个浪费。

一般催化剂压片成型时，会发生孔结构和比表面积的变化。通常是比表面积（单位质量催化剂内外表面积的总和单位 m^2/g）随成型压力的提高而逐渐变小，并在出现极小值之后再回升。回升的原因，在于高压使密实后的粒子重新破碎为更小微粒。成型压力提高，一般催化剂的平均孔径和总孔体积会有所降低，而不同孔径的分布也会变得更为平均化。孔径分布均化的原因，在于过高的压力可能"弥合"若干最细的内孔道，并同时破坏最大的粗孔。

成型压力对某些催化剂的活性和稳定性有影响，这除了由于上述种种物理结构变化可能会影响到催化剂活性等化学性质的这一层因素外，有时还应考虑到，在成型的高压和骤然的摩擦温升下，催化剂组分间的化学结构有变化的可能。

2. 滚动式压制机

压片成型法除使用压片机、压环机外，还有一种成型机如图 3－13 所示，它称作滚动式压制机。它是利用两个相对旋转的滚筒，滚筒表面有许多相对的、不同形状（如半球状）的凹模，将粉料和胶黏剂通过供料装置送入两滚筒中间，滚筒径向之间通过油压机或弹簧施加压力，将物料压缩成相应的球型或卵形颗粒。成型颗粒的强度，与凹模形状、供料速度、胶黏剂种类等因素有关。这种生产方法，其生产能力比压片机高。这种设备有时也可用于压片前的预压，通过一次或多次的预压，可以大大提高粉料的表观密度，进而提高成品环状催化剂的强度。

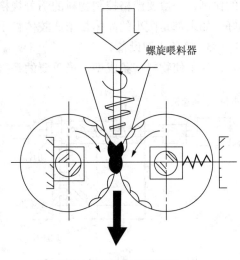

螺旋喂料器

图 3－13　滚动式压制机

3.2.2.2　挤条成型

1. 成型工艺

挤条成型也是一种最常用的催化剂成型方法。其工艺和设备与塑料管材的生产相似，它主要用于塑性好的泥状物料如铝胶、硅藻土、盐类和氢氧化物的成型。当成型原料为粉状时，需在原料中加入适当的胶黏剂，并碾压捏合，制成塑性良好的泥料。为了获得满意的黏着性能和润湿性能，混合常在轮碾机中进行。

其薄膜胶黏剂一般是水。此外，可根据物料的性质选用表面张力适当的乙醇、磷酸溶液、稀硝酸、聚乙烯醇，也可加入其他胶黏剂（如水泥、硅溶胶等）。

挤条成型是利用活塞或螺杆迫使泥状物料从具有一定直径的塑模（多孔板）挤出，并切割成几乎等长等径的条形圆柱体（或环柱体、蜂窝形断面柱体等），其强度决定于物料的可塑性和胶黏剂的种类及加入量。本法产品与压片成型品相比，其强度一般较低。必要时，成型后可辅以烧结补强。挤条成型的优点是成型机生产能力大，设备费用低，对于可塑性很强的物料来说，这是一种较为方便的成型方法。对于不适于压制成型的 1～2mm 小颗粒，采用挤条成型更为有利。尤其在生产低压、低流速所用催化剂时较适用。

挤条成型的工艺过程，一般是在卧式圆筒形容器中进行，大致可以分成原料的输送、压缩、挤出、切条 4 个步骤。首先，料斗把物料送入圆筒；在压缩阶段，物料受到活塞推进或螺杆挤压的力量而受到压缩，并向塑模推进；之后，物料经多孔板挤出而成条状，再切成等长的条形粒。

2. 影响因素

原料应为粒度均匀的细粉末，经过润湿，成为均一的胶泥状物，以便于成型。有硬粒的混合均匀的物料常因粒子堵塞多孔过滤网而迫使挤条无法进行。

水的加入量与粒度结构及原料粒子孔隙度无关，粉末颗粒愈细，水（胶黏剂）加入量愈多，物料愈易流动，愈容易成型。但胶黏剂量过大，使挤出的条形状不易保持。因此，要使条状物固定，并具有足够的保持形状的能力，就应选择适当的胶黏剂加入量。另外也要考虑到挤条成型后的干燥操作。胶黏剂含量愈多，干燥后收缩愈大。干燥后的水合氧化铝粉等适于加硝酸或磷酸捏合，这种酸化后形成的胶状物就可以作为胶黏剂。捏合后的物料也可以直接挤条，不加胶黏剂，如果物料的塑性适宜的话。水合氧化铝粉末中粒子的大小必须有适当的比例，一般要严格控制物料的筛分规格。如果都是粗粒子，加酸胶化困难，成型后强度不好。如果都是微小的晶体粒子或胶体粒子，则原料干粉制备中的洗涤又相当困难。

3. 挤条成型设备

为了使物料挤条成型，最重要的是挤条设备能连续而均匀地向物料施加足够的压力。

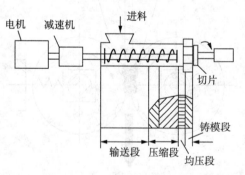

图 3-14 单螺杆挤条机示意图

比较简单的挤条装置是活塞式（注射式）挤条机。这种装置能使物料在压力的作用下，强制穿过 1 个或数个孔板。

最常见的挤条成型装置是单螺杆挤条机，其结构示意于图 3-14。这种设备广泛用于陶瓷、电瓷厂的练泥工序及催化剂厂的挤条成型工序。

3.2.2.3 油中成型

油中成型常用于生产高纯度氧化铝球、微球硅胶和硅酸铝球等。

例如，先将一定 pH 值及浓度的硅溶胶或铝溶胶，喷滴入加热的矿物油柱中，由于表面张力的作用，溶胶滴迅速收缩成珠，形成球状的凝胶。常用的油类是相对密度小于溶胶的液体烃类矿物油，如煤油、轻油、润滑油等。得到的球形凝胶经油冷硬化，再水洗干燥，并在一定的温度下加热处理，以消除干燥引起的应力，最后制得球状硅胶或铝胶。微球的粒度为 50～500μm，小球的粒度为 2～5mm，表面光滑，有良好的机械强度。油中成型的原理见图 3-15。

3.2.2.4 喷雾成型

喷雾成型是应用喷雾干燥的原理。利用类似奶粉生产的干燥设备，将悬浮液或膏糊状物料制成微球形催化剂。通常采用雾化器将溶液分散为雾状液滴，在热风中干燥而获得粉状成品。目前，很多流化床用催化剂大多利用这种方法制备。喷雾法的主要优点是：①物料进行干燥的时间短，一般只需要几秒到几十秒。由于雾化成几十微米大小的雾滴，单位质量的表面积很大，因此水分蒸发极快；②改变操作条件，选用适当的雾化器，容易调节或控制产品的质量指标，如颗粒直径、粒度分布等；③根据要求可以将产品制成粉末状产品，干燥后不需要进行粉碎，从而缩短了工艺流程，容易实现自动化和改善操作条件。喷雾成型装置示意图见图 3 - 16。

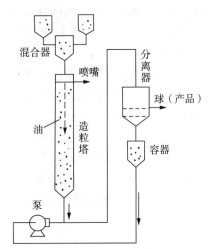

图 3 - 15　油中成型原理

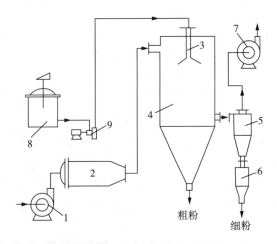

图 3 - 16　喷雾成型装置示意图

1—送风机；2—热风炉；3—雾化器；4—喷雾成型塔；

5—旋风分离器；6—集料斗；8—抽风机；8—浆液罐；

9—送料泵

3.2.2.5　转动成型

转动成型亦是常用的成型方法，适用于球型催化剂的成型。本法将干燥的粉末放在回转的倾斜 30°~60° 的转盘里，慢慢喷入胶黏剂，例如水。由于毛细管吸力的作用，润湿了的局部粉末先黏结为粒度很小的颗粒称为核。随着转盘的继续运动，核逐渐滚动长大，成为圆球。

转动成型法所得产品，粒度比较均匀，形状规则，也是一种比较经济的成型方法，适合于大规模生产。但本法产品的机械强度不高，表面比较粗糙。必要时，可增加烧结补强及球粒抛光工序。

影响转动成型催化剂质量的因素很多，主要有原料、胶黏剂液、转盘转数和倾斜度等。

粉末颗粒愈细，成型物机械强度愈高。但粉末太细，成球困难，且粉尘大。

胶黏剂液的表面张力愈大，成型体的机械强度愈高。在成球过程中如恰当地控制整个球体湿度均匀，必须控制胶黏剂液的喷射量。喷射量小，成球时间相对比较长，且造成球体内外湿度不均匀。喷射量大，球体湿度大，易形成"多胞"现象，破坏了成型过程，使成球困难。如硅粉成球时其粉液比（kg/L）一般为（1:1.15）~（1:1.26）。

球的粒度与转盘的转数、深度、倾斜度有关。加大转数和倾斜度，粒度下降，转盘愈深，粒度愈大。

为了使造球顺利进行，最好加入少量预先制备的核。在造球过程中也可以用制备好的核来调节成型操作，成品中夹杂的少量碎料及不符合要求的大、小球，经粉碎后，也可以作为核，送回转盘而回收再用。

用于转动成型的设备，结构基本相同。典型的设备有转盘式造粒机，其结构示意图见图 3-17。它有一个倾斜的转盘，其上放置粉状原料。成型时，转盘旋转，同时在盘的上方通过喷嘴喷入适量水分，或者放入含适量水分的物料"核"。在转盘中的粉料由于摩擦力及离心力的作用，时而被升举到转盘上方，又借重力作用而滚落到转盘下方。这样通过不断转动，粉料之间在互相粘附起来，产生一种类似滚雪球的效应，最后成为球形颗粒。较大的圆球粒子，摩擦系数小，浮在表面滚动。当球长大到一定尺寸，就从盘边溢出，变为成品。

至此，本章已讨论了多种工业催化剂的基本制备工艺和生产方法。还有其他一些方法并未详细提及。例如，某些金属催化剂制成丝状或网状（如氨氧化制硝酸的铂网），某些金属或合金制成

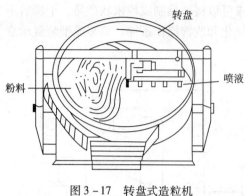

图 3-17　转盘式造粒机

细粉状，这时所用的方法与一般金属的抽丝织网方法或粉末冶金方法是相近的。有时作为基础研究，采用专门的真空镀膜技术制成金属箔催化剂。有的书籍中将胶凝法（或凝胶法）单列一种，而本书将其作为一种特例，包括在沉淀法之中。有的文献中所述载体上的表面"涂层法"或"喷涂法"，本书视为浸渍法的一种特例。

3.3　典型固体催化剂的制备实例

大型工业催化剂生产厂中的制造方法复杂得多，有些专门设备也是实验室所没有的，其工艺又往往是多种基本制备方法的综合应用。随着工艺的进步，催化剂生产专利还处在层出不穷的变化中。现选择 6 个工业催化剂制造实例加以简要说明和评论。

例1　工业合成氨铁系催化剂的制备

虽然工业上曾经使用过沉淀法制备这类催化剂，也曾研究用浸渍法等其他方法制备，但人们公认，根据现有催化剂的技术经济指标，目前能够符合工业要求的惟一催化剂是热熔融法制造的熔铁催化剂。以这种方法制备的催化剂，其活性、耐热稳定性、抗毒稳定性、机械强度以及生产成本等各项指标都比较理想。80 余年来，热熔融法一直为世界各国所采用，而成为一种经典的制法。我国这类催化剂有数十年的研究基础和大规模生产经验，加之资源条件优越，目前产量自给有余，催化剂已有出口，质量也居世界前列。

制备熔铁催化剂的基本原料有天然磁铁矿或合成磁铁矿，或者两者混用。前者杂质含量较多，使用前要经风选或磁选精制；后者例如用铸铁棒在氧气流中燃烧制成，生产成本较高。实验证明，不同原料所制得的催化剂性能间并无重大差异。由于天然磁铁成本低，混合磁铁矿次之，合成磁铁矿最高，故以天然磁铁矿为基本原料最可取。我国具有质量很高的天然磁铁矿，为催化剂的生产创造了有利条件。

现以国产 A 系催化剂为例，说明氨合成铁系催化剂的生产工艺（图 3-18）。从图 3-18 可以看出，虽然是典型的热熔融法，但在加入助催化剂时，也使用了混合法。特别是，由于使用天然磁铁矿为主要原料，其提纯过程，即由粗矿变精矿，俨然就是一个完整的选矿车间。由本例可见，工业催化剂的生产，比实验室复杂了不知多少倍。

第一篇　基础理论

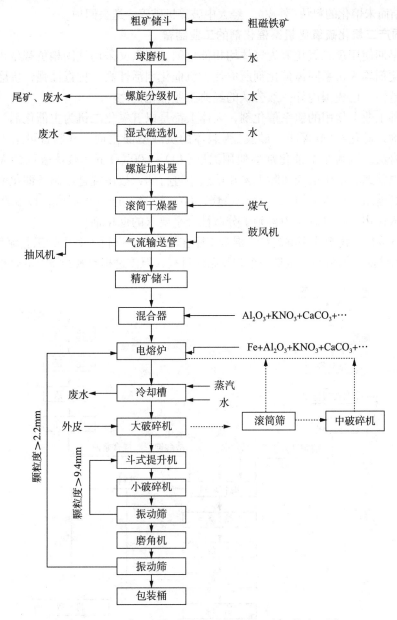

图 3-18　国产 A 系氨合成铁系催化剂生产工艺流程图

将天然磁铁矿吊到粗矿储斗，烘烤过筛，除去块状杂质后，输进球磨机滚磨，在螺旋分级机中分级，其中颗粒度大于 150 目的返回球磨机再次滚磨，小于 150 目的送入磁选机磁选。选出的湿精矿由螺旋加料器送入滚筒干燥器干燥。干燥的干精矿通过气流输送管输进精矿贮斗。按照给定配方，将精矿与氧化铝、硝酸钾、碳酸钙或(和)其他次要成分放在混合器内混合均匀，送入电熔炉熔炼。如采用电阻炉，熔炼温度在 1550～1600℃，电弧炉弧焰温度高达 4000～5000℃，熔炼时间较短。在熔炼过程中，视 Fe^{2+}/Fe^{3+} 比变化情况加入适量的纯铁条以及相应的氧化铝、硝酸钾、碳酸钙或(和)其他次要成分。熔炼好的熔浆倒入冷却槽快速冷却。熔块吊到大小破碎机破碎，再经磨角机磨角、振动筛筛分，合格产品装入铁桶气密包装。颗粒大于 9.4mm 的熔块经斗式提升机回到小破碎机重新破碎；小于 2.2mm 的碎料回电熔炉再炼；电熔炉内已经烧结而未熔化的料块(外皮),经大中破碎机破碎,送去回炉。

例2 国产二氧化硫氧化钒系催化剂的工业制备

该过程早期使用过二氧化氮为气体均相催化剂,后来又采用气固相负载型铂催化剂,最后这两种催化剂均为钒系固体催化剂所取代。钒催化剂活性高,抗毒性强,价廉易得,显示出极大的优越性,已成国内外一致公认的经典工业催化剂之一。

目前各种工业上使用的钒系催化剂,大体上都是以五氧化二钒为主催化剂,碱金属硫酸盐为助催化剂,硅化物(硅藻土、硅胶)为载体的负载型催化剂。其制备可采用浸渍法,也可以采用混合法。因为在本催化剂的使用温度(400~600℃)下,载体表面的 $V_2O_5 - K_2SO_4$ 组分处于熔融状态,催化反应实际上是在熔层中进行的,故用混合法制备催化剂,使活性组分与催化剂其他组分初步混合后,再经焙烧(500~550℃)进一步混合,以及在近于熔融的高温下的扩散作用,就可以认为得到了分散性合乎要求的催化剂。

我国制备该种催化剂使用湿混法,混合工序在轮碾机上进行。其生产工艺流程如图3-19。廉价天然原料硅藻土的精制,也是一个较复杂的过程,但该过程有其经济上的合理性。

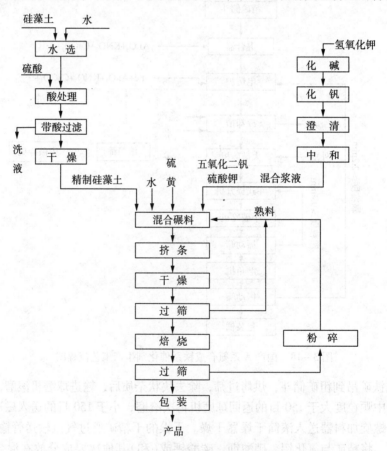

图3-19 二氧化硫氧化钒系催化剂湿混法生产工艺流程图

天然硅藻土经水洗、酸处理、过滤、洗涤、干燥除去氧化铝、三氧化二铁等杂质并改善物性结构,得精制硅藻土。原料五氧化二钒也经溶解净化处理,再经沉淀除去铁杂质后,即得钒盐溶液。

$$V_2O_5 + 2KOH =\!=\!= 2KVO_3 + H_2O$$

$$V_2O_5 + 6KOH \!=\!\!=\!\! 2K_3VO_4 + 3H_2O$$

$$Fe^3 + 3OH^+ \!=\!\!=\!\! Fe(OH)_3 \downarrow$$

钒盐溶液与适量浓硫酸反应，所生成的反应物为 $V_2O_5 - K_2SO_4$ 混合浆料。可以看出，主要活性组分五氧化二矾的生成，相当于使用了沉淀法的操作但沉淀操作在本例中的作用，退居次于湿混的次要地位。

$$2KVO_3 + H_2SO_4 \!=\!\!=\!\! V_2O_5 \downarrow + K_2SO_4 + H_2O$$

$$2K_3VO_4 + 3H_2SO_4 \!=\!\!=\!\! V_2O_5 \downarrow + 3K_2SO_4 + 3H_2O$$

$$2KOH + H_2SO_4 \!=\!\!=\!\! K_2SO_4 + 2H_2O$$

按一定比例将中和好的 $V_2O_5 - K_2SO_4$ 混合浆料与准确称量的硅藻土及少量硫黄倒入轮碾机，并加适量水充分碾压成塑性物料，放入螺旋挤条机成型，制成直径 5mm 的圆柱体，并在链板式干燥器上干燥，干燥后的物料送入贮斗，经摆动后冷却、过筛、气密包装即可得催化剂成品。碾料时加入硫黄主要起造孔作用和二氧化硫的预饱和作用，并增加催化剂的粗孔份额。

例3　新型合成甲醇铜系催化剂及其制备方法

目前，工业上生产甲醇的主要方法以合成气（氢气，一氧化碳，二氧化碳）为原料，在铜系催化剂作用下反应。目前使用的工业催化剂，主要成分及含量（质量分数）为：CuO 0%～50%，ZnO 15%～60%，Al_2O_3 5%～35%，MnO 0.2%～7.0%，这种催化剂的使用温度为 230～270℃压力为 5～10MPa，均偏高，难以达到节能降耗的目的。另外，该催化剂耐热性能较差，故使用寿命较短，一般为半年至 1 年。它的传统制备方法是一步共沉淀法。

本发明是一项较新的中国专利，在铜系催化剂原有组分基础上，增加了氧化镁、三氧化二铬和稀土氧化物，改变了催化剂的组成及内部结构，提高了催化剂的活性和耐热性；在制备过程中，注意了沉淀剂中的钾、钠原子含量对催化剂性能的影响，并采用了分步共沉淀法，结果是明显地改善了催化剂的活性和耐热性。

本发明的一个实施例如下，制取 10g 催化剂样品。称取 2.45g 氢氧化铝粉末，加入 100mL 蒸馏水，一并加入反应釜，搅拌升温至 70℃并恒温；称取 15g 碳酸钠和 5g 碳酸钾，用蒸馏水溶解后加入釜中，70℃恒温搅拌；称取 4.69g $Zn(NO_3)_2 \cdot 6H_2O$，用 40mL 蒸馏水溶解后滴加入釜中，时间 5min，70℃恒温搅拌；称取 17.2g $Cu(NO_3)_2 \cdot 3H_2O$、1.0g $Mn(NO_3)_3 \cdot 9H_2O$ 和 1g $Ce(NO_3)_2 \cdot 6H_2O$，用 200mL 蒸馏水溶解后滴加入釜中，时间 30min。用碳酸钠和碳酸钾混合溶液调节反应液 pH = 7～8，在 70℃下搅拌、老化 30min，然后抽滤，用蒸馏水洗涤，直至滤液用二苯胺硫酸溶液检测时无蓝色为止。滤饼在 120℃干燥。干燥后的催化剂母体在 320℃锻烧 2h，加入质量分数 1%～2%石墨压片，待用。

用本发明铜系催化剂，与我国目前生产的最好的铜系催化剂，以及从英国进口的新型催化剂，在同样条件下进行对比实验。后两者的空时收率均小于 1.0mL 甲醇/g 催化剂·h，而本发明的空时收率为 1.1mL 甲醇/g 催化剂·h。本发明催化剂的最佳工作温度为 200～250℃，而后两者的工作温度在 230～270℃。

从以上专利思路和催化剂制备方法可以初步分析本专利的新颖性：它摒弃了沿袭多年的 $CuO - ZnO - Al_2O_3$ 甲醇催化剂的三组分一步共沉淀法，而换用分步沉淀法。先把作为载体的氢氧化铝粉末分散，加热搅拌，使之吸附上沉淀剂碳酸盐，而后首先沉淀 Zn^{2+} 于氢氧化铝颗粒的外层。这一步相当于先把载体氧化铝和助催化锌氧化锌预制好，最后再沉淀 Cu^{2+} 及锰、铈等其他微量助催化剂。这些操作使活性组分的分布在晶体微粒的级别上层次分明，故有利于提高其分散性和热稳定性。

例4　一种作催化剂载体用氧化铝的制备方法

本中国专利特别涉及一种作催化剂载体用的 $\gamma - Al_2O_3$ 的制备方法。

美国专利4562059等公开过一种从 Al_2O_3 制备的"pH 摆动法"。本专利是该法的一种新发展，其制备特点可从其制备实例中看出。在 20L 搅拌釜中加入底水 5L，加热至 70℃ 后向其中加入硫酸铝溶液（质量浓度以 Al_2O_3 计为 7.2g/100mL），调节 pH 值至 9.0，停止加料，搅拌 10min，再慢慢加入硫酸铝溶液调节 pH 值。如此重复上述操作，即"pH 摆动"3 次后，浆液 pH 值为 9 时停止加料。搅拌老化 1h。过滤除去母液，并用稀氨水洗涤沉淀 5～6 次，直至滤液中 SO_4^{2-} 含量（以 Al_2O_3 计）< 1.5% 时为止。滤饼 120℃ 干燥，得氢氧化铝干胶 395g。将其破碎过 200 目筛，用 4% HNO_3 溶液黏合，并挤成直径 1.2mm 三叶草或四叶草条型。干燥后 540℃ 焙烧 4h，即为 $\gamma - Al_2O_3$ 载体 A。

可以看出，以上 pH 摆动法与沉淀氧化铝的其他传统加料方法（正加法、反加法、并流加料法等）均不相同。为了对比，本专利制备了传统并流法氧化铝对比样如下：将硫酸铝溶液与氨水溶液分别以一定速度同时加入装有 3L 底水的成胶釜中，温度 70℃，控制操作 pH 值稳定于 8，停止加料后老化 1h，过滤去除母液，用稀氨水洗涤 5～6 次，120℃ 干燥后制备成载体 C。破碎过 200 目筛，加入 4% HNO_3 挤条，难以成型。两种载体样品的物理性能对比如表 3-9。

表 3-9　两种载体的物理性能

载体	比表面积/（m²/g）	孔体积/（mL/g）	平均孔径/nm	孔径分布/%		
				<4nm	4～10nm	>10nm
A	271.7	0.65	6.232	8.85	79.26	11.95
G	283.2	1.04	5.16	4.2	68.69	7.1

由表可见，本发明可提供一种易成型、孔径大、中孔含量高的载体，这种特性的载体，恰好适用于重油加氢脱氮及加氢脱硫催化剂的制备。

例5　丙烯氨氧化生产丙烯腈流化床催化剂

新近公开的这份中国专利，其发明涉及丙烯氨氧化生产丙烯腈的流化床催化剂，特别是关于钼-铋-铁-钠体系流化床催化剂。本发明催化剂除了生产成本低之外，对生产丙烯腈有较高的活性和选择性，从而使反应器生产能力大幅度增加。

丙烯腈是重要的有机化工原料，目前主要通过丙烯氨氧化反应生产。美国专利 US 523088 介绍的钼-铋-铁-钴-镍-铬催化剂，因含钴而昂贵，且单程收率不高，仅 79% 左右；美国专利 US 5212137 所述催化剂，含镁，钴元素属任选元素，丙烯腈单程收率为 80% 左右。

基础研究表明，钴、镍、锰、镁的钼酸盐中，钼酸钴的活性较高，但二氧化碳生成量也较大。为此，本专利用其他 2 价金属代替钴，提高了选择性，同时也降低了催化剂的生产成本。

将 11.1g 质量分数（下同）20% 硝酸钾溶液、10.50g 20% 硝酸铷溶液、8.8g 20% 硝酸铯溶液和 23.0g 20% 硝酸钠溶液混合为物料（Ⅰ）。

将 39.39g 钨酸铵溶于 100mL 5% 氨水，再与 359.9g 钼酸铵和 300mL 50%～95% 乙醇组成的溶液相混合，得物料（Ⅱ）。

将 88.3g 硝酸铋、129.0g 硝酸锰、126.3g 硝酸铁、283.4g 硝酸镍和 7.4g 硝酸铬混合，加水 70mL，加热后溶解，得物料（Ⅲ）。

将物料（Ⅰ）与1250g 40%氨稳定的无钠硅溶胶混合，在搅拌下加入3.1g 85%磷酸和物料（Ⅱ）和（Ⅲ），充分搅拌得浆料。按常法将制成的浆料在喷雾干燥器中成型为微球状，最后在旋转焙烧炉中于670℃焙烧1h，得题述催化剂。在流化床反应器中按标准条件对其进行评价，其丙烯腈单收率为81.2%。

本例与典型的沉淀法相近，但原料的配制和加料的程序又不尽相同。作为载体的硅胶，实际上是以混合沉淀法加入的。由于是流化床使用的催化剂，喷雾干燥的同时，即已成型为微球，从旋风分离器沉降即得成品。

例6　ZSM-5分子筛的新合成工艺

近期国内ZSM-5分子筛工业合成方法专利技术进展，可举一例说明如下。本专利有较高的实用性和经济性，富有特色。相近的中国专利甚多。

美国Mobil石油公司发明的ZSM-5分子筛（美国专利US 3702886，1972）已在烃类的择形裂化、异构化、歧化、脱蜡、醚化等石油化工过程中得到了极其广泛的应用。该专利报道的ZSM-5合成方法是将硅源、铝源、碱、水以及四丙基氢氧化铵有机模板剂混合制成反应混合物，然后将此反应混合物在100~170℃下晶化6h至60d（有机法）。此后改进的不使用有机模板剂的ZSM-5分子筛合成方法（无机法），也有大量报道（如欧洲专利EP0098412A2，中国专利CN85100463等）。一般来说，无机法产物的结晶度和硅铝比都不如有机法，比表面积也明显低于有机法，但由于未使用有机模板剂（帮助定型分子筛孔道形状的铵化合物等），因而生产成本大大降低，且不存在有机胺对环境的污染，因而现在工业上一般都采用无机法来合成ZSM-5分子筛。

由于ZSM-5分子筛是一种硅铝比较高的分子筛，受反应混合物胶体黏稠度的限制，合成时的单釜产率难以提高。

本专利发明人发现，如果提高原料水玻璃的温度，则其与铝源等所成胶体的黏稠度大大降低，从而有可能减少投料水量，提高单釜合成效率。此即本专利的主要创新思路。

本专利的目的是提供一种ZSM-5分子筛的高效无机合成方法，在基本不改变制备工艺的前提下，提高ZSM-5分子筛的单釜合成效率，同时得到与有机胺法相当的高结晶度和高比表面积ZSM-5分子筛产品。

取1.0L水玻璃[长岭炼油化工公司催化剂厂生产，SiO_2含量250g/L，Na_2O含量78.4g/L，密度（20℃）1.259g/mL]加热至100℃，向其中加入21.0g ZSM-5分子筛[齐鲁石化公司周村催化剂厂生产，相对结晶度90%，硅铝比60，干基含量（质量分数）90%]并搅拌均匀；将由76.5mL硫酸铝溶液（长岭炼油化工公司催化剂厂生产，Al_2O_3含量92.7g/L，$d_4^{20}=1.198$）和175.7mL稀硫酸（质量分数56%，$d_4^{20}=1.192$）所组成的酸化硫酸铝溶液，在搅拌下加入到上述已加热的水玻璃中制成反应混合物，所得物料总体积为1260mL。将该反应混合物装入反应釜中，于180℃下搅拌、干燥后，得ZSM-5产品170g（干基），其相对结晶度95%、热崩塌温度1105℃、BET比表面积354m²/g，与对照专利（CN 85100463A）相比，本专利单釜产量增加了1.7倍。

知识拓展

固体催化剂制备方法的新进展

近年，以催化剂制备方法为核心的催化剂技术，也在不断地发展，于是形成了与前述几大传统制备方

第一篇　基础理论

法有原则区别的许多新的方法和技术。

目前，均相催化剂特别是均相络合物催化剂，在化工生产中的应用比例逐渐提高，特别是在聚合催化剂领域；酶催化剂也在扩大其在化工催化中的应用。这其中，自然也要包括一些有别于传统固体催化剂制造方法的新型制备方法。

1. 纳米材料与催化剂

近一二十年涌现出的无机新材料，是发展很快的高新技术产业之一。在无机新材料的生产和应用方面，超细微粒新材料，即纳米(nm)材料，其发展特别引人注目。这种纳米新材料的主要特征，是其材料的基本构成是数个纳米直径的微小粒子。

新型无机纳米材料，目前已在众多高新技术领域开始实际应用，如传感器、信息存贮与转换材料、超(电)导材料、光电转换材料、新型功能陶瓷等等。而这些新型无机材料的制备工艺，也有供固体催化剂借鉴或移植的可能。

实验证明，构成固体材料的微粒，如果在充分细化、由微米级再细化到纳米级别之后，由量变到质变，将可能产生很大的"表面效应"，其相关性能会发生飞跃性突变，并由此带来其物理的、化学的以及物理化学的诸多性能的突变，因而赋予材料一些非常或特异的性能，包括光、电、热、化学活性等各个方面。现不妨以纯铜粒子为例，说明这种纳米微粒的表面效应。

铜粒子粒径越小，其外表面积越大，从微米级到纳米级，大体呈几何级数增加趋势，如表3-10。

表3-10　铜粒子粒径与表面积

粒径/nm	表面积/(cm²/mol)	粒径/nm	表面积/(cm²/mol)
10000	4.3×10^4	10	4.3×10^7
1000	4.3×10^5	1	4.3×10^8
100	4.3×10^6		

同时，如果铜粒子细到10nm以下，即进入纳米级，则每个微粒将成为含约30个原子的原子簇，几乎等于原子全集中于这些纳米粒子的外表面，如图2-20。

从图3-20可看出，当超细粒子铜细于10nm以后，80%以上的原子簇均处于其外表面。假定这些超细铜粒子用作催化剂，将对气固相反应表面结合能的增大有重要影响。因为表面现象的研究证明，表面原子与体相中的原子大不相同。表面原子缺少相邻原子，有许多悬空的键，具有不饱和性质，因而易于与其他原子相结合，反应性就会显著增加。这样一来，新制的超细粒子金属催化剂，除贵金属外，都会接触空气而自燃；其光催化作用强化，用于某些废水光催化处理，可在2min内达到98%的无害转化；用于太阳能电池的超细粒子，提高了光电转化的效率。

至于超细粒子催化剂的制备方法，物理机械方法有胶体磨、低温粉碎等特殊设备加工方法。而化学方法中，若干传统制法，如果加以进一步改进和提高，已经可以在某些方面达到或接近纳米级催化材料的水平。

例如以下所要介绍的新型凝胶法及微乳化技术，虽然是其他新型无机精细化新材料中正在开拓和发展的新技术，但显然在某种意义上也可供超细微粒的新型催化剂制备加以移植或借鉴。

2. 凝胶法与微乳化技术

1) 凝胶法

凝胶法在新型无机新材料制备中也有广泛应用。它和前述分子筛制备的沉淀(胶凝)法以及超均匀共沉淀法各有相似的部分，但却又不完全相同于后两者。

例如，若拟制取特种陶瓷PbTiO₃的超细粉末前驱体，需要使TiO₂与Pb(NO₃)₂粉充分细化，并最好等分子结合，之后再通过烧结实现固相反应而形成。为此，设计并成功实现了如下的方法(图3-21)。

从图3-21可以看出，如果使用TiCl₄与Pb(NO₃)₂混合硝酸盐，加入NH₄OH即为前述传统的双组分共沉淀法。而这里的改进，在于TiCl₄先用NH₄OH单独沉淀得碱式氧化钛TiO(OH)₂后，再反加硝酸调节pH值，使之形成碱式氧化钛的纳米级分散胶体溶液，并再与Pb(NO₃)₂充分混匀成为细分散胶体。而后再

加入 NH_4OH, 使 $Pb(OH)_2$ 沉淀于 $TiO(OH)_2$ 的外层。于是最后形成纳米级的共沉淀双组分氢氧化物。由于胶体 $TiO(OH)_2$ 与 $Pb(NO_3)_2$ 溶液已预先分散均匀, 共沉淀时也就不存在时间差和空间差, 可以均匀而同步地形成共沉淀物。

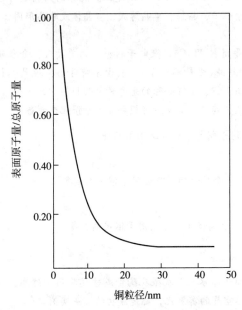

图 3-20　铜粒子粒径与表面原子比例的关系

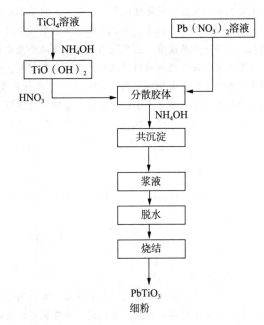

图 3-21　纳米级 $PbTiO_3$ 制备工艺流程

假定采用这种工艺沉淀的是二氧化钛和氧化铅, 则所得的超细微粒既可作为特种陶瓷, 也有希望作为催化剂载体。如果再用相似工艺引入铁、钴、镍等金属氧化物, 同样可以制作高性能催化剂。

2) 微乳化技术

以使用该技术制备氧化硅负载的高活性铑催化剂为例, 如图 3-22 所示。由图 3-22 可以看出, 本法在微乳液中加热至 40℃后的反应一步, 与前述的超均匀共沉淀法类似。这里沉淀母体之一的锆盐, 使用了锆的金属有机化合物。而为了在沉淀前造成微分散的乳液, 使用了铑的水溶性盐类与疏水的油性环己烷分散剂, 再辅以表面活性剂, 这样在高速搅拌下, 即形成铑盐的微乳分散体, 于是该工艺部分类似于普通的乳液聚合。分散在微乳液中的铑盐, 在加入还原剂肼后, 即还原成纳米级铑细晶, 再通过加热沉淀, 负载于载体氧化硅上。因此, 本制备工艺的设计, 可以说是吸收了几种无机和有机制备反应的特点而形成的。

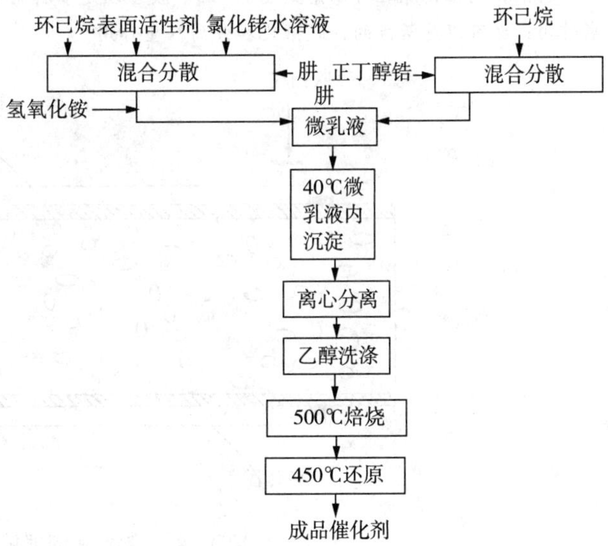

图 3-22　微乳化技术制备 Rh/SiO_2 催化剂工艺流程

3. 气相淀积法

所谓气相淀积是利用气态物质在一固体表面进行化学反应后, 在其上生成固态淀积物的过程。下述反应比较常见, 可用以为例。

$$2CO \xrightarrow{\text{约 }500℃} CO_2 + C$$

该反应早已用于气相法制超细炭黑, 用作橡胶填料。厨房炉灶中的热烟气在冷的锅底或烟囱壁形成炭黑，也就是发生了这种气相淀积现象。

由于气相淀积反应与前述溶液中的沉淀反应不同，它是在均匀气相中一两个分子反应后从气相分别沉淀而后积于固体表面的，因此可知，第一，它可以制取超细物，其他种分子不可能在完全相同的条件下正好也发生淀积反应，于是可以超纯；第二，它是在分子级别上淀积的粒子，可以超细。沉积的细粒还可以在固体上用适当工艺引导，形成一维、二维或三维的小尺寸粒子、晶须、单晶薄膜、多晶体或非晶形固体。因此，从另一个角度看，也可视为是纳米级的小尺寸材料。

气相淀积法已经成功用于制取特殊的高新材料，如超导材料 Nb_3Ga，微电子材料中的单晶硅，金属硬质保护层碳化钛，太阳能电池板 SiO_2/Si。这些材料或由于超纯（或精确掺杂），或由于特殊的微观晶体构造，同样由量变到质变产生特异性能，如碳须的单位强度高于钢、光纤导管的光通量大而损耗少，等等。

下述一些淀积反应，机理已比较明确，有一定应用价值，其中有些反应可望移置用于催化剂制备。

$$SiH_4 \xrightarrow{800 \sim 1000℃} Si\downarrow + 2H_2$$ 　　　用于制备集成电路用单晶硅

（气）

$$Pt(CO)_2Cl_2 \xrightarrow{600℃} Pt\downarrow + 2CO + Cl_2$$ 　　　用于金属镀铂，可望用于催化剂制备

（蒸气）

$$Ni(CO)_4 \xrightarrow{140 \sim 240℃} Ni\downarrow + 4CO$$ 　　　用于金属镀镍，可望用于催化剂制备

（蒸气）

4. 膜催化剂

膜分离技术是化工分离技术的新发展。有机高分子膜用于净水，无机微孔陶瓷或玻璃膜用于过滤，以及金属钯膜和中空石英纤维膜分别用于氢气提纯回收和助燃空气的富氧化，都是成功的工业实例。

近年来，在多相催化中，将催化反应和膜分离技术结合受到极大关注。

膜催化剂，将化学反应与膜分离结合一起，甚至以无机膜作催化剂载体，负载催化剂活性组分及助剂，将催化剂、反应器以及分离膜构成一体化设备。

膜催化剂催化原理可示意如图 3-23。膜可以是多种材料（一般是无机材料），可以是惰性的，只起分离作用；也可以是活性的，起催化和分离双重作用。

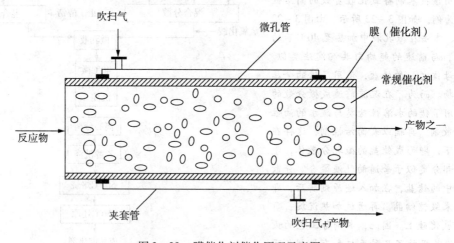

图 3-23　膜催化剂催化原理示意图

膜催化剂引入化学反应，其引人注目的优点在于：①由于不断地从反应体系中以吹扫气带出某一产物，使化学平衡随之向生成主反应产物的方向移动，可以大大提高转化率；②省去反应后复杂的分离工序。这对于那些通常条件下平衡转化率较低的反应，以及放热反应（如烷烃选择氧化），尤其具有宝贵的价值。目前，乙苯脱氢膜催化剂，已开始有美国专利的申报，预示着相关工艺在不久的将来可望有所突破，由此带来的将也许不是某一个产品或某一个催化剂的创新。举例如表 3-11。

表 3 – 11 部分膜催化反应的条件和实验结果

反应	温度/℃	转化率(平衡值)/%	膜材料
$CO_2 = CO + \frac{1}{2}O_2$	2227	21.5(1.2)	$ZnO_2 - CaO$
$C_3H_8 = C_3H_6 + H_2$	550	35(29)	Al_2O_3
$\bigcirc = \bigcirc + 3H_2$	215	80(35)	烧结玻璃
$H_2S = H_2 + S$	—	14(H_2)(3.5)	MoS
$2CH_3CH_2OH = H_2O + (CH_3CH_2)_2O$	200	高活性(10 倍)	Al_2O_3

催化剂膜的制备，可用微孔陶瓷或玻璃粒子烧结，或用分子筛作基料烧结，造孔可用溶胶浸涂加化学刻蚀等。例如，SiO_2 与 $Na_2O - B_2O_3$ 制膜成管后，酸溶后者而成无机膜载体，再用沉淀、浸渍或气相淀积法加入其他催化成分。

思考题

1. 固体催化剂的制备方法有哪几种？

2. 用沉淀法制备固体催化剂的过程有哪些步骤？

3. 固体催化剂成型方法有哪几种？

4. 什么是浸渍法？浸渍法分为几类？操作要点是什么？

5. 催化剂成型的含义？为什么说成型是固体催化剂制备中的一个重要程序？

6. 试分别解释压片成型、挤条成型、油中成型、喷雾成型和转动成型的原理。

7. 试解释沉淀的陈化、洗涤、干燥、焙烧、活化等单元操作的含义。焙烧的目的是什么？

8. 试说明沉淀剂的选择原则。

9. 单组分沉淀法与共沉淀法有何特点？并分别解释均匀沉淀与超均匀共沉淀法的含义。

导　读

第4章　催化剂表征及其评价

评价一个工业催化剂的性能，通常有四个重要的指标即活性、选择性、稳定性（或寿命）和价格。对催化剂性能进行评价，可根据不同的目的，采用不同的活性测试方法，具体方法可参考相关的文献资料。

催化剂的性能不仅与催化剂的宏观物理性质（如催化剂的比表面积、孔结构等）有关，而且还与其化学组成、活性组分、微晶大小及分布、金属－载体间的相互作用、表面元素的种类及含量、催化剂的氧化还原性能等这些微观性质密切相关。因此，为了全面理解催化剂的宏观物理性质和微观性质与催化作用间的关系，以便更好地指导工业生产和催化研究，催化剂宏观物理性质和微观性质的研究及其测定具有重要的作用和意义。

本章首先对催化剂活性评价进行了概述，接着讨论了工业催化剂宏观物理性质与催化反应活性间的关系以及它们的测定方法，然后举例介绍了若干近现代物理方法在催化剂结构表征中的应用。

4.1　催化剂性能评价概述

工业上使用的催化剂，不论是自己研制的、由厂家生产的，还是从市售催化剂中选择的，都必须具备下述条件：

①反应活性高。
②选择性好。
③构型规则。
④机械强度大。
⑤寿命长。

其中最重要的因素是①、②、⑤，有些反应类型可以不考虑③，粉末催化剂可以不强调④。厂家提供给用户的催化剂，评价值多为活性、比表面积、粒度分布、成型催化剂的机械强度等。其中最重要的是比活性，与催化剂的使用条件有关。所以，无论是催化剂的研究者，还是使用者，都必须依据目的反应测定催化剂的活性。

4.1.1　活性评价的目的

催化剂活性评价是通过各种各样的实验完成的，这些实验就其所采用的装置和所获信息的解释完善程度而言，具有很大的差别。因此，必须十分明确最终的活性评价目的。最常见的目的有：

①催化剂制造商或用户对催化剂进行常规的质量控制检验。这种检验包括在标准化条件下或在特定类型催化剂上的反应等。

②对大量催化剂进行快速筛选，以便为特定的反应确定一个催化剂评价的优劣。这种实验通常是在比较简单的装置和实验条件下进行的，根据单个反应参数来确定。

③更详尽地比较几种催化剂。这是在最接近于工业应用的条件下进行测试，以确定各种催化剂的最佳操作条件。

④研究特定的反应机理。这有助于提出合适的动力学模型，或为探索改进催化剂提供有价值的线索。

⑤研究特定催化剂上反应的动力学，包括失活或再生的动力学。这种信息是设计工业催化反应装置所必需的。

⑥模拟工业反应条件下催化剂的长期连续使用。这通常是在与工业体系结构相同的反应器中进行的，或采用按实际尺寸缩小的反应器。

上述这些评价目的，有些是为了开发新的催化剂，有些是为特定反应寻找催化剂的最佳使用条件，还有的是在现有催化剂的基础上加以改进，使改进后的催化剂具有更好的催化活性。

4.1.2　活性评价参数的选择

由于催化剂活性测定涉及很多种不同的反应，因此要选择不同的参数对催化剂进行评价。对于参数的选择，存在以下多种可能的表达方式：

①在给定的反应条件下原料达到的转化率。

②原料达到某一给定的转化率时所需要的温度。

③原料达到给定的转化率时产物的选择性。

④在给定的原料转化率条件下催化剂的稳定性。

⑤给定条件下的总反应速率或转化频率。

⑥特定温度下对于给定的转化率所需要的空速。

⑦根据实验研究数据所推导的动力学参数。

催化剂评价的优劣次序通常会因选择的评价参数不同而改变，具体选择哪一种参数作为评价标准，要以所需信息的用途而定。例如，在活性顺序的粗略筛选实验中，最常选用第 1 种表达方式，而要考察催化剂的寿命时，则选择第 4 种表达方式。不论测试的目的如何，所选择的条件应尽可能切合实际，尽可能与预期的工业操作条件接近。

4.1.3　活性测定的影响因素

如果要对一种催化剂进行活性评价，必须将其应用于某一具体的反应中，也就是对催化剂进行活性测定。现在广泛采用的催化剂活性测定方法是流动法，用这种方法评价催化剂活性时，要考虑气体在反应器中的流动状况和扩散现象，才能得到关于催化剂活性的正确信息。因此为了获得关于催化剂活性的准确数据，就需考虑影响活性测定的各种因素以及如何消除其影响。

4.1.3.1　催化剂颗粒直径与反应管直径的关系

在催化剂活性测定时，应尽量将宏观因素对催化活性的影响减少到最低程度。其中为了消除气体的管壁效应和床层过热，反应管直径（d_r）和催化剂颗粒直径（d_g）之比应为：$6 < d_r/d_g < 12$。

4.1.3.2　外扩散的影响及消除

用流动法测定催化剂的活性时，要考虑外扩散的阻滞作用。前面已经从多相催化过程的角度讨论了外扩散及其影响，此处主要讨论外扩散的消除。外扩散的阻力来自气固（或液固）边界的滞流层，流体的线速度将直接影响滞流层的厚度。通过改变反应物进料线速度对反应转化率影响实验，可以判断反应区是否存在外扩散的影响。图 4 - 1 显示了在工业催化剂 $V_2O_5 - K_2SO_4 - SiO_2$ 上，二氧化硫氧化成三氧化硫的转化率随线速度的变化。

反应是在 2 个不同催化剂床层厚度（催化剂体积 20mL 和 40mL）与不同颗粒直径（5.88mm 和 1.14mm）情况下进行的。由图 4 - 1 可见，在 W/F 值小于 120g 催化剂/(mol-SO_2/h)时，转化率随 W/F 值增加而增加，说明反应区存在外扩散的影响；当 W/F 值大于 120g 催化剂/($molSO_2$/h)时，转化率不随线速度改变而改变，说明反应区消除了外扩散的影响。由此可见，当流体 W/F 值达到足够高时，外扩散的影响可以消除。

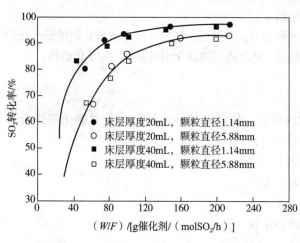

图 4 - 1　颗粒直径和线速度对转化率的影响

4.1.3.3　内扩散的影响及消除

内扩散阻力来自催化剂颗粒孔隙内径和长度，所以催化剂颗粒大小将直接影响分子内扩散过程。通过催化剂颗粒度大小变化对反应转化率影响实验，可以判断反应区是否存在内扩散。图 4 - 1 示出了颗粒直径变化对反应转化率的影响。从图 4 - 1 可以看出，颗粒小的催化剂（颗粒直径 1.14mm）转化率明显高于颗粒大的催化剂（颗粒直径 5.88mm），而颗粒直径 2.36mm 的催化剂转化率与颗粒直径 1.14mm 的基本相同，说明催化剂颗粒直径等于或小于 2.36mm 时，反应区消除了内扩散的影响。同样，增大催化剂孔隙直径也可消除内扩散的影响。

4.1.4　测定活性的试验方法

实验室中使用的管式反应器，通常随反应温度和压力条件的不同，可采用硬质玻璃、石英玻璃或金属材料。将催化剂样品放入反应管中，催化剂层中的温度用热电偶测量。为了保持反应所需的温度，反应管安装在各式各样的恒温装置中，例如水浴、油浴、熔盐浴或电炉等。

原料加入方式，根据原料性状和实验目的的不同必各有不同。当原料为常用的气体时，可直接用钢瓶气，通过减压阀送入反应系统，例如氢气、氧气、氮气等。当然，对于某些不常用的气体，需要增加发生装置。在氧化反应中常用空气，除可用钢瓶装精制空气外，还可用压缩机将空气压入系统。若反应组分中有液体时，可用鼓泡法、蒸发法或微型加料装置将液体反应组分加入反应系统。

根据反应物和反应产物的组成分析结果，可算出表征催化剂活性的转化率。在许多情况下，只需分析反应后混合物中 1 种未反应组分或 1 种产物的浓度。混合物的分析可采用各种化学或物理方法。

为使测定的数据准确可靠，测量工具和仪器如流量计、热电偶和加料装置等，都要严格校正。

第一篇　基础理论

4.1.5　活性测定实例

4.1.5.1　钴钼加氢脱硫催化剂的活性测定(一般流动法)

1. 测定原理和方法

1)原理

加氢脱硫催化剂用于脱除烃类中的有机硫。原料液态烃(轻油)所含的二硫化碳、COS、C_4H_4S 等有机硫化物,在一定条件下能被加氢脱硫催化剂转化为无机硫(硫化氢),从烃类中清除净化。这些有机硫中,以噻吩最难转化,因此,往往以噻吩的转化率作为指标衡量催化剂的活性。

2)方法

鉴定加氢脱硫催化剂活性的方法有 2 种:一种是以轻油为原料,配以一定量的噻吩,在一定的工艺条件下测定噻吩的转化率;另一种是直接以轻油为原料,在一定的工艺条件下直接测定经催化转化后轻油的净化度,要求轻油中有机硫含量(换算后的总硫)在 0.3×10^{-6} 以下。

先将催化剂粉碎至粒度 $1 \sim 2.5mm$,消除扩散因素影响及避免原颗粒度催化剂在床层中引起的沟流现象。催化剂填装量为 $50mL$,反应温度取 $350℃$(温度过高会引起裂解结炭),整个床层基本上处于等温区域。为了转化有机硫,需消耗一定量氢气。轻油中含有不饱和烃和芳香烃,由于加氢作用也消耗一部分氢气。所以通常控制氢油比为 100,即按体积 100 份氢气,1 份油。反应压力可以是加压($3.92MPa$)也可以是常压,加压时液体空速为 $15 \sim 30h^{-1}$,常压时就要低些。

2. 测定过程

图 $4-2$ 所示为加氢脱硫催化剂活性测定示意流程。轻油由微型注油泵通过转子流量计计量后,进入气化器,再入转化器。转化后,经无机硫吸收器(如氧化锌脱硫),然后冷却分离,对冷凝油进行取样分析。气化器、反应器及无机硫吸收器分别安装有温度测量计,各器温度分别用精密温度控制仪控制。加氢脱硫后的轻油,经冷却分离,将剩余氢气放空,收集冷凝之轻油并取样分析。

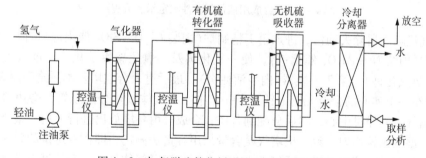

图 4 - 2　加氢脱硫催化剂活性测定示意流程图

4.1.5.2　氨合成用催化剂的活性测定(一般流动法)

1. 测定原理和方法

1)原理

氮气和氢气在一定压力、温度下,经熔铁催化剂催化生成氨:

$$N_2 + 3H_2 \rightleftharpoons 2NH_3 + \Delta H_R \qquad \Delta H_R = -55.3kJ/mol$$

在反应压力 29.4MPa、反应温度 500℃条件下，氨合成是一放热反应。从反应式可看出，增加压力有利于反应向生成氨的方向进行。在催化反应中，大粒度熔铁催化剂属于内扩散控制，故在活性测定时，需将催化剂破碎至 1.5~2.5mm。

氨合成所用的合成塔为内部换热式，催化床的温差较大，特别是在轴向塔中。即使采用径向塔，由于气流分布方面的原因，有时同一平面的温差也较大，因此不但要测定氨合成催化剂在某一温度下的活性，而且要测定它的热稳定性。

2)方法

氨合成用催化剂的活性检验，目前都在高压下进行。由于氧、一氧化碳、二氧化碳等杂质对催化剂有毒害作用，测定前气体需进行精制。一般是通过 $Cu_2O - SiO_2$ 催化剂除氧，$Ni - Al_2O_3$ 催化剂除一氧化碳，氢氧化钾除水分及二氧化碳，并用活性炭干燥。

国内 A5 型催化剂的活性指标为：催化剂粒度 1~1.4mm，反应压力 30MPa，反应温度 450℃，空速 1000h^{-1}，采用新鲜原料气，要求出口氨含量大于 23%，在 550℃耐热 20h，再降至 450℃，活性保持不变。

国外 KM 催化剂的活性指标为：反应压力 22MPa，反应温度 410℃，空速 15000h^{-1}，催化剂填装量 4.5g，要求合成气中氨含量大于 23%。

2. 测定过程

氨合成用催化剂活性测定示意流程如图 4-3 所示。

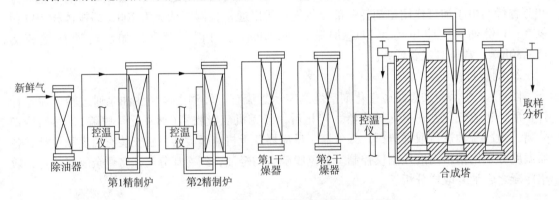

图 4-3 氨合成用催化剂活性测定示意流程图

新鲜气经除油器除去油污，进入第 1 精制炉(内装 $Cu_2O - SiO_2$ 催化剂)以除去氧，进入第 2 精制炉(内装 $Ni - Al_2O_3$ 催化剂)，使一氧化碳及二氧化碳甲烷化，再进入第 1 干燥器(内装固体氢氧化钾)、第 2 干燥器(内装活性炭)，最后进入合成塔。本测定采用多槽塔(五槽塔)，即在一个实心的合金元钢上钻 5 个孔，中心为气体预热分配总管，旁边对称钻 4 个孔口。精制气体先经过中心，然后分配到各塔，合成气由各塔放出进行分析。整个塔组采用外部加热，温度比较均匀一致。出塔气氨含量采用容量法测定，即在一定量的硫酸溶液中通入出塔气，当硫酸溶液由于吸收了氨而中和变色时，记录气体量，进而计算出氨含量。

上述两实例是在模拟工业生产条件下的催化剂活性测定法，采用的是一般流动法，即积分反应器法。这种方法的优点是装置比较简单，连续操作，可以得到较多的反应产物，便于分析。但由于从反应到取样分析的过程较长，加以操作上的原因，有时难以做到物料平衡，使所得结果有一定的误差。为此，可采用稳定流动微量催化色谱法。

该法的实质是采用微型反应器的一般流动法系统，反应器中间通过取样器与色谱分析系统连接，如图 4-4 所示。反应混合物以恒定流速进入微型反应器 R，反应后的混合物经取样器 S

流出。载气经检测器 D，在取样器中将一定量的反应后混合物送至色谱柱 C，分离后再经检测器 D 流出。这样即可对稳定的反应进行周期性分析。

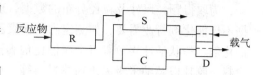

图4-4　微型反应器-色谱联用装置示意图
R—微型反应器；S—取样器；C—色谱柱；D—检测器

　　这种实验方法对评价催化剂的活性、稳定性和寿命有很大的实用意义。它具有快速、准确的优点，用于动力学数据的测定，也比一般流动法优越。

4.2　催化剂宏观物理性质的测定

　　工业催化剂或载体是具有发达孔系和一定内外表面的颗粒集合体。若干晶粒聚集为大小不一的微米级颗粒。实际成型催化剂的颗粒或二次粒子间堆积形成的孔隙与晶粒内和晶粒间微孔，构成该粒团的孔系结构（图4-5）。若干颗粒又可堆积成球、条、锭片、微球粉体等不同几何外形的颗粒集合体，即粒团。晶粒和颗粒间连接方式、接触点键合力以及接触配位数等则决定了粒团的抗破碎和磨损性能。

　　工业催化剂的性质，包括化学性质及物理性质。在催化剂化学组成与结构确定的情况下，催化剂的性能与寿命，决定于构成催化剂的颗粒-孔系的"宏观物理性质"，因此对其进行测定与表征，对开发催化剂的意义是不言而喻的。

4.2.1　颗粒直径及粒径分布

　　狭义的催化剂颗粒直径系指成型粒团的尺寸。单颗粒的催化剂粒度用粒径表示，又称颗粒直径。负载型催化剂所负载的金属或化合物粒子是晶粒或二次粒子，它们的尺寸符合颗粒度的正常定义。均匀球形颗粒的粒径就是球直径，非球形不规则颗粒的粒径用各种测量技术测得的"等效球直径"表示，成型后粒团的非球形不规则粒径用"当量直径"表示。

　　催化剂原料粉体、实际的微球状催化剂及其组成的二次粒子、流化床用微粉催化剂等，都是不同粒径的多分散颗粒体系，测量单颗粒粒径没有意义，而用统计的方法得到的粒径和粒径分布是表征这类颗粒体系的必要数据。

　　表示粒径分布的最简单方法是直方图，即测量颗粒体系最小至最大粒径范围，划分为若干逐渐增大的粒径分级（粒级），由它们与对应尺寸颗粒出现的频率作图而得（图4-6），频率的内容可表示为颗粒数目、质量、面积或体积等。当测量的颗粒数足够多（例如500粒或更多）时，可以用统计的数学方程表达粒径分布。

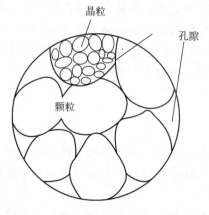

图4-5　催化剂颗粒结合体示意图

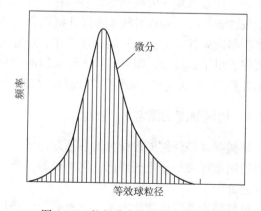

图4-6　粒径分布直方图与微分图

为取得颗粒尺寸及粒径分布的数据，现已形成许多相关的分析技术和方法。因为这些数据不仅催化剂行业需要，如测定沸腾床聚乙烯催化剂及其聚合物成品，丙烯氨氧化制丙烯腈催化剂、粉状活性炭负载贵金属催化剂表征等，而且其他许多行业，如水泥、冶金、颜料、涂料、胶片以及纳米级无机粉体材料等，均需要获得这些基本数据。

测量粒径 1nm 以上的粒度分析技术，最简单最原始的是用标准筛进行的筛分法。除筛分法外，还有光学显微镜法、重力沉降 - 扬析法、沉降光透法及光衍射法等。粒径 1nm 以下的颗粒，受测量下限的限制，往往造成误差偏大，故上述各种技术或方法不适用，应当代之以电子显微镜法、离子沉降光散射法等。

4.2.1.1 筛分法

一套筛子从上到下按孔径递减的顺序叠放，将一定量待分颗粒放在最上层，振动一定时间后称量每层颗粒质量，即得颗粒质量按颗粒直径的(粒径)分布。常用筛分设备见图 4 - 7。

图 4 - 7　常用筛分设备

4.2.1.2 淘析法

此法采用一定线速度的流体流使颗粒按尺寸分级的过程(流体通常为水或空气)。利用逐步缩短沉降时间的方法，由细至粗逐步地将较细物料自试料中淘析出来，具体如图 4 - 8。

称取 50 ~ 100g 待淘析的干试料并加水润湿赶走气泡，倒进玻璃杯内，加水至标明的刻度 h 处，用带橡皮头的玻璃棒强烈搅拌，使试料悬浮。然后停止搅拌，待液面基本平静后即开始按秒表计时，经过时间 t 后打开虹吸管夹 3，将 h 高的颗粒浆全部吸出至容器 4。重新加水至刻度 h 处，完全重复第 2 步操作，反复多次直至吸出的液体不混浊为止。将析出的产物沉淀、烘干、称量，即可计算出该粒级的产率。按此法通过改变时间 t(由长到短)而分别得出各粒级(由细到粗)的产物并计算出其对应的产率。

4.2.2　机械强度的测定

机械强度是任何工程材料的最基础性质。由于催化剂形状各异，使用条件不同，难于以一种通用指标表征催化剂普遍适用的机械性能，这是固体催化剂材料与金属或高分子材料等不同之处。

机械强度是固体催化剂的一项重要性能指标。一种成功的工业催化剂，除具有足够的活性、选择性和耐热性外，还必须具有足够的与寿命有密切关系的强度，以便抵抗在使用过程中的各种应力而不致破碎。从工业实践经验看，用催化剂成品的机械强度数据来评价强度是远远不够的，因为催化剂受到机械破坏的情况是复杂多样的。首先，催化剂要能经受住搬运时的磨损；第二，要能经受住向反应器里装填时落下的冲击，或在沸腾床中催化剂颗粒间的相互撞击；第三，催化剂必须具有足够的内聚力，不致当使用时由于反应介质的作用，发生化学变化而破碎；第四，催化剂还必须承受气流在床层的压力降、催化剂床层的重量，以及因床层和反应器的热胀冷缩所引起的相对位移等的作用。由此看来，催化剂只有在强度方面也具备上述条件，才能保证整个操作的正常运转。因此，建立和完善催化剂颗粒强度的测定方法是十分必要的。

由于催化剂在固定床和沸腾床中受到的作用力不完全相同，所以测定强度的方法也不一样。此外，催化剂在介质和高温的作用下，其强度常常降低。

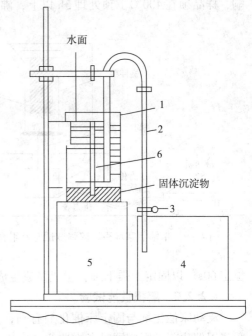

图4-8　淘析分离装置图
1—玻璃杯；2—虹吸管；3—夹子；
4—溢流收集器；5—底座；6—毫米刻度纸条

根据实践经验可认为，催化剂的工业应用，至少需要从抗压碎和抗磨损性能这两方面做出相对的评价。

4.2.2.1　压碎强度的测定

均匀施加压力于成型催化剂颗粒使之压裂时的最大负荷称为催化剂压碎强度。大粒径催化剂或载体，如拉西环、直径大于1cm的锭片，可以使用单粒测试方法，以平均值表示。小粒径催化剂，最好使用堆积强度仪，测定堆积一定体积的催化剂样品在顶部受压下碎裂的程度。因为对于细颗粒催化剂，若干单粒催化剂的平均抗压碎强度并不重要，有时可能百分之几的破碎就会造成催化剂床层压力降猛增而被迫停车。

1. 单粒压碎强度的测定

美国材料标准试验学会（ASTM）已经颁布了一个催化剂单粒压碎强度测定标准试验方法，规定试验设备由2个工具钢平台及指示施压读数的压力表组成，施压方式可以是机械、液压或气动等系统，并保证在额定压力范围内均匀施压。国外通用的试验机，按此原理要求由可垂直移动的平面顶板与液压机组合而成。我国催化剂压碎强度测定设备普遍使用1983年原化工部颁布的化肥催化剂压碎强度测定方法使用的强度仪，原则上符合上述ASTM压碎强度设备的原理要求。

单粒压碎强度测定结果，一般要求以正（轴向）、侧（径向）压强度表示，即条状、锭片、拉西环等形状催化剂应测量其轴向（即正压）压碎强度和径向（即侧压）压碎强度，分别以 $\rho(轴)/(N/cm^2)$ 和 $\rho(径)/(N/cm)$ 表示；球型催化剂以点压碎强度 $\rho(点)/N$ 表示。

单粒压碎强度测定要求：①取样有代表性，测定数不少于50粒，一般为80粒，条状催化剂应切为长度3~5mm，以保证平均值重现性>95%；②本标准已考虑到温度对强度的影响，样品须在400℃下预处理3h以上，沸石催化剂则需经450~500℃处理(特别样品另定)，放入干燥器冷却至环境温度后立即测定；③匀速施压。

2. 堆积压碎强度的测定

堆积压碎强度的评价可提供运转过程中催化剂床层的机械性质变化。测定方法可以通过活塞向堆积催化剂施压，也可以恒压载荷。方法已经建立多种，下面介绍一例。

美国 ASIMD32 委员会正在试验一种单轴活塞向催化剂床层一端施压的方法(图4-9)，样品经400℃熔烧3h后，以34.5kPa/s 负荷施压至试验压力下，

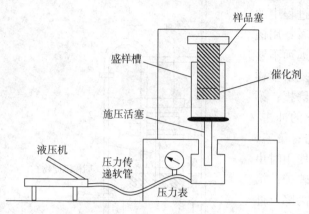

图4-9 单轴活塞堆积压碎强度试验及组合示意图

恒定60s。以固定压强下细粉生成量或生成一定细粉量需要的压强表示堆积压碎强度。

4.2.2.2 磨损性能试验

流动床催化剂与固定床催化剂有别，其强度主要应考虑磨损强度(表面强度)。至于沸腾床用催化剂，则应同时考虑这两者。

催化剂磨损性能的测试，要求模拟其由摩擦造成的磨损。相关的方法也已发展多种，如用旋转磨损筒、空气喷射粉体催化剂使颗粒间及器壁间摩擦产生细粉等方法。

近年中国在化肥催化剂中，参照国外的方法，采用转筒式磨耗仪(磨损仪)的较多。以后本法为其他类型的工业催化剂所借鉴。它所针对的并不是沸腾床催化剂，而是固定床催化剂，不过这些催化剂的表面强度也很重要，例如氧化锌脱硫剂就是如此。转筒式磨耗仪是将一定量的待测催化剂放入圆筒形转动容器中，然后以筛出的粉末百分含量定为磨耗。这种磨耗仪的容器材质、尺寸、转速是规格化的，转速分几挡，转数自动计量和报停，而转筒的固定部分在其中部。

常见的表示方法：

磨耗指数：在高速气流作用下催化剂被流化，使催化剂颗粒间相互摩擦、碰撞而产生磨损，经规定时间吹磨，吹出的细粒子($15\mu m$ 以下)质量占催化剂总质量的百分数为磨耗指数(磨损指数)。

测量方法：鹅颈管法(旋转磨损筒试验)、淘析法(空气喷射法)。

4.2.3 催化剂的抗毒稳定性及其测定

有关催化剂应用性能最重要的三大指标是活性、选择性和寿命。许多经验证明，工业催化剂寿命终结的最直接原因，除上述的机械强度外，还有其抗毒性。

由于有害杂质(毒物)对催化剂的毒化作用，使活性、选择性或寿命降低的现象称为催化剂中毒。一般而言，毒物泛指：

硫化物——硫化氢、COS、二硫化碳、硫醇、噻吩等；

含氧化合物——氧、一氧化碳、二氧化碳、水等；

含磷、砷、卤素化合物、重金属化合物、金属有机化合物等。

催化剂中毒现象可粗略地解释为，表面活性中心吸附了毒物，或进一步转化为较稳定的

表面化合物，因而活性位被钝化或被永久占据。

评价和比较催化剂抗毒稳定性的方法如下：

①在反应气中加入一定浓度的有关毒物，使催化剂中毒，而后换用纯净原料进行试验，视其活性和选择性能否恢复。若为可逆性中毒，可观察到一定程度的恢复。

②在反应气中逐量加入有关毒物至活性和选择性维持在给定的水平上，视能加入毒物的最高浓度，例如烃类水蒸气转化镍系催化剂一般可容许含硫 0.5×10^{-6} mg/m³ 的原料气。

③将中毒后的催化剂通过再生处理，视其活性和选择性恢复的程度。永久性（不可逆）中毒无法再生。

催化剂失活，除中毒外，往往还由于积炭和结焦而引起。这往往是由于某些高分子的含炭杂质覆盖了活性表面或堵塞了孔道所致。催化剂积炭失活可用空气或水蒸气烧炭再生。

4.2.4　比表面积测定与孔结构表征

固体催化剂的比表面积和孔结构，属于其最基本的宏观物理性质。孔和表面是多相催化反应发生的空间。对于大多数工业催化剂而言，由于其多孔结构和具有一定的颗粒大小，在生产条件下，催化反应常常受到扩散的影响。这时，催化剂的活性、选择性和寿命等几乎所有的性能便与催化剂的这两大宏观物理性质相关。

因此不难理解，关于比表面积的测定和孔结构的表征，一直是催化研究中一个久远而持续的大课题。特别是近来催化剂的表征已深入到纳米级微粒及分子筛通道和孔笼中，其研究工作也进入了更新的发展阶段。

对于普通工业催化剂，其比表面积和孔结构，主导的测定方法至今一直是由蒸气物理吸附和压汞法两大技术主宰，这就是下面将要略加说明的一些基本实验方法。

4.2.4.1　催化剂比表面积的测定

催化剂比表面积指单位质量多孔物质内外表面积的总和，单位为 m²/g，有时也简称比表面。对于多孔催化剂或载体，通常需要测定比表面积的两种数值。一种是总比表面积，另一种是活性比表面积。

常用的测定总比表面积的方法有 BET 法和色谱法，测定活性比表面积的方法有化学吸附法和色谱法等。

1. BET 法测定单一比表面积

经典的 BET 法，基于理想吸附（或称兰格缪尔吸附）的物理模型，假定固体表面上各个吸附位置从能量角度而言都是等同的，吸附时放出的吸附热相同；并假定每个吸附位只能吸附 1 个质点，而已吸附质点之间的作用力则认为可以忽略。

将兰格缪吸附等温式的物理模型和推导方法应用于多分子层吸附，并假定自第 2 层开始至第 n 层（$n \rightarrow \infty$）的吸附热都等于吸附质的液化热，则可推导出以下两常数的 BET 公式。BET 公式表示当气体靠近其沸点并在固体上吸附达到平衡时，气体的吸附量 V 与平衡压力 p 间的关系：

$$V = \frac{V_m p C}{(p_s - p)\left[1 - (p/p_R) + C(p/p_R)\right]}$$

式中　V——平衡压力为 p 时吸附气体的总体积；

　　　V_m——催化剂表面覆盖单分子层气体时所需气体的体积；

　　　p——被吸附气体在吸附温度下平衡时的压力；

　　　p_s——被吸附气体在吸附温度下的饱和蒸气压力；

　　　C——与被吸附气体种类有关的常数。

为了便于实验上的运算，可将上式改写成如下形式：

$$\frac{p}{V(p_s - p)} = \frac{1}{V_m C} + \frac{C-1}{V_m C} \cdot \frac{p}{p_s}$$

由此式可以看出，以 $p/V(p_s - p)$ 对 p/p_s 作图，可得一条直线，直线在纵轴上的截距等于 $1/V_m C$，直线的斜率等于 $C-1/V_m C$。

若令 $A = 1/V_m C$，$B = (C-1)/V_m C$

则

$$V_m = \frac{1}{A + B}$$

实验时，每给定一个 p 值，则可测定一个对应的 V 值，这样可在一系列 p 值下测定 V 值，即可求得 V_m 值。

有了 V_m 值后，换算为被吸附气体的分子数。将此分子数乘以 1 个分子所占的面积，即得被测样品的总表面积 S。

2. 复杂催化剂不同比表面积的分别测定

工业催化剂大多数由 2 种以上的物质组成。每种物质在催化反应中的作用通常是不相同的。人们常常希望知道每种物质在催化剂中分别占有的表面积，以便改善催化剂的性能和工厂操作条件，以及降低催化剂的成本。

采用上述基于物理吸附原理测定比表面积的方法，只能测定催化剂的总表面积，而不能测定不同物质的比表面积。因此，常常利用有选择性的化学吸附，来测定不同组分所占的表面积。气体在催化剂表面上的化学吸附与物理吸附不同，它具有类似或接近于化学反应的性质，因而能对催化剂的某种表面有选择的能力。因此，没有一个适于测定各种不同成分催化剂表面积的通用方法，而是必须用实验来寻找在相同条件下只对某种组分发生化学吸附而对其他组分呈现惰性的气体，或者同一气体在这些组分上都能发生化学吸附，然而吸附的程度不同，也可以用于求得不同组分的表面积。

但是，由于化学吸附的复杂性，目前只有为数不多的几类催化剂可以进行成功的测定。

1）载于氧化铝或 $SiO_2 - Al_2O_3$ 上的铂表面积的测定

在许多有载体的金属铂催化剂中，催化剂的表面通常并不是全部为铂所覆盖。对于 Pt/Al_2O_3 和 $Pt/SiO_2 - Al_2O_3$ 催化剂，要想知道铂在载体上暴露的表面积，可用氢、氧或一氧化碳气体在铂上的化学吸附法来侧定。在化学吸附的温度下，这些气体实际上不与氧化铝或 $SiO_2 - Al_2O_3$ 载体发生化学作用。

在进行化学吸附之前，催化剂样品要经过升温脱气处理。处理的目的是将催化剂表面上吸附的气体除去，以获得清洁的铂表面。脱气处理在加热和抽真空条件下进行。温度和真空度愈高，脱气愈完全。但温度不能过高，以免铂晶粒被烧结。

（1）氢的化学吸附

实验证明，在适当条件下氢在催化剂 Pt/Al_2O_3 上化学吸附达到饱和时，表面上每个铂原子吸附 1 个氢原子，即 H/Pt 之比等于 1。因此，只要选择适宜的化学吸附条件，测定氢在一定量的已知比表面积催化剂中的饱和吸附量，就能计算出暴露在表面上的铂原子数。铂原子数乘其原子截面积即得铂的表面积。

（2）氢氧滴定法

氢氧滴定法是将 Pt/Al_2O_3 催化剂在室温下先吸附氧，然后再吸附氢。氢和吸附的氧化合生成水，生成的水被吸收。由消耗的氢量，进而依 O/Pt = 1 算出铂的表面积。有人认为此法得到的结果的精度比氢或氧的化学吸附法都高。

2）氧化铜和氧化亚铜表面积的测定

测定组成复杂的催化剂的不同表面，需要根据催化剂的性质选择特殊的方法。在用于氧化反应的铜催化剂中，氧化铜和氧化亚铜处于随外部条件而变化的动态平衡。测定 CuO – Cu$_2$O 体系的基础，是根据这两个组分对氧和一氧化碳具有不同的化学吸附能力，即氧化铜与一氧化碳、氧化亚铜与氧发生化学吸附。

在测定铜催化剂样品之前，要预先分别测定在 1m^2 氧化铜和氧化亚铜表面上的吸附量，并以此作为对比标准。在 20℃ 和 0.533 ~ 0.80kPa 时，实验测得在氧化铜上化学吸附的氧量为 0.030cm^3/m^2，吸附的一氧化碳量为 0.060cm^3/m^2。

在测定铜催化剂中氧化铜和氧化亚铜的表面积时，需要分别进行氧和一氧化碳的化学吸附实验，根据氧和一氧化碳在同质量催化剂上的总吸附量，则可建立下列二元联立方程式：

$$V(O_2) = 0.030S_1 + 0.114S_2$$
$$V(CO) = 0.014S_1 + 0.060S_2$$

式中，$V(O_2)$、$V(CO)$分别表示同质量催化剂上吸附的氧气和一氧化碳的体积；S_1 和 S_2 分别表示氧化铜和氧化亚铜的表面积。

解方程式得

$$S_1 = \frac{1.190V(CO) - V(O_2)}{0.167}$$

$$S_2 = \frac{3.47V(O_2) - V(CO)}{0.331}$$

由此即可求得在复杂的铜催化剂中氧化铜和氧化亚铜分别占有的表面积。

4.2.4.2 催化剂孔结构的测定

工业固体催化剂常为多孔性的。由于催化剂的孔结构是其化学组成、晶体组成的综合反映，而实际的孔结构又相当复杂，所以有关的计算十分困难。用以描述催化剂孔结构的特性指标有许多项目，其中最常用的有密度、孔体积、孔隙率、平均孔半径和孔径分布等。

孔结构对催化剂性能的影响很大，例如流化床催化裂化用微球催化剂，其密度的大小对反应操作条件有直接影响。

1. 密度及其测定

一般而言，催化剂的孔体积越大，则密度越小；催化剂组分中重金属含量越高，则密度越大。载体的晶相组成不同，密度也不相同。例如 γ – Al$_2$O$_3$、η – Al$_2$O$_3$、θ – Al$_2$O$_3$ 和 α – Al$_2$O$_3$ 的密度就各不相同。

单位体积内所含催化剂的质量就是催化剂的密度。但是，因为催化剂是多孔性物质，构成成型催化剂的粒片体积中，包含固体骨架部分的体积 V_{sk} 和催化剂内孔体积 V_{po}；此外，在一群堆积的催化剂粒片之间，还存在空隙体积 V_{sp}，所以，堆积催化剂的体积 V_c 应当是

$$V_c = V_{sk} + V_{po} + V_{sp}$$

因此，在实际的密度测定中，由于所用或实测的体积不同，就会得到不同涵义的密度。催化剂的密度通常分为 3 种，即堆积密度（ρ_c）、颗粒密度（ρ_{sp}）和真密度（ρ_{sk}）。

用量筒或类似容器测量催化剂的体积时所得的密度称为堆积密度。显然，这时的密度所对应的体积包括 3 部分：颗粒间的空隙体积、颗粒内孔的体积及催化剂骨架所占的体积。即

$$V_c = V_{sp} + V_{po} + V_{sk}$$

若体积所对应的催化剂质量为 m，则有

$$\rho_c = \frac{m}{V_{sp} + V_{po} + V_{sk}}$$

测定堆积密度 ρ_c 时，通常是将催化剂放入量筒中拍打震实后测定。测定时，扣除催化剂颗粒之间的体积 V_{sp} 求得的密度称为颗粒密度，即

$$\rho_{sp} = \frac{m}{V_{po} + V_{sk}}$$

测定时，可以先从实验中测出 V_{sp}，再从 V_c 中扣除 V_{sp} 得 $V_{po} + V_{sk}$。测定 V_{sp} 用汞置换法，因为常压下汞只能充满颗粒之间的空隙和进入颗粒孔半径大于 500nm 的大孔中。

当所测的体积仅是催化剂骨架的体积时，即从 V_c 中扣除 $(V_{sp} + V_{po})$ 之后，求得的密度称为真密度，即

$$\rho_{sk} = \frac{m}{V_{sk}}$$

测定时，用氦和苯来置换，可求得 $(V_{sp} + V_{po})$，因为氦可以进入并充满颗粒之间的空隙，并且同时也可以进入并充满颗粒内部的孔。显然，三种密度间有下列关系：

$$\rho_c < \rho_{sp} < \rho_{sk}$$

2. 孔体积、孔隙率及平均孔半径及其测定

1g 催化剂颗粒内所有孔的体积总和称为孔体积(或称比孔容)。孔体积 V_g 常常由测得的颗粒密度与真密度按下式计算。

$$V_g = \frac{1}{\rho_{sp}} - \frac{1}{\rho_{sk}}$$

催化剂的孔体积也常用四氯化碳法测定。该法的原理是在一定的四氯化碳蒸气压下，四氯化碳能将催化剂内孔充满并在孔中凝聚，凝聚了的四氯化碳的体积就等于催化剂内孔的体积。

催化剂颗粒中孔的体积占催化剂颗粒体积(不包括颗粒之间的空隙)的分数称作孔隙率 θ。孔隙率由下式计算：

$$\theta = \frac{\left(\dfrac{1}{\rho_{sp}} - \dfrac{1}{\rho_{sk}}\right)}{\dfrac{1}{\rho_{sp}}}$$

上式又可写成：

$$\theta = V_g \rho_{sp}$$

实际催化剂颗粒中孔的结构是复杂的和无序的。孔具有各种不同的形状、半径和长度。为了计算方便，将其结构简化，以求平均孔半径。

前述与孔有关的物理性质指标，一般是一个综合的或统计的概念。很多情况下仅仅了解这些性质是远不够精细的，而测定催化剂的孔径分布便显得更加重要。

3. 孔径分布的测定

孔径分布是催化剂的孔体积随孔径的变化。孔径分布也和催化剂其他宏观物理性质一样，决定于组成催化剂物质的固有性质和催化剂的制备方法。当组成催化剂的物质种类和含量已经确定后，制备方法及制备条件就是决定因素。

通常将催化剂颗粒中的孔按孔径大小分为 3 部分：孔半径小于 10nm 的为细孔(或微孔)，10~200nm 的为大孔(或粗孔)。这样的分法，完全是人为的。也有人分为两部分，孔半径小于 10nm 的为细孔，大于 10nm 的为粗孔。

测定孔隙分布的方法很多，孔径范围不同，可以选用不同的测定方法。大孔可用光学显微镜直接观察和用压汞法测定；细孔可用气体吸附法。这里仅介绍气体吸附法和压汞法。

1）气体吸附法

孔半径越小，气体发生凝聚所需的压力 p 也越低。当蒸气压力由小增大时，则由于凝聚被液体充填的孔径也由小增大，这样一直到蒸气压力达到在该温度下的饱和蒸气压力时，蒸气可以在孔外，即颗粒外表面上凝聚，这时颗粒中所有的孔已被吸附质充满。

为了得到孔径分布，只需实验测定在不同相对压力下的吸附量，即吸附等温线，即可实现。

2）压汞法

汞不能使大多数固体物质湿润，因此如果要使汞进入固体的孔中，必须施加外压。孔径越小，所需施加的外压也越大。压汞法就是利用这个原理。

压泵法是大孔分析的首选经典方法，根据测量外力作用下进入脱气处理后固体孔空间的进汞量，再换算为不同尺寸的孔体积。

以 σ 表示汞的表面张力，汞与固体的接触角为 φ，汞进入半径为 γ 的孔需要的压力为 p，则孔截面上受到的压力为 $\gamma^2\pi p$，而由表面张力产生的反方向张力为 $2\pi\gamma\sigma\cos\varphi$，当平衡时，二力相等，则：

$$r^2\pi p = 2\pi r\cos\varphi$$

$$r = \frac{2\sigma\cos\varphi}{p}$$

上式表示压力为 p 时，汞能进入孔内的最小半径。此式是压汞法原理的基础。

在常温下汞的表面张力 σ 为 0.48N/m。接触角 φ 随固体而变化，但变化不大，对各种氧化物来说约为 140°。若压力 p 的单位为 MPa，孔半径 r 的单位为 nm，则上式可改写成下式：

$$r = 764.5/p$$

由此式可以算得相对于 p 的孔半径 r 数值（表 4 − 1）。

表 4 − 1　在各种压力下被汞充满的孔半径

压力/MPa	孔半径/nm	压力/MPa	孔半径/nm
0.102	7500	101.9	7.5
1.02	750	1019.4	0.75
10.2	75		

由此可见，要测量半径 0.75nm 的孔隙，需要的压力为 1019.4MPa。现在已有定型的自动记录压汞仪，可测量半径大于 1nm 的孔隙。

采用压汞仪可实测随压力增加 $\mathrm{d}p$ 后而"浸润"进入催化剂的微分体积 $\mathrm{d}V$，由 $\mathrm{d}V/\mathrm{d}p$ 可得汞压入量曲线，进而用图解积分法描绘出所测催化剂的孔径分布曲线，如图 4 − 10 所示。孔径分布曲线比较直观地反映出该催化剂不同大小孔径的分配比例。研究工业催化

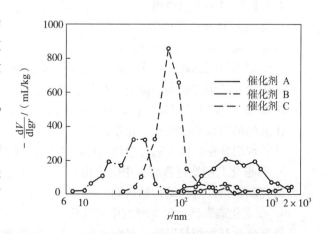

图 4 − 10　典型水蒸气转化催化剂的孔径分布曲线

第一篇　基础理论

剂在制备及运转过程中孔径分布曲线的规律性，并将这些规律性与催化剂的使用性能关联起来，经验证明是一件十分有价值的工作。

现代压汞仪具有高达 400MPa 的高压发生系统，测量下限 3nm，可以程序加压、自动平衡停时控制、自动程序连续进－退汞循环。实验数据收集后，由专用计算机软件处理孔结构结果，常规的报告为 dV/dr 的对数分布曲线或积分图（如图 4－10）。

4.3　催化剂微观性质的测定

工业催化剂除与孔和表面积有关的宏观物理性质外，其载体的微观（或本体）性质还有很多，如其表面活性、金属粒子大小及其分布、晶体物相（晶相）、晶胞参数、结构缺陷等。此外，还有一些性质涉及催化剂表面的化合价态及电子状态，电学和磁学性质等。这些微观性质，对催化剂使用性能的影响常常比宏观性质更为直接和复杂，也需要更好的仪器和方法进行表征。往往一种性质还要借助多种工具测定表征。现以相关仪器和方法为主线，例举若干测定和表征催化剂的实例。从这些实例中可以看出，微观性质的测定和表征，对于分析催化现象的实质及辅助催化剂开发设计，都可能有相当重要的参考价值。

催化剂微观性质包括：化学组成、物相结构、活性表面、晶粒大小、分散度、价态、酸碱性、氧化还原性、各组分的分布及能量分布。

4.3.1　电子显微镜在催化剂研究中的应用

在研究催化剂的宏观物理结构时，可用光学显微镜和电子显微镜。普通光学显微镜的分辨率低，一般只能观察 $1\mu m$ 以上的微粒，对于性质活泼的金属催化剂（其微晶大小通常在 $1\sim10nm$ 之间），则明显无能为力。而电子显微镜以高压（通常 $70\sim110kV$）下电子枪射出的高速电子流作为光源，波长短，分辨率却高达 0.5nm。因此，原则上任何催化剂微晶的大小分布，都可以用电子显微镜观察。所以，近年来电子显微镜在催化剂研究中的应用日益广泛。

电子显微镜有多种，应用最广的是透射电子显微镜（TEM）和扫描电子显微镜（SEM）。TEM 的样品要足够薄（100nm），可得十分清晰的照片。SEM 可从固体试样表面获得图像，甚至直接用块状试样测试，但放大倍数较 TEM 低。采用电子显微镜可观察催化剂的外观形貌，进行颗粒度测定和晶体结构分析，同时还可研究高聚物的结构、催化剂的组成与形态，以及高聚物的生长过程、齐格勒－纳塔体系催化剂的晶粒大小、晶体缺陷等。

4.3.1.1　TEM 的应用

1. 催化剂物理性质检测

在这方面，利用 TEM 可以：

①识别不同的结晶：粒子（晶粒）大小及其分布。

②进行孔结构的观察与测定：孔径，孔形，孔分布，孔体积。

2. 体积利用 TEM 可研究：负载型催化剂的研究

①载体的物理结构和表面化学结构。

②活性组分在载体上的分散情况（均匀分散、积雪状、簇状）。

3. 在催化剂制造过程研究中的应用

研究制备条件对孔结构的影响。

4. 在催化剂失活、再生研究中的应用

研究催化剂上积炭形态、晶粒聚集长大、污染物的沉积。

4.3.1.2 SEM 的应用

1. 晶体形状

图 4 – 11 与图 4 – 12 分别为两种不同合成条件下制备的 MgSAPO 分子筛的 TEM 照片。由图 4 – 11 可见，MgSAPO – 1 分子筛晶体呈六棱柱体，表面为规则的正六边形，杂晶及无定形物质很少，晶粒大小均匀，长度在 10 ~ 30μm，结晶状态良好。由图 4 – 12 可见，Mg-SAPO – 2 分子筛存在正方形杂晶及大量的无定形物质，晶粒分布不均匀，长度在 15 ~ 84μm，结晶少且晶体规整度差。

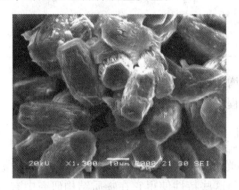

图 4 – 11　MgSAPO – 1 分子筛的 TEM 照片　　　图 4 – 12　MgSAPO – 2 分子筛的 TEM 照片

2. 晶粒尺寸

图 4 – 13 为合成 SAPO 分子筛的 TEM 照片。由图 4 – 13 可见，晶粒呈圆饼状，大小比较均匀，尺寸在 10 ~ 30μm，集中分布于 20 ~ 25μm。

4.3.1.3 应用实例

以 2，3 – 二甲基丁烷在 Pt/C 催化剂上的脱氢反应为例，说明铂微晶大小分布情况以及对活性和选择性的影响。

①采用浸渍法制备催化剂，将 0.12% ~ 9.33% 铂载于活性炭上，制备各种铂含量的催化剂。

②铂晶粒直径以 n 个粒子体积对表面积的比 d_{vs} 来表示，单位质量粒子的比表面积以 S_w 表示。

根据该催化剂的电子显微镜照片，统计标绘出不同样品的粒径分布曲线和平均粒度，计算得出如表 4 – 2 所示结果。

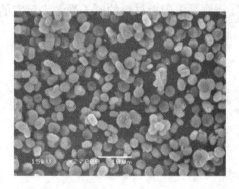

图 4 – 13　合成 SAPO 分子筛的 TEM 照片

表 4 – 2　新鲜铂晶粒的平均直径和比表面积

催化剂	铂质量分数/%	d_{vs}/nm	S_w/(m²/g)
A1	0.12	2	140
A2	0.50	2	140
A3	0.90	2.6	108
A4	2.79	4.5	63
A5	9.33	4.8	58

结论：用浸渍法制备铂催化剂，当铂质量分数大于 0.5% 时，随铂晶粒直径增大，单位

质量铂暴露的面积反而相对减少。

验证热烧结对铂晶粒直径的影响，结果见表4-3。

表4-3　烧结后铂晶粒的平均直径和比表面积

催化剂	烧结时间/h	d_{vs}/nm	S_w/(m²/g)
A2	0	2.0	140
B1	2	3.2	87
B2	14	3.5	79
B3	24	4.1	69
B4	72	4.8	58

结论：铂随烧结时间延长，铂晶粒直径迅速增大，比表面积则减小。用电子显微镜可观察到铂微粒的大小与形态，以及铂微粒在结烧过程中的稳定性。

4.3.2　X射线结构分析在催化剂研究中的应用

X射线波长介于紫外线和γ射线之间，它和光同属横向电磁辐射波。由于X射线波长短，所以它有较高的贯穿能力和较小的干涉尺度。这些特性使得它在物质结构研究中有特殊的应用。

X射线发生装置的工作原理如图4-14所示。当阴极热电子在10^4V以上的高压下加速时，它可以得到相当高的动能。高速电子与阳极物质相碰撞时可以产生X射线。这种X射线一般由连续光谱和特征光谱两部分组成。连续光谱是由碰撞时电子减速产生的，而特征光谱则是由阳极材料的原子受激发后它的电子从较高能级跃迁到较低能级而产生的。

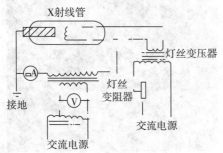

图4-14　X射线发生装置工作原理图

X射线结构分析是揭示晶体内部原子排列状况最有力的工具。应用X射线衍射方法研究催化剂，可以获得许多有用的结构信息。在催化剂研究中主要用于测定晶体物质的物相组成、晶胞常数和微晶大小。也有用于比表面积和平均孔径及粒子大小分布的辅助测定。X光荧光分析还用于元素的定性或半定量分析。

由于X射线是波长很短的电磁波，其波长（在0.1nm左右）与原子半径在同一个数量级。当X射线射到晶态物质上时，即产生衍射，在空间某些方向出现衍射强度极大值。根据衍射线在空间的方向、强度和宽度，可进行催化剂的物相组成、晶胞常数和微晶大小的测定。

4.3.3　气相色谱技术

气相色谱是催化剂表征中常用的技术，特别是在研究催化剂的表面性质，如吸附和脱附过程等。

它可分为程序升温脱附(TPD)、程序升温还原(TPR)、程序升温氧化(TPO)、程序升温表面反应(TPSR)和氢氧滴定脉冲色谱法(HOT)等。

4.3.3.1　程序升温脱附法

将已吸附了吸附质的吸附剂或催化剂按预定的升温程序（如等速升温）加热，得到吸附质的脱附量与温度关系图的方法。

TPD 过程中，可能有以下现象发生：

①分子从表面脱附，从气相再吸附到表面。

②分子从表面扩散到次层，从次层扩散到表面。

③分子在内孔的扩散。

TPD 的应用(定性)：

①表征固体酸催化剂表面酸性质，测量 B 酸、L 酸。

②研究金属催化剂的表面性质。

③研究脱附的动力学参数。

TPD 曲线对催化剂不但有"指纹"的定性作用，并且通过对其分析和数据处理，可求出定量表征催化剂表面性质的一些参数，如脱附活化能、频率因子、脱附级数等。

对 TPD 过程的理论分析，可以在测量时，将不均匀的催化剂(或吸附剂)表面看成是由许多能量不同的均匀表面所组成的。

4.3.3.2　程序升温还原

程序升温过程中，利用氢(或一氧化碳)还原金属氧化物时，还原温度的变化，可以表征金属催化剂中金属间或金属－载体间的相互作用及还原过程。

发生还原反应的化合物主要是氧化物，在还原过程中，金属离子从高价态变成低价态直至变成金属态。对催化剂最常用的还原剂是氢和一氧化碳。

4.3.3.3　程序升温氧化

催化剂在使用过程中，活性逐渐下降，其中原因之一是催化剂表面有积炭生成，TPO 法是研究催化剂积炭生成机理的有效手段。

4.3.4　热分析技术在催化剂研究中的应用

热分析是在程序控制温度下测量物质的物理性质与温度关系的一类技术，最常用的是差热分析(DTA)、热重分析(TGA)和差示扫描量热分析(DSC)。

热分析是研究物质在受热或冷却过程中其性质和状态的变化，并将此变化作为温度或时间的函数，来研究其规律的一种技术。由于它是一种以动态测量为主的方法，所以和静态法相比，有快速、简便和连续等优点，因而是研究物质性质和状态变化的有力工具，已广泛应用于各个学科领域。

由于可以跟踪催化剂制备过程和催化反应过程的热变化、质量变化及状态变化，所以热分析在催化剂研究中得到愈来愈多的应用，不仅在催化剂原料分析，而且在制备过程分析和使用过程分析上，皆能提供有价值的信息。

目前催化研究中应用最多的热分析技术，主要有差热分析和热重分析，有时还采用差示扫描量热法分析。

4.3.4.1　差热分析法

差热分析法是在按一定速率加热和冷却的过程中，测量试样和参比物之间的温度差。

①伴随有吸热或放热的相变或化学反应都会对应负峰或正峰。根据峰的形状、面积、峰个数、出峰及峰顶温度等可以鉴别物相及其变化。

②温差 ΔT 随温度 T 的变化曲线称为差热曲线。纵坐标是试样与参比物的温度差 ΔT，向上表示放热反应，向下表示吸热反应，横坐标为 T。

4.3.4.2 热重分析法

热重分析法是在程序升温下测量试样受热分解时发生的质量变化。

1. 原理

样品在受热情况下用热天平连续称量，其质量随温度变化的曲线即热重曲线。只适用于加热过程中有脱溶剂化(脱水)、升华、蒸发与分解等质量变化的物质。TGA曲线以质量减少百分率或质量减少速率为纵坐标，温度或时间为横坐标。

2. 热重曲线分析

典型的TGA曲线见图4-15。

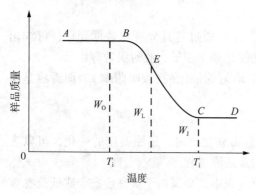

图4-15 典型的TGA曲线

TGA曲线提供的信息：阶梯位置，阶梯斜度，阶梯高度。

1)阶梯位置

凡是伴随有质量改变的物理或化学变化，在其TGA曲线上都有相对应的阶梯出现，阶梯位置通常用反应温度区间表示。

2)阶梯斜度

在给定的实验条件下阶梯斜度取决于变化过程。一般阶梯斜度越大，反应速率越快。

3)阶梯高度

阶梯高度代表质量变化的多少。

3. 热分析在催化研究中的应用

通常差热分析与热重分析结合使用。可以起到以下作用：

①催化剂焙烧条件的选择(常用)。

②催化剂组成的确定及活性组分与载体间相互作用研究。

③吸附与反应机理及动力学研究。

知 识 拓 展

若干近代物理方法在催化剂表征中的应用

广泛地采用近代物理方法是今日催化科学研究的一个重要特点。工具是人类器官功能的延伸。有了这些工具，就可以更深入地研究催化作用，认识和总结催化作用的规律，大大加速催化剂开发的进程。这些方法各有所长，也各有所短。一种方法只能在某一方面做出贡献。为了全面地研究某一催化问题，往往需要多种方法配合联用，互相补充。近年来，国内催化剂研究在应用近代物理方法方面，已经取得不少成果。

固体催化剂的结构因素，如比表面积、晶体结构、孔结构、相组成和微晶大小等，是催化性能的一些决定因素。当对催化剂进行深入研究时，还需要一些近代的实验技术进行综合测试。近代物理方法和各种仪器的进步，为催化剂的研究提供了有利条件。

以往传统的测试技术为人们认识催化剂的本性提供了许多数据，目前一些现代化仪器和方法已经达到了对许多催化剂制备过程和表面状态知之甚详、一清二楚的地步，只不过是如何将这些认识与催化剂的活性、选择性和寿命等关联起来，从而达到控制其性能和生产的目的，还未真正或完全地解决。这些测试技术被广泛应用的，主要有电子探针、红外光谱等多种，近年又有了更多新方法出现。以下简略介绍几种常用近代物理方法的基本原理。

1. 电子探针分析

由电子枪射出的电子束，经加速后聚焦到催化剂样品表面某一点时，组成催化剂的原子内层电子产生电离，发射出代表该元素性质的特征 X 射线，其强度则与元素的含量或浓度有关，其分辨能力很高。利用这种技术时，电子束在样品上除定点以外，还可以沿着线或面的方式进行移动扫描分析，其轰击深度约为 200nm。进入 20 世纪 80 年代后，商品仪器已经能做到除周期表中前几个元素以外的所有元素，都能用这种方法进行分析。此外，还发展了用剥离法测定重金属在催化剂中由表面向深度延伸的分布情况，有助于表征毒物或助催化剂的存在状态及组成分布，例如活性组分在负载催化剂断面的分布等。

2. X 射线光电子能谱

X 射线光电子能谱（XPS）与电子探针相反，若样品被由 X 射线枪发出的单色 X 射线轰击，则由不同的原子层产生出光电子，最上面几个原子层射出的电子强度高，再向下则呈指数地减弱，最深可以影响到 10nm 左右。以电子能量为横坐标，射出电子强度为纵坐标，得到能谱图。因为每一个元素都有其特征峰（与原子序数有关），据此可以进行定性和半定量分析。若与离子溅射技术相结合，还可进一步分析不同深度的组成，除氢以外的其他元素均可以测出。XPS 已经成为催化剂研究中很重要的工具，提供表面组成、价态、结合能等，对研究催化活性中心本质以及中毒机理等颇为重要。

3. 俄歇电子能谱

由于高能电子束轰击而处于激发的电离原子，当恢复到初态时，产生 X 射线或俄歇电子，用俄歇电子能量与其数目作图，可得到俄歇电子能谱（AES）图。同样，除氢、氦元素外，每个元素都有自己的 AES 特征峰及其固有的能谱图，成为其独特的识别标记。由于俄歇电子的能量和催化剂样品中原子、分子及其所处的状态有关，因此可用以进行样品的物理化学分析，特别适宜于催化剂表面性质的研究。例如，鉴定汽车尾气催化剂中钯的流失状况，以及鉴定催化剂中毒等。

4. 穆斯堡尔谱

在 γ 射线照射下，原子核由基态跃迁到激态、然后又恢复到基态时，会再释放出相当能量的 γ 射线，这种射线，在其通过的路程中，会被较邻近的原子核共振吸收。如果这些原子是处于一定的晶格之中，则由于晶格的束缚，这种吸收实际上不会因原子的反冲而受到能量损失。这种无反冲的 γ 射线共振吸收首先由 Mössbauer 发现，以后并发展成为研究物质微观结构的工具，用于研究催化活性物质的结构、助催化剂作用、晶粒大小和表面吸附态。它已用于研究非均相催化剂金属价态、活性组分与载体相互作用等方面。

5. 磁性分析及顺磁共振

某些金属及金属氧化物催化剂，因其结构或 d 带特征，具有特有的磁学性质。这些物质一般以其是否存在未偶电子或永久磁矩，可分为顺磁性、反磁性或铁磁性。在磁场中，物质的磁化程度 M 与磁场强度 H 的关系为：

$$M = \eta H$$

式中，η 为磁化率，对反磁性物质，$\eta < 0$；顺磁性或铁磁性物质，$\eta > 0$。利用常规磁天平测定磁化率和磁化强度，有助于了解催化物质的电子结构、价态或反应物在催化剂上的吸附态。

顺磁性物质低能级中的未成对电子在磁场中吸收能量后，跃迁到高能级；记录和研究这种吸收谱的方法称为顺磁共振。不同结构物质产生不同的光谱分裂因子（g 因子），根据这种信息可以了解催化剂活性中心的性质和结构、表面酸中心和反应中间物。

6. 红外光谱

每一个分子都有自己的振动频率，并伴随有二极振荡，可以吸收和释出红外辐射波，这与振动频率和强度以及分子的相对分子质量、几何形状、分子中化学键类型、所含有的官能团等密切相关。因此，反映这种特征振动的红外吸收光谱就逐渐成为研究表面化学、鉴别固体表面吸附物种的很有用的技术，在催化研究领域中广泛用于研究固体酸、吸附态和表面化合物，进一步了解催化反应机理。不论是利用透射或反射光谱，都已开展了大量的工作。特别是利用特殊设计的吸收池和制样技术，可以完成原位分析，即在反应的特定温度、压力下进行上述研究，能够得到更多的有关信息。

迄今为止，不论催化剂结构的测定技术是经典方法的改进，还是新的物理技术的应用，其目的都在于更快、更精确地测定催化剂的结构特性，并进而将这些结构特性与催化性质关联起来，以求了解催化作用的本质。现在各种方法都取得了一些成就，但无论在理论基础还是实验技术上都有待提高，特别是在反

第一篇　基础理论

应条件下如何应用这些方法使之能发挥更大的效力，仍是一个关键问题。今后将各种方法合理地匹配进行综合测试，并进而和催化动力学的研究及同表面化学吸附的研究有机地结合起来，更显得重要。

7. 各种近代物理手段与微型催化色(质)谱技术的联用

这个问题是近年来催化科学基础研究中的一个进展较快的新领域。前面我们已经举例说明了热重装置与微型催化色谱联用的情况。实际上，已经问世的类似装置还有许多，如 X 射线衍射 – 流动反应器，红外吸收光谱反应器(低能电子衍射仪 + 俄歇电子能谱 – 釜式反应器，X 射线电子能谱 – 脉冲反应器，等等)。

这类方法的共同思路是：由于催化剂的物性结构与其所处的环境及经历有密切的关系，并且观测到的结果，最终必须与其催化性能相关联。找出两者之间的关系，才能阐明催化作用的本质。所以，当把物理实验方法引入催化领域时，为了更有效地发挥其作用，在实验技术上首先必须解决样品与环境的关系问题。为此，许多催化工作者做了很大的努力。他们根据不同的研究目的，在不同的测试仪器上，精心设计出各种形式的样品池(包括耐低温、高温、真空和压力)。使用这类带样品池的测试仪器，可以观测催化剂的物性结构随其所处环境及经历的不同而同步变化的规律，取得了很大的成就。近年来，这方面又有新的发展，出现了一些更为奇特的样品池。这样就要把反应系统和物性结构测试系统结合起来，组成多信号的联合测试装置，从而实现了在反应过程中测定催化剂催化性能的同时，原位跟踪催化剂物性结构相应变化这一梦寐以求的目的，使人们不仅能观察到发生在催化剂体相或表面的一些"静"的变化，而且也能同步地观察到一些在反应过程中发生的"动"的变化。

思考题

1. 为什么要进行催化剂的活性评价？
2. 催化剂的宏观物理性质测定包括哪些？
3. 催化剂的微观性质测定包括哪些？
4. 物理吸附的理论模型包括哪些？
5. 如何进行催化剂孔径分布的测定？
6. 固体催化剂的密度分为哪几种？分别怎样测定？

本章主要介绍了催化剂的运输与装卸、活化与钝化、失活与再生、寿命与判废以及废催化剂的回收与利用等内容。通过本章的学习，要求学生了解工业催化剂使用过程中的一般经验及废催化剂的回收利用，重点掌握工业催化剂在运输、装卸、活化、钝化等方面的一般操作要求，理解相关的典型案例。

第5章　催化剂使用与保护

由于大多数化学反应均有催化剂参加，因此不难理解，化工装置的有效运行，很大程度取决于管理者和操作者对于催化剂使用经验和操作技术的掌握。

在积累成功经验及反面教训的基础上，定型工业催化剂若要保持长周期的稳定运行和良好经济效益，往往应考虑和处理下列若干技术及经济问题并长期积累操作经验。

本章主要讨论催化剂的运输与装卸、活化与钝化、失活与再生及寿命与判废。

5.1　催化剂运输与装卸

5.1.1　概述

催化剂通常是装桶供应的，有金属桶(如一氧化碳变换催化剂)或纤维板桶(如二氧化硫催化氧化催化剂)包装。用纤维板桶包装时，桶内有一塑料袋，以防止催化剂吸收空气中的水分而受潮。装有催化剂的桶在运输时应尽可能轻轻搬运，严禁摔、滚、碰、撞击，以防催化剂破碎。

催化剂的储藏要求防潮、防污染。例如，二氧化硫催化氧化使用的钒催化剂，在贮藏过程中不与空气接触则可保存数年，性能不发生变化。催化剂受潮与否，就钒催化剂来说，大致可由其外观颜色判别，新的未受潮催化剂是淡黄色或深黄色的，此系 V_2O_5 和 K_2O_4 生成不同化合物的缘故；如果催化剂变为绿色，则肯定是与空气接触受潮了，因为催化剂很容易与任何还原性物质作用，5 价钒被还原成 4 价钒之故。对于合成氨催化剂，如用金属桶包装，存放时间为数月，甚至可置于户外，只是要注意防雨防污做好密封工作。如有空气漏入桶中，空气中含有的水汽和硫化物等会与催化剂发生反应，有时可以看到催化剂上有一层淡淡的白色物质，这就是空气中的水汽和催化剂长期作用使钾盐析出的结果。在贮藏期间如有雨水浸入催化剂表面润湿，这些催化剂就不宜使用了。

催化剂的填装是非常重要的工作。填装的好坏对催化剂床层气流的均匀分布以及降低床层的阻力，有效地发挥催化剂的效能有重要的作用。催化剂在装入反应器之前先要过筛，因为运输中所产生的碎末细粉会增加床层阻力，甚至被气流带出反应器阻塞管道阀门。在填装之前要认真检查催化剂金属支网的状况，因为这方面的缺陷在填装后很难矫正。

在填装工业固定床反应器时，要注意两个问题：一是要避免催化剂从高处落下造成破损；二是在填装床层时一定要分布均匀。如果在填装时造成催化剂严重破碎或出现不均匀分布，形成反应器断面各部分颗粒大小分布不均的情况，则小颗料或粉尘集中的地方空隙率小、阻力大，而大颗粒集中的地方空隙率大、阻力小，气体将更多地从空隙率大、阻力小的

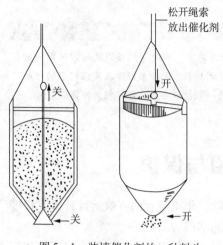

松开绳索
放出催化剂

关

开

关

开

图 5-1　装填催化剂的一种料斗

地方通过。气体分布不均将严重影响催化剂的利用率。理想的填装通常是采用装有加料斗的布袋。加料斗架于人孔外，当布袋装满催化剂时，便缓缓提起使催化剂有控制地填进反应器。并不断地移动布袋以防止总是卸在同一地点，在移动时要避免布袋的扭结，催化剂装进一层布袋就要提升一段，直至最后将催化剂装满为止。也可使用金属管代替布袋。这样更易于控制方向，更适合于填装像合成氨那样密度较大、磨损作用较严重的催化剂。另一种填装方法称为绳斗法。该法使用的料斗如图 5-1 所示，斗子的底部装有活动的开口，上部则有双绳装置，一根绳子吊起料斗，另一根绳子控制下部的开口。当料斗装满催化剂后，吊绳向下传送使料斗到达反应器的底部，而后放松另一根绳子使活动开口松开，催化剂即从斗内流出。此外，填装这一类反应器也可用人工将催化剂一小桶或一塑料袋地逐一递进反应器内，再小心倒出并分散均匀。催化剂填装好后，在催化剂床层顶部要安放固定栅条或一层重的惰性物质，以防止由于高速气流引起催化剂的移动。

对于固定床列管式反应器，有的从管口到管底可高达 10m。当催化剂装于管内时，如其直接从高处落下加到管中，这时不仅会造成催化剂的破碎，而且容易形成"桥接"现象，使床层造成空洞，出现沟流，不利于催化反应，严重时还会造成管壁过热。因此，填装时要特别小心，管内填装可采用"布袋法"或"多节杆法"。前者是在一个细长的布袋(其直径比管子直径稍小)内装入催化剂，布袋顶端系一根绳子，底端折起 300mm 左右，将折叠处朝下放入管内，当布袋落于管底时轻轻抖动绳子，折叠处在袋内催化剂的冲击下自行打开，催化剂便慢慢地堆放在管中。后者则是采用多节杆来顶住管底支撑催化剂的删条板，然后将其推举到管顶，倒入催化剂后抽去短杆，使删条慢慢地落下，催化剂不断地加入，直到删条落到原来管底的位置。以上是管式反应器中常用的催化剂填装方法，其中尤以布袋法更为普遍采用。为了检查每根管子的填装量是否一致，催化剂在填装前应先称量。为了防止"桥接"现象，在填装过程中应对管子定时振动，填装后应仔细测量催化剂的料面，以确保每根反应管的有效加热段内均有催化剂。最后，对每根装有催化剂的反应管进行阻力降测定，使每根管子的阻力降相同或尽可能接近，以保证在生产运行中各根管子气体分配均匀。

在装运中防止催化剂的磨损与污染，对每种催化剂都是必要的。许多催化剂使用手册为此做出了严格的规定。装填运输中还往往规定使用一些专用的设备，如图 5-2、图 5-3 所示。

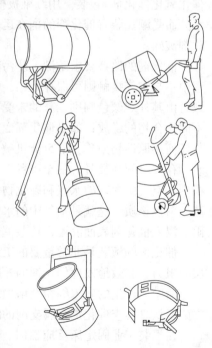

图 5-2　搬运催化剂桶的装置

多相固体工业催化剂中，目前使用较多的是固定床催化剂。正确装填这种催化剂，对充分发挥其催化效能，延长其寿命，尤为重要。

固定床催化剂装填最重要的要求是保持床层断面的阻力降均匀。特别是合成氧转化炉的列管式反应器，有时数百根管子间的阻力降偏差要求在 3% ～5% 以内，异常严格。这时使用压力降测试装置（图5－4）逐根检查管子的压力降。

催化剂的运输和装卸是一件有较强技术性的工作。催化剂从生产厂到催化剂在工业反应器中就位并发挥效能，其中每个环节都可能有不良影响甚至隐患存在。我国大型合成氨装置曾发生过列管反应器中部分炉管装填失败，开车后产生问题被迫停车重装的事件。一次返工开停车操作，往往损失数十万元。

图 5 - 3　装填催化剂的装置

装填前要检查催化剂是否在运输储存中发生破碎、受潮或污染，尽量避开阴雨天装填操作。发现催化剂受潮，或者催化剂生产厂家基于催化剂特性而另有明文规定时，催化剂在装填前应增加烘干操作。

装填中要尽量保持催化剂固有的机械强度不受损伤，避免其在一定高度（0.5 ～1m 不等）以上自由坠落，而与反应器底部或已装催化剂发生撞击而破裂。大直径反应器装填后应耙平，还要防止装填人员直接践踏催化剂，故应垫加木板。固体催化剂及其载体中金属氧化物材料较多，而它们多是硬脆性的，其抗冲击强度往往较抗压强度低几倍到十余倍，因此装填中防止冲击破损是较为普遍的一致要求。

如果在大修后重新装填已使用过的旧催化剂时，一是需经过筛，剔出碎片；二是注意尽量原位回装，即防止把在较高温度使用过的催化剂，回装到较低的温度区域使用，因为前者可能比表面积变小、孔率变低、甚至化学组成变化（如含钾催化剂各温区流失率不同）、可还原性变差等等，导致催化剂性能的不良，或与设备操作的不适应。

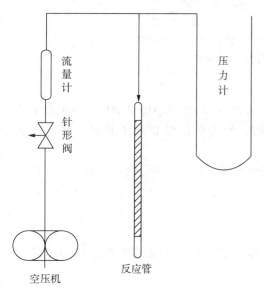

图 5 - 4　压力降测试装置

当催化剂因活性衰减不能再用，卸出时，一般采用水蒸气或惰性气体将催化剂冷却到常温，而后卸出。对不同种或不同温区的卸出催化剂，注意分别收集储存，特别是对可能回用的旧催化剂。废催化剂中，大部分宝贵的金属资源并不消耗。回收其中的有色金属，可以补充催化剂的不足并降低生产成本，对铂、锗、钯等贵重稀缺金属，尤其如此。

❖ 第一篇　基础理论

5.1.2 装填实例

作为典型实例，列举一工业催化剂装填操作如下。

例 5 − 1　凯洛格 − 布朗路特(KBR)45 × 10⁴t/a 合成氨卧式合成塔催化剂装填

1. 概述

中海石油化学股份有限公司化肥二期 45×10^4 t/a 合成氨装置、80×10^4 t/a 尿素装置，由中国海洋石油总公司投资建设，采用凯洛格 − 布朗路特公司(下称 KBR)组合合成氨工艺技术，由中国成达工程公司负责详细设计。

KBR 氨合成塔(下称 105D)是单台卧式高压设备，在高压壳体内有 3 个绝热床层，整合在一个塔内(见图 5 − 5)，减少了高压设备投资，同时压力降也大大降低，合成气压缩机(103J)的循环段做功也相对减少。3 个绝热床层整合在一起组成一个可移动的催化剂筐，在 105D 壳体内，进出口气体管线连接都采用了膨胀连接，拆除膨胀连接后，可以将整个催化剂筐沿导轨拉出，从后往前逐个床层装填，装填完毕后再送回壳体。与催化剂床层在一起的还有 2 个内部换热器(122C1/C2)，控制第 2、第 3 床层的入口温度，所有经换热后的入塔气体都返回第 1 床层进行反应，因此具有较高的转化率。

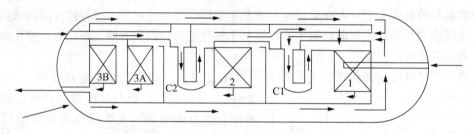

图 5 − 5　三段中间换热式卧式合成塔

2. 催化剂介绍

A110 − 1、A110 − 1 − H 型催化剂是以 α − Fe 为活性组分，K_2O、Al_2O_3、CuO 为促进剂的氨合成催化剂。该催化剂是一种不规则形的，分为氧化型和预还原型，具有以下特点：

①具有良好的低温活性，易于还原。特别是预还原型，还原起始温度低，出水少，还原时水汽浓度低。

②机械强度高，阻力降低。

③耐热、抗毒性能好，寿命长。

④催化剂的组成和物理性质：催化剂为灰色带金属光泽的无定形颗粒。化学组成为 Fe_3O_4、K_2O、Al_2O_3、CuO。

⑤正常条件下运行寿命不低于 5 年。

3. 催化剂装填量

催化剂装填的好坏直接影响 105D 的气流和温度分布以及催化剂性能的发挥和使用寿命，装填时应避免出现架桥或沟流现象，保证合成气均匀分布，以获得最大的氨净值。2003 年原始开车时合成塔各床层催化剂实际装填量见表 5 − 1。合成塔各床层直径、高度及空程高度见表 5 − 2。

4. 催化剂装填步骤

①拆下合成塔封头，顺着导轨把催化剂筐拉出。

②催化剂运抵现场后，开桶检查。

③在催化剂筐上作出标记，从底部至距其150mm高的位置为装填直径3~6mm的较大尺寸催化剂。

④装填人员戴好安全帽、长管呼吸器，穿好防尘工作服，系好安全绳进入催化剂筐内，然后将木板等物品送入，做好接料准备。

⑤按照3B、3A、2、1床层的顺序装填催化剂。

⑥将布袋的上口接到溜槽的出口，布袋的另一端放到催化剂筐内，布袋距催化剂筐底部约200mm。

表5-1 合成塔各床层催化剂实际装填量

型号	规格/mm	高度/mm	体积/mm	质量/t	密度/(t/m³)
第1床层					
A110-1-H	3.0~6.0	150	1.63	3.68	2.257
A110-1-H	1.5~3.0	300	3.62	7.92	2.18
A110-1-H	1.5~3.0	300	3.62	7.92	2.18
A110-1-H	1.5~3.0	300	3.93	8.48	2.15
A110-1-H	1.5~3.0	300	4.02	8.56	2.13
A110-1-H	1.5~3.0	450	5.67	11.76	2.07
合计		1500	18.87	40.40	2.157
第2床层					
A110-1	3.0~6.0	150	2.43	7.0	2.88
A110-1	1.5~3.0	300	5.40	15.3	2.83
A110-1	1.5~3.0	300	5.87	16.7	2.84
A110-1	1.5~3.0	300	6.03	16.5	2.74
A110-1	1.5~3.0	450	8.50	2.3	2.71
合计		1500	28.23	78.5	2.78
第3A床层					
A110-1	3.0~6.0	150	1.63	4.6	2.82
A110-1	1.5~3.0	300	3.62	10.0	2.76
A110-1	1.5~3.0	300	3.93	11.0	2.80
A110-1	1.5~3.0	300	4.02	11.1	2.76
A110-1	1.5~3.0	450	5.67	15.5	2.73
合计		1500	18.87	52.2	2.77
第3B床层					
A110-1	3.0~6.0	155	1.67	4.6	2.75
A110-1	1.5~3.0	300	3.60	10.0	2.77
A110-1	1.5~3.0	310	4.06	11.0	2.71
A110-1	1.5~3.0	300	4.03	11.0	2.71
A110-1	1.5~3.0	450	5.49	15.4	2.80
合计		1500	18.85	52.0	2.76

表 5 - 2　合成塔各床层直径、高度及空程高度　　　　　　　　　mm

床层	直径	长度	空程高度
第 1 床层	2700	5000	1500
第 2 床层	2700	7500	1500
第 3A 床层	2700	5000	1500
第 3B 床层	2700	5000	1500

⑦过筛后催化剂装入吊桶，用吊车把吊桶送到溜槽上部，打开吊桶的出料口，让催化剂从布袋内自由下落。催化剂筐内的操作人员通过移动布袋，将催化剂均匀地分布在炉内，装填催化剂高度每增加 300mm，操作人员用耙子把催化剂耙平。

⑧直径 1.5～3.0mm 的催化剂装填在上部，根据各床层装填高度进行装填，使用混凝土振动器振动，以达到设计装填密度。

⑨第 1 床层的预还原催化剂不需要过筛。

⑩催化剂的装填密度应进行确认，每小桶催化剂体积为 0.036m³，质量 100kg，堆密度为 2.7t/m³，再倒入大吊桶，每大吊桶装 30 小桶催化剂，每大吊桶催化剂的体积为 1.08m³，质量 3000kg。

⑪认真做好装填记录，装填完毕，催化剂密度应大于或等于设计值的 99%。

⑫使用新的垫圈，密封内部床层和外部人孔。用真空抽吸器对分布器筛网进行清理，以确保无催化剂溅落在筛网上。

⑬按厂商提供的程序将催化剂筐装回合成塔。

⑭复位合成塔封头，用氮气充入合成塔置换，合格后用氮气微正压保护。

5. 催化剂装填注意事项

①在装填第 1 床层催化剂时，由于该催化剂是预还原的，要尽量保持与空气的接触时间尽可能的短。第 1 床层在装填前要提前充氮气将其中的空气置换出来，并保持微正压。把装预还原催化剂的小桶打开后要迅速装进床层，防止氧化。要严密监控预还原催化剂的温度变化，如有温升要立即采取保护措施。

②催化剂在运输、过筛、起吊、装填过程中，必须轻拿轻放，不准摔打、滚动催化剂桶。

③在整个装填过程中，如遇下雨，应停止装填，保护好催化剂，人孔和封头应加盖帆布，牢固封闭。

④在装填时，注意防止催化剂在布袋内堵塞，以免引起布袋破裂，造成催化剂从高处直接落下。

⑤必须严格按照规定高度装填，不能多装或少装。

⑥振动时必须使用垫板，确保振动平均作用于整个催化剂床，避免发生沟流；原催化剂进行振动，因振动后产生热量导致反应的发生，从而使催化剂重新被氧化。

⑦在大气环境下不应对预还原催化剂进行振动，因振动后产生热量导致反应的发生，从而使催化剂重新被氧化。

⑧振动时避免振动棒穿透大小催化剂界面，因为大小催化剂的紧密混合会导致床层的额外阻力增加。

⑨进入催化剂筐内人员所带物品应如数带出，如有遗漏应立即报告并采取相关措施加以

解决。

⑩防止从高处落物伤人。

⑪经常检查布袋长度，防止埋入框内。

⑫框内人员的长管呼吸器要防止绞在一起。

⑬框外监护人员不得离开。

⑭上、下软梯必须戴好安全绳。

⑮安全部门在装填期间必须派专人连续监护做好现场防暑工作。

6. 催化剂运行情况

2003 年 9 月投入运行，至 2010 年 11 月催化剂已使用 7 年，现仍安全稳定运行，运行情况见表 5 - 3。表 5 - 3 数据表明，合成塔催化剂运行 7 年来，总的来说情况是良好的。合成塔总的温升有较小的下降，第 1 床层温升开始下降，反应逐步开始往第 2 床层移动，但合成塔的反应热点依然较明显地保持在第 1 床层，3B 床层温升现在比较明显，合成气已开始在此反应。

表 5 - 3　催化剂的运行情况

时间	负荷/%	合成塔总温升/℃	合成压力/MPa	第 1 床层温升/℃	第 2 床层温升/℃	第 3A 床层温升/℃	第 3B 床层温升/℃	热点温度/℃
2004. 03. 21	100	236. 8	14139	106. 8	64. 7	28. 1	1. 5	491. 8
2005. 11. 23	99	228. 8	13252	99. 8	63. 8	27. 6	1. 1	482. 1
2006. 03. 20	97	226. 4	13164	99. 2	62. 6	27. 9	1. 2	481. 4
2007. 01. 20	96	226. 1	13223	98. 72	62. 4	27. 3	2. 0	480. 8
2008. 03. 20	97	227. 1	13362	100. 1	60. 6	29. 5	2. 1	483. 8
2009. 02. 27	94	226. 3	13311	99. 4	61. 2	29. 9	2. 5	481. 5
2010. 11. 12	95	229. 9	13655	97. 0	65. 2	29. 0	5. 5	484. 4

5. 2　催化剂活化与钝化

5. 2. 1　概述

开车前的还原及停车后的钝化，是工业催化剂使用中的经常性操作。许多金属催化剂不经还原无活性，而停车时一旦接触空气，又会升温烧毁，所以氧化及还原条件的掌握要通过许多实验室的研究，并结合工厂生产流程、设备的现实条件，综合设定。

多相固体催化剂在活化过程中往往要经历分解、氧化、还原、硫化等化学反应及物理相变多种过程。活化过程中都要伴随有热效应，活化操作的工艺及条件，直接影响催化剂活化后的性能和寿命。

活化过程有的是在催化剂制造厂中进行的，如预还原催化剂。但大部分却是在催化剂使用厂现场进行的。活化操作也是催化剂使用技术中一项非常重要的基础工作，它也是活化催化剂的最终制备阶段。各种定型工业催化剂，其操作手册对活化操作都有严格的要求和详尽的说明，以供使用厂家遵循。

催化剂开发或生产部门，一般都应该对与活化有关的反应进行热力学、动力学的研究，这些研究是确定活化操作方法的理论基础。以下列举一些最常见的活化反应。

用于烃类加氢脱硫的钼酸钴催化剂 $MoO_3 \cdot CoO$，其活化状态是硫化物而非氧化物或单质金属，故催化剂使用前须经硫化处理而活化。硫化反应时可用多种含硫化合物作活化剂，其反应和热效应各不相同。若用二硫化碳作活化剂时，其活化反应如下：

$$MoO_3 + CS_2 + 5H_2 = MoS_2 + CH_4 + 3H_2O \tag{5-1}$$

$$9CoO + 4CS_2 + 17H_2 = Co_9S_8 + 4CH_4 + 9H_2O \tag{5-2}$$

烃类水蒸气转化反应及其逆反应甲烷化反应，均是以金属镍为催化剂的活化状态。出厂的含氧化镍工业水蒸气转化催化剂，用氢、一氧化碳、甲烷等还原性气体还原，其所涉及的活化反应有：

$$NiO + H_2 = Ni + H_2O \qquad \Delta H(298K) = 2.56 kJ/mol \tag{5-3}$$

$$NiO + CO = Ni + CO_2 \qquad \Delta H(298K) = 30.3 kJ/mol \tag{5-4}$$

$$3NiO + CH_4 = 3Ni + CO + 2H_2 \qquad \Delta H(298K) = 186 kJ/mol \tag{5-5}$$

工业一氧化碳中温变换催化剂，在催化剂出厂时，铁氧化物以 Fe_2O_3 形态存在，必须在有水蒸气存在条件下，以氢或一氧化碳还原为 $Fe_3O_4(FeO + Fe_2O_3)$，才会有更高的活性。

$$3Fe_2O_3 + H_2 = 2Fe_3O_4 + H_2O \qquad \Delta H(298K) = -9.6 kJ/mol \tag{5-6}$$

$$3Fe_2O_3 + CO = 2Fe_3O_4 + CO_2 \qquad \Delta H(298K) = -50.8 kJ/mol \tag{5-7}$$

工业氨合成催化剂，主催化剂 Fe_3O_4 在还原前无活性。氨合成催化剂的活化处理，就是用氢或氮-氢将催化剂中的 Fe_3O_4 还原成金属铁。在这一过程中，催化剂的物理化学性质将发生许多重要变化，而这些变化亦将对催化剂性能发生重要影响，因此还原过程中的操作条件控制十分重要。在以氢还原的过程中，主要化学反应可用下式表示：

$$Fe_3O_4 + 4H_2 = 3Fe + 4H_2O \qquad \Delta H(298K) = 149.9 kJ/mol \tag{5-8}$$

还原反应产物铁是以细分散的 $\alpha-Fe$ 晶粒（约 20nm）的形式存在于催化剂中，构成氨合成催化剂的活性中心。

以上各种催化剂的活化反应，在化学上均系已研究得相当充分的简单反应。然而在工业反应器中进行的活化反应，其真实的情况却要复杂得多。首先，工业催化剂的活性组分可能并不单一，各牌号的配方及工艺条件有别，其中有起始氧化物状态的不同，还由于其活性组分与载体的相互作用不同，其可还原性也会发生变化；其次，工业条件的还原介质也与实验室有别，实验室用不含水的干氢多，而工业上用含有部分水蒸气的湿氢较多，而干氢、湿氢还原产物的性能或许相差甚远；最后，工业反应器内部各点，存在温度和浓度差异，活化后所得的催化剂在还原率等方面也许差异很大，于是在器内形成一个还原率（或硫化率）等的差异分布。例如水蒸气转化镍催化剂，在一段转化炉管顶部 $1.5 \sim 2m$ 以上，由于低温死角造成的还原温度偏低，这里甚至还原率不足 2m 以下高温区的一半。为处理这些复杂问题，开发和生产单位往往要根据小试、中试和大厂使用的经验，提出相应的工业活化操作的具体工艺及其参数指标，例如活化温度、升温程序、压力、空速、活化时间、活化终点判定等，以供使用厂家参考。图 5-6

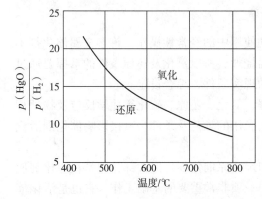

图 5-6　工业氧化镍水蒸气转化
催化剂氧化-还原曲线

是英国 ICI 公司提供给使用厂家参考的工业氧化镍水蒸气转化催化剂的氧化 - 还原曲线，据此可以判断不同温度和水氢比之下催化剂所处的"氧化性"或"还原性"气氛，可以指导转化炉中的还原或转化操作的设计。

除活化外，个别工业催化剂还有其他一些预处理操作，例如一氧化碳中温变换催化剂的放硫操作。这里的放硫操作，指催化剂在还原过程中，尤其是在还原后升温过程中，催化剂制造时原料所带入的少量或微量硫化物，以 H_2S 的形态逸出。放硫操作可以使下游的低温变换催化剂免于中毒。再如某些顺丁烯二酸酐合成用钒系催化剂，使用前在反应器中的"高温氧化"处理，是为了获得更高价态的钒氧化物，因为它具有较好的活性。

5.2.2　活化实例

以国产铁 - 铬系一氧化碳中温变换催化剂的活化操作为例，扼要说明工业活化操作可能面临的种种复杂情况及其相应对策。其他催化剂也可能面临与此大同小异的情况。

例 5 - 2　铁 - 铬系一氧化碳中温变换催化剂的活化操作

该催化剂的活化反应系将 Fe_2O_3 变为 Fe_3O_4，已如前述，见式(5 - 6)与式(5 - 7)。

活化反应的最佳温度在 $300 \sim 400℃$ 之间，因此，活化第 1 步需将催化剂床层升温。可以选用的升温循环气体例有氮、甲烷等，有时也用空气。用这些气体升温，在达到还原温度以前，一定要预先配入足够量的水蒸气后，方能允许配入还原工艺气，进行还原；否则会发生深度还原，并生成金属铁。

$$Fe_3O_4 + 4H_2 \longrightarrow 3Fe + 4H_2O \qquad \Delta H(298K) = 150kJ/mol \qquad (5 - 9)$$

式(5 - 9)生成金属铁的条件取决于水氢比，当这一比值大于图 5 - 7 所列的值时，不会有铁产生。

用氮或甲烷升温还原时，除有极少量金属铁生成而影响活化效果外，可能还会有甲烷化反应发生，且由于该反应放热量大，在金属铁催化作用下反应速率极快，容易导致床层超温。

$$CO + 3H_2 \Longrightarrow CH_4 + H_2O \qquad \Delta H(298K) = -206.2kJ/mol \qquad (5 - 10)$$

$$CO_2 + 4H_2 \Longrightarrow CH_4 + 2H_2O \qquad \Delta H(298K) = -165.0kJ/mol \qquad (5 - 11)$$

催化剂中含有 $1\% \sim 3\%$ 的石墨，是作为压片成型时的润滑剂而加入的。若用空气升温，应绝对避免石墨中游离碳的燃烧反应。

$$2C + O_2 \longrightarrow 2CO \qquad \Delta H(298K) = -220.0kJ/mol \qquad (5 - 12)$$

$$CO + \frac{1}{2}O_2 \longrightarrow CO_2 \qquad \Delta H(298K) = -401.3kJ/mol \qquad (5 - 13)$$

在这种情况下，催化剂常会超温至 $600℃$ 以上，甚至引起烧结。为此，生产厂家应提供不同氧分压条件下的起燃温度。例如，国产催化剂建议在常压或低于 0.7MPa 条件下，用空气升温时，其最高温度不得超过 $200℃$。

用过热蒸汽或湿工艺气升温，必须在该压力下温度高于露点 $20 \sim 30℃$ 才可使用，以防止液态冷凝水出现，破坏催化剂机械强度，严重时导致催化剂粉化。

不论用何种介质升温，加热介质的温度和床层催化剂最高温度之差最好不超过 $180℃$，以防催化剂因过大温差产生的应力导致颗粒机械强度下降，甚至破碎。

在常压下以空气升温，当催化剂床层最低温度点高于 $120℃$ 时，即可用蒸汽置换。当分析循环气中空气已被置换完全，床层上部温度接近200℃时，即可配工艺气，开始还原。

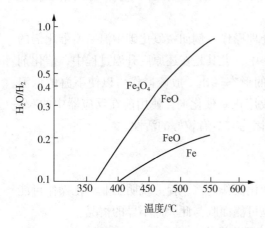

图5-7　不同H_2O/H_2比下铁系催化剂的平衡相图

还原时，初期配入的工艺气量不应大于蒸汽流量的5%，且应逐步提量，同时密切注意还原时伴有的温升。一般控制还原过程中最高温度不得超过400℃。待温度有较多下降，如从400℃降至350℃以下时，再逐步增加工艺气通入量。按这种稳妥的还原方法，只要循环气空速大于150h^{-1}，从升温到还原结束，一般均可以在24h内顺利完成。

钝化是活化的逆操作。处于活化态的金属催化剂，在停车卸出前，有时需要进行钝化，否则，可能因卸出催化剂突然接触空气而氧化，剧烈升温，引起异常升温或燃烧爆炸。钝化剂可采用氮气、水蒸气、空气，或经大量氮气等非氧化性气体稀释后的空气等。

5.3　催化剂失活与再生

5.3.1　催化剂使用中的变化

工业催化剂不可能无限期地使用，正如同一切事物一样，有其发生、发展和衰亡的过程。

催化剂的寿命和活性是其3大指标中的2个。对于工业催化剂来说，常常不追求过高的活性。而更重要的是要求催化剂活性稳定和有较长的寿命。

催化剂在整个使用过程中，尤其是在使用的后期活性是逐渐下降的。影响催化剂活性衰退的原因是多种多样的。有的是活性组分的熔融或烧结（不可逆）；也有的是化学组成发生了变化（不可逆），生成新的化合物（不可逆）或暂时生成化合物（可逆）；也有的是吸附反应物或其他物质（可逆或不可逆）；还有的是发生破碎或剥落、流失（不可逆）等。采用物理或化学方法能够恢复活性的称为可逆的，不能恢复的则称为不可逆的。在实用中很少只发生一种过程，多数场合下是有几种过程同时发生，导致催化剂活性的下降。

5.3.2　催化剂的失活

5.3.2.1　中毒

催化剂的活性和选择性可能由于外来物质的存在而下降。这种现象称作催化剂的中毒，而外来的物质则称作催化剂毒物。许多事实表明，极少量的毒物就可导致大量催化剂的活性完全丧失。能引起催化剂活性丧失的毒物是各式各样的，对于同一种催化剂只有联系到其催化的反应时，才能清楚地指出什么是毒物。换言之，毒物不仅是针对催化剂，而且是针对该催化剂所催化的反应来说的。反应不同毒物也不同，见表5-4。

表5-4　某些催化剂及催化反应中的毒物

催化剂	反应	毒物
Ni、Pt、Pd、Cu	加氢、脱氢 氧化	S、Se、Te、P、As、Sb、Bi、Zn、卤化物、Hg、Pb、氨、吡啶、氧、一氧化碳（<180℃） 铁的氧化物、银化物、砷化物、乙炔、硫化氢、磷化三氢
Co	加氢裂解	氨、S、Se、Te、P 的化合物
Ag	氧化	甲烷，乙烷
V_2O_5、V_2O_3	氧化	砷化物
Fe	合成氨 加氢 氧化 F-T 合成	硫化物、磷化三氢、氧、水、一氧化碳、乙炔 Bi、Se、Te、P 的化合物、水 Bi 硫化物
$SiO_2 \cdot Al_2O_3$	裂化	吡啶、喹啉、碱性的有机物、水、重金属化合物

　　按照毒物作用的特性，中毒过程分为可逆的和不可逆的。如果从反应混合物中除去毒物后，被毒化的催化剂与纯反应物接触一段时间后，就恢复了初始的化学组成和活性，则通常认为中毒是可逆的，如图5-8所示。在这种情况下，一定的毒物浓度与一定的活性损失百分数相对应。不可逆中毒时催化剂的活性不断降低，直到完全失活，从反应介质中除去毒物后活性仍不恢复，如图5-9所示。例如，烯烃采用镍催化剂加氢时，如果原料中含有炔烃，由于炔烃的强化学吸附而覆盖活性中心，故炔烃对烯烃加氢催化剂为毒物。如果提高原料气的纯度，降低炔烃的含量，则吸附的炔烃在高纯原料气的流洗下将脱附，催化活性得以恢复。这种中毒属于不可逆中毒。如果原料气中含有硫，硫与镍催化剂的活性中心强烈结合，原料气脱硫后已毒化的活性中心亦不能恢复，这种中毒属于不可逆中毒。

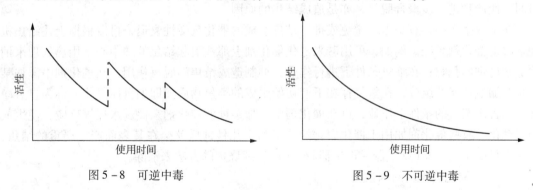

图5-8　可逆中毒　　　　　　　　　　图5-9　不可逆中毒

　　温度对中毒作用也有影响，在某个温度下属于不可逆毒化作用的物质，在较高的温度下可能转变为可逆的。以硫化物为例，对金属催化剂来说有3个温度范围，当温度低于100℃时，硫的价电子层中存在的自由电子对是产生毒性的因素，这种自由电子对与催化剂中过渡金属的 d 电子形成配位键，毒化催化剂。例如，硫化氢对铂的中毒就属于这种类型。而没有自由电子对的硫酸，在低温下对加氢反应没有毒性，当温度在 200~300℃ 时，不论硫化物的结构如何，都具有毒性。这是由于在较高的温度下，各种结构的硫化物都能与这些金属发生作用。现代工业催化过程大多在较高的温度下进行，因此对原料中所有的硫化物都要进行严格的脱除。当温度高于800℃时，硫的中毒作用则变为可逆的，因为在这样高的温度下，硫与活性物质原子间的化学键不再是稳固的。

已中毒的催化剂常常可以观察到它对催化的这个反应失去催化能力，但对另一个反应仍具有催化活性，这种现象称作催化剂的选择性中毒。例如，被二硫化碳毒化的铂黑，失去了催化苯乙酮加氢的能力，但对环己烯的加氢反应仍有活性。选择性中毒对工业催化来说是有意义的。在某种情况下它可以提高反应产物的选择性。例如，乙烯在银催化剂下氧化生成环氧乙烷，副产物是二氧化碳和水，如果在原料气中有微量的二氯乙烷，它能选择性地毒化催化剂上促进副反应的活性点，抑制二氧化碳生成，使环氧乙烷的选择性得到提高。

5.3.2.2 积炭

在有机催化反应中，如裂化、重整、选择性氧化、脱氢、脱氢环化，加氢裂化、聚合、乙炔气相水合等，除毒化作用外，积炭也是导致催化剂活性衰退的主要原因。积炭是催化剂在使用中，逐渐在其表面沉积一层炭质化合物，减少了可利用的表面积，引起催化活性衰退。故积炭也可看作是副产物的毒化作用。

产生积炭的原因很多，通常在催化剂导热性不好或孔隙过细时容易发生。积炭是催化系统中的有机分子经脱氢聚合而形成的难挥发性高聚物，它们还可以进一步脱氢–聚合形成含氢量很低的焦类物质，所以积炭又常称为结焦。例如，丁烷在 Al–Cr 催化剂上脱氢时，结焦相当严重，已结焦的催化剂粘在反应器壁上，并占据反应器相当部分的空间。催化剂使用 1.5～3.0 月后必须停止生产以清洗反应器。研究工业反应器发现，焦炭是从边缘向中心累积的，而且渐渐地只留下气体流动的狭窄通道。在结焦最多的部分，通道只占整个反应器有效截面的 15%～20%。含有异构烷烃和环戊烷的正庚烷馏分，在固定床 Al–Cr–K 催化剂中芳构化时，操作 12h 后的结焦量为 8.4%，使催化剂的活性大大降低，510℃时芳烃产率从 25% 降至 16%。

研究表明，催化剂上不适宜的酸中心常常是导致结焦的原因，这些酸中心可能来自活性组分，亦可能来自载体表面。催化剂过细的孔隙结构，增加了反应产物在活性表面上的停留时间，使产物进一步聚合脱氢，亦是造成结焦的原因。

在工业生产中，总是力求避免或推迟结焦造成的催化剂活性衰退，可以根据上述结焦机理来改善催化剂系统。例如，可用碱来毒化催化剂上那些引起结焦的酸中心，用热处理来消除那些过细的孔隙；在临氢条件下进行作业，抑制造成结焦的脱氢作用；在催化剂中添加某些具有加氢功能的组分，在氢气存在下使初始生成的类焦物质随即加氢而气化，称为自身净化。在含水蒸气的条件下作业，可在催化剂中添加某种助催化剂来促进水煤气反应，使生成的焦气化。有些催化剂如用于催化裂化的分子筛，几秒钟后就会在其表面产生严重的结焦，工业上只能采用双器(反应器–再生器)操作以连续烧焦的方法来清除。

1. 影响催化剂积炭的因素

催化反应进程中，催化剂表面积炭是一个包含多种化学反应的复杂过程。积聚在催化剂表面的炭，实际上是一种高碳氢比、结构极其复杂的多环化合物。其中一部分是相对分子质量较大的物质，碳氢比很高，不能用有机溶剂抽提出来；另一部分为相对分子质量较低的化合物，碳氢比较低，与焦油类似，可用有机溶剂抽提出来。

1) 反应原料

烃类反应中，如果原料不纯，其中所含的杂质，如不饱和烃、酚类、金属有机化合物和水等，会导致催化剂表面积炭或积炭速率加快。当反应原料中不饱和烃含量增加时，特别是环戊烯和环戊二烯之类物质极易受热缩聚成双环戊二烯，并进一步发生缩聚、氢转移等反应而生成焦炭。

原料组成主要是指反应混合物中几种反应物的配比或原料中有无稀释剂存在。一些芳烃在沸石分子筛催化剂上进行异构化反应时，有无稀释剂的加入及加入量的多少，对于催化剂使用周期有较显著的影响。反应原料中适量加入某种稀释剂，有降低积炭速率、延长催化剂使用寿命的作用。

2）操作条件

操作条件影响催化剂表面积炭的诸因素中，有反应温度、质量空速、原料气组成等。其中反应温度的影响最为重要。因为有机转化反应中常伴随副反应的发生，脱水、脱氢、加氢和卤化反应都是容易产生高分子副产物的反应。所以，反应温度升高，不仅会使主反应速率加快，而且也会使副反应速率相应提高或副反应增多。随着反应速率相应加快，最终导致积炭速率提高。在气相中进行的一些加氢反应，在高温部位会生成像炭一样的树脂状物质，由于它很难气化，就附着在催化剂表面上。又如，芳烃在沸石分子筛催化剂上进行异构化反应时，随着反应温度提高，起初活性虽然提高，但副产物的种类及数量将随反应温度提高而增多，致使催化活性衰减得很快，其使用周期要比低反应温度时短许多。这表明提高反应温度会加快积炭速率。对于一些气相多相催化反应，积炭速率会随空速提高而加快。

3）催化剂

在多相催化反应中，催化剂的宏观结构（如孔径、孔结构和比表面积等）、晶粒大小及表面酸性等也会影响积炭速率。

催化剂的孔径和孔结构影响积炭速率，尤以沸石分子筛更为显著。如 X 型和 Y 型等沸石，骨架中有直径大于晶孔的孔笼存在，笼内具有较大的自由空间，可允许体积较大的过渡态分子形成，生成后的大直径过渡态分子有可能成为焦炭积聚于笼内。另外，笼内较大的自由空间有利于大分子（如多环芳烃）的生成，这些化合物很难从孔径较小的孔道中扩散出去，从而进一步发生一系列反应而导致积炭。因此，可以说这种笼常常是积炭的部位。一般认为，沸石所含笼的尺寸比通道孔口尺寸大时会导致晶体内部结炭。对于 ZSM－5 沸石分子筛催化剂来说，因它有特殊的孔道结构，其孔径介于小孔和大孔沸石之间，属于中孔沸石，骨架结构中没有直径大于孔道的孔笼（空腔）存在，因此在烃类催化反应中限制了来自副反应的大的缩合分子的形成，使催化剂积炭的可能性减少。同时，由于这种沸石孔口的有效形状、大小及孔道的弯曲，阻止了庞大的缩合物的形成和积累。所以，这种沸石分子筛催化剂的抗积炭能力很强。

沸石分子筛催化剂的晶粒大小，对催化剂表面积炭也有显著影响。小晶粒 ZSM－5 沸石催化剂的积炭速率要比大晶粒 ZSM－5 沸石慢得多，这是因为前者的孔道长度很短，扩散阻力相应减小，反应物和产物分子易于从孔道中逸出，孔内不易积炭。相反，分子在大晶粒沸石中，需要经过较长的路径才可以扩散出来，扩散阻力增加，分子间发生缩合变为大分子的可能性增加，导致积炭速率加快。

2. 积炭速率的抑制

积炭会造成催化剂失活。为了使反应能继续正常进行，必须采用空气或氧气对催化剂进行再生。如果催化剂表面积炭很快，使用周期很短，频繁再生将会降低设备利用率、增大能耗，从而使产品成本升高、经济效益减少。所以，在催化剂实际使用过程中，可以根据影响积炭速率的因素，采取相应措施来抑制积炭。

1）对反应原料进行提纯或加入稀释剂

反应前要对原料采取蒸馏等纯化措施，尽可能除去易导致积炭的不饱和烃、酚类及金属有机化合物等杂质。

缩聚反应是导致积炭的重要步骤，如果事先在反应原料中加入对反应无影响的某种阻聚剂，使导致积炭的缩聚反应不能发生，这样就可对积炭产生抑制作用。

对于某些催化反应，可在反应原料中加入不与催化剂发生反应的惰性溶剂作为稀释剂，使反应物浓度降低，从而使反应物分子与易导致积炭的强酸中心的接触机会减少，使歧化、缩聚等反应不易发生，因此催化剂表面积炭的可能性会减少。

2）采用最佳反应条件

反应温度的提高会导致副反应增多和积炭速率加快。因此，在保证有较高催化活性及选择性前提下，应尽量使用较低的反应温度，这是抑制积炭极为有效的方法。有时因操作不当，催化剂短时处于超温状态，也会使催化剂受到损害。

在多相催化反应中，使用适宜的气体作为反应原料载气，有利于减缓积炭现象。在相同空速的情况下，如果不用载气，原料分子将会与催化剂表面有较长的接触时间，接触时间增加易于导致积炭的副反应产生。如果使用载气，可缩短反应物分子与催化剂表面的接触时间，从而降低积炭速率。载气的种类对积炭程度也有明显影响，例如，在沸石分子筛上进行的芳烃异构化反应，若以氢气作载气，无论催化活性和活性稳定性都比用氮气作载气好。

3）使用抗积炭能力强的催化剂

对于多相催化剂而言，活性中心主要是由催化剂的内表面所提供。以沸石分子筛或其他多孔性物质作为催化剂时，反应物分子通常是经过扩散进入孔道内部，生成的产物分子再从孔中扩散逸出。如果催化剂骨架中有大于孔道的空腔存在，就易于积炭，在空腔内生成的大分子无法从较小的孔道中扩散出去，逐渐积累，再转化成焦炭堵塞孔道，所以这种催化剂抗积炭能力就很弱。由此得到启示，选用或合成像上述 ZSM－5 沸石那样具有无笼的筒形孔道分子筛作为催化剂，就会具有很强的抗积炭能力。

此外，一些催化剂的酸强度分布与其主活性组分的化学组成、结构、载体性质及助催化剂等有关。对于沸石分子筛催化剂来说，表面酸性还与所交换的正离子种类、数量、化合价有密切的关系。用某些化学物质改性处理，也可调变沸石催化剂的表面酸性，从而改变积炭速率。

5.3.2.3　烧结、挥发

烧结是引起催化剂活性下降的另一个重要因素。由于催化剂长期处于高温下操作，其所负载的金属会熔结而导致晶粒长大，减少了催化金属的比表面积。烧结的反向过程是通过降低金属颗粒的大小，而增加其有催化活性金属的数目，称为"再分散"。再分散也是已烧结的负载金属催化剂的再生过程。

温度是影响烧结过程的一个重要参数，烧结过程的性质随温度的变化而变化。例如，负载于 SiO_2 表面上的金属铂，在高温下会发生迁移、黏结长大的现象。当温度升至 500℃ 时，发现铂粒子长大，同时铂的比表面积和苯加氢反应苯的转化率相应降低；当温度升至 600 ~ 800℃ 时，铂催化剂实际上已完全丧失活性，见表 5 - 5。此外，催化剂所处的气氛类型，如氧化的(空气、氧气、氯气)、还原的(一氧化碳、氢气)或惰性的(氮、氩、氦)气体，以及金属类型、载体性质、杂质含量等，都对烧结和再分散有影响。负载在 Al_2O_3、SiO_2 和 $Al_2O_3 - SiO_2$ 上的铂金属，在氧气或空气中，当温度高于或等于 600℃ 时发生严重的烧结。但负载在 $\gamma - Al_2O_3$ 上的铂，当温度低于 600℃ 时，在氧气氛中处理，则会增加分散度。从上面的情况来看，工业上使用的催化剂要注意使用的工艺条件，重要的是要了解其烧结温度，不允许在催化剂出现烧结的温度下操作。

表 5 – 5　温度对 Pt/SiO_2 催化剂的金属比表面积和催化活性的影响

温度/℃	金属的比表面积/ （m^2/g 催化剂）	苯的转化率/%	温度/℃	金属的比表面积/ （m^2/g 催化剂）	苯的转化率/%
100	2. 06	52. 0	500	0. 03	1. 9
250	0. 74	16. 6	600	0. 03	0
300	0. 47	11. 3	800	0. 06	0
400	0. 30	4. 7			

催化剂活性组分的挥发或剥落，造成活性组分的流失，导致其活性下降。例如，乙烯水合反应所用的磷酸 – 硅藻土催化剂的活性组分磷酸的损失；正丁烷异构化反应所用的三氯化铝催化剂的损失，都是由挥发造成的。而乙烯氧化制环氧乙烷的负载银催化利，在使用中则会出现银剥落的现象。上述也都是引起催化剂活性衰退的原因。

5.3.3　催化剂的再生

催化剂的再生是在催化活性下降后，通过适当的处理使其活性得到恢复的操作。因此，再生对于延长催化剂的寿命，降低生产成本是一种重要的手段。催化剂能否再生及其再生的方法，要根据催化剂失活的原因来决定。在工业上对于积炭现象，由于只是一种简单的物理覆盖，并不破坏催化剂的活性表面结构，只要把炭烧掉即可再生。总之，催化剂的再生是针对催化剂的暂时性中毒或物理中毒如微孔结构阻塞等，如果催化剂受到毒物的永久中毒或结构毒化，就难以进行再生。

5.3.3.1　工业上常用的再生方法

1. 水蒸气处理

例如，轻油水蒸气转化制合成气的镍基催化剂，当处理积炭时，可采用加大水蒸气比或停止加油，单独使用水蒸气吹洗催化剂床层，直至所有的积炭全部被清除掉为止。其反应式为：

$$C + 2H_2O \Longrightarrow CO_2 + 2H_2$$

对于一氧化碳中温变换催化剂，当气体中含有硫化氢时，活性相的 Fe_3O_4 会与硫化氢反应生成 FeS 使催化剂受到一定的毒害作用，反应式为：

$$Fe_3O_4 + 3H_2S + H_2 \Longrightarrow 3FeS + 4H_2O$$

由上式可知，加大水蒸气量有利于反应朝向生成 Fe_3O_4 的方向移动。因此，工业上常采用加大原料气中水蒸气比例的方法，使受硫毒害的变换催化剂得以再生。

2. 空气处理

当催化剂表面吸附了炭或碳氢化合物，阻塞微孔结构时，可通入空气进行燃烧或氧化，使催化剂表面的炭及类焦状化合物与氧反应，将炭转化成二氧化碳放出。例如，原油加氢脱硫用的 Co – Mo 或 Fe – Mo 催化剂，当吸附上述物质时活性显著下降。常采用通入空气的方法，把这些物质烧尽，这样催化剂即可继续使用。

3. 通入氢气或不含毒物的还原性气体

如当原料气中含氧或氧的化合物浓度过高时，合成氨使用的熔铁催化剂会受到毒害，可

第一篇　基础理论

停止通入该原料气，而改用合格的氢－氮混合气体进行处理，催化剂可获得再生。有时采用加氢的方法，也是除去催化剂中含焦油状物质的一种有效途径。

4. 用酸或碱溶液处理

例如加氢用的骨架镍催化剂被毒化后，通常用酸或碱以除去毒物。

催化剂经再生后基本可以恢复到原来的活性，但也受到再生次数的制约。如用烧焦的方法再生，由于催化剂在高温的反复作用下，其活性结构也会发生变化。而因结构毒化失活的催化剂，一般不容易恢复到毒化前的结构和活性。如合成氨的熔铁催化剂，若被含氧化合物多次毒化然后再生，则 $\alpha-Fe$ 微晶由于多次氧化还原，晶粒长大，使结构受到破坏，即使用纯净的氢－氮混合气，也不能使催化剂恢复到原来的活性。因此，催化剂再生次数受到一定的限制。

5.3.3.2　操作条件对再生效果的影响

催化剂的再生是通过烧掉催化剂颗粒孔隙中的含炭沉积物而完成的，实际上它是燃烧的一种特殊情况。燃料（即积炭）是在反应过程中形成、并沉积在催化剂的多孔基体中，在再生中通过氧化反应使积炭变成燃烧气体而从催化剂基体中除去。因此，催化剂的孔结构就如同一个贮藏器，焦炭可在其中沉积然后又被除去。在理想操作中，孔结构应当是保持不变的。然而，焦炭沉积物的燃烧过程与像煤块燃烧那样的反应是不同的，在煤块燃烧中孔结构是不断改变的。所以，为了尽可能保持催化剂的孔结构，恢复原来的活性，再生操作要注意掌握好各种控制条件。

1. 再生温度

再生温度越高，含炭沉积物燃烧速率越快。催化剂上的焦炭在 450℃ 就可燃烧，但在此温度下，燃烧速率过慢，所以一般控制在 600℃ 左右烧焦再生。实际操作温度要根据催化剂稳定性而定，稳定性好的催化剂，再生温度可选高些。但温度过高，容易引起一氧化碳在稀相中燃烧，甚至使催化剂表面呈赤热状态，导致颗粒内部超温，床层传热困准，使催化剂发生烧结而降低活性。

2. 床层氧分压

氧分压越高，烧焦越快。氧分压与氧浓度和操作压力有关，等于二者的乘积。再生气是空气时，氧浓度是入口空气和出口烟气中氧含量的对数平均值。入口氧含量即空气中的氧浓度，是常数（体积分数 21%）。出口烟气氧含量是操作变量，氧含量过高容易引起二次燃烧，氧含量过低燃烧不完全，也易发生炭堆积现象。

3. 催化剂含炭量

催化剂含炭量越高则燃烧速率也越快，但再生目的是除掉结炭，所以在操作上不能用提高含炭量作为加快烧焦的手段。

4. 停留时间

一般来说，催化剂在再生器内停留的时间越长则烧焦越多，再生后催化剂含炭量也越低。

5. 再生方式

常见的催化剂再生方式有两种：一种是体内再生，也即催化剂仍留在反应器中的再生法；另一种是体外再生，它是将失活催化剂送到专用再生器中再生的方法。体外再生的优点是：①改善催化剂与再生气体的接触效果，使得温度控制正确，再生更完全；②可消除由于再生排出气体所产生的任何大气污染问题；③再生后的催化剂可过筛除去细粉。

常用的再生设备有固定床、移动床及流化床。采用什么样的再生设备取决于多种因素，其中一个重要因素是催化剂活性下降的速率。当催化剂活性下降较慢，例如允许半年或 1 年以上时间再生时，可采用固定床再生。固定床再生设备投资少，操作简单。对反应周期短需进行频繁再生的催化剂，就需采用移动床或流化床连续再生。由于移动床或流化床再生需要 2 台反应器分别供反应和再生用，所以设备投资高，操作也复杂。但连续再生法能使催化剂始终保持新鲜表面，因而为其充分发挥催化效能提供了条件。

5.3.3.3　固定床再生器

1. 静态炉

静态炉再生器和马弗炉类似，把要再生的物料放在容器中，置于大炉膛内。将物料加热到足够高温以便在一段时间内完成再生过程。再生时不用或较少用吹扫气。这种再生方法操作简单，劳动强度大，再生效果较差。

2. 固定床再生器

这种再生器实际上就是固定床反应器。由于再生是在反应器内进行，所以再生设备与工艺采用的反应设备并无差异。图 5 - 10 给出了固定床再生过程示意图。催化剂放在再生器内不动，反应和再生过程交替地在同一设备中进行，属于间歇操作。为了使整个装置能连续生产，就需要用几个反应器轮流地进行反应和产生，而且再生时放出大量热量，还要有复杂的取热措施。所以，这种再生方式的设备结构也比较复杂，生产能力不大，操作比较麻烦。

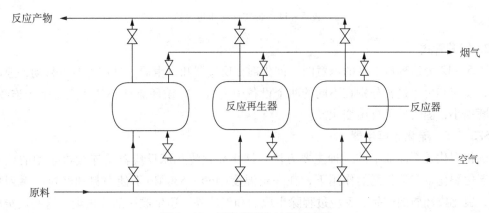

图 5 - 10　固定床再生过程示意图

5.3.3.4　移动床再生器

1. 旋转窑式

这种类型再生器有两种类型，即直接火加热旋转窑和间接火加热旋转窑。直接火加热旋转窑的主体是单壳旋转筒形容器，安装成长度方向与水平方向成 30°角。转筒内设有挡圈，用来减慢催化剂从进口（转筒高端）向出口（转筒低端）的滚动速度。再生气流和催化剂移动方向为逆向变速流动。转筒外壳用燃气火嘴直接加热。进出口气体温度可通过调节燃气火嘴多以热量来加以控制。

间接火加热旋转窑的主体是一个双层圆筒形容器，其长度方向也与水平方向成 30°角。内筒与直火式的类似。两个圆筒间的空间用燃气或蒸汽加热。有时，也可在内筒壳体钻许多小孔，让热气进入筒内并与滚动的催化剂接触。再生气从内筒低端进入，与运动的催化剂呈逆向流动。

2. 移动带式

这种再生器的主体容器是一个大型固定的矩形绝热箱体，如图 5 - 11 所示。容器内为能进行变速移动的连续不锈钢网带。整个再生装置可分成 4 个不同区段，每个区段内，在不锈钢网带上下装有数目不等的单独空气进口。每个区段也都有各自的排气口，在网带下部装有一定数量的喷燃器，每个喷燃器又可分别在不同温度下燃烧。工作期间，催化剂升温可连续监测。待再生的物料经振动加料器加至移动带上，料层厚度可在 0.5 ~ 5cm 范围调节。当物料通过每个加热区段时，在特定的空气和惰性气体浓度条件下进行再生操作。这种再生器的主要优点是，料层厚度及停留时间可以调节，再生温度可通过喷燃器方便地进行调节。

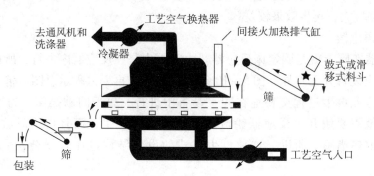

图 5 - 11　带式移动床再生器

3. 气升管式

图 5 - 12 为这种再生器的示意图。催化剂在反应器和再生器内靠重力向下移动，速度很缓慢，反应和再生过程分别在不同的两个设备中进行，并循环流动。其特点是生产连续化，设备磨损小，固气比可自由变化。

5.3.3.5　流化床再生器

催化裂化是石油加工的一种主要方法。催化裂化流化床反应器是连续再生型的典型装置。催化裂化是在催化剂的作用下，在一定温度(460 ~ 530℃)下使原料油经过一系列化学反应，裂化成轻质油产品。反应过程除生成油和气体外，还生成一部分焦炭，这些焦炭沉积在催化剂的表面上，在反应几分钟到十几分钟后，催化剂的活性即因炭的沉积而下降。因此，必须不断地用空气将沉积在催化剂表面上的焦炭烧掉，以恢复它的催化作用。裂化反应是吸热反应，烧焦是强放热反应，所以用 2 台设备分别进行反应和再生。图 5 - 13 是再生器和反应器并列放置在两个轴线上的并列式流化催化裂化装置示意图。预热过的原料与新鲜高活性催化剂一起进入流化床反应器，在一定反应温度及空速下进行裂化反应，反应后的油气经二级旋风分离器导出。反应后催化剂由于炭在表面上沉积而使活性下降，催化剂通过汽提段经 U 形管送入流化床再生器，用空气烧去积炭以恢复催化剂的活性，烟气也经二级旋风分离器导出。

流化床再生器的主要特点是装置处理量大，经济上更有利，工艺过程及主要设备结构简单操作方便。

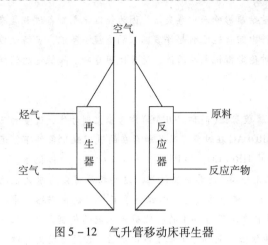

图 5 – 12　气升管移动床再生器

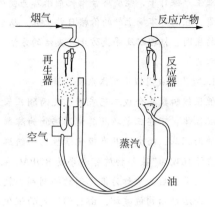

图 5 – 13　并列式流化催化裂化装置示意图

5.4　催化剂寿命与判废

投入使用后的催化剂，生产人员最关心的问题，莫过于催化剂能够使用多长时间，即寿命多长。工业催化剂的寿命随其种类而异，寿命大不相同，见表 5 – 6。该表中所列的寿命仅是一个统计的、经验性的范围。

表 5 – 6　工业催化剂及其寿命

反应	催化剂	条件	寿命
异构化 $n - C_4H_{10} \longrightarrow i - C_4H_{10}$	$Pt/SiO_2 \cdot Al_2O_3$	150℃，1.5~3MPa	2 年
氢化 $CH_3OH \longrightarrow HCHO$	$AgiFe(MoO_4)_3$	600℃	2~8 月
氧化 $C_2H_4 + HOAc + O_2 \longrightarrow C_2H_3OAc$	Pd/SiO_2	180℃，8MPa	2 年
重整　制苯	Pt、Re/Al_2O_3	550℃	8 年
氨氧化 $C_3H_6 + NH_3 + O_2 \longrightarrow CH_2—CH—CN$	V、Bi、Mgo 氧化物$/Al_2O_3$	435~470℃，0.05~0.08MPa	1~3 年

对于已经使用的催化剂，并非任何情况下都必须追求尽可能长的使用寿命。恰当的寿命和适时的判废，往往牵涉许多技术经济问题。例如，显而易见，运转晚期带病操作的催化剂，如果带来工艺状况恶化甚至设备破损，延长其操作期便得不偿失。

至于某一工业催化剂运转中寿命的预测和判废，涉及的问题比较复杂，读者可以查阅相关资料，这里不再做进一步论述。

知识拓展

废催化剂的回收利用

铑催化剂在化学工业中已广泛应用，例如可用于催化羰基合成、烯烃氢甲酰化反应、甲醇羰基合成乙酸、乙酸甲酯羰基合成乙酐、不对称氢化(加氢)、不对称烯烃异构化等。上述反应中所用铑膦络合催化剂具有反应条件温和、活性高、可溶于有机溶剂、容易提纯、固体在空气中稳定、存贮运输方便等优点。

在工业生产操作中，铑膦络合催化剂很容易受微量杂质影响而中毒失活。因为铑催化剂制备过程复杂，价格昂贵，且国际市场上铑的价格日益上涨，从废料中回收铑已引起许多国家的重视。所以，了解铑催化剂失活的原因、机理以及寻找防止其失活的方法，对稳定催化剂的活性、延长使用寿命、降低铑的消耗具有重要意义

1. 羰基合成用催化剂体系及其催化

低压铑膦羰基合成工艺采用乙酰丙酮三苯基膦羰基铑（简称 ROPAC）作为催化剂母体，过量的三苯基膦为配位体，丁醛三聚物及其他高沸物为溶剂，ROPAC 在过量三苯基膦存在的氢甲酰化条件下，迅速脱除乙酰丙酮基，而成为具有催化活性的一组络合物 $HRh(CO)_n(PPh_3)_{4-n}(n=1,2,3)$ 催化体。一般认为其失活机理为"某些物质可以导致 ROPAC 催化剂中毒"使其丧失活性。这些物质可分为永久性的和可去除的两类，后者常称为催化剂的抑制剂。氧、氯、硫等物质与中心铑离子直接配位占据络合中心，导致催化剂活性结构被破坏，由它们引起的催化剂中毒是不可再生的。铑膦催化剂的抑制剂 2 - 乙基己烯醛（EPA）、丙基二苯基膦（PDPP）等，与烯烃竞争配位，同样也降低了催化活性。但这类物质与铑形成的配位键比永久性中毒物弱了许多，配位后还可逆转，去除抑制剂后催化剂的活性可得到再生。此外，内部失活，即新鲜催化剂在氢甲酰化条件下转化为 Rh3、Rh4 簇化合物，Rh4 簇化合物的活性仅为 Rh3 簇化合物的 30% 或更低，也是造成催化剂中毒的原因。产生内部失活的原因在于操作条件的影响，低的反应温度和有一氧化碳存在及高的三苯基膦与催化剂中铑金属的物质的量比，可使催化剂内部失活速率降低，催化剂更稳定。

2. ROPAC 催化剂再生技术

1）催化剂抑制剂的脱除及催化剂的再生技术

该工艺在工业操作过程中采用刮板式薄膜蒸发器（WFE），将真空蒸发与空气处理结合起来。即将含铑（质量分数，下同）$3×10^{-4}$% ~ $4×10^{-4}$% 的失活催化剂（活性 <30%）有机溶液，经 WFE 两次真空蒸发得到含铑约为 0.08% 的溶液。然后加入一部分第 2 次蒸发得到的馏出液，将其稀释至 0.006%，向其中通入脱除硫、氯的洁净空气，这样处理 37d，最后再加入适量的三苯基膦（TPP），使催化剂系统稳定并使其中的铑含量为 $6×10^{-4}$%，即可返回反应器中使用。经处理再生的催化剂活性约为新鲜催化剂的 75% ~ 90%，铑损失率约 1%。UCC - DAVY - JohnsonMattey（U·D·J）工艺中的催化剂可进行 7 次再生，延长了催化剂的使用寿命。

2）内部失活催化剂的再生技术

美国联碳公司的相关专利中报道了一种对内部失活催化剂再活化的方法。该方法将使用 1 年以上、活性低于 30%（以新鲜催化剂的活性为标准）的铑催化剂溶液用 WFE 在真空下浓缩，浓缩过程中将部分溶剂（丁醛三聚物）及三苯基膦蒸出，残留物中铑浓度为 0.8% ~ 1%。该残留液经 5% 碳酸钠溶液洗涤、水洗、干燥后，加入到连续进气的丙烯氢甲酰化循环反应器中，在温度 105℃、总压约 1585kPa、1mol 铑对应 60mol 三苯基膦、三苯基膦与一氧化碳、氢气的物质的量比为 1∶1∶1 条件下处理 1d，之后催化剂的活性即可恢复至新鲜催化剂的 70%，可将其返回氢甲酰化系统继续使用。这种催化剂再生可以反复进行几次，延长了催化剂的使用周期。

3. 回收技术简介

1）萃取法

Eastman Kodak 公司的专利报道了从乙酸甲酯羰基化制备乙酸酐体系中回收铑催化剂的方法。该法是向含铑催化剂的焦油中加入等量二氯甲烷和碘化氢水溶液，再向其中加入 28% 的氨水，剧烈摇动 30s，静置 10min，分层，铑催化剂在水相，反复萃取两次，铑回收率可达 98%。此含催化剂的水溶液可直接返回乙酸甲酯羰基化反应装置中继续使用。

2）沉淀法

将氢甲酰化反应后物料中的丁醛蒸出，蒸馏塔底馏分在氮气或一氧化碳气氛中，用含甲醛和盐酸的水溶液处理。所得混合物煮沸 15min 后，塔底馏分中的铑膦络合物生成溶解度相当低的 $RhC(CO)(PPh_3)_2$ 沉

淀；同时含甲醛的酸性水溶液与塔底馏分中的三苯基膦生成膦盐形式的产物而溶于水中。过滤得到 RhCl(CO)(PPh₃)₂ 沉淀，铑回收率为 96%。滤液静止分层后，用倾析法分出水层，向该水溶液中加入碳酸钠至呈碱性，使膦盐转化成固体的三苯基膦。过滤、水洗、真空干燥，得到三苯基膦可重新使用，回收率 >90%。

3) 浸没燃烧法

三菱公司以铑膦络合物为催化剂生产 2-乙基己醇的装置，采用蒸馏法分离出含铑膦催化剂的溶液再送回氢甲酰化反应器循环使用。由于在循环使用过程中催化剂活性会降低，同时高沸点副产物逐渐积累，因而必须放出部分催化剂溶液，以除去其中的高沸物并对催化剂进行再生处理。

处理回收铑方法：从氢甲酰化反应产物中蒸出醛后，塔底馏分蒸发浓缩，浓缩后溶液含：铑 0.3%，三苯基膦 3%，三苯基氧膦 2% 和丙烯氢甲酰化产生的高沸物 21.2%。将此溶液以 5kg/h 的速度和 6m³/h 流速的空气送入容积为 0.5m³ 的浸没燃烧室内，在 1150℃ 下燃烧。过剩氧为 20%~30%（体积），燃烧持续 20h。浸没燃烧装置内装有 0.3m³ 水，直接用水吸收燃烧气体，催化剂中的膦转化为氧化膦以磷酸水溶液的形式被回收，铑则以悬浮状态留在水中，过滤后得到铑，回收率 95%。

4) 吸附分离法

日本专利报道了从有机反应生成的高沸点有机物或焦状蒸馏残渣中彻底分离铑膦络合物的方法。将完全溶解的铑膦络合物催化剂从高沸点的有机物中分离时，加入吸附剂进行纯粹的物理分离。铑膦络合物催化剂的活性实际并未降低，因此，不用进行再活化处理，即可直接使用。处理回收铑方法：

①向铑膦络合物催化剂和高沸点有机蒸馏残渣的混合物中加入选择性吸附材料，吸附铑膦络合物催化剂。使用的吸附剂为碳酸盐和碱土金属硅酸盐，其中以硅酸镁为最佳。吸附剂比表面积一般为 100~1000m²/g。

②用苯、甲苯、乙苯、二甲苯、异丙苯、甲乙苯或二异丙基苯等芳香烃作洗涤剂，彻底洗除高沸点蒸馏残渣。

③用含少量膦的极性溶剂从吸附剂上溶出铑膦络合物催化剂。极性溶剂可用醇、醚、异丙醇、二乙醚、四氢呋喃、甲乙酮、乙酸乙酯和乙酸异戊酯，其中四氢呋喃的效果最好，铑回收率 >95%。

德国 Erlander 大学研究者发现，含铑的配合物催化剂在室温下不溶于有机溶剂，在较高温度下能与聚四氟乙烯进行反应。该研究小组称可以用聚四氟乙烯制作加氢、氢硅化反应、氢甲酰化反应的反应器，聚四氟乙烯涂层或部件中氟原子的长链簇可起固定作用，当装置冷却时，催化剂即沉积在聚四氟乙烯上。

5) 灰化燃烧法

针对烯烃羰基化催化剂废液中铑浓度低(万分之几)的问题，采用减压蒸馏、减压蒸发结合特定的升温程序将含铑催化剂废液浓缩、焚烧、灰化得到铑灰，以回收金属铑，铑回收率 >99%。此法具有工艺简单、无需加入任何化学添加剂、铑回收率高等优点。

6) 离子交换与吸附法

Anthony 法在专利中提出，先用含有机膦基物质对含铑催化剂预处理，然后以苯乙烯和二乙烯苯组成的、经磺化的离子交换树脂吸附，再用盐酸洗脱回收铑。此种方法成本低，劳动强度小，工艺流程短，适合质量分数为 400×10⁻⁴金属铑的回收。

对于失活催化剂应首先查清其失活原因，然后再选择与其相应的技术进行再生处理，对无法再生的催化剂选择适当的工艺回收铑。目前铑回收工艺主要存在设备要求高，试剂消耗多，铑回收率不高，对环境有一定污染等问题。液-液萃取回收铑工艺，以其反应过程快、分离提纯效果好、回收率较高等优点越来越多地为人们采用。而采用溶液法直接将有机废铑催化剂转变为无机铑盐的回收方法，也因其对设备要求较低、污染小、环保等优点引起人们的兴趣。

思考题

1. 催化剂运输与装卸时的一般要求是什么？
2. 催化剂活化操作的重要性是什么？
3. 积炭有何危害？试举例说明引起积炭的原因。
4. 烧炭的一般要求是什么？
5. 在催化剂进行再生过程中的，操作条件对再生效果有哪些影响？

导　读

　　本章主要介绍了常见石油炼制和石油化工催化过程。要求学生了解石油炼制和石油化工的发展概况及前景展望；掌握几种常见催化过程的原理、催化剂类型和作用以及不同催化剂的制备方法和使用要求。重点掌握催化裂化和催化重整两种催化过程。

第6章　石油炼制和石油化工催化过程

6.1　概述

　　原油是由很多种有机化合物组成的复杂混合物。构成原油中化合物的主要元素为碳和氢，此外还或多或少含有某些杂原子如硫、氮和氧。在大多数原油中还含有痕量金属如镍、钒和砷，在个别原油中甚至还含有钙。这些元素以金属有机化合物形式存在。原油中的有机化合物多种多样，极为复杂，但从大的方面可划分为烷烃、环烷烃及芳香烃 3 大类。其相对分子质量分布从数十到数千(如沥青分子)不等。

　　石油炼制工业自始至终就是一种由需求来推动的工业。采用常压蒸馏将原料油中的轻组分分离出来的方法始于 1860 年。采用这种方法从原油中得到的轻质馏分非常有限。随着市场对汽油需求量的增加，便出现了热裂化的方法。采用这种方法将重质馏分转化为发动机燃料。20 世纪 30 年代，采用催化裂化技术以满足随着汽车工业大发展对汽油的巨大需求。随着汽车技术的发展，对汽油辛烷值也提出了新的要求。因此，催化重整技术应运而生，20 世纪 50 年代开始采用铂重整技术。原油中含硫、含氮化合物的存在，使石油及石油产品存在异味，并导致其安定性下降。在石油使用(燃烧)过程中，释放出大量二氧化硫和二氧化氮，从而污染大气。加氢处理技术正是为减少上述影响而于 20 世纪 40 年代被逐渐采用并推广的。随着在世界范围内重质原油产量的日渐增加，原有油田的原油也有日渐重质化的趋势，与此同时，原油中的硫、氮及金属等杂质含量也呈上升趋势。为生产更多的轻质油品，重油加工技术例如渣油催化裂化、渣油加氢裂化等技术也逐渐被采用和推广。

　　自 20 世纪 90 年代以来，国际上环境保护呼声日益高涨，许多国家颁布了新的环保法规，提出生产清洁燃料，生产"环境友好产品"。对汽、柴油中的硫、氮及芳香烃含量，柴油中的芳香烃含量及十六烷值等分别提出了更加严格的要求。因此，加氢处理、加氢裂化过程显示出越来越大的重要性，也得到了更快的发展。

　　在石油炼制工业的带动下，石油化工工业也得到了长足的发展。在当今的定义中，石油化工生产是以石油和天然气为原料的大宗石化产品的生产。其品种包括乙烯、丙烯、丁二烯、苯、甲苯、二甲苯和甲醇 7 个品种(即"三烯三苯加甲醇")。习惯上，石化产品也包括上述 7 个品种的初级衍生物，构成数十种产品。因此，通常所说的石化产品包括了乙烯的衍生物聚乙烯、环氧乙烷/乙二醇、氯乙烯、乙酸、乙酸乙烯、苯乙烯、α - 烯烃等；丙烯的衍生物聚丙烯、丙烯腈、环氧丙烷、丁醛（丁醇/辛醇）、丙烯酸及其酯、甲基丙烯酸及其酯、异丙苯（苯酚丙酮）等；二甲苯的衍生物苯酐和对苯二甲酸等。由于上述产品中除聚合物以外的醇（酚）、醛、酸（酐）、酯均是生产其他化工产品的原料或聚合物的中间体，因此通常将 7 种产品及其初级非聚合物衍生产品称为基本有机原料。

在"三烯三苯加甲醇"的进一步加工中，几乎所有过程均要采用至少 1 种催化剂。在当今生产工艺日趋成熟的情况下，石油化工生产过程中催化剂技术的进展强烈地影响着生产的效益。从某种意义上讲，石油化工技术的进步或多或少依赖于催化剂技术的进步。

在过去的几十年中，催化剂的性能获得了大幅度的提高。特别是氧化催化剂，其性能获得了较大的提高。如丙烯氨氧化催化剂，由于催化技术的进步，产品收率由 20 世纪 60 年代的约 60% 上升到约 80%；乙烯氧化生产环氧乙烷银催化剂，环氧乙烷选择性由 20 世纪 70 年代的约 70% 提高到目前的近 90%。

本章主要介绍石油炼制和石油化工生产过程中几种比较重要的催化过程。

6.2 催化裂化

6.2.1 概述

流化（床）催化裂化（Fluid Catalytic Cracking，简称 FCC），是将原油（或称石油）中沸点高于汽油、柴油沸程的烃类化合物转化为汽油、柴油的一种技术。它具有装置生产效率高、汽油辛烷值高、副产气中含 $C_3 \sim C_4$ 组分多等特点。在很多原油中，沸点高的烃类化合物很多，通过直接蒸馏可获得的汽油、柴油量较少。因此，FCC 是炼油工业中重要的技术。

催化裂化起初采用固定床反应的方法，片状催化剂放在反应器中不动，反应和再生过程交替地在同一设备中进行，由于生产操作麻烦，生产能力又小，因此很早就被掏汰。以后针对催化剂需要不断连续再生的特点，20 世纪 40 年代又出现了移动床反应的方法，改用小球形催化剂，生产能力比固定床有明显提高，但对处理量在 $80 \times 10^4 t/a$ 以上的大型装置，移动床在经济上远不如流化床优越，因此，现代的大型催化裂化装置都采用技术先进的流化床，采用的是直径 $20 \sim 100 \mu m$ 的微球形催化剂。表 6 - 1 列出了 FCC 催化剂生产情况。

表 6 - 1　FCC 催化剂生产情况

公司	日产量/t
Engalbard（美国）	250 ~ 300
Gzaec（美国）	700
Fllirol（美国）	150
Kotjoz（荷兰）	160
Catolenm（澳大利亚）	40
Czosficld（英国）	90
Shokubui - Kssei KK（日本）	40
Katalistiko（美国）	250

我国自 20 世纪 60 年代建立第 1 套流化催化裂化装置并相应地实现硅铝微球催化剂的工业生产开始，70 年代初成功开发了分子筛催化裂化催化剂并实现了工业化，接着建成了提升管催化裂化工业装置，使催化裂化工艺技术上了一个台阶。80 年代以来，又开发了适于加工重质原料的裂化催化剂和工艺技术装备。

6.2.2 催化裂化反应机理

催化裂化的反应机理与热裂化的机理不同。烃类的热裂化是按自由基机理进行，而催化裂化是按碳正离子反应机理进行。所谓碳正离子是指含有 1 个带正电荷的碳原子的烃离子。热裂化时 C—C 键发生均裂：

$$C : C \longrightarrow C \cdot + C \cdot$$

催化裂化时，在催化剂的作用下使 C—C 键发生异裂，生成离子：

$$C : C \longrightarrow C^+ + C^- :$$

催化裂化所用原料油由烷烃、烯烃和芳烃等组成，因此主反应（一次反应）为：

烷烃裂化：如 $C_pH_{2p+2} \longrightarrow C_mH_{2m} + C_nH_{2n+2}$ 　　其中 $P = m + n$

烯烃裂化：如 $C_pH_{2p} \longrightarrow C_mH_{2m} + C_nH_{2n}$ 　　　其中 $P = m + n$

芳烃裂化：如 $ArC_nH_{2n+1} \longrightarrow ArH + C_nH_{2n}$

在催化裂化过程中还明显地发生异构化、氢转移、芳构化、烷基化、叠合与缩聚等副反应，后 3 类副反应（二次反应）会引起催化剂结焦，促使催化剂过早地失活。例如：$C_mH_{2m} \longrightarrow mC + mH_2$

催化裂化产品组成是：40%～50% 汽油、20%～40% 柴油，并产生 15%～30% 气体烃（主要由 C_3～C_4 组成，其中丙烯、丁烯和异丁烷占一半以上）。

6.2.3 催化裂化催化剂及其制备

6.2.3.1 催化剂的发展沿革

催化裂化催化剂有许多种，大致可分为 3 大类型，即天然白土催化剂、合成硅酸铝催化剂及分子筛催化剂。其历史也是按这 3 类的顺序发展过来的，在 70 多年的发展历程中，裂化催化剂大致经历了 5 个变化较大的阶段。第 1 个阶段是以人工合成硅酸铝代替天然白土，天然白土的主要成分也是硅酸铝，因为质量差，所以使用效果差。人工合成硅酸铝的使用，使催化剂的活性提高了 2～3 倍，选择性明显改善。第 2 个阶段是分子筛用作催化剂，这一技术上的突破使催化裂化的水平提高了一大步，汽油产率增加了 7～10 倍，焦炭产率降低了约 40%，被誉为炼油工业的一次革命。这一阶段还包括了从 X 型到 Y 型分子筛的演变，使分子筛的质量上升了一个小台阶。有人把这一阶段的催化剂称为第 1 代分子筛催化剂。第 3 阶段是 20 世纪 70 年代中期以后，改变了载体的路线，采用胶黏剂和天然白土代替合成的硅铝凝胶，这一阶段也使轻质油产率增加了 3% 以上，催化剂的磨损强度提高了约 3 倍。第 4 个阶段是 80 年代初以后，采用超稳 Y 型分子筛（USY），提高了汽油的辛烷值，改善了焦炭选择性，也为重油催化裂化提供了更为合适的催化剂。继 Y 型沸石分子筛之后成功的 ZSM - 5 沸石分子筛等对烃类化合物的催化反应具有一些独特的性能，有人将这一阶段的催化剂称为第 2 代分子筛催化剂。目前这种催化剂已成为当代催化裂化的主流。

6.2.3.2 微球硅酸铝催化剂

微球硅酸铝催化剂是用于流化床催化裂化装置的一种催化剂。硅酸铝是由氧化硅（SiO_2）

和氧化铝（Al_2O_3）结合而成的复杂硅、铝氧化物，并含有少量结构水。纯粹的 SiO_2 和 Al_2O_3 都没有明显的催化裂化活性，只有它们以一定的比例结合后才有活性，而且含有适量水分会使活性大大提高。自从流化催化裂化工业化以来，直到 1964 年，基本上都是采用硅铝化合物作催化剂。白土催化剂是经过精制活化的天然白土，也称活性白土，它的化学成分主要也是硅酸铝，但杂质含量较高。合成硅酸铝也含有极少量硫酸根、氧化钠及氧化铁等杂质。

合成硅酸铝催化剂与天然白土催化剂相比，具有初活性好、生成汽油辛烷值高和机械性能好等优点。制备合成硅酸铝催化剂一般用能产生 SiO_2 和 Al_2O_3 的原料，通常用硅酸钠（水玻璃）和硫酸铝，先在一定温度及 pH 值下反应生成硅酸铝水凝胶，再经水洗过滤、干燥、焙烧等工序制得多孔催化剂产品。杂质含量多会影响催化剂活性及选择性，所以制备催化剂时要控制杂质含量。如含杂质铁会降低催化剂选择性，SO_4^{2-} 在反应和再生中会分解成 SO_2 及 SO_3 而腐蚀设备，碱金属氧化物则会降低催化剂活性。

微球硅酸铝催化剂在制备工艺上主要有间断成胶分步沉淀法、连续成胶分步沉淀法和共沉淀法 3 种工艺流程。我国于 1965 年开始使用国产微球硅酸铝催化剂。

1. 间断成胶分步沉淀法

该法采用水玻璃和稀硫酸溶液进行中和反应，生成硅凝胶。然后再向反应物料中加入硫酸铝和氨水溶液，进行中和反应，并与硅胶结合。生成的硅酸铝胶体经真空过滤、喷雾干燥成型、洗涤和气流干燥，即可得微球硅酸铝催化剂成品。其制备工艺流程见图 6-1。

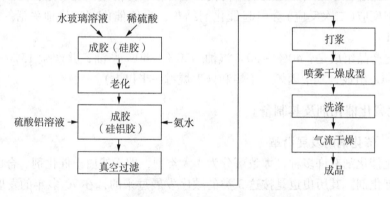

图 6-1 间断成胶分步沉淀法制备工艺流程图

2. 连续成胶分步沉淀法

该法是水玻璃与硫酸溶液同时进入混合器连续混合，连续流过溶胶罐，形成硅溶胶；在凝胶罐和老化罐中经打浆、老化，最后流入成胶罐中，加硫酸铝和氨水溶液生成硅酸铝胶体。其后，即与间断成胶分步沉淀法一样，经真空过滤、喷雾干燥成型、洗涤和气流干燥，即得成品催化剂。

3. 共沉淀法

该法采用水玻璃和酸化硫酸铝进行中和反应，使硅胶和铝胶同时反应生成硅铝溶胶，通过油柱成型，变成凝胶小球。然后进行热处理、活化和水洗等过程，这些过程与小球硅酸铝催化剂的生产流程相同。水洗后的小球，经破碎打浆，再经喷雾成型和最后的气流干燥，即得到催化剂成品。

上述 3 种方法制备的微球硅酸铝催化剂的质量基本相同。间断成胶法操作较频繁，连续成胶法对自动控制仪表的精度要求较高。

6.2.3.3　分子筛催化剂

1. 分子筛的使用特性

分子筛也是用含硅和含铝的原料制成的，化学成分与合成硅酸铝类似，但它们的制造方法不同。无定形硅酸铝是在一定的酸碱度溶液中合成的凝胶体，而分子筛是在强碱性溶液中合成的结晶体，是一种晶体硅铝酸盐，具有有序和规则的孔道和孔腔，有可交换的正离子，有时还根据正离子的种类来称呼分子筛，如 NaA 型、CaX 型等。

分子筛的性能与其结构有关，它具有许多特性，如：

① 有很高的内表面积，比表面积可达 $60 \sim 100 m^2/g$，其表面由于晶体晶格特点而具有高度极性，因而对极性分子和可极化分子都有较强吸附力。

② 有完整的晶体结构和孔隙结构，孔的排列比较规则，直径大小也均匀，孔径为分子大小数量级。

③ 分子筛经离子交换后，其酸性有较大变化，并显著改变其物理化学性能，呈现良好的催化性能。

④ 用不同制备方法容易制得各种不同结构和性能的分子筛，也能在很高温度下保持原有晶体结构。

由于分子筛具有上述特性，与微球硅酸铝催化剂相比，用作流化催化裂化催化剂时，具有以下优点：

① 对烷烃、环烷烃及芳烃烷基侧链具有很高的裂化活性。在同样裂化条件下，使用 $SiO_2 - Al_2O_3$ 催化剂时，重馏分油转化率可达 70% ～75%，中馏分油转化率仅 30% ～35%；而使用分子筛催化剂时，二者转化率十分接近。活性高的原因是由于分子筛属于酸性催化剂，在合适反应条件下，表面酸中心发挥作用，有利于裂化反应进行。

② 选择性好，能获得高产率的汽油。分子筛催化剂不易裂化芳烃环，而对烷烃、环烷烃、芳烃的烷基侧链具较好的裂化选择性。这是由于分子筛具有择形特性，其入口孔径较小，分子面积大的芳烃环不易进入活性中心部位而被裂化。

③ 氢转移、环化和芳构化活性高。稀土离子交换的分子筛催化剂对氢转移、环化和芳构化的活性大大超过硅酸铝催化剂，因此得到的裂化汽油辛烷值较高。

④ 具有择形特性。在选择不同制备条件下，可生产出具有不同大小孔隙结构的分子筛晶体，使某些类型分子较难进入活性中心的孔穴内，而不发生反应。例如，近年来开发的 ZSM - 5 型分子筛催化剂能选择性地让正构烷烃和带长链的异构烷烃进入孔穴内进行裂化反应，且可阻止缩合多环芳烃在孔道中形成和积累。

2. 分子筛催化剂的发展沿革

第 1 个工业化的分子筛催化剂是 X 型沸石分子筛，因为它可以直接用水玻璃合成，大规模工业化生产比较容易也经济，而 Y 型沸石分子筛在当时用水玻璃难以直接合成，需要用硅铝胶等较昂贵的原料。后来，Mobil 公司和 Grace 公司分别发明了导向剂法，使得用水玻璃也可以直接合成较高硅铝比的 Y 型沸石分子筛。这一发明，使分子筛更新改型，质量水平上升了一大步。

X 型和 Y 型沸石分子筛同属八面沸石类，其晶格结构相似，但 Si/Al 比不同，X 型的 Si/Al < 3.0，而 Y 型的 Si/Al 比则大于 3.0。Si/Al 比高，热稳定性较好，耐酸性也好。1968 年后，X 型即被 Y 型所代替。

用稀土(RE)离子交换 NaY 沸石分子筛上的 Na⁺，其裂化活性相对于其他的是最高的。

因此，多年以来，分子筛催化剂大多数是稀土 Y 型的，只是在制备过程上的不同而有所区别。例如，交换后进行焙烧，称 CREY；交换后不焙烧的称 REY；交换中减少一些 RE^{3+} 被 H^+ 所代替者为 REHY 等。这类分子筛自 1968 年起一直延续下来，广为应用。

以后，随着汽油少铅或无铅化提上日程，超稳 Y 沸石分子筛便步入催化裂化的舞台。USY 是一种改性的 Y 型沸石分子筛，通过脱 Al 补 Si 提高分子筛骨架上的 Si/Al 比，并使结构重排而更趋稳定，减少酸中心密度。用这种分子筛作催化剂能减少氢转移反应，提高汽油中烯烃含量及辛烷值，减少焦炭产率，并可提高轻油收率和增加处理量。

3. 全合成稀土 Y 沸石催化剂的制备

1）NaY 沸石的合成

NaY 沸石的合成方法有许多种，我国均进行过研究。我国工业上采用的主要是以水玻璃和偏铝酸钠为原料，用导向剂促进晶化过程的水玻璃晶化导向法。该法合成 NaY 沸石的条件如下。

> 导向剂：$6NaO : Al_2O_3 : 15SiO_2 : 320H_2O$
> 导向剂用量：Al_2O_3 总量的 3%
> 原料配比：$3.4NaO : Al_2O_3 : 10SiO_2 : 204H_2O$
> 晶化温度：(100 ± 2)℃
> 晶化时间：$10 \sim 12h$

2）Y 型沸石的离子交换

沸石催化剂的制备既可采用沸石与基质混合前先进行离子交换，也可采用沸石与基质混合后再离子交换。采用与 NaY 沸石进行交换的离子有 H^+、Ca^{2+}、Mn^{2+}、RE^{3+} 等。根据实验结果，用 RE^{3+} 离子交换过的沸石催化剂活性高，稳定性好。REY 沸石制备工艺流程如图 6-2。

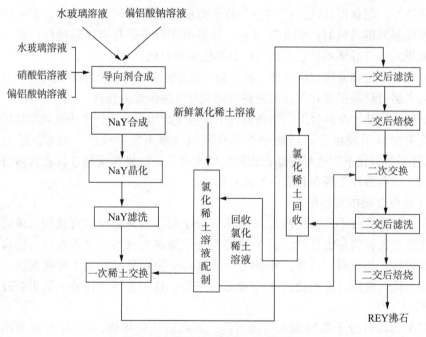

图 6-2　REY 沸石制备工艺流程图

3）催化剂的制备

（1）低铝稀土 Y 沸石催化剂

低铝稀土 Y 沸石催化剂是一种中等活性的裂化催化剂，主要用于床层式反应装置上，是采用全合成的无定形硅铝催化剂作为基质，在适当的位置加入一定量的稀土 Y 沸石而制成。制备工艺流程见图 6 - 3。这类催化剂随着我国提升管催化裂化装置的不断发展，用量日渐减少。

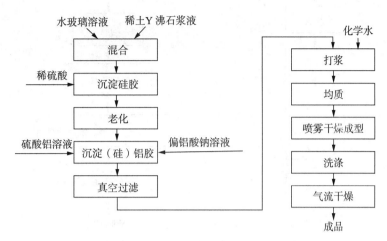

图 6 - 3　低铝稀土 Y 沸石裂化催化剂制备工艺流程图

（2）高铝稀土 Y 型沸石催化剂

沸石催化剂随着基质硅酸铝中氧化铝含量的提高，催化剂的微反活性的稳定性显著提高，当催化剂中含有相同的沸石时，含氧化铝 25% ~ 30% 的催化剂的微反活性比含氧化铝 13% ~ 15% 的高。这种催化剂主要用于短接触时间的提升管催化裂化装置。

由于基质的合成方法及稀土含量不同，我国高铝稀土 Y 沸石裂化催化剂也有不同的牌号。

4. 超稳 Y 型沸石催化剂的制备

为了满足渣油催化裂化加工和提高汽油辛烷值，我国成功开发了一系列超稳 Y 型沸石（USY）以及 USY 裂化催化剂。

1）超稳 Y 型沸石的制备

NaY 沸石经水热处理，分子骨架发生脱铝等过程即生成热稳定性更好的 USY 沸石，其制备工艺流程如图 6 - 4。USY 沸石的制备方法很多，有的只经过 1 次交换、1 次焙烧即可制成，有的则需经过几次交换、几次焙烧，有的还使用其他处理办法。

2）催化剂的制备

USY 沸石催化剂的制备工艺流程与 REY 沸石裂化催化剂的相似，如图 6 - 5。由于很多 NaY 催化剂不是单一沸石的催化剂，载体也会有改性处理等，因此，实际生产流程可能还会更复杂一些。

6.2.3.4　催化剂载体

在分子筛引入催化剂前，酸性白土或无定形硅铝本身就是催化剂，并无活性组分和载体之分。分子筛出现之后，由于其活性太高无法单独使用，同时也由于它本身难于制成符合强度要求的微球，故采取将其均匀分散于 $SiO_2 - Al_2O_3$ 胶体之中。这样，$SiO_2 - Al_2O_3$ 胶就成为催化剂的载体。它既起稀释活性的作用，又提供机械性能。而当时 $SiO_2 - Al_2O_3$ 已是成熟的催化剂，有现成的生产线，所以很容易使分子筛催化剂工业化生产。这一工艺一直延续到 20 世纪 70 年代中期。

第二篇　应用技术

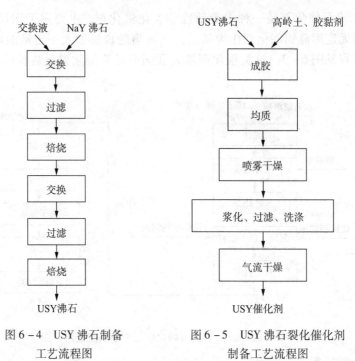

图 6 – 4　USY 沸石制备　　图 6 – 5　USY 沸石裂化催化剂
工艺流程图　　　　　　制备工艺流程图

由于人们对环境污染控制的日益严格，要求催化装置减少粉尘；同时，石油危机之后，要求催化裂化进一步提高轻油产率，并掺炼渣油。面对这种形势，催化剂制造公司采取对策：①提高催化剂的磨损强度和堆积密度；②提高再生温度，降低再生剂含炭量以提高活性；③改善反应产物选择性，降低焦炭产率。

实践证明，$SiO_2 - Al_2O_3$ 凝胶作载体，存在以下问题：①黏结性不理想，强度不高；②堆积密度低，对提高旋风分离器效率不利；③新鲜剂比表面积高，细孔大，而运转后平衡剂比表面积大大下降，细孔消失，造成部分分子筛封闭于其中，活性降低；④$SiO_2 - Al_2O_3$ 凝胶本身具有活性，并已被证明选择性不好，但它在分子筛催化剂中却占有绝大部分比例（85%～90%），这样就弱化了分子筛应有的优越性。

针对以上问题可采取：①改有活性的载体为无活性或低活性载体；②用处理过的高岭土加硅（或铝）溶胶作胶黏剂。这样，裂化活性就全由分子筛提供，因而使选择性得到改善。同时因为溶胶的黏结性比凝胶好，磨损指数大大改善，加上白土的骨架密度大，堆积密度也大为提高；而比表面积和孔体积降低，结构稳定性好，减少了细孔的封闭现象。此外改善了汽提性，减少了油气在再生器中烧掉的量。这一改进可以说是载体（也是催化剂）发展中的一项突破性改进。70 年代中期以后，世界上所有催化裂化装置都普遍采用这一技术路线。

由于 Y 型分子筛的孔道自由直径只有 $7.5 \times 10^{-4} \mu m$，而减压馏分油分子直径约为 $25 \times 10^{-4} \mu m$，渣油分子为 $25 \times 10^{-4} \sim 15 \times 10^{-3} \mu m$，这些大分子要进入分子筛孔内反应显然是困难的。为了增加重油的转化，仅靠分子筛的外表面是不够的。因此，80 年代以后，将载体进一步改进，由载体提供一定的活性，先将大分子进行一次裂化，断裂成中分子后进入分子筛二次裂化。但是，载体的活性也要加以控制，孔径大小和比表面积均要适宜，避免因为它的活性而影响选择性，增加焦炭产率。为此，在原来"惰性"载体的基础上，有控制地添加了一定量的活性组分，并针对原料油性质和产品分布的要求，调节分子筛和载体活性的比例。

6.2.4 催化裂化催化剂的失活与再生

6.2.4.1 焦炭沉积

催化裂化反应过程中会产生焦炭沉积使催化剂活性下降，所以应将结焦的催化剂及时移出反成器，进入再生器进行空气烧焦再生。多次反应再生循环后，催化剂活性和选择性逐渐下降并达到一个接近平衡的水平。通常离开反应器的待再生催化剂含碳约1%，主要成分是碳和氢，当裂化原料含硫和氮时，焦炭中也含有硫和氮。对于硅铝催化剂，要求再生后含碳量 <0.5%;而分子筛催化剂因焦炭沉积对选择性影响较大，要求含碳量 <0.2%。再生反应产物有二氧化碳、一氧化碳、水，以及 $SO_x(SO_2$、SO_3)和 $NO_x(NO$、NO_2)。

6.2.4.2 原料油中的氮化合物

原料油中的氮化合物尤其是碱性氮化物会吸附在裂化催化剂的部分酸性中心上，使其活性暂时丧失或下降，但通过烧炭作业即可恢复。

6.2.4.3 原料油中的重金属

重金属如镍、钒、铁、铜等沉积在裂化催化剂表面上，使其活性下降，选择性变差。重金属对催化剂的影响是积累性的，烧焦再生对其无效。其中毒效应主要表现为：转化率和液体产品收率下降，产品不饱和度、干气中氢气比例和焦炭产率增加。各种重金属元素中，镍、钒的影响最大。镍增强了催化剂的脱氮活性；钒在低含量时，影响比镍稍小，但含量高时，对催化剂活性的影响为镍的 3 ~ 4 倍，它在再生的分子筛表面形成低熔点的五氧二钒，使分子筛结晶受到破坏。重金属污染问题在渣油催化裂化中尤为突出。

分子筛催化剂的抗重金属污染性能比硅铝催化剂要好，重金属污染水平相同时，前者活性下降的少一些。在馏分油催化裂化时，平衡催化剂的镍、钒总含量在 $100 ~ 1000\mu g/g$，但渣油催化裂化时，则可达到 $1000 ~ 10000\mu g/g$。解决重金属污染问题主要有 3 条途径：降低原料油中重金属的含量；选用对重金属容纳能力较强的催化剂；在原料油中加入少量能减轻重金属对催化剂中毒效应的药剂即金属钝化剂。

6.2.4.4 原料油中的 Na^+

Na^+ 会影响分子筛裂化催化剂的活性和热稳定性。

6.3 催化重整

6.3.1 概述

催化重整是将石油中的 $C_6 ~ C_{11}$ 石脑油馏分，在一定操作条件下，通过催化剂转化成芳烃或高辛烷值汽油的技术。催化重整生产的汽油辛烷值(RON)可达 100 以上，而且，汽油的其他质量指标也很优良，是优质汽油的重要组分。因此，催化重整是炼油工业最重要的技术之一。催化重整用于生产芳烃，不仅芳烃的质量优于其他方法，而且具有成本低、来源广等优点。催化重整是生产对二甲苯(生产聚酯的原料)、邻二甲苯(生产增塑剂等的原料)、苯等所谓芳烃联合装置的核心部分。在催化重整过程中，还副产大量氢气，可用于各种需要氢气的加氢工艺。

最先实现工业化汽油重整过程的是 1931 年开发的热重整，由于过程收率低，产品质量不好，未得到广泛应用。催化重整开发于 1947 ~ 1949 年，铂重整也在这时期问世。自此以后，各国都投入大量财力从事研究与改进，工艺不断革新，处理量日益增大，装置日趋大型化。1967 年，美国雪佛龙公司开发的铂 - 铼双金属催化剂问世，使催化重整技术发生了革命性变化。由于双金属催化剂在催化性能，特别是稳定性方面比单铂催化剂有显著提高，自此以后，各公司相继又研究了多种双金属及多金属重整催化剂。随着催化剂的革新，不仅使重整转化率、芳烃收率有了很大提高，而且降低了操作温度及压力，大大提高了重整装置的经济效益。

6.3.2 催化重整的主要反应

进行催化重整的原料是汽油馏分。它是一种复杂的混合物，含有烷烃、环烷烃及少量芳烃，碳原子数一般在 4 ~ 9 个。有一些原料烷烃含量特别高，称为烷基原料油；另一些原料环烷烃含量较高，称为环烷基原料油。

由于重整原料是一种复杂的混合物，所以重整过程的化学反应是由几种类型的反应所组成的复杂反应，主要的反应有：

6.3.2.1 六元环烷烃脱氢反应

这是反应速率较快的吸热反应，称为芳构化反应，反应后环烷烃转化成芳烃。大多数环烷烃的脱氢反应是在重整装置的第 1 反应器中完成的，反应被贵金属催化剂所催化。

$$\text{（六元环烷烃）—CH}_3 \Longleftrightarrow \text{（苯环）—CH}_3 + 3H_2$$

6.3.2.2 五元环烷烃异构化脱氢反应

这类反应的进行主要靠催化剂酸性(卤素)部分的作用，少部分是靠催化剂贵金属部分的作用。五碳环的芳构化首先是部分脱氢，然后是扩环，由五碳环烷变为六碳环烷，最后是脱氢芳构化，变成芳烃。

$$\text{（五元环烷烃）—C}_2\text{H}_5 \Longleftrightarrow \text{（六元环烷烃）—CH}_3$$

6.3.2.3 烷烃脱氢环化反应

这类反应是由催化剂中的贵金属及酸性部分所催化，反应进行相对较慢，它将石蜡烃转化成芳烃，是一种提高辛烷值的重要反应。这一吸热反应经常发生在重整装置的中部至后部的反应器中。

$$CH_3(CH_2)_5CH_3 \xrightarrow{\text{催化剂}} \text{（苯环）—CH}_3 + 4H_2$$

6.3.2.4 正构烷烃异构化反应

这类反应主要靠催化剂酸性功能的作用，反应进行相对较快。它是在氢气产量不发生变化的情况下，产生分子结构重排，生成辛烷值较高的异构烷烃。

$$CH_3(CH_2)_5CH_3 \xrightleftharpoons{\text{催化剂}} CH_3(CH_2)_3CH(CH_3)_2$$

6.3.2.5 烃类加氢裂解反应

这类反应主要靠催化剂酸性功能的作用。这种相对较慢的反应通常不希望发生，因为它产生过多量的 C_4 及更轻的轻质烃类，并产生焦炭和稍耗氢气。加氢裂解是放热反应，一般发生在最末反应器内。

$$C_9H_{20} \longrightarrow C_4H_{10} + C_5H_{10}$$

6.3.3 催化重整催化剂及其制备

6.3.3.1 催化剂的组成

重整催化剂大致由金属组分、酸性组分及载体三部分组成。

①金属组分

金属组分是催化剂的核心，它决定催化剂活性的高低。重整催化剂的活性金属主要是元素周期表中的第Ⅷ族元素，最重要而常用的是铂。由于铂具有吸引氢原子的能力，因此对加氢、脱氢、芳构化反应具有催化功能。还可用两种金属作活性组分，这就是双金属催化剂，最好的第 2 种金属是铼，其次还有钯、铱等。采用 3 种或 3 种以上金属的称为多金属催化剂。它们多是第 ⅠB 族和ⅥB 族元素，如铅、锡、镓、铊等。催化剂中添加第 2 种金属铼后，可以大大提高活性和稳定性，促进铂的分散，降低铂晶粒增长速率，催化剂允许积炭量也比纯铂催化剂高 3 ~ 4 倍。目前应用最广的是铂 – 铼双金属催化剂。由于铂 – 铼催化剂中的铼为稀有金属，价格昂贵，供应也困难，所以出现了铂非铼双金属催化剂。

添加第 2 种金属产生的不利影响是存在严重的加氢裂解或氢解作用，出现运转时氢气纯度和液体收率大大低于纯铂催化剂的情况。所以，之后又出现了加入第 3 种金属的方法，它可以对前面两种作用进行调节，使这种多金属催化剂具有比双金属催化剂更好的活性和选择性。经使用后表明，多金属催化剂的稳定性好，运转温度降低，运转周期延长，芳烃产率增加。

②酸性组分

实践证明，重整催化剂只有金属组分时，催化活性较低，需添加一些起助催化作用的酸性组分才具有更好的催化功能。酸性组分主要是氯或氟之类卤族元素，它们起着增强氧化铝载体酸性功能的作用，也即增加催化剂异构化的作用。表 6 – 2 给出了铂催化剂氟含量对甲基环戊烷生成苯的产率的影响。当氟含量很低时，也即催化剂的酸性非常低时，只生成少量的苯。这时催化剂的异构化能力主要由氧化铝载体固有的酸性所提供。

表 6 – 2 铂催化剂中氟含量对甲基环戊烷生成苯的产率的影响①

氟含量/%	0.05	0.15	0.30	0.50	1.00	1.25
苯产率/%	25.0	31.5	41.0	59.0	71.0	71.5

①反应温度 500℃，反应压力 1.8MPa，催化剂铂含量 0.3%。

由表 6 – 2 可见，当氟含量由 0.05% 增加至 0.50% 时，苯产率随氟含量增加呈直线上升。当氟含量继续增大至 1.00% 后，苯产率并未进一步提高，因为对于苯的生成来说已达到了平衡值。所以，过多的氟也是无益的。实践表明，适宜的卤素含量为 0.4% ~ 1%。

③载体

重整催化剂的载体常用的是氧化铝，也有采用硅酸铝及分子筛的，目前以使用氧化铝居多。

氧化铝载体又可分为两种类型，即 $\gamma - Al_2O_3$ 和 $\eta - Al_2O_3$，两者区别在于所含结晶水的多少不同。$\eta - Al_2O_3$ 具有初始比表面积高的特点，常用作纯铂催化剂载体。$\eta - Al_2O_3$ 的酸性功能要比 $\gamma - Al_2O_3$ 强。随着催化剂的不断运转及再生，其比表面积开始减小。由于比表面积的这种损耗，总操作寿命只限于几次循环。但是 $\gamma - Al_2O_3$ 的热稳定性较好，经反复使用再生后仍能保持较高的比表面积。所以，以 $\gamma - Al_2O_3$ 为载体的催化剂用作循环再生式重整装置的催化剂时，在失去相当多的表面积需更换以前，可进行数百次再生。通过适当调节催化剂的卤素含量，也能补充 $\gamma - Al_2O_3$ 催化剂的酸性功能不足。

6.3.3.2　催化剂的制备

重整催化剂是双功能催化剂，其金属功能由载体上的金属组分提供，而酸性功能则由含卤素的氧化铝载体提供。高质量的重整催化剂制备，其关键就是使双功能充分发挥彼此的协调配合作用，最早研究的重整催化剂就是具有金属功能及酸性功能的 2 种物料机械混合以达到实现重整反应的目的。目前制备负载型金属催化剂的方法很多，常用的有浸渍法、离子交换法、共沉淀法等。无论采用哪种方法，载体的选择都是非常重要的。由于载体的作用已不单纯为担载分散金属组分而已，它还要提供酸性功能。在金属与载体的强相互作用下，载体还直接影响金属功能的发挥，所以要想得到高质量的催化剂首先需要制备出高质量的载体，而且设法使金属组分按所需的状态高度分散在载体表面上。

1. 载体的制备

一个最佳的载体应具有以下多方面的性能：有合适而稳定的晶相结构；有足够大的比表面积和适宜的孔分布：应能确保金属活性组分高度分散，使之沿颗粒径向分布以及内表面分布合乎要求，对重整催化剂来讲要求均匀分布、有高机械强度及热稳定性；应能确保催化剂颗粒内及颗粒间有良好的传热和传质性能；载体的粒度适宜，移动床使用时具有最小的流体流动阻力。

前已述之，目前使用最多的重整催化剂载体是 $\gamma - Al_2O_3$，下面介绍其制备方法。

1）铝盐与碱中和高温成胶法

该法的制备工艺流程见图 6 - 6。

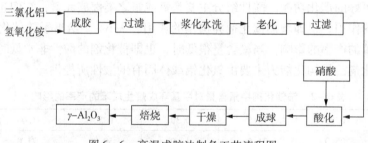

图 6 - 6　高温成胶法制备工艺流程图

高温成胶时要控制好反应温度、反应物浓度及 pH 值等。因为三氧化铝与氢氧化铵进行中和成胶时，首先形成 30 ~ 50mm 大小的氢氧化铝无定形凝胶，其中也存在薄水铝石的微晶。将这种凝胶在一定温度下老化，它可以转化为 β - 无水氧化铝或 α - 单水氧化铝。铝盐溶液与氨水中和生成凝胶时，只有维持在较高温度（大于70℃）时，胶体经反复过滤、洗涤、老化、成型、干燥后才能生成 α - 单水氧化铝，经 500 ~ 600℃ 焙烧，则得 $\gamma - Al_2O_3$。若中和温度不高，老化温度在 400℃ 左右，则可能生成 $\beta - Al_2O_3$，经焙烧后可得 $\eta - Al_2O_3$。

2）铝溶胶油柱成型法

高温成胶制备的载体，杂质含量较高，而且机械强度及热稳定性较差。连续重整工艺开发后，催化剂要在反应器内或靠自身重力下移或靠气提升，因此对催化剂的粒度及磨损强度均有较高要求。铝溶胶油柱成型法可以较好地解决这方面的问题。其制备工艺流程见图 6 - 7。

图 6 - 7 流程中前一部分为铝溶胶的制备。为了获取高纯氧化铝小球，在制备铝溶胶的过程中要多次精制脱铁。将铁含量合格的铝溶胶先与有机胺混合，然后滴入热油柱内成型。从油柱中形成的凝胶小球再经水洗老化，最后经过干燥和培烧生产出合格的 $\gamma - Al_2O_3$ 小球

载体。在此过程中要严格控制铝/氯比、胺/氯比、柱温及老化温度等。

3）低碳烷氧基铝水解法

我国制取高纯氧化铝的另一途径是用三异丙氧基铝水解的方法。即先将金属铝与异丙醇作用生成三异丙氧基铝，然后将此物水解，即生成高纯氢氧化铝；再经干燥、焙烧等步骤即可制得 $\gamma - Al_2O_3$。反应中副产物异丙醇可重复使用。其制备工艺流程如图6-8。

2. 金属组分的引入

当载体确定后，就要设法将金属组分如铂、铼、锡、铱等引入催化剂。可以选用混捏、共沉淀、离子交换或浸渍等方法。浸渍法应用最普遍。它是将载体放置在含有预先计量好金属组分的溶液中进行，浸渍时须加入合适的竞争吸附剂，使活性组分能均匀分布于颗粒内部各个部位。

浸渍后的催化剂还要经过干燥、焙烧和还原步骤。干燥过程中同样要防止载体上所吸附的金属活性组分再次迁移，而造成其分布的不均匀性。因此，对于干燥温度、介质和干燥速率等方面均要认真考虑。干燥温度一般选在 $100 \sim$

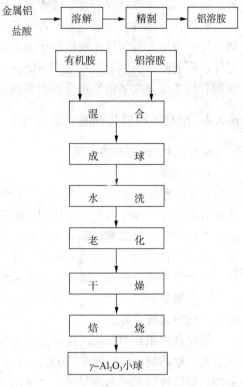

图6-7　铝溶胶油柱成型法制备工艺流程图

$120℃$。干燥后的催化剂要进行焙烧，其目的是使浸渍上的金属盐类转化为相应的氧化物，以便使其还原为具有活性的金属组分。在焙烧过程中，不仅温度、时间会影响金属组元的分散，焙烧气氛也很重要。制备催化剂过程中，采用水氯处理就是在焙烧时引入少量水汽及氯化氢蒸气，以调节催化剂上的氯含量，同时还可以增加金属组分的分散度。

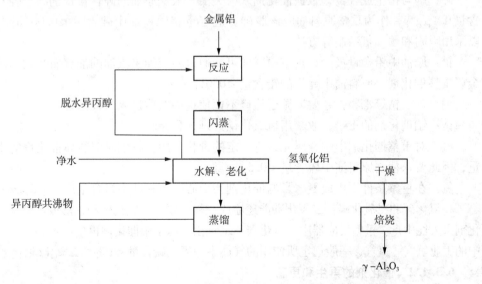

图6-8　低碳烷氧基铝水解法制备工艺流程图

焙烧后的催化剂在使用前还需还原，此步骤也可以在装置内进行。但还原用的氢气纯度要高(最好是用电解氢),氢气水含量要小于 $10mg/m^3$。如氢气中含有微量氧,也要设法除掉,因为氧在还原过程中会生成水,这些水分会使还原过程中生成的金属晶粒聚集而降低活性。另外,还原时所用氢气应不含低分子烃类,因为低分子烃类会在新生的铂上进行加氢裂解反应,放出大量的热,致使催化剂表面局部超温。同时催化剂上积炭增加,活性下降,稳定性也要下降。还原时所用氢气中,一氧化碳及二氧化碳含量也要控制在 $10mg/m^3$ 以下,否则有可能生成羰基铂等化合物而影响催化剂活性。

6.3.4 催化重整催化剂的失活与再生

6.3.4.1 催化剂的失活

1. 积炭失活

对于一般铂催化剂,积炭 3% ~ 10%,活性大部分丧失;对于铂 - 铼催化剂,积炭约20%时活性才大部分丧失。催化剂上的积炭速率与原料性质、操作条件有关。原料的终馏点高、不饱和烃含量高时,积炭速率快,须恰当地选择原料终馏点并限制其溴价 <1g 溴/100g 油。反应条件苛刻,如高温、低压、低空速和低氢油比等也会加速积炭。在重整过程中,烯烃、芳烃类物质首先在金属中心上缓慢地生成积炭,并通过气相扩散和表面转移传递到酸中心上,生成更稳定的积炭。金属中心上的积炭在氢作用下可以解聚清除,但酸中心上的积炭在氢作用下则较难除去。

催化剂因积炭引起的活性降低,可采用提高反应温度来补偿,但提高反应温度有限。重整装置一般限制反应温度 <520℃,有的装置最高可达 540℃左右。当反应温度已升至最高而催化剂活性仍得不到恢复时,可采用烧炭作业恢复催化剂活性。再生性能好的催化剂经再生后其活性基本上可以恢复到原有水平。

2. 中毒失活

砷、铅、铜、铁、镍、汞和钠等是铂催化剂的永久性毒物,硫、氮和氧等属非永久性毒物。

砷:砷与铂生成合金,致使催化剂永久失活。大庆原油的砷含量特别高,轻石脑油的砷含量 $0.1\mu g/g$,作为重整原料油应该脱砷。规定重整原料油中砷含量 $<0.001\mu g/g$,脱砷可以采用吸附和预加氢精制等方法。

铅:原油中铅含量极少,重整原料油可能通过盛装加铅汽油的油罐而受到铅污染。对双金属重整催化剂,原料油中允许的铅含量 $<0.01\mu g/g$。

铜、铁、钴等毒物:主要来源于检修不慎使这些杂质进入管线系统。

钠:铂催化剂的毒物,故禁用氢氧化钠处理过程原料。

硫:对重整催化剂中的金属元素有一定的毒化作用,特别对双金属催化剂的影响尤为严重,因此要求精制原料油中硫含量 $<0.5\mu g/g$。

氮:在重整条件下生成氨,影响催化剂酸中心,原料油中氮含量应 $<0.5\mu g/g$。

一氧化碳和二氧化碳:二氧化碳能还原成一氧化碳,一氧化碳和铂形成配合物,致使铂催化剂永久性中毒。重整反应器中一氧化碳和二氧化碳源于铂催化剂再生产生和开工时引入系统中的工业氢气、氮气,一般规定所使用的气体中一氧化碳含量 <1%,二氧化碳含量 <0.2%。

6.3.4.2 催化剂的再生和更新

1. 催化剂的再生

再生过程是用含氧气体烧去催化剂上的积炭,从而恢复其活性的过程。再生之前,反应器应降温、停止进料，并用氮气循环置换系统中的氢气直至爆炸试验合格。再生在压力 5～7kPa、循环气量（标准状态）500～1000m^3/m^3cat，条件下进行，循环气是氮气，其中含氧 0.2%～0.5%，通常按温度分成几个阶段来烧焦。催化剂的积炭是 H/C 原子比为 0.5～1.0 的缩合产物，烧焦产生的水会使循环气中水含量增加。为保护催化剂（尤其是铂－铼催化剂），应在再生系统中设置硅胶或分子筛干燥器。当再生时产生的二氧化碳在循环气中的含量大于 10% 时，应用氮气置换。此外，控制再生温度也极为重要。再生温度过高和床层局部过热会使催化剂结构破坏，引起永久性失活。控制循环气量及其氧含量对控制床层温度有重要作用。实践表明，在较缓和条件下再生时，催化剂的活性恢复较好，国内各重整装置一般都规定床层的最高再生温度小于 500℃。

2. 催化剂的更新

在使用过程中特别是在烧焦时，铂晶粒会逐渐长大、分散度降低，烧焦产生的水会使催化剂上的氯流失。氯化就是在烧焦之后，用含氯气体在一定的温度下处理催化剂，使铂晶粒重新分散，提高催化剂活性，同时氯化还可以对催化剂补充一部分氯。更新是在氯化之后，用干空气在高温下处理催化剂，使铂的表面再氧化以防止铂晶粒聚结，保持催化剂比表面积和活性。例如，某新鲜催化剂的铂晶粒直径平均为 5nm，烧焦后为 14.5nm，氯化更新后恢复到 5nm。

6.4　加氢处理

6.4.1　概述

加氢处理过程中需要的催化剂主要包括：加氢脱硫（HDS）催化剂、加氢脱氮（HDN）催化剂、加氢饱和（HYD）催化剂和加氢脱金属（HDM）催化剂。

加氢处理过程包括不饱和烃的加氢饱和以及从不同石油原料或石油产品中除去硫、氮、氧及金属元素。加氢处理过程之所以特别重要，首先是油品通过精制可以减少向空气中排放能导致酸雨产生的硫和氮氧化物。此外，多数用于油品加工的催化剂抗硫、抗氮以及抗金属性能较差，因此，炼油厂中的许多油品都必须进行加氢处理。世界加氢处理催化剂的年销售总额约占催化剂市场总份额的 10%，仅次于废气转化催化剂及 FCC 催化剂。

20 世纪 50 年代，加氢方法在石油炼制工业中得到应用和发展，60 年代因催化重整装置增多，炼油厂可以得到廉价的副产氢气，加氢精制应用日益广泛。据 80 年代初统计，主要工业国家的加氢精制能力占原油加工能力的 38.8%～63.6%。

加氢处理可用于各种来源的汽油、煤油、柴油的精制，催化重整原料的精制，润滑油、石油蜡的精制，喷气燃料中芳烃的部分加氢饱和，燃料油的加氢脱硫，渣油脱重金属及脱沥青预处理等。加氢处理的氢分压一般为 1～10MPa，反应温度 300～450℃。催化剂中的活性金属组分常为钼、钨、钴、镍中的 2 种（称为二元金属组分），催化剂载体主要为氧化铝、或在其中加入少量的氧化硅、分子筛和氧化硼，有时还加入磷作为助催化剂。喷气燃料中的芳烃部分加氢则选用镍、铂等金属，双烯烃选择加氢多选用钯。

6.4.2　催化加氢反应机理和主要反应

6.4.2.1　加氢脱硫

石油中的硫化合物主要有硫醇、二硫化物、硫醚、噻吩、苯并噻吩及二苯并噻吩（硫茚）等几类。在噻吩、苯并噻吩及二苯并噻吩分子中，常常带有侧链，侧链的长度及数量随石油馏分的不同而异，一般相对分子质量较低的噻吩、硫醇常在石油的低馏分中出现，而二苯并噻吩则常在高馏分中出现。

在加氢催化剂存在下，石油馏分中的硫化物与氢反应，其目的反应是 C—S 键断裂的氢解反应。

$$R\text{—}SH + H_2 \longrightarrow RH + H_2S$$

$$R\text{—}SS\text{—}R' + 3H_2 \longrightarrow RH + R'H + 2H_2S$$

$$R\text{—}S\text{—}R' + 2H_2 \longrightarrow RH + R'H + H_2S$$

$$+ 4H_2 \longrightarrow CH_3CH_2CH_2CH_3 + H_2S$$

$$+ 3H_2 \longrightarrow \quad CH_2CH_3 + H_2S$$

$$+ 2H_2 \longrightarrow \quad + H_2S$$

6.4.2.2 加氢脱氮

加氢脱氮远比加氢脱硫困难，其反应历程也较复杂。一般是含氮的杂环先加氢饱和，然后再发生 C—N 键断裂并氢解成烃类和氨。例如：

6.4.2.3 脱氧反应

各种含氧化合物的氢解反应有以下几种：

环烷酸

酚类

呋喃

6.4.2.4 加氢脱金属

金属有机化合物发生氢解反应，生成相应的烷烃，金属则沉积在催化剂上。砷的有机物可发生类似的氢解反应。

6.4.3　加氢处理催化剂

6.4.3.1　催化剂的组成

加氢精制催化剂的主要金属组分为 Co – Mo、Ni – Mo、Ni – Co – Mo 和 Ni – W 等，所用的载体为 Al_2O_3 或 $SiO_2 – Al_2O_3$（有的含少量沸石）。Co – Mo 催化剂广泛用于石脑油加氢精制，其脱硫活性高于 Ni – Mo 催化剂。Ni – Mo 和 Ni – Co – Mo 催化剂有较强的脱氮和脱芳烃饱和能力，较多地用于二次加工汽、煤、柴油的脱硫、脱氮和改质。Ni – W 催化剂的脱硫、脱氮以及芳烃饱和活性更高，裂解性能也较好，用于深度脱氮和煤油的芳烃饱和等方面。馏分油加氢精制所用催化剂的类型见表 6 – 3。

表 6 – 3　馏分油加氢精制所用催化剂的类型

工艺过程	催化剂类型	工艺过程	催化剂类型
石脑油加氢精制	Co – Mo	粗柴油加氢脱硫、脱氮	Ni – Mo
煤油加氢精制	Co – Mo	煤油的烟点改进	中等（Ni – W）
粗柴油加氢脱硫	Co – Mo		高（Ni – W）
减压馏分油加氢脱硫	Co – Mo	二次加工装置（焦化、减黏、催化裂化）石脑油和粗柴油的加氢脱硫	Ni – Mo
石脑油加氢脱硫、脱氮	Ni – Mo		Ni – W

工业用加氢精制催化剂由活性组分和载体两部分组成。活性组分一般为金属氧化物或硫化物，其中一种金属起主催化作用，另一种组分充当助催化剂。活性最好的是ⅥB 族的钨、钼、铬，Ⅷ族的铁、钴、镍和贵金属铂、钯。大多数助催化剂是金属或金属化合物，也有的是非金属如氯、氟、磷等。助催化剂或者可使催化剂的结构稳定，或者能够提高催化剂的选择性，例如加入磷后催化剂的脱硫和脱氮性能明显提高。

常用的载体有两种：中性载体如活性氧化铝（$\gamma – Al_2O_3$、$\eta – Al_2O_3$）、活性炭或硅藻土等；酸性载体如硅酸铝、硅酸镁、活性白土或分子筛等。用中性载体制成的催化剂有较强的加氢活性和较弱的裂解活性。用硅酸铝制备加氢催化剂时，当提高 SiO_2 比例，可使催化剂酸性活性增强，从而提高脱氮活性，并增加其机械强度；提高 Al_2O_3 比例，则可增强其抗氮能力，延长使用寿命。研究结果表明，对加氢精制催化剂组成以 63% Al_2O_3 和 37% SiO_2 为好。实际工业用的载体，分子筛往往与硅酸铝混合使用，分子筛含量一般在 5% ~ 30%。这样制成的加氢精制催化剂活性和稳定性都有很大的提高，而其脱氮性能也很好。

6.4.3.2　催化剂的种类

最常用的加氢精制催化剂有 Co – Mo – $\gamma – Al_2O_3$、Ni – Mo – $\gamma – Al_2O_3$、Mo – Co – Ni – $\gamma – Al_2O_3$、Ni – W – $\gamma – Al_2O_3$ 等。表 6 – 4 列出了几种常用的国产加氢精制催化剂。

1. Mo – Co – $\gamma – Al_2O_3$

该催化剂断裂 C—S 键的活性较高，对 C≡C 键饱和、C—N 键断裂也有一定的活性，而对油品精制所不希望的 C—C 键断裂的活性很低。在这种催化剂作用下，在正常操作温度下，几乎不发生聚合和缩合反应。所以，Co – Mo 催化剂具有寿命长、热稳定性好、液体产品收率高、氢耗低和积炭速率慢的特点。

2. Ni – Mo – $\gamma – Al_2O_3$

近年来由于加氢精制原料逐渐变重，因而自原料中脱除含氮化合物显得十分重要，由于 Ni – Mo 系催化剂对 C—N 键的断裂表现出优于 Co – Mo 系的活性，所以许多加氢处理过程中出现了以 Ni – Mo 系取代 Co – Mo 系的趋势。

3. Ni – W – γ – Al_2O_3

其脱硫活性比 Co – Mo 还要高，对烯烃和芳烃加氢活性也很高，多用于航空煤油脱芳烃精制，改善其烟点。

表 6 – 4　常用国产加氢精制催化剂

牌号	金属组分	载体	堆积密度/ (g/cm^3)	形状	应用范围
3641	$CoO – MoO_3$	$\gamma – Al_2O_3$		片	直馏或二次加工汽油
3665	$NiO – MoO_3$	$\gamma – Al_2O_3$	0.84	片	直馏或二次加工汽油、煤油
3761	$CoO – NiO – MoO_3$	$\gamma – Al_2O_3$	1.03	片	直馏或二次加工汽油、煤油、柴油
3771	Ni	$\gamma – Al_2O_3$		球	裂解汽油
3791	Pd	$\delta – Al_2O_3$	0.65	球或片	裂解汽油
3822	$NiO – MoO_3$	$\gamma – Al_2O_3/SiO_2$	0.76	异形条	减压馏分油
3823	$NiO – MoO_3$	$\gamma – Al_2O_3/SiO_2$	0.71	条	二次加工煤油、柴油
481 – 2	$NiO – MoO_3$	$\gamma – Al_2O_3/SiO_2 – P$	0.70	球 $\phi2\sim3mm$	56～58 号粗石蜡
481 – 3	$CoO – NiO – MoO_3$	$\gamma – Al_2O_3/SiO_2$	0.86	球 $\phi1.25\sim2.5mm$	直馏汽油或二次汽油、煤油
FH – 5	$NiO – MoO_3 – WO_3 – 助剂$	$\gamma – Al_2O_3/SiO_2$	1.15	球 $\phi1.5\sim2.5mm$	渣油、催化裂化柴油
RN – 1	$NiO – WO_3 – 助剂$	$\gamma – Al_2O_3$		异形条	二次加工煤油、柴油、减压蜡油

6.4.3.3　加氢处理催化剂的影响因素

1. 化学组成

表现在主催化剂与助剂的比例上。钼酸钴催化剂中 CoO 与 MoO 的分子比 在 $(0.2\sim5):1$ 范围内，活性达到最高；实践表明 CoO 与 MoO 的分子比接近于 1:1 时 活性达最佳。在钼酸镍催化剂中，NiO 与 MoO 的分子比为 $(0.5\sim1.15):1$ 时活性最佳。

2. 添加剂

除了主金属钼（钨）和助金属钴（镍）外，加氢处理催化剂中还常加入其他助剂，也称添加剂或改进剂。已研究过的添加剂有碘、氯、锌、钛等。在 Ni – Mo 系催化剂中加入助剂磷可提高其脱氮活性。例如，用含氮 0.1% 的重油进行加氢精制试验表明，含磷的 Ni – Mo 催化剂可以使脱氮活性提高 49%。

3. 载体除

γ – Al_2O_3 外，还可以在载体中加入少量无定形硅酸铝或分子筛。在催化剂中加入分子筛，可以使加氢精制的反应温度下降 20℃。

4. 催化剂的物理性质

包括诸如比表面积、孔体积、粒度以及外形等。

6.4.4　加氢处理催化剂的制备

通常加氢处理催化剂的制备方法有混捏法和浸渍法两种。

6.4.4.1　混捏法

混捏法是较早使用的加氢处理催化剂制备方法。该法的要点是将制备催化剂所需原料——拟薄水铝石、含金属及助剂组分的化合物及胶黏剂在一起混合、捏和，然后成型、焙烧。因而该法具有制备过程简单等优点。混捏法的缺点是催化剂的活性组分金属钼(钨)及助剂钴(镍)的分散状态较差，在焙烧过程中会有部分活性组分因与载体(γ - Al_2O_3)发生强相互作用并生成非活性物种如镍(钴)铝尖晶石和钼(钨)酸铝等。

6.4.4.2　浸渍法

浸渍法包括分步浸渍法和共浸渍法两种。两种方法均需要先制备载体(γ - Al_2O_3或SiO_2 - Al_2O_3)，然后用含活性组分溶液浸渍该载体，经干燥、焙烧等步骤制成催化剂。由于活性金属组分是通过与载体之间的相互作用而分散在载体表面上的，因此制备表面性质优良的载体是浸渍法的关键和前提。浸渍法的优点是活性金属组分易均匀分布于载体表面；缺点是制备工艺过程比较复杂。

1. 分步浸渍法

以含钼(或钨)化合物溶液浸渍载体(例如γ - Al_2O_3)，干燥、焙烧，制成 Mo(W)/Al_2O_3。再用含镍(或钴)化合物溶液浸渍该 Mo(W)/Al_2O_3，干燥、焙烧，制成 Mo(W) - Ni(Co)/ Al_2O_3加氢处理催化剂。

2. 共浸渍法

首先将氧化钼(或钼酸铵)和硝酸镍(或碱式碳酸镍)或硝酸钴(或碱式碳酸钴)一起配制成含双活性组分(或含多活性组分)的溶液。然后用该溶液浸渍γ - Al_2O_3，经干燥、焙烧等步骤，制成 Mo - Ni(Co)/ Al_2O_3加氢处理催化剂。配制高浓度而且稳定的浸渍溶液是共浸渍法的另一关键问题。含 Mo - Ni(Co)溶液可以在碱性(含氨)介质中配制，但是该溶液的稳定性较差(尤其是在高浓度时)。此外，在工业生产过程中，高浓度的氨水会严重污染环境。现在，更多的是采用加入磷，以制成含有 3 种组分的 Mo - Ni(Co) - P 溶液的方法。含磷化合物可以采用磷酸铵或磷酸。引入磷的目的是通过生成磷钼酸盐配合物以加速钼的溶解并使溶液稳定。研究表明，当溶液(含钼、磷)中含有一定量的镍时，溶液可以更加稳定。

6.4.5　加氢处理催化剂的失活与再生

6.4.5.1　催化剂的失活

在催化加氢过程中，由于部分原料的裂解和缩合反应，催化剂因表面逐渐被积炭覆盖而失活。通常此与原料组成和操作条件有关，原料相对分子质量越大、氢分压越低和反应温度越高，失活越快。与此同时，还可能发生另一种不可逆中毒，例如溶存于油品中的钯、砷、硅等金属毒物的沉积会使催化剂活性减弱而永久中毒，而加氢脱硫原料中的镍、钒则是造成催化剂孔隙堵塞进而床层堵塞的原因之一。此外，反应器顶部的各种机械沉积物，也会导致反应物在床层内分布不良，引起床层压降过大。

上述引起催化剂失活的各种原因带来的后果各异，因结焦而失活的催化剂可用烧焦方法再生，被金属毒化的催化剂不能再生，在反应器顶部有机械沉积物的催化剂可卸出过筛。

6.4.5.2　催化剂的再生

催化剂再生采用烧炭作业，分为器内再生和器外再生。两种方式都采用惰性气体中加入适量空气进行逐步烧焦，用水蒸气或氮气作惰性气体并充当热载体。采用水蒸气再生时过程简单，容易进行；但是水蒸气处理时间过长会使 Al_2O_3载体的结晶状态发生变化，造成表面损失、催化剂活性下降及力学性能受损，在正常操作条件下催化剂可以经受住 7~10 次这类方式的再生。用氮气作稀释剂的再生过程，在经济上比水蒸气法要贵，但对催化剂的保护效果较好且污染较小。目前许多工厂趋向于采用氮气再生，有的催化剂规定只能用氮气再生。

催化剂再生时燃烧速率与混合气中的氧浓度成正比，必须严格控制进入反应器中混合气的氧浓度，以此来控制催化床层中所有点的温度即再生温度。否则烧焦时会放出大量的焦炭燃烧热和硫化物氧化反应热，导致床层温度急剧上升而过热，最终损坏催化剂。实践表明，反应器入口气体氧气浓度为1%时，可以产生110℃的温升；若反应器入口气体温度为316℃，气体中氧浓度依次为0.5%、1%时，则床层燃烧段的最高温度可分别达到371℃和427℃。对于大多数催化剂，燃烧段最高温度应小于550℃；大于550℃时，MoO_3会蒸发，$\gamma - Al_2O_3$也会烧结和再结晶；催化剂在高于470℃下暴露于水蒸气中，会发生一定的活性损失。

如果催化剂失活是由于金属沉积，则不能用烧焦方法再生，操作周期将随金属沉积物前沿的移动而缩短，在这个前沿还没到达催化剂床层底部之前，就需要更换催化剂。若装置因炭沉积和硫化铁锈在床层顶部的沉积而引起床层压降增大而停工，则必须全部或部分取出催化剂过筛；然而，为防止活性硫化物和沉积在反应器顶部的硫化物与空气接触后自燃，可在催化剂卸出之前将其烧焦再生或在氮气保护下将催化剂卸出反应器。

6.5 加氢裂化

6.5.1 概述

加氢裂化实质上是催化加氢和催化裂化2种反应的综合。这种工艺具有原料适应性强、产品灵活性大、产品质量好、产品收率高等特点，因此是炼油厂提高轻质油收率和产品质量的重要手段。在市场对中间馏分油的需求日益增长的情况下，加氢裂化工艺更显得重要。

现代加氢裂化技术是在20世纪20年代工业化的煤糊或煤焦油三段加氢技术基础上发展起来的。1959年，第1套现代加氢裂化工业试验装置（50kt/a）在美国雪佛龙公司里奇蒙炼油厂投产，到2000年全世界加氢裂化装置总加工能力已超过200Mt/a。

加氢裂化技术的关键之一是催化剂。正是由于催化剂的发展，才开发出多种裂化模式。加氢裂化催化剂是由加氢（金属）组分和裂化（酸性）组分组成的双功能催化剂。提供酸性的载体主要有$SiO_2 - Al_2O_3$、$SiO_2 - MgO$等无定形载体和分子筛。而加氢性能主要由Ⅷ族和ⅥB族金属提供，可以分为贵金属（铂、钯）和非贵金属（镍、钴、钨、钼）两类。除了上述主要成分以外，还常常含有胶黏剂、助剂等辅助成分。

6.5.2 加氢裂化反应机理

从化学反应观点看，加氢裂化就是在氢压下的催化裂化反应。或者说是催化裂化反应和加氢反应的综合。在催化剂作用下，非烃化合物进行加氢转化，烷烃、烯烃进行裂化、异构化和少量环化反应，多环化合物最终转化成单环化合物。

6.5.2.1 烷烃和烯烃的反应

1. 裂化反应

按碳正离子机理，烷烃分子首先在加氢活性中心上生成烯烃，烯烃在酸性中心上生成碳正离子，然后发生β断裂，产生1个烯烃和1个小分子的仲（叔）碳离子。一次裂化所得到的碳正离子，加以进一步裂化成二次裂化产品。如果烯烃和较小的碳正离子都被饱和，则反应终止。

加氢裂化催化剂中酸性和加氢两种性能的匹配，对裂化产品分布有重要影响。如加氢活性很强、酸性较弱时，一次裂化的烯烃和碳正离子很快就被加氢饱和，二次裂化就少，而原料烷烃也可能发生异构化反应。

2. 异构化反应

异构化反应也是碳正离子反应的结构，碳正离子的稳定性顺序是：

叔碳离子 > 仲碳离子 > 伯碳离子

因此，加氢裂化反应时生成的碳正离子趋于异构成叔碳离子，而使产品中的异/正比值较高，往往超过热力学平衡值。

其实异构化反应包括原料分子异构化和裂化产品异构化两部分。当催化剂加氢活性低而酸性强时，主要发生的是产品分子异构化。相反是原料分子发生明显异构化，而产品分子异构化减少。

3. 环化反应

在加氢裂化反应中，烷烃和烯烃分子在加氢活性中心上脱氢而发生少量环化反应。例如：

$$CH_3-CH_2-CH_2-CH_2 \quad\quad CH_3-CH-CH_2 \quad\quad CH_2 + H_2$$
$$CH_3-CH_2-CH_2 \longrightarrow CH_3-CH-CH_2$$

6.5.2.2　环烷烃和芳烃的反应

在加氢裂化反应条件下，芳烃可以加氢饱和成环烷烃，而环烷烃的主要反应是断侧链、开环和异构化。

1. 单环化合物

单环化合物很稳定，不易开环，带侧链的单环化合物主要是断侧链反应，但是烷基苯与烷基环烷烃反应有较大的区别：烷基苯是先开环后异构化，而烷基环烷烃首先是断链异构，然后裂化，这样其产物也不同。当烷基苯的侧链较长时，还可生成双环化合物，而烷基环烷烃则不能环化。

2. 多环化合物

双环化合物加氢裂化的产物随催化剂加氢功能与酸性功能匹配而变化。首先，饱和其中一环，然后当加氢功能较强、温度较低时，主要通过生成十氢萘的烃加氢裂化。当酸性功能强、温度较高时，主要按照加氢异构化生成甲基茚满途径进行反应。

稠环芳烃的加氢裂化反应是逐个环加氢、开环(异构)的平行、串联反应。稠环芳烃很快就被部分氧化成稠环烷芳烃，其中的环烷较易开环，随之发生异构化、断侧链反应。若分子中有 2 个以上的芳环一起加氢饱和，其开环、断侧链较容易进行。若只有 1 个芳环，则此芳环加氢很慢，但环烷的开环和断侧链反应仍然很快，这样芳烃和稠环化合物加氢裂化的主要产物是单环芳烃。

从加氢裂化反应的基本原理可以归纳出以下特点：产品中硫、氮及烯烃含量极低；异构烷烃含量高，裂解气体以 C_4 为主，干气少；稠环芳烃深度转化进入裂解产物；改变催化剂及操作条件，可改变产品分布；反应过程需要较高压力和较高氢耗。

加氢裂化过程的优点是原料适应性强，产品质量高并可根据需要调整产品分布，这些都是催化裂化或热裂化无法达到的，但加氢裂化的投资和操作费用较高。

6.5.3　加氢裂化催化剂

加氢裂化催化剂是由加氢(金属)组分和裂化(酸性)组分组成的双功能催化剂。这种催化剂不但具有加氢活性，而且具有裂解活性及异构化活性。常用的载体是无定形硅酸铝、硅酸镁以及各种分子筛，近年来主要是用各种分子筛。一般认为，金属组分是加氢活性的主要来源，酸性载体保持催化剂具有裂化和异构化活性，也可以认为催化剂金属组分的主要功能是使容易结焦的物质迅速加氢而使酸性活性中心保持稳定。

6.5.3.1　一段加氢裂化催化剂

一段加氢裂化的目的是生产中间馏分油，要求催化剂对多环芳烃有较高的加氢活性，对原料中的硫、氮化合物有较好的抗毒性和中等裂解活性。二段加氢裂化希望最大限度地生产汽油（或汽油和中间馏分），所用原料较重，含硫、氮较多。第一段加氢是为第二段加氢裂化准备原料，要求一段催化剂同时具有脱硫、脱氮活性。其主要成分是：镍、钼、钴、钨的氧化物或硫化物作加氢组分，无定形硅酸铝作载体。

6.5.3.2　二段加氢裂化催化剂

二段催化剂是由酸性载体制成的裂解和异构活性都很强的催化剂。采用加氢裂化制取航空煤油时，要求催化剂具有较高的脱芳活性；$C_1 \sim C_5$ 的深度加氢裂化则要求催化剂具有强烈的裂解活性；为制取汽油的异构组分，催化剂应具有中等裂解活性和较强的异构活性；选择加氢裂化则要求催化剂对正构烷烃有较强的裂解活性，而不破坏其他烃类。此外，二段催化剂还应具有较高的稳定性、再生性和抗毒性。二段催化剂的组成：以酸性载体为主体，加氢成分镍、铂、钯含量可达 5%，而其中铂、钯含量仅为 0.5% ~ 1.0%。

6.5.3.3　分子筛加氢裂化催化剂

分子筛加氢裂化催化剂的特点是：其酸中心强度和类型与无定形硅酸铝相似，但其酸性中心的数量为后者的 10 倍，可以通过广泛地调节正离子组成和骨架中的硅铝比来控制其酸性。制备这类催化剂时，可采用不同的正离子和各种结构类型的沸石，同时可采用不同方法把分子筛添加到催化剂中。通过这些手段可以制造出适应不同原料和生产目的的催化剂，它们具有稳定性高、裂解活性高和抗氨中毒性强等特点。

6.5.4　加氢裂化催化剂的制备

双功能加氢裂化催化剂由金属、助催化剂和酸性载体 3 部分组成。前两者组成加氢活性组分，后者形成裂解和异构活性。

适宜作加氢裂化催化剂加氢活性组分的 ⅥB 族和 Ⅷ族金属有：铂、钯、钨、铬、钴，镍和铁等。为了改善加氢裂化催化剂的活性、选择性和稳定性，在制备过程中往往要添加少量助催化剂(一般小于 10%)，按其作用可分为活性型助催化剂和结构型助催化剂两类。其中 ⅧB 族金属多以活性型助催化剂形式出现，如钴和镍单独存在时，加氢活性并不显著，但与钼或钨结合后，可显著提高钼和钨的加氢活性。Mo - Ni 组合则有利于脱除润滑油中最不希望的多环芳烃组分。结构型助催化剂又称稳定剂，能提高催化剂活性表面积和热稳定性，防止催化剂表面在操作温度下变形。例如，加入少量二氧化硅可阻止 γ - Al_2O_3 晶粒增大和变形，加入少量磷可阻止 γ - Al_2O_3 与镍结合形成无活性的镍铝尖晶石。

用作加氢裂化催化剂载体的有活性氧化铝、无定形硅酸铝和分子筛。20 世纪 80 年代后大多数采用分子筛为载体。分子筛具有较多的酸性中心，其裂化活性比无定形硅酸铝高几个数量级，因而可在较低压力和温度下操作，即可在更为缓和的条件下实现加氢裂化过程。分子筛载体还可将金属正离子固定在一定点位晶格上，从而提高加氢活性。由于裂化活性太强，而机械强度不佳，当用以生产汽油为主的加氢裂化过程时，一般采用氧化铝胶体稀释剂和胶黏剂来制成一定形状和大小的颗粒载体。分子筛载体还有一个优点是可根据不同生产方案，改变分子筛与无定形硅酸铝的比例，调制成酸性不同的复合型酸性载体。

6.6　乙烯及其初级衍生物催化过程

6.6.1　概述

乙烯生产目前采用的惟一方法为烃类的蒸汽裂解，尽管催化裂解技术已经取得一些进展，但至今仍无工业应用的报道。

乙烯生产技术涉及的催化剂主要是精制过程中的加氢催化剂。其目的在于解决乙烯的纯度，通过加氢，脱除裂解过程中产生的炔烃。根据脱出炔烃的工艺不同，有"前加氢"和"后加氢"两种工艺。"前加氢"是在未脱出甲烷之前对气体进行加氢，主要适合于以乙烷为裂解原料的工艺，采用通常的催化剂（Ni－Co－Mo）在硫化氢存在下即可获得较高的乙烯收率。"后加氢"是在脱乙烷塔后对 C_2 组分进行加氢。氢/炔比为 1.5～2，比值较小脱炔不彻底，比值太高会使部分乙烯转化为乙烷，影响乙烯的收率。采用的催化剂主要是含钯催化剂。

乙烯的重要衍生物中，除聚乙烯外，主要有环氧乙烷、乙酸乙烯、苯/苯乙烯。

6.6.2　加氢脱炔

选择加氢是实现经济地提纯裂解烯烃的最重要方法之一。在多数情况下，选择加氢替代了其他工艺，主要原因有：加氢精制相对较简单，投资较少，操作费用较低；效果好，在大多数情况下甚至可提高主产品的收率；易于操作；加氢速率很易控制；催化剂再生也很容易，催化剂的使用寿命可达数年。

6.6.2.1　选择加氢催化反应

C_2 馏分选择加氢过程中主要发生以下反应：

主反应：　　　　　$C_2H_2 + H_2 \longrightarrow C_2H_4$

副反应：　　　　　$C_2H_2 + 2H_2 \longrightarrow C_2H_6$

　　　　　　　　　$C_2H_4 + H_2 \longrightarrow C_2H_6$

6.6.2.2　加氢脱炔催化剂

1. 金属活性组分

炔烃加氢时既需要有很高的加氢速率，又要求有很好的选择性，裂解气中只含有百分之几到亿分之几的炔烃，既要求很快脱除炔烃使烯烃保持不变，同时又要避免乙炔发生聚合副反应。

催化加氢反应的特点是催化剂上的活性中心能使不饱和烃吸附、活化，尤其是使氢分子中牢固的 σ 键松驰、断裂而形成吸附的氢原子，然后彼此化合、解吸。因此，催化剂表面应该有形成金属－氢（M－H）等吸附键的能力。但这种吸附键不能过分牢固，且要求相当活泼，以保证彼此间发生作用。所以，加氢反应催化剂常是过渡金属元素及其化合物，其中以元素周期表中第Ⅷ族元素、第ⅠB族的铜、第ⅥB族的钼、钨等最为常用。

综合活性和选择性发现加氢脱炔催化剂活性组分优先考虑选择的是钯，其次是镍。钯催化剂的另一特点是是随着反应的进行，乙炔浓度很低时，炔烃加氢选择性也不会随转化率的增加而变低。

2. 催化剂载体

载体的作用是提高钯的利用率，提高催化剂的稳定性及选择性。催化剂的加氢反应性能与载体的性能有很大关系。例如，C_2 馏分加氢除炔烃催化剂要求载体具有较大的孔体积、孔径，比表面在 $50m^2/g$ 左右。C_2 馏分加氢催化剂多数采用球形催化剂，其优点是：制备工艺简单，球形产品在反应器中装填均匀，流体阻力小。为制得性能符合要求的催化剂，选择并制备合适的载体是关键之一，同时要注意下述几个制备步骤：①制备孔体积大、堆积密度适中的氢氧化铝胶；②先用适宜的方法进行载体成型；③对成型载体进行适当的热处理，制成具有适宜比表面积、晶相为 $\alpha - Al_2O$ 的球形载体。

3. 催化剂制备

以硝酸与偏铝酸钠中和制成的氢氧化铝为原料，制得含铝酸镍尖晶石结构的球形载体，其有径为 $2.0 \sim 4.5mm$，然后该载体用以硝酸钯或氯化钯溶液浸渍。通常以氯化钯为原料制成的催化剂加氢活性比以硝酸钯为原料的高。但是，这种用酸法制备氢氧化铝的成本高，且对环境有污染。为此，新改进的催化剂，其载体采用碳化法制的氢氧化铝。

6.6.3　乙烯部分氧化制环氧乙烷

环氧乙烷是重要的石油化工产品，其产量在乙烯系列产品中仅次于聚乙烯而居第 2 位，主要用于生产乙二醇，它是制造聚酯纤维和醇酸树脂等的原料。环氧乙烷还有许多重要衍生物，这些衍生物对许多工业，特别对轻纺工业来说是极为重要的产品和加工助剂，也是进一步合成其他产品的中间体。由于环氧乙烷用途广泛，20 世纪 60 年代以来，其市场需求量逐年增长。

环氧乙烷于 1859 年由伍尔兹首先发现。1937 年以前，工业上制取环氧乙烷仍以氯醇法为主。但在 1931 年，兰黑尔在 375℃左右用硬质玻璃管，在无催化剂存在下用氧气或空气，将乙烯转化成环氧乙烷、甲醛、甲酸、乙二醛、一氧化碳、二氧化碳和水。这是乙烯直接氧化制环氧乙烷的一个开端。1933 年，莱福特采用银催化剂，使乙烯催化氧化成环氧乙烷、二氧化碳和水。这一发明为以后的乙烯直接氧化法奠定了基础。

6.6.3.1　反应机理

乙烯在银催化剂存在下，经气相高温直接氧化生成环氧乙烷、水和二氧化碳，同时还有少量甲醛及乙醛。乙烯完全氧化和环氧乙烯进一步氧化都可生成水和二氧化碳。甲醛也是由乙烯氧化生成的，而乙醛则是由环氧乙烷分子重排所产生。

主反应　　$CH_2CH_2 + 1/2O_2 \Longrightarrow CH_2 \diagup \overset{}{\underset{O}{\diagdown}} CH_2$　　　　　　　　$\Delta H = -105.5kJ/mol$

副反应　　$CH_2CH_2 + 3O_2 \Longrightarrow 2CO_2 + 2H_2O$　　　　　$\Delta H = -1422.6kJ/mol$

$CH_2 \diagup \overset{}{\underset{O}{\diagdown}} CH_2 + 5/2O_2 \Longrightarrow 2CO_2 + 2H_2O$　　　　　$\Delta H = -1316.4kJ/mol$

$CH_2CH_2 + 1/2O_2 \Longrightarrow CH_3CHO$

$CH_2CH_2 + O_2 \Longrightarrow 2CH_2O$

$$CH_2 \diagdown \diagup CH_2 \xrightarrow{\text{异构化}} CH_3CHO$$
$$O$$

从上述主、副反应可看出，副反应的反应热是主反应的 10 倍以上，所以在工业装置开发中，提高反应的选择性就显得十分重要，即使提高 1% 的选择性都会带来重大的经济效益。70 年代初期，催化剂选择性一般为 67% ~ 70%。80 年代已提高到超过 80%。有学者认为，选择性在理论上的极限值为 85.7%。但也有研究者认为，目前科学家还没有确切、无疑地证明乙烯直接氧化为环氧乙烷的选择性受限于此。这就更增加了人们对这一技术研究的兴趣，并重点对工艺条件及催化剂进行了改进。

6.6.3.2　催化剂的基本组成

环氧乙烷催化剂包含 4 个基本组成部分，即金属银活性组分，载体，对提高活性和选择性、延长寿命有促进作用的助催化剂及可抑制完全氧化而又不明显降低环氧乙烷生成速率的抑制剂。

1. 金属银活性组分

银是乙烯氧化的极好活性组分，所有实用的环氧乙烷催化剂都以银为基础，含银12% ~ 15%。呈微细状分散的纯银，或发亮的低比表面积银箔都是极不稳定的，高比表面积纯银粉在高温氧化时会烧结。所以，用纯银作催化剂时，由于反应时会发生银粒子聚集，因此收率、选择性等均较低，且催化性能也迅速下降。目前业界已公认，只有银一种活性组分的催化剂不是生产环氧乙烷的好催化剂。但是至今还未发现比银更好的活性组分，银是惟一用于环氧乙烷生产并获得满意结果的催化剂活性组分。

2. 载体

载体的化学性质和物理性质对催化剂性能影响很大，虽然有专利提出用无载体的银催化剂，但在反应温度下纯银易烧结失去活性，因而工业上不能使用。工业上最常用的载体是 $\alpha - Al_2O$，国际上商品银催化剂一般都用纯氧化铝载体。载体的比表面积、孔体积及孔分布影响其上负载的银颗粒的大小，因而影响最终催化剂的性能。比表面积高的载体(3 ~ 100m²/g)制成的催化剂，活性及选择性一般都不好。因为反应产物环氧乙烷难以从小孔内扩散，脱离催化剂表面速率慢，加上散热不好，易造成环氧乙烷的进一步氧化。但载体的比表面积过小，银颗粒分散不好，活性也会受影响。近年来，高效环氧乙烷银催化剂通常采用的载体比表面积为 0.3 ~ 0.5m²/g，孔体积为 0.2 ~ 0.3mL/g。

除了氧化铝载体外，还可使用富铝红柱石、碳化硅及氧化硅作载体，但都不如氧化铝使用普遍，且效果亦差。

3. 助催化剂

1) 碱金属

早期添加碱金属是为了除去银上的负离子玷污物，如氯化物、硫化物及硫酸盐等，另外还可起黏结作用，使银化合物与载体更好地黏结一起。后来发现，添加一定比例的碱金属作助催化剂制得的催化剂，其活性、选择性和寿命都有明显提高。碱金属铯、钾、钠、锂都可作助催化剂，其中尤以铯是提高银催化剂选择性的一种较好助催化剂。碱金属助催化剂的添加量一般为质量分数 0.005% ~ 0.5%。

2) 钡、铊、锡、锑及稀土金属

钡是银催化剂中用得最普遍的助催化剂之一，主要作用是利于银的分散。加热时防止银粒烧结。钡能明显地提高催化剂的活性和稳定性，对使用比表面积很低的陶瓷型载体来说，添加钡的作用更为明显。钡可以乳酸钡或乙酸钡的形式加入到乳酸银浸渍溶液中，浸渍时和乳酸银一起进入载体中，加热时转化成钡的氧化物或碳酸盐。除钡以外，添加铊、锡、锑及稀土金属作助催化剂的对提高银催化剂的选择性也有一定作用。

4. 抑制剂

研究表明，在银催化剂中添加少量金属卤化物或有机卤化物具有抑制乙烯完全燃烧的作用。如在工业生产原料气中加入百万分之一数量级的 1，2 - 二氯乙烷或氯苯，可使催化剂选择性大增。在一般负载型银催化剂中只要加入（$0.1 \sim 0.2 \times 10^{-6}$，1，2 - 二氯乙烷，选择性可由 50% 提高到 60% ~65%。选择性提高的原因是由于加入的抑制剂使吸附氧的键能发生变化，防止 O_2^- 进一步解离为 O^-。

6.6.3.3 催化剂的制备

将活性组分银分散在载体上通常有 2 种方法：一种方法是将不溶性银化合物沉淀在载体外表面上，这种方法常称作涂层法或沉淀法。另一种方法是用可溶性银化合物使载体内表面也达到饱和，这种方法称作浸渍法。

1. 涂层法

这是将用作活性组分的不溶性银盐以湿式状态随适量添加剂加至载体上，一边转动一边加热直至获得均匀涂层的方法。不溶性化合物沉淀所用的银化合物有氧化银、碳酸银及草酸银。用适当的负离子钠盐从硝酸银溶液中沉淀不溶性银化合物，将它们洗至不含负离子及正离子为止。也可使用氢氧化钡之类其他含正离子化合物来进行沉淀，但沉淀的不溶性银盐必须充分洗净正离子。涂层法可使催化剂有较高的银含量和较高的初活性，但使用过程中易造成催化剂银的损失，银屑有使反应管的压力降增加趋势。一般使用几个月后催化剂的选择性会明显下降，因此工业上大部分银催化剂都采用浸渍法制备。

2. 浸渍法

这种方法是将预先加工处理好的载体在乳酸银或硝酸银等浸渍液中浸泡。有时还要采用真空操作，然后排去多余的溶液。将浸渍过的载体干燥及热分解，以便银络合物分解。图 6 - 9 给出了浸渍法制备环氧乙烷银催化剂的工艺流程示例。

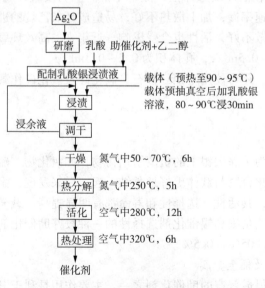

图 6 - 9　环氧乙烷银催化剂制备工艺流程图

1) 载体制备

载体是以刚玉($\alpha - Al_2O_3$)为脊料,加入硅铝胶胶黏剂、核桃壳活性炭扩孔剂、助熔剂后,经混料、捏和、挤条,再于 $60 \sim 150℃$ 干燥后,于 $1200 \sim 1700℃$ 焙烧,制得具有一定孔体积、孔分布和比表面积的载体。

2) 浸渍

载体确定以后,催化剂的制备工艺条件和配方对其性能起着重要作用,尤其对比表面积小于 $0.1m^2/g$ 的陶瓷型载体,催化剂的配方和制备工艺尤其显得重要。一些专利指出,载体先浸渍质量分数 3% ~ 10% 的乙二醇,然后再用乳酸银溶液浸渍,可提高催化剂的活性和稳定性,同时使银和载体之间的黏结也比较牢固。载体预抽空后再加入浸渍液,有利于后者进入小孔,提高浸渍效率。

3) 热处理

浸渍好的催化剂先在一定温度下进行干燥和热处理,让水蒸气蒸发、乳酸银分解,然后再进行活化使之转化成活性银。活化后的催化剂进一步在更高温度下热处理能提高催化剂强度及使用稳定性。

6.6.3.4　催化剂的安全使用与保护

乙烯氧气直接氧化制环氧乙烷过程中,原料乙烯和氧气可形成爆炸性混合物,其中含反应生成物环氧乙烷时,危险性增大。工业上采用的致稳气氮气或甲烷对原料气组成可起到稀释作用,使循环气组成保持在爆炸范围之外,但爆炸范围可随循环气压力、反应温度而变化,特别是在催化剂使用后期。银粉剥落,反应温度上升,操作控制条件有利于循环反应气组成与爆炸范围靠近,催化剂的安全性更为突出。

在整个催化剂操作过程中,各环氧乙烷制造商根据长期的生产实践经验,针对催化剂的安全运行和性能保护制定了一系列措施。其关键是强化对催化剂的管理,其中包括低温开车法、反应器的优化操作、对原料气中杂质的控制、防止催化剂中进入污染物或中毒物、减少非计划停车等。

6.6.4　乙烯与苯合成乙苯

乙苯作为制备苯乙烯单体的原料,90% 由苯与乙烯烷基化制得,其余少量从石油炼制产品和煤焦油中分离而得。

工业上,乙苯合成工艺若以催化剂分类,可分为三氯化铝法、$BF_3 - Al_2O_3$ 法和固体酸法 3 种;若以反应状态分类,则可分为液相法和气相法 2 种。早期工业上广泛采用三氯化铝法生产乙苯,该法由于存在较为严重的环境污染及设备腐蚀现象,已逐渐被新工艺所取代。液相法主要工艺是 Y 型分子筛催化工艺,它是由 Lummus/Unocal/UOP(L/U/U)公司开发的与 Y 型分子筛催化剂配套的先进工艺技术。

气相法典型工艺技术可分为以 BF_3/Al_2O_3 为催化剂的 AlKar 法和以 ZSM - 5 分子筛为催化剂的 Mobil/Badger 法,目前气相法生产乙苯多采用后一种工艺。

我国合成乙苯技术已开发多年。上海石油化工研究院开发的 ZSM - 5 分子筛气相法合成乙苯的 AB - 96 催化剂已进行了 70kt/a 乙苯生产装置工业试验,运转情况良好。石油化工科学研究院开发的 β 分子筛催化剂已完成 500t/a 装置模式,可用于 70kt/a 乙苯工业生产装置的技术改造。另外,中国科学院大连化学物理研究所利用 FCC 干气中乙烯合成乙苯,催化剂也是 ZSM - 5 分子筛,已建成 30kt/a 乙苯生产装置,有待长期运转考核。

6.6.4.1 催化反应及反应机理

1. 催化反应

在酸性催化剂作用下，苯与乙烯进行烷基化反应生产乙苯，其反应式如下：

$$C_6H_6 + C_2H_4 \longrightarrow C_6H_5 - C_2H_5 \qquad \Delta H = -113kJ/mol$$

该过程为可逆放热反应。然而在实际生产的化学平衡中，乙烯基本上全部参加了反应，一些乙烯反应生成多烷基组分，如二乙基苯、三乙基苯。

虽然 ZSM - 5 分子筛等烷基化催化剂是对乙苯选择性很高的催化剂，但仍有一些丙烯和丁烯生成。乙苯、丙苯和丁苯都能不同程度地产生少量的甲苯，同样也可产生二甲苯。丙苯和丁苯在催化剂孔隙中结焦，催化剂慢慢失活，最后活性显著降低，以致必须对催化剂进行再生。

2. 反应机理

苯与乙烯的烃化反应是一典型的酸催化反应。反应机理可描述为：乙烯首先吸附在催化剂的酸性位上，再与苯反应生成中间过渡产物，随后酸性位从中间产物上离去，得到产物乙苯。

6.6.4.2 催化剂及其制备

1. 活性组分的选择

工业上常用三氯化铝等质子酸作为催化剂，但随着环境保护意识的提高，新工艺中已逐步淘汰了三氯化铝法，现多用分子筛作烷基化催化剂。沸石是具有网状结构的碱金属或碱土金属结晶型硅铝酸盐，含有可交换的 H^+，这赋予沸石具有类似无机酸的性质。合成沸石不含结晶水，具有规则的大孔结构。沸石分子筛现被用来作烷基化催化剂，下面以 ZSM - 5 沸石分子筛为例介绍催化剂结构和性能。

2. 催化剂的结构及其制备

ZSM - 5 分子筛是一种含有有机铵离子的高硅铝比硅铝酸盐粉末状晶体，其结构属于四方晶系，$a = 2.62nm$，$c = 1.99nm$；晶粒中的孔道"窗口"呈椭圆形，主轴 $0.6 \sim 0.9nm$，短轴约 $0.5nm$。

文献报道的 ZSM - 5 分子筛制备过程：先将原料水玻璃、硫酸铝、硫酸以及有机胺(乙胺、正丙胺、异丙胺或正丁胺)配制成一定浓度的甲、乙两种水溶液。甲溶液：水玻璃 + 胺 + 水；乙溶液：硫酸铝 + 硫酸 + 水。在强烈搅拌下，将乙溶液缓慢地加入到甲溶液中；(有时再加入晶种)，继续搅拌直至形成均匀的反应混合物。密闭合成釜，放入 175℃烘箱中静止晶化，或者在不断搅拌下晶化。晶化完成后，过滤，洗涤至滤液 pH = 9 左右。滤饼在 110℃烘干，即得粉末状 ZSM - 5 分子筛。

对于合成产物，首先测定其 X 射线衍射谱，以鉴定其主要晶相及杂晶状况。有些样品还要进行化学分析以及吸附量和催化活性的测定。

6.6.4.3 工业催化剂简介

我国现有 8 套引进的乙苯生产装置，其中燕山石化和齐鲁石化 2 套装置采用 Monsanto 公司的改良三氯化铝法；盘锦乙烯、大庆石化、广州石化 3 套装置采用 Mobil/Badger 公司的 ZSM - 5 分子筛气相法技术；茂名石化、扬子石化和吉林化工公司 3 套装置采用 Lim-rnms/Unocal/UOP（L/U/U）公司的液相法 Y 型分子筛催化剂技术。此外，中国科学院大连化学物理研究所利用 FCC 干气中乙烯制乙苯的 2 套装置则采用该所开发的 ZSM - 5 分子筛催化剂。

现石油化工科学研究院已完成 β - 沸石催化剂的研制，拟用于工业装置。上海石油化工研究院开发的 AB - 096 ZSM - 5 分子筛催化剂已在引进装置上进行工业试运转，结果良好。

6.7　丙烯及其初级衍生物催化过程

6.7.1　概述

工业丙烯主要来自乙烯伴产和石油炼制的 FCC 工艺。但随着市场对丙烯需求的不断上升，其需求增长率超过了乙烯的市场增长率和现有 FCC 工艺所能提供的资源，丙烷脱氢、乙烯与丁烯歧化、甲醇氧化偶联制烯烃以及多产烯烃的催化裂解（DCC）等工艺路线引起了人们的重视。

乙烯裂解过程中，为了获得较高的乙烯收率，需要采用较短的停留时间和较高的反应温度，致使裂解产物炔烃含量较高。丙烯组分的利用需要预先除去炔烃和二烯烃，需要对其中的丙炔和丙二烯进行加氢处理。加氢有两种可选择的工艺：气相加氢和液相加氢，其中每种工艺还分全馏分加氢和产品加氢，多采用钯催化剂（机理和催化过程与乙烯脱炔类似）。

丙烯的重要衍生物中，除聚丙烯外，主要有丙烯腈（采用钼铋等氨氧化催化剂合成）、丙烯酸（采用钼铋等组分催化剂合成）、丁醇和辛醇（丙烯和合成气在铑或钴络合催化剂作用下合成丁醛，再加氢或缩合加氢为醇）、异丙苯（丙烯与苯在沸石等烷基化催化剂作用下合成）、丙酮（异丙醇脱氢而得）等。

6.7.2　异丙醇脱氢制丙酮

尽管丙酮作为异丙苯氢化制苯酚联产品而获得，但仍有部分丙酮是通过异丙醇法得到。从异丙醇出发制丙酮有 3 条路线：脱氢法、氧化法及两步反应法。三者在化学反应和工艺上有类似之处，主要区别在于副产品的差异。早在 1929 年美国就实现了异丙醇脱氢制丙酮的工业化。在美国常以含 40% ~ 60% 丙烯的 C_3 馏分作为制备异丙醇的原料。

脱氢法有气相法和液相法之分。前者在 20 世纪 50 年代得到大规模发展；后者是法国石油科学院于 1955 年开发成功的技术，曾在西班牙建厂，反应温度低（仅略高于丙酮沸点），但是转化率比气相法低，仅为 23%，工业上极少采用。

氧化法因其工艺复杂，且无脱氢法副产的高纯氢气，故应用价值较小。

两步法则是 Shell 公司开发的甘油合成技术一系列反应中的两个使异丙醇转化为丙酮的反应。

6.7.2.1　催化反应过程

异丙醇脱氢制丙酮的化学反应式如下：

$$CH_3-CH-CH_3 \longrightarrow CH_3-C-CH_3 + H_2$$

（CH_3 下连 OH，右侧 CH_3-C-CH_3 中 C 上接 O）

副反应主要有：异丙醇脱水生成丙烯；丙酮二聚、三聚生成 1 - 甲基戊醇、2 - 乙基甲基异丁基酮、二异丁基酮等。

异丙醇脱氢有两种机理：一种为羰基机理，另一种为烯醇机理。这里不作详细介绍。

6.7.2.2　催化剂的制备

人们对许多异丙醇脱氢催化剂进行了研究，其中包括铜、锌、铅以及金属氧化物（如氧化锌、氧化铜、铬－活性氧化铜、氧化锰、氧化镁等），惰性载体有浮石等。活性较高的催化剂有贵金属铂和钌，前者是在钠－活性氧化铝上负载铂催化剂。然而，工业上使用较多的还是铜和氧化锌催化剂。铜系催化剂通常采用共沉淀法制备。以还原态铜计，铜含量（质量分数）为 25%～50%，其他组分主要起稳定作用，提高其分散度。醇脱氢也有使用铜锌合金，或者由氢氧化钠与铜铝合金制得的骨架铜的。铜系催化剂的缺点是分散很细的金属极容易融结，以致逐步失活。因而铜系催化剂须在较低温度和较低转化率下运行，但其选择性较高。铜锌合金催化剂则可在较高操作温度下使用。

氧化锌也是常用脱氢催化剂，并与还原铬等活性氧化物结合使用。单一的氧化锌催化剂采用乙酸锌浸渍浮石或硅藻土制备。然而，氧化锌和铬、铁的氧化物共沉淀焙烧后形成的尖晶石催化剂具有较大比表面积。通常锌和铬的物质的量比为 2:1 时，催化剂活性最佳。

6.7.3 丙烯氨氧化制丙烯腈

丙烯腈的用途很广，大多数国家有一半以上的丙烯腈用于制造腈纶纤维，我国 70% 用于腈纶。丙烯腈还可用于制造 ABS、SAN 树脂、丁腈橡胶、己二腈、己二胺、丙烯腈阻隔性树脂、丙烯酰胺和碳纤维等。

Sohio 丙烯氨氧化制丙烯腈工艺工业化已有 50 多年，至今，全世界的丙烯腈工业生产几乎都采用此工艺。1993 年 BP 公司开发的催化剂工业化，丙烯腈收率为 79%～80%。

目前居于先进水平的还有中国石油化工股份有限公司、日本日东化学公司、旭化成公司和美国 Monsanto 公司等的技术。日东化学公司的 NS－733 系列催化剂已在几家公司推广应用。Monsanto 公司的 MAC－3 催化剂已经开始销售，其特点是丙烯腈和氢氰酸收率有所提高而乙腈生成很少，而且该公司已开始推广其工业化技术。旭化成公司的催化剂是 S 催化剂，与美国 BP 公司之间有合作协议。这些催化剂的丙烯腈单程收率均已达到 80% 以上。

我国丙烯氨氧化制丙烯腈工艺技术及催化剂的研究始于 1961 年。1963 年上海石油化学研究所（上海石油化工研究院前身）建成了 1 套 60t/a 固定床全解吸回收精制流程的中间试验装置，所用催化剂也是该所开发的 1116 固定床催化剂，组成为磷钼酸铋。

1982 年，上海石油化工研究院开始 MB－82 催化剂的研究，1985 年投入生产使用。MB－82 催化剂主要化学成分为钼铋铁多元组分，丙烯腈单程收率为 76%～77%。在 4 家工厂使用，其中最大生产能力为 25kt/a。1986 年，在 MB－82 催化剂的基础上开发了 MB－86 催化剂，丙烯腈单程收率 80%～81%，1996 年又开发成功 MB－96A 催化剂，1997 年在反应器内径 5m 的工业装置上应用，丙烯腈单程收率达到 82%，在较高反应压力和较高催化剂负荷运行条件下表现仍然良好。

6.7.4 催化反应过程

6.7.4.1 催化反应过程的主、副反应

主反应：
$$CH\!=\!CHCH_3 + NH_3 + 1.5O_2 =\!=\!= CH_2\!=\!CH\!-\!CN + 3H_2O$$
丙烯、氨、氧气在一定条件下发生反应，除生成丙烯腈外，尚有多种副产物生成。

副反应：
$$CH_2\!=\!CHCH_3 + 3NH_3 + 3O_2 =\!=\!= 3HCN + 6H_2O$$
氢氰酸生成量约占丙烯腈质量的 1/6。

$$CH_2 = CHCH_3 + 1.5NH_3 + 1.5O_2 = 1.5CH_3CN + 3H_2O$$

乙腈生成量约占丙烯腈质量的1/7。

$$CH_2 = CHCH_3 + O_2 = CH_2 = CHCHO + H_2O$$

丙烯醛生成量约占丙烯腈质量的1/100。

$$CH_2 = CHCH_3 + 4.5O_2 = 3CO_2 + 3H_2O$$

二氧化碳生成量约占丙烯腈质量的1/4，它是产量最大的副产物。

上述副反应都是强放热反应，尤其是深度氧化反应。在反应过程中，副产物的生成，必然降低目的产物的收率。这不仅浪费了原料，而且使产物组成复杂化，给分离和精制带来困难，并影响产品质量。为了减少副反应，提高目的产物收率，除考虑工艺流程合理和设备强化外，关键在于选择适宜的催化剂。所采用的催化剂必须使主反应具有较低活化能，这样可以使反应在较低温度下进行，使热力学上更有利的深度氧化等副反应，在动力学上受到抑制。

6.7.4.2 催化剂的制备

1. 活性组分的选择

目前丙烯腈催化剂的技术水平已相当高，国际上先进的催化剂丙烯转化率一般都在98%以上，丙烯腈选择性在82%左右。对转化率如此高的催化剂，研究改进的重点在于提高其选择性，使副反应和深度氧化反应受到抑制，提高所需产物的单程收率。另一方面，提高催化剂负荷、降低操作温度、延长催化剂寿命、寻找廉价的催化剂原料、简化催化剂制备工艺等也都是催化剂研究改进的目标。此外，对于丙烯氨氧化制丙烯腈催化剂还有其特殊的环保方面的改进要求，即提高氨转化率，实现清洁的工艺流程。

丙烯腈催化剂由活性物质、助催化剂和载体组成。众多文献和研究结果均已证实，催化剂的主要物相是钼酸盐，如钼酸铋、钼酸钴、钼酸镍、钼酸铁等。根据制备条件，其中每种盐又形成不同的相组成而且表现出不同的活性，特别是钼酸铋在成功地应用于丙烯氨氧化后，刺激了对钼铋氧化物的物理化学性质和它对催化活性及选择性影响的研究。大量研究结果证明，在催化剂的组成中，存在3种钼酸铋，即 α、β、γ 相。而且还证实其中一些存在不同的变态，对于3种活性相的看法也不尽相同，不同的制备方法也表现出不同的活性。

在钼铋体系中引入铁所带来的巨大影响是多方面因素作用的结果。铁与钼、铋形成含有3种组分的新化合物，它具有更高的活性和选择性。同时也加速了催化剂的氧化还原平衡速率。即使在较低的氧分压下，也能保持其结构的稳定性，而不会形成永久性失活。加入铁后反应温度明显降低，带来了工艺过程能耗降低、钼挥发流失减少、催化剂使用寿命延长等诸多好处，在生产上有显著经济效益。因此，在各国丙烯腈生产中钼－铋－铁系催化剂占有很大优势。

2. 催化剂的制备

1）工艺流程

钼铋系丙烯腈催化剂的制备过程主要为浆料配制、喷雾干燥成型、焙烧活化3个工序。不同的催化剂，配方有变化，但制备工序基本相近。具体的操作条件根据催化剂研究的实验结果确定，

2）原料要求

催化剂组成确定后，一般选择含相应元素的盐作为原料，而且尽可能选用可溶性盐，以便配制成溶液，并利于进一步配制后形成均匀稳定的浆料。此外，来源可靠、价格低廉、毒

性小、无放射性、容易制备等也是选用原料时必须考虑的。

3）工艺参数

制备工艺参数因催化剂配方而异，无法一概而论。研究人员在催化剂生产的每一步对其微观结构加以检测。系统地控制微观结构的形成，从而制得合格的催化剂。浆料配制、喷雾干燥、焙烧活化每个工序各有其控制指标。

4）关键设备

关键设备是喷雾干燥器和焙烧炉。根据产量、粒度分布、堆积密度、压紧密度、孔体积等物性指标选择或设计合适的喷雾干燥器，再按照焙烧温度、焙烧停留时间设计焙烧炉。

6.7.4.3　催化剂的使用要求

1. 反应温度

试验温度 430~460℃。从试验结果可知，随着反应温度升高，乙腈产率降低，丙烯腈收率升高，丙烯醛产率变化很小。反应温度升高，一氧化碳生成量降低，二氧化碳生成量略有升高。

2. 空气/丙烯比

空气/丙烯物质的量比 9.2~10.2。由试验结果可知，在此空气/丙烯比范围内丙烯腈单程收率均在 79%~80% 之间。证明本催化剂性能较好，能适应较大范围的空气/丙烯比。

3. 氨/丙烯比

氨/丙烯物质的量比 1.1~1.25。试验结果显示，当比值低于 1.15 时，随着比值下降丙烯醛生成量逐渐升高；比值大于 1.15 时，丙烯醛生成量无明显改变。

4. 反应压力

反应压力 0.04~0.12MPa。试验结果表明，随反应压力升高，丙烯腈收率下降，副产乙腈量上升，一氧化碳、二氧化碳生成量上升。

需要说明的是，由于实验室小型反应器与生产装置反应器结构上的差异，上述各种条件试验结果，仅以其变化规律供生产装置参考。

6.8　碳四组分主要催化过程

6.8.1　概述

碳四组分中，最重要的是丁二烯、异丁烯和正丁烯。特别是丁二烯，其化工利用消耗量很大。异丁烷脱氢被认为是解决异丁烯资源问题最重要的技术。碳四组分，除制备聚合物外，重要的衍生物主要有马来酸酐，1，4-丁二醇和甲基丙烯酸等。

6.8.2　异丁烷脱氢制异丁烯

由于人类对其赖以生存的环境给予了更大的关注而引发了汽油的无铅化。甲基叔丁基醚（MTBE）主要作为汽油辛烷值的改进剂而引人注目，需求量越来越大，从而促进了对异丁烯需求的增长。异丁烷催化脱氢制异丁烯则成为解决异丁烯短缺的重要途径。

目前工业上用于异丁烷脱氢制异丁烯的工艺主要有：UOP 公司的 Oieflex 工艺，Philips 公司的 STAR 工艺，ABB 公司的 Catonfin 工艺等。我国异丁烷资源比较丰富，中国科学院兰州化学物理研究所一直从事这方面的研究开发工作，采用氧化物为主的催化剂，在反应温度

580℃、空速400h^{-1}时，异丁烷转化率为65.1%，异丁烯选择性为93.2%。

6.8.2.1 催化反应过程

异丁烷脱氢反应是强吸热反应，高温有利于平衡向目的产物转移，但在高温时，裂解反应比脱氢反应更有利，因而必须采用高效催化剂使热力学上处于不利地位的脱氢反应能在动力学上占绝对优势。

异丁烷脱氢的反应网络如图6-10所示。从图6-10可见，过程既有脱氢反应，又有裂解、异构化、芳构化、烷基化、聚合、结焦等各种副反应。因而产品众多，除异丁烯外，还包括各种烷烃、丁烯类、重芳烃以及焦炭等。

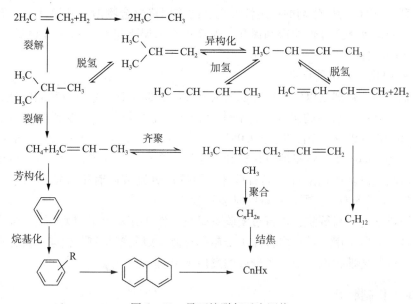

图6-10 异丁烷脱氢反应网络

一般认为，烷烃脱氢有自由基机理和离子机理两类，前者以均裂方式脱氢，后者反应物分子被催化剂上的金属离子 M^{n+} 作用而脱去 H^+，随后再脱去 H^- 而成不饱和键。但无论用何种机理解释有两点是一致的，即从反应分子上脱去第1个氢常常是较难的一步，也就是整个脱氢反应的控制步骤，当脱去第1个氢后，必须迅速有效地脱去第2个氢，方能形成烯烃，否则就会发生副反应。

6.8.2.2 催化剂的制备

异丁烷脱氢催化剂主要有贵金属催化剂和氧化物催化剂两大类。助催化剂有氧化钾、碳酸钾和氧化镁等，其目的是减少结焦、增加催化剂稳定性和活性。工艺不同，采用的催化剂也各不相同。

1. UOP Oleflex 工艺用催化剂

该工艺采用的是 Pt-Sn/Al$_2$O$_3$ 催化剂，其催化剂载体是比表面积为 25~500m^2/g 的球形 γ-Al$_2$O$_3$，小球直径为1.59mm。载体采用油柱成型法制备：即将金属铝与盐酸反应形成铝溶胶，在加入合适胶凝剂混合均匀后，滴入100℃油浴中。直至液滴在其中产生凝胶球，再将之分离出来。然后在油和氨水与氯化铵组成的混合溶液中进行老化处理，以改善其物理性能。之后，再用稀氨水溶液洗涤、干燥、焙烧(450~700℃，1~2h)，得载体。催化剂铂含量为0.01%~2%，以 γ-Al$_2$O$_3$ 为载体，在含盐酸的氯铂酸溶液中采用浸渍法制备，盐酸的作用是改善金属铂在载体中的分散度。锡在催化剂中起助催化作用，以元素计加入量为

0.1%～1%。锡组分是在上述制备氧化铝载体过程中，加入合适胶凝剂时滴入油浴之中的，也可采用浸渍法加入锡组分。催化剂中还加入一定量（0.2%～2.5%）的碱金属钾或者锂，以提高催化剂的抗积碳性能，改善其稳定性。

2. ABBCatonfin 工艺用催化剂

该工艺采用 $Cr_2O_3/\gamma - Al_2O_3$ 催化剂，其中 Cr_2O_3 含量（质最分数）为 15%～25%。该催化剂采用常规的过量铬化合物溶液浸渍法技术制备，浸渍铬化合物溶液后的载体在除去过量浸渍液后，经干燥、焙烧即得催化剂。通常催化剂中也加入第 2 组分。早期专利曾报道在载体氧化铝中加入 0.5%～2% 的钠膨润土，然后再浸渍。催化剂碱金属含量以 Na_2O 计为 0.25%～0.45%，以改善催化剂的稳定性。也有的采用铬化合物溶液喷涂法来代替传统的浸渍法，催化剂的活性和选择性均得到提高。喷涂可在室温下进行，喷涂时间要求也不严格。一般在 2～15min 之间。

3. PhilipsSTAR 工艺用催化剂

该工艺采用的催化剂是以铝酸锌尖晶石为载体的铂催化剂，它具有很高的选择性，很少有异构化活性，能抗原料中的烯烃、含氧化合物和一定数量的硫。专利报道的铝酸锌含量（质量分数）为 80%～98%，铂含量为 0.05%～5%，此外，还含 0.1%～0.5% 的锡。催化剂采用浸渍法制备，即先将一定量的氧化锌和氧化铝混合在一起球磨，然后在空气中高温下加热足够长的时间，以生产铝酸锌尖晶石载体。再依次分别或同时用含铂和锡组分的溶液浸渍。锡组分（SnO 或 SnO_2）也可以在球磨时加到载体上。

国内中国科学院和高等院校进行过实验室研究工作，并发表了相关专利。如中国科学院兰州化学物理研究所采用一种或多种碱土金属和过渡金属元素与氧化铝或适宜比表面积及孔径的氧化铝小球制备催化剂，取得了较好的反应效果。

6.8.3　丁烷氧化制顺酐

顺丁烯二酸酐简称顺酐，又名马来酸酐或失水苹果酸酐，是一种重要的有机化工原料，广泛用于生产不饱和聚合树脂、涂料、农药、医药、润滑油添加剂及食品添加剂等。它的衍生产品 1，4 - 丁二醇、γ - 丁内酯及四氢呋喃等也是工业上不可缺少的原料。

丁烷资源丰富，价格便宜，丁烷存在于炼厂气、油田伴生气及石油裂解气中，因此，从资源、价格、环境保护和产品理论收率等方面看，都为以正丁烷为原料生产顺酐提供了广阔的发展前景。

6.8.3.1　催化反应过程

正丁烷和空气或者氧气在催化剂作用下发生气相氧化反应生成顺酐。

正丁烷氧化制顺酐的化学反应式：

$$C_4H_{10} + 3.5O_2 =\!\!=\!\!= C_4H_2O_3 + 4H_2O$$

这一过程的反应机理通常认为是：

其中丁烷脱氢要比丁烯脱氢困难得多。从上述机理看出，丁烷氧化成顺酐是连续脱氢及异构化过程。因此，选择丁烷氧化制顺酐催化剂应具有较强的脱氢能力和异构化能力。与苯和碳四烯烃相比，丁烷更难氧化，反应条件较苛刻，顺酐收率较低。所以，开发高活性催化剂是关键所在。

6.8.3.2　催化剂

丁烷氧化制顺酐催化剂主要有 Co-Mo、V-Mo 和 V-P 等 3 种体系，在其中可添加各种金属氧化物作为助催化剂，以构成三元、四元和五元等催化体系。

1. Co-Mo 系

这是早期研究的一类催化剂，用于丁烷氧化制顺酐时，顺酐选择性只有 20% 左右。收率低的主要原因是丁烷制顺酐需经连续脱氢和异构化以及与此平行的一系列副反应所致。因此，为了提高催化剂对丁烷的脱氢能力，将脱氢催化剂 $CeCl_3$ 混入，构成 $Co-Mo-Ce-/SiO_2$ 催化剂。这种催化剂的顺酐选择性有明显提高。总的来说，这类催化剂由于顺酐收率较低，且由于氯化物存在，其腐蚀性严重，再加上钴的来源及价格等原因，未能用于工业化装置。

2. V-Mo 系

这是丁二烯氧化制顺酐的较佳催化剂，但用于丁烷时，效果很差，没有工业使用价值。也有在 V-Mo 体系中加入第 3 组分的，一般来说，顺酐收率也只有 20% 左右。

3. V-P 系

迄今为止，无论是丁烯氧化反应或是丁烷氧化反应，V-P 系催化剂均是最佳催化剂。但此两类反应催化剂差别很大，首先是丁烯氧化催化剂的 P/V 比要比丁烷氧化催化剂的高。其次是丁烯氧化催化剂常使用 $\alpha-Al_2O_3$ 等载体，而且载体的比表面积都很低，而丁烷氧化催化剂几乎不使用载体。

6.8.3.3　催化剂的制备

世界上正丁烷氧化生产顺酐，大部分为固定床氧化法。而在近几年新建的装置中，Alusuisse 公司与 Lummuss 公司合作开发的流化床工艺，由于具有投资比固定床工艺低15%～40%，且反应温度均匀，单台反应器的生产能力高，顺酐收率高等优点而得到推广。固定床和流化床丁烷氧化制顺酐催化剂前体的制备基本相似，但成型过程不一样。前者采用胶黏剂如淀粉，即在基质粉中掺入改性淀粉和适量硬脂酸和石墨，经捏和、挤条、切粒、干燥，得到如三叶型等所要求的催化剂；后者则采用喷雾成型法。现以天津大学开发的流化床催化剂为例，简要叙述如下。

1. 原料

五氧化二钒，工业级，研磨粒径为 5nm；磷酸，工业级，磷酸含量为 85%；异丁醇，工业级，沸程 107～108℃；硅溶胶，SiO_2 含量为 20%。

2. 工艺流程

用球磨机将五氧化二钒研磨成粒度为 5nm 的粉末。此粉末及磷酸、异丁醇计量后一起进入带有共沸蒸馏塔的反应釜，反应完毕后将反应生成的水与异丁醇形成的共沸混合物蒸出。反应产物经热滤后，在离心机内甩干，其滤饼烘干即得催化剂前体。该前体在水中（或有机溶剂中）进行改性处理，即先加热然后再脱水（或有机溶剂）。除去有害杂质，以使活性相中微晶量增加。改性后的催化剂中添加微量金属（第 2 活性组分），如锆、钼、铁等作助催化剂，以改善催化剂的活性。

将上述催化剂粉料掺加胶黏剂（最好用硅胶，也可用铝胶、聚乙烯）后，调浆喷雾成型，雾粒经并流或热流式干燥塔干燥，即得成品。其制备工艺流程示意见图 6-11。

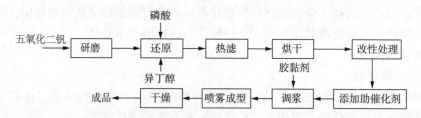

图 6-11　正丁烷氧化制顺酐催化剂制备工艺流程图

3. 工艺参数

反应釜温度 107~108℃，反应时间 6~12h，蒸馏塔回流比 0.5~1，馏出速度 0.5~L/h。

热滤浆液温度 35~40℃；干燥温度 110℃，干燥时间 4~8h；喷雾干燥温度 120~160℃；喷雾压力 0.7~0.8MPa，气液质量比 0.01~0.1。

4. 关键设备

球磨机；带有共沸蒸馏塔和搅拌器的反应釜；干燥箱；喷雾成型器；并流或逆流式干燥塔。

知识拓展

世界炼油技术展望

炼油工艺技术包括原油蒸馏、一次加工(催化裂化、加氢精制、催化重整、热加工、气体加工等)、油品(燃料、润滑油、石蜡、沥青、石油焦等)生产技术，以及催化剂、助剂、添加剂和综合利用等技术，经过近 1 个世纪的发展已形成相对成熟和完整的技术体系。随着现代科学技术的发展，炼油工业不断采用新技术、新工艺、新材料和新设备，为市场提供清洁燃料，向深度加工和炼油－石油化工一体化方向发展，并提高整体技术水平和经济效益，始终没有停止技术进步和现代化的步伐。下面分析近 10 年来在美国石油炼制学会年会上涉及的新世纪可持续应用的炼油工艺技术和前瞻性技术。

1. 高辛烷值超低硫清洁汽油技术

1)无 MTBE 汽油生产策略

20 世纪 90 年代，在汽油中加入含氧物尤其是 MTBE，是生产 RFG 的关键。然而，人们发现 MTBE 的水溶性高，可生物降解性差，能迅速迁移至饮用水中危害人体健康，同时还认为其他含氧化合物与 MTBE 有同样令人生厌的性质。

生产无 MTBE 汽油的总策略是：扩大烷基化油比例，应用丁烯二聚产物(加氢后)，以及轻石脑油异构化。

2)超低硫汽油和脱硫技术

硫对燃用汽油的现代发动机的危害主要表现在：燃烧后生成的 SO_x 会形成酸雨，燃用含硫汽油会促进碳氢化合物、一氧化碳、NO_x 的排放，毒化对排放起净化作用的催化转化器，损害氧传感器和车载诊断系统的性能，因此采用先进技术的低排放车辆对硫更加敏感。总之，2002 年以后汽油硫含量小于 30μg/g 的趋势将势不可挡。

汽油硫含量的 90% 来自催化裂化汽油组分(硫含量为 150~3 000μg/g)，其中 60% 的硫主要集中在重石脑油馏分(175~220℃馏分)，因此汽油脱硫的重点是催化裂化汽油的脱硫。脱硫技术的关键在于尽量减少由于烯烃(特别是 C_7 烯烃)饱和所造成的辛烷值损失。脱硫过程可分为预处理和后处理两大类。

脱硫过程最重要的预处理技术是催化裂化进料的加氢预处理或低苛刻度加氢裂化，这是降低汽油硫含量的经济可行的技术路线。新一代催化裂化进料加氢预处理催化剂如 Akzo Nobel HT 系列催化剂、CoNiMo 型催化剂和 CoMo 型催化剂，可进一步提高进料的脱硫率。此外，在裂化催化剂中添加降硫助剂，可使强酸性基质和高稀土沸石结合，提高对重质硫化物的裂化和选择性吸附，从而降低汽油硫含量。例如，以阿拉伯轻质原油(硫含量为 2.5%)的减压粗柴油(VCD)为进料得到的催化裂化汽油的硫含量高达 2 500μg/g，而该进料经加氢预处理后得到的催化裂化汽油的硫含量只有 60μg/g，脱硫率高达 98%。

3)催化裂化和催化重整生产汽油技术的调整

除了禁用 MTBE 和限硫对未来清洁汽油提出严峻的挑战之外，在提高汽油辛烷值的基础上，对汽油中的烯烃、苯和芳烃含量也提出日益苛刻的限值要求。2005 年以后的汽油要求苯含量小于 1.0%，芳烃含量小于 35%，烯烃含量小于10% ~ 4%，加州的限值还要低。为此，除增加烷基化油和异构化油的比例外，还需要对生产汽油组分的催化裂化和催化重整装置进行调整：催化裂化装置要生产出低烯烃和低硫的高辛烷值汽油组分，催化重整装置要生产出无苯低芳烃的高辛烷值汽油组分。

要求催化裂化装置生产低烯烃和低硫的高辛烷值汽油组分不是一件容易的事。限硫对催化裂化装置而言就需要采取多种对策，如同硫一样，汽油中烯烃的90%来自催化裂化汽油组分。降低烯烃和保持高辛烷值是相互矛盾的要求，所幸的是催化裂化工艺有很大的灵活性，可从调节工艺条件和催化剂两方面入手：提高剂油比和选用氢转移活性高的裂化催化剂均可有效降低催化裂化汽油的烯烃含量。Grace Davison 公司的 RFG(R) 系列催化剂，能使催化裂化汽油的烯烃含量降低25% ~40%，而不损失辛烷值和轻烯烃，此外在催化裂化装置中控制进料组成，采取短接触时间、低剂油比和低反应温度也可以降低催化裂化汽油的苯含量。但是降低催化裂化汽油烯烃和苯含量的操作条件是相互矛盾和无法兼顾的，因此在催化裂化装置操作中，只能以降低烯烃为主来制定操作条件。

要求催化重整装置生产无苯低芳烃的高辛烷值汽油组分主要是对苯的控制。汽油中的苯80%来自催化重整生成油。苯的控制对策有：重整进料预分馏脱除苯的前身物；采用低压重整或降低重整苛刻度，以减少加氢脱烷基生成苯的反应；苯饱和，例如 IFP 的 Bettfree 工艺对 $C_5 ~ C_9$ 重整生成油进行催化蒸馏加氢脱苯；或苯烃化，例如 Mobil/ Badger 异丙苯或乙苯工艺，MBR 使苯与轻烯烃烷基化的工艺。CD - Hydro 催化蒸馏工艺也有加氢脱苯功能。

2. 催化裂化技术

对低硫低烯烃高辛烷值汽油和可作为石油化工原料的轻烯烃的需求不断增长，提高加工劣质原料适应性和工艺装置的灵活性，以及严格的环境法规压力，推动了催化裂化在工艺技术、催化剂开发、设备改进、过程控制、排放物控制等方面不断进步，因此不断出现新工艺、新技术、新材料和新设备。现代催化裂化既是古老的炼油工艺过程，又是不断发展进步适用于炼油 - 石油化工一体化发展的工艺技术。

最重要的技术进步是开发了重油催化裂化工艺，成为炼油 - 石油化工一体化发展的工艺技术，以及为此发展的催化剂配套技术。

为了增加对高残炭和高金属含量的重质劣质进料的催化裂化处理能力，自20世纪80年代以来，许多大石油公司和科研机构开发了各种类型的重油催化裂化工艺，并在工艺技术、催化剂、设备和过程控制等方面不断进步和相互竞争。

由于更多炼油厂通过综合优化朝着炼油 - 石油化工一体化的方向发展，为了最大限度增产 C_3 和 C_4 烯烃，满足日益增长的石油化工原料和新配方汽油的需求，催化裂化成为两者结合的最佳装置之一。2000 年全世界由炼油厂生产的丙烯产量达 317 Mt，其中 162 Mt 用于生产石油化学品，占全世界丙烯总供应量 512 Mt 的 32%，可见催化裂化装置已不仅是生产汽油，也是生产石油化工原料的重要装置。为此，开发了不少增产轻烯烃的催化裂化新工艺，如我国石油化工科学研究院开发的增产丙烯的催化裂解(DCC)和多产低碳异构烯烃等工艺；KBR (Kellogg Browr & Root)/ Mobil 公司推出的 MAXOFIN™ 工艺(使用含25%以上择形沸石(ZSM - 5)助剂)，丙烯产率20%；以及 S &W 公司正在开发的以渣油为进料的快速裂化工艺等。

催化剂制备技术朝着配制方向发展，要求硬度更高，抗金属污染能力更强，水热稳定性更好，以及具有中孔沸石和高活性基质，可按需求配制各种功能催化剂和助剂，且成本低。因此，不断推出了新的增加辛烷值、降低汽油烯烃含量、提高异构轻烯烃收率、降低焦炭和干气产率、降硫和减少二氧化硫排放等功能的催化剂和助剂。如 Grace Davison 公司催化剂分部推出的 RFG 系列催化剂，可使催化裂化汽油的烯烃含量降低25% ~40%，SuRCA/ GSR 系列催化剂可使汽油硫含量降低15% ~30%。此外，还普遍推广应用催化剂磁力分离技术、催化剂脱金属技术和抗镍捕钒助剂。近10年来催化裂化主要技术进步和工业化动向如表6-5所示。

表6-5 催化裂化的主要技术进步

工艺名称	工艺特点	工业化动态	专利商
重油催化裂化成套设计	不断发展并形成先进的反应器-再生器成套设计,包括靶式进料喷嘴,直立式提升管和末端新型轴向旋分器,油气急冷和多段汽提,两段再生	1981年首次工业化,目前工业装置已超过25套	S & W
ATOMAX型进料喷嘴/DynaFlux™汽提技术	1997年开发ATOMAX-2™型进料喷嘴,雾化好,压力降低;DynaFlux™汽提技术提高汽提效率	ATOMAX型进料喷嘴1992年首次应用,现超过45套	ExxonMobil/KBR
RegenMax	再生器内设置内构件,两段或多段烧焦	待工业应用	KBR/Mobil
CyclonFines™(TSS)	新型三级多管封闭式旋分器	工业试验	Mobil/Kellogg
MSCC	处理高金属含量重油的毫秒催化裂化工艺	1994年将1套老催化裂化装置改造为MSCC	UOP
RCC	常压重油直接催化裂化	1983年首次工业化	UOP
Flexicracking/SCT(短接触时间)	开发了紧接式旋分器、多段汽提和高效进料喷入系统	西班牙有1套工业装置	Exxon
炼油-石油化工一体化			
MAXOFIN™	高ZSM-5 MAXOFIN-3™剂,Orthoflow硬件,在催化裂化装置增加第2级提升管系统,丙烯产率20%	中试	KBR/Mobil
DCC	用RIPP专利沸石催化剂,丙烯产率21%	已有5套工业化装置	石油化工科学研究院/S & W
催化剂制备			
RFG, SuSCA/GSR	RFG系列催化剂可使汽油烯烃含量降低25%~40%;SuRCA/GSR系列催化剂可使汽油硫含量降低15%~30%	已工业应用	Grace Davison
LCM, RV4	LCM——低焦炭和钝化镍基质技术,RV4——抗钒技术	已工业应用	
NaphthaMax	结合配置基质结构DMS和水热处理/化学脱铝PyroChem™plus沸石超稳技术(In-SIL-action),适用于SCT催化裂化	1999年底首次工业应用	Engelhard
Flex Tec™	结合常规原位和掺合技术,活性高和耐磨,焦炭和气体产率超低	工业试运转	
ADZ/ADM2JADE 200	沸石/基质催化剂组装技术,开发出可接近性指数(AAI)高的产品JADE 200,减少催化剂迅速失活	工业试运转	Akzol Nobel

续表

工艺名称	工艺特点	工业化动态	专利商
MagnaCat	用高梯度磁分离机分离出高金属低活性催化剂	1996 年首次工业应用	Ashland/日本石油
MVP™	裂化催化剂钝钒助剂	已在 12 套工业装置应用	Nalco/Exxon
OCTAMAX	高硅铝比 ZSM - 5，汽油辛烷值高，产率不减	已工业应用	Chevron

3. 催化重整技术

自第 1 套固定床催化重整工业装置于 1949 年投产至今，半个世纪以来，经过了几代工艺技术、催化剂和设备的发展，现代连续催化重整工艺(CCR)达到了高产品产率、低操作费用、高处理量等工艺目标，成为炼油 - 石油化工一体化相结合的最佳工艺之一。CCR 不仅用于生产高辛烷值低苯汽油调和组分，而且是苯、甲苯和二甲苯等化工原料的主要生产装置，同时还联产一定数量的氢气，为炼油厂的加氢装置提供氢源。

CCR 最重要的技术进步是向低压、低苛刻度发展，并且配套采用全新的催化剂和催化剂连续再生技术。

UOP 公司开发的低压低苛刻度(LPLS)的 CCR，反应压力小于 0.63 MPa，可除去苯和芳烃前身物，苛刻度从辛烷值 98～100 降到 92～94，同时可联产更多氢气。新开发的 PCL 吸附剂和 Chlorob 工艺流程，可改进催化重整工艺操作中氯化物的管理。PCL2100 是经过处理的分子筛型吸附剂，1998 年工业化，已有 4 套装置采用，另有 3 套装置待用。该吸附剂可改善稳定塔的进料氯化物处理器功能，对总氯化物的脱出率更高，能更有效地利用吸附床层。采用 Chlorob 工艺流程替代目前的碱洗流程，可从 CCR 装置排气中回收氯化物，并循环再用，排气氯含量可降低到小于 $40\mu g/g$，可降低补充碱液用量和废碱液处置费用，从而降低装置操作费用，并改进装置可靠性。UOP 公司推出的最新一代 R2274 催化剂，可显著提高 C_5 以上馏分收率，降低生焦量，表面稳定性与 R2130 或 R2230 系列催化剂相当，在催化剂寿命期间产品收率稳定。该催化剂已完成工业试验，若干炼油厂正在考虑采用。

IFP 开发的高效灵活催化重整工艺(Octanizing/ Aromizing)，反应压力低(0.2～0.6 MPa)，氢油比低(1.5～2.5)，空速高和再生频率高(200 次)，采用高效再生器技术、RegenC2 干燥烧焦回路和新一代 CR401 催化剂。重整油收率和辛烷值较高(RON 为 90～100)，再生系统简易可靠，催化剂寿命长，装置操作弹性大，处理能力降到 50 % 时，仍能得到高收率的优质产品。

Mobil 公司开发的重整生成油改质工艺(MRU)，在原有固定床石脑油重整装置上，采用 Mobil 公司专利催化剂取代部分常规的重整催化剂，通过改变原有装置选择性来提高苯、甲苯和二甲苯收率，降低非芳烃收率，对重整装置操作影响很小，并且有利于下游芳烃抽提操作。

ICI Katalco 公司开发的第 3 代高容量双金属脱氯剂 PURASPEC 2250/ 6250，利用 HCl 和吸附剂进行不可逆反应形成中性盐以及部分保留在吸附剂上这种原理，脱除各物流中所含的氯。

此外，在多次美国石油炼制学会年会上，报道了利用现代技术对固定床催化重整装置和早期的连续催化重整装置进行低成本扩能改造的实践经验。除了应用不断更新换代的催化剂以满足各种工艺目标外，催化重整设备也在不断改进，如反应器内构件的改进、板式换热器的应用，实现在线调优和先进工艺控制，都是扩能改造的重要内容。

思考题

1. 简述什么是催化裂化？催化裂化常用的催化剂有哪几种类型？

2. 催化裂化催化剂活性较高，为什么必须有载体？

3. 催化裂化催化剂的失活原因有哪些？如何再生？

◆ 第二篇　应用技术

4. 简述催化重整过程及反应机理。
5. 简述催化重整催化剂的组成及各部分的作用。
6. 加氢处理有哪些过程？作用分别是什么？
7. 加氢处理催化剂的主要组成是什么？
8. 什么是加氢裂化？常见的加氢裂化催化剂的类型有哪些？
9. 简述加氢脱炔催化剂的主要组成及各部分的作用。
10. 环氧乙烷催化剂的基本组成是什么？

　　本章主要介绍了几种重要的煤化工催化过程。要求学生了解煤化工工业的发展概况以及前景展望；掌握费托合成、直接液化、甲醇合成过程的原理、催化剂的组成和不同类型、常见催化剂的制备方法与使用要求；了解 C_1 化学的加工过程以及发展前景。

第7章　煤化工催化过程

7.1　概述

　　煤化工是指以煤为原料，经化学加工使煤转化为气体、液体和固体燃料和固体产品或半产品，而后进一步加工成化工、能源产品的工业。主要包括煤的气化、液化、干馏，以及焦油加工和电石乙炔化工等。随着世界石油资源不断减少，煤化工有着广阔的前景。煤化工产业是国家鼓励发展的新兴产业，从长期看，也是国家能源结构变化的基本趋向之一。

　　在煤化工可利用的生产技术中，炼焦是应用最早的工艺，并且至今仍然是化学工业的重要组成部分。煤的气化在煤化工中占有重要地位，用于生产各种气体燃料，是洁净的能源，有利于提高人民生活水平和环境保护；煤气化生产的合成气是合成液体燃料等多种产品的原料；其中通过费－托（F－T）合成得到液体燃料是主要的间接液化工艺。煤直接液化，即煤高压加氢液化，可以生产人造石油和化学产品。在石油短缺时，煤的液化产品将替代目前的天然石油。

　　煤化工开始于18世纪后半叶，19世纪形成了完整的煤化工体系。进入20世纪，许多以农林产品为原料的有机化学品多改为以煤为原料生产，煤化工成为化学工业的重要组成部分。第二次世界大战以后，石油化工发展迅速，很多化学品的生产又从以煤为原料转移到以石油、天然气为原料，从而削弱了煤化工在化学工业中的地位。煤中有机质的化学结构，是以芳香族为主的稠环为单元核心，由桥键互相连接，并带有各种官能团的大分子结构，通过热加工和催化加工，可以使煤转化为各种燃料和化工产品。在煤的各种化学加工过程中，焦化是应用最早且至今仍然是最重要的方法，其主要目的是制取冶金用焦炭，同时副产煤气和苯、甲苯、二甲苯、萘等芳烃；煤气化在煤化工中也占有很重要的地位，用于生产城市煤气及各种燃料气（广泛用于机械、建材等工业），也用于生产合成气（作为合成氨、合成甲醇等的原料）；煤低温干馏、煤直接液化及煤间接液化等过程主要生产液体燃料，在20世纪上半叶曾得到发展，第二次世界大战以后，由于其产品在经济上无法与天然石油相竞争而趋于停顿，当前只有在南非仍有煤的间接液化工厂；煤的其他直接化学加工，则生产褐煤蜡、磺化煤、腐植酸及活性炭等，仍有小规模的应用。

　　我国是世界上最大的煤化工生产国，煤化工产品多、生产规模较大，当前我国正处于传统煤化工向现代煤化工转型时期，以替代石油为目标的现代煤化工产业刚刚起步。煤化工产业的发展不仅关系我国化学工业发展道路，也涉及国家能源安全，相信随着石油巅峰的到来，煤化工产业在我国仍有广阔的发展前景和空间。

7.2 费-托合成催化剂

7.2.1 费-托合成概述

费-托合成是煤间接液化的主要工艺，在煤转化为液态烃的各种可能性中，目前只有费-托合成具有工业化的规模。费-托合成通常在铁基催化剂上进行。该过程生成的产物碳数分布较宽。在所用的催化剂中，活性金属主要有铁、钴、镍和钌，而且依赖于反应条件和所选用的催化剂，形成各种不同的产物。它对反应速率、产品分布、油收率、原料气、转化率、工艺条件以及对原料气要求等均有直接的甚至是决定性的影响。总的讲，费-托合成工业催化剂有两大类——铁催化剂和钴催化剂。

费-托合成可以定义为一氧化碳在非均相催化剂上还原性的低聚：

$$m\mathrm{CO} + n\mathrm{H_2} \xrightarrow{\text{催化剂}} C_m H_{2n} O_m$$

反应生成饱和烃、烯烃和含氧产物，比如醇、醛、酮、酸和酯。正如通常的低聚反应一样，所能得到的是或多或少比较复杂的各产物的混合物，而不是选择性地生成各种产物；所得到的分子量分布能较好地用简单的方程式表达，这些方程式原来是用于聚合过程的，考虑了链增长和链终止的机率。

传统的费-托合成产物的碳数分布遵从 Schulz Flory 分布规律(SF 规律)。它限制了合成选择性的提高。过去 20 多年，在合成烃类的催化化学中，选择性的控制是研究的焦点，科学家们正集中精力广泛进行着开发不受 SF 分布规律制约而能够高选择性地合成汽油、柴油或低碳烯烃的催化剂和定向合成工艺。

下面将介绍费-托合成反应的催化剂和合成工艺，以及其他相关催化剂的简况。

7.2.2 费-托合成催化剂

7.2.2.1 费-托合成催化剂的作用

①提高反应速率和选择性。有许多反应，虽然在热力学上是能进行的，但由于反应速率太慢或选择性太差而没有实用价值，一旦发明和使用催化剂，就能实现工业化生产。费-托合成的实现正是由于其发明人使用加碱的铁屑作催化剂才由一氧化碳和氢气合成得到烃类。

②改进操作条件。采用或改进催化剂可以降低反应温度和操作压力，提高过程效率和降低生产成本。如甲醇羰基化制乙酸的反应，最初采用 BF_3/H_3PO_4 作催化剂，反应压力需要 70MPa，反应温度 300℃；巴斯夫公司以羰基钴和卤素为催化剂，反应压力降至 53MPa，反应温度降低到 210℃；孟山都公司发明了铑催化剂并以碘为活化剂，反应压力为 2.8MPa，反应温度 175℃，乙酸选择性 99% 以上，从而为当今乙酸生产做出了重大贡献。

③催化剂有助于开发新的反应过程，发展新的工艺技术。上面提到的甲醇羰基化制乙酸都是成功的实例。以前乙酸和乙酐生产都是采用乙烯路线，即由乙烯催化氧化经乙醛制乙酸，孟山都和伊斯曼公司由于发明了相应的催化剂，从而开发成功合成乙酸/乙酐的碳一化工新工艺。

7.2.2.2 费-托合成催化剂的组成和功能

费-托合成始于铁催化剂，但起初的工业化则是采用钴催化剂。因钴的资源有限，南非 Sasol 公司则全部转向铁催化剂。近来由于对中间馏分合成工艺的重视，钴催化剂又重现生机。

1. 一般特性

到目前为止，合成催化剂主要由钴、铁、镍和钌等元素周期表第ⅧB族金属制成。为了提高催化剂的活性、稳定性和选择性等，除主要成分外还要加入一些辅助成分，如金属氧化物或盐类。大部分催化剂都有载体，如氧化铝、二氧化硅、高岭土和硅藻土等。合成催化剂制备后只有经过 $CO + H_2$ 或氢气还原后才具有活性。使用中它容易被硫化物毒化，也容易积炭，导致催化剂中毒失活。

如果根据甲烷的生成来判断催化剂的活性，不同金属制成的催化剂的活性按以下顺序递减：钌、铱、铑、镍、钴、锇、铅、铁、锰、金、钯、银。可见对甲烷合成而言，钌催化剂的活性最高。

提高反应温度可以使低活性催化剂的活性增加。对合成烃类来说，钴催化剂和镍催化剂的适宜操作温度为 $170 \sim 190℃$，而铁催化剂的则为 $200 \sim 350℃$，钌催化剂的为 $110 \sim 150℃$。镍催化剂在常压下操作效率最高，钴催化剂在 $0.1 \sim 0.2$ MPa 时活性最好，而铁催化剂在 $1 \sim 3$MPa 时活性最佳，钼催化剂则在 10 MPa 下活性最高。费 - 托合成催化剂的组成与功能列于表 7 - 1。

表 7 - 1　费 - 托合成催化剂的组成与功能

组成名称	主要成分	功　能
主催化剂	钴、镍、铁、钌、铑和铱	FT 合成的主要活性组分有加氢作用、吸附一氧化碳并使碳氧键削弱和聚合作用
助催化剂 结构性 调变性	难还原的金属氧化物如 ThO_2、MgO 和 Al_2O_3 等钾、铜、锌、锰、铬等	增加催化剂的结构稳定性调节催化剂的选择性和增加活性
载体	硅藻土、Al_2O_3、SiO_2、ThO_2、TiO_2 等	催化剂活性成分的负载体或支撑体，主要提高催化剂的有关物理性能

2. 主金属的作用

根据费 - 托合成机理，合成催化剂应同时具备加氢和聚合功能。钴、镍和铁等ⅧB族金属具有加氢活性是毫无疑问的，因而有些学者把聚合功能归因于载体和助催化剂。但实验证明，用沉淀法制得的纯氧化钴，不加任何助催化剂和载体，在合成中也有相当高的烃收率。可见、主金属不仅有加氢活性，同样也有聚合活性。从前述吸附机理已知，钴、镍和铁等过渡金属原子的 d 轨道

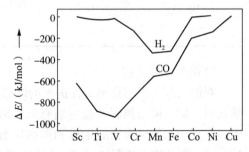

图 7 - 1　不同金属对氢和一氧化碳的吸附键能

具有空位，因而有接受电子能力，不但能与氢原子而且能与一氧化碳中的碳原子形成较强的吸附键，并使氢和一氧化碳活化。对费 - 托催化剂而言，主成分对一氧化碳的吸附和活化功能更加重要。根据量子力学计算的过渡金属表面对氢和一氧化碳的吸附键能见图 7 - 1。由图 7 - 2 可见，对一氧化碳吸附键能最高的是钒，对氢吸附键能最高的是锰，同时对氢和一氧化碳亲和力最高的是锰和铁。若以此作为惟一标准判断，应该是锰的活性最好，但事实并非如此。因为在反应工况下，这些金属可能呈多种状态存在，有金属、金属氧化物、金属碳

化物和金属羰基化物等，吸附活性中心不是一种。在实际合成条件下，费－托催化剂对一氧化碳的吸附量比氢要大得多。

铁和钴为主要成分的催化剂其产物分布明显不同。铁催化剂合成产物中烯烃和含氧化物的含量大大高于钴催化剂。对烃类产物而言，钴催化剂的甲烷产率最高，另一产率高的是 C_5，C_2 最低，$C_5 \sim C_{12}$ 产率逐渐降低；铁催化剂与之不同的是其 C_3 率最高，其次是甲烷，C_2 产率与甲烷相近，$C_3 \sim C_{12}$ 产率逐渐降低。

迄今为止，镍催化剂多用于一氧化碳甲烷化，很少用于合成烃类。不过已发现 1 种 $NiO - ThO_2$（共沉淀法）催化剂（含 NiO70 % ～80%），经特别活化后用于费－托合成，可以得到高转化率和高产率的 $C_2 \sim C_8$。在一氧化碳转化率 100% 时，产物分布为：$C_2 \sim C_8$ 70 %，CH_4 17%，CO_2 13% 。钌催化剂非常特殊，在低温（90℃）和高压（200MPa）下，可以得到相对分子质量非常高的蜡，产物中 30% 以上平均相对分子质量大于 200000，而在 $225 \sim 275$℃ 和 $0.1 \sim 1$ MPa 条件下，其产物类型与其他催化剂一样，也遵循 ASF 分布，链增长因子 $0.5 \sim 0.7$，由此估算出的平均聚合度不高，只有 $2 \sim 3$。在 241℃ 和 3MPa 条件下，产物的相对分子质量分布很窄，平均聚合度增加到 10。

3. 助催化剂的作用

1）结构助催化剂

可促使催化剂表面结构的形成，防止熔结和再结晶，增加其稳定性。在催化剂还原中，表面积收缩很大，加入 ThO_2 和 MgO 可阻止比表面积的降低（表 7－2）。除此以外，SiO_2 具有同样的作用。

表 7－2　钴催化剂还原前后的比表面积变化

催化剂组成/质量			比表面积/(m^2/g)	
Co	ThO_2	MgO	还原前	还原后
100	0	0	126.2	2.5
100	6	0	171.1	14.6
100	0	6	142.6	35.2
100	6	12	154.8	52.8

2）调变助催化剂

对加入调变助催化剂或促进剂的敏感性而言，铁催化剂明显高于钴和钌催化剂。对于铁催化剂，加入碱金属碳酸盐特别有效。碱金属称为电子促进剂，能增加对反应物的化学吸附，有利于初始络合物的生成和提高所有消耗一氧化碳反应的速率。铁催化剂加入碱金属后，对一氧化碳的吸附热增加，对氢的吸附热减少，因而加氢活性下降，表现为产物平均相对分子质量增加、甲烷产率下降、含氧化合物量和积碳量增加。不同碱金属的作用大小顺序为：铷＞钾＞钠＞锂。加入碱金属的不利影响是导致催化剂比表面积降低。因而需要加入结构助催化剂予以补偿。

ThO_2 除了结构性功能外，还有加速脱水和聚合的作用。加入锰，钒，钛可以强化对一氧化碳的吸附，提高对烯烃的选择性，其中含 TiO_2 的复合铁催化剂对低级烯烃的选择性最高。Sasol 公司使用的沉淀铁催化剂组成为 $Fe - Cu - SiO_2 - K_2O$，铜的作用是促进铁的还原，防止积炭，提高催化剂活性和延长寿命。SiO_2 除具有结构功能外，也能减少积炭。另外发现，硫，磷，氯，氧和氮等负电性大的元素具有负催化剂作用，能使催化剂对氢和一氧化碳的吸附与活化性能恶化，但适量存在时可使低碳烯烃产率增加，甲烷产率减少。

4. 载体的作用

在通常的费－托合成催化剂中并非全用载体，如熔铁催化剂，而在改良型费－托合成催化剂中则普遍使用载体。它的作用一方面是分散活性组分，防止熔结和再结晶，增加比表面积，提高机械强度；另一方面是改变费－托合成的二次反应，并通过择形作用进一步提高选择性。如硅铝分子筛负载催化剂，可在酸性中心上发生脱水、聚合、异构、裂解、脱氧、环化等二次反应。由于一定大小的孔径导致的择形功能可使汽油的选择性突破 ASF 产物分布限制。有人比较了负载在 $\gamma - Al_2O_3$ 上的不同金属催化剂在费－托合成中的活性，其顺序为：钌 > 铁 > 镍 > 钴 ≫ 铑 > 钯 > 铂 > 铱，说明金属与载体之间的相互作用对金属的催化活性也有影响。

7.2.2.3　费－托合成催化剂的制备

如前所述，费－托合成工业用催化剂主要有铁催化剂和钴催化剂，其他催化剂还处在研究开发阶段。

1. 铁催化剂的制备

目前费－托合成工业用铁催化剂主要有沉淀铁催化剂和熔铁催化剂两大类。前者用于固定床和浆态床合成，后者用于流化床合成。

1) 沉淀铁催化剂

属低温型铁催化剂，反应温度 < 280℃，活性高于熔铁催化剂，其成分除铁外，还有铜、钾、硅，标准组成为 100F: 5Cu: 5K$_2$O: 25SiO$_2$。制备工艺流程见图 7 - 2。

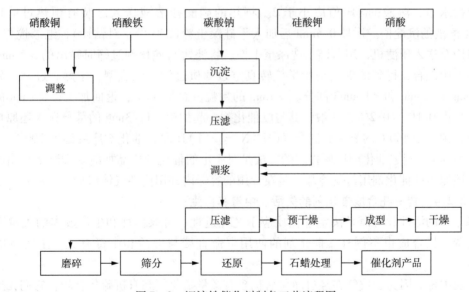

图 7 - 2　沉淀铁催化剂制备工艺流程图

因为 Cl$^-$ 和 SO$_4^{2-}$ 难洗，故起始的铁盐和铜盐都采用硝酸盐。先将硝酸铁和硝酸铜溶液按一定比例混合配制成 (40gFe + 2g Cu)/L 混合溶液，为防止水解产生沉淀，硝酸应稍微过量。加热至沸腾后，加入沸腾的碳酸钠溶液，至溶液的 pH < 7 ~ 8，搅拌 2 ~ 4min，产生沉淀并析出二氧化碳。然后过滤，用蒸馏水洗涤至不含碱。将所得沉淀加水调成糊状，加入定量的硅酸钾，对每 100 份铁配 25 份二氧化硅。由于工业硅酸钾中，一般 SiO$_2$/K$_2$O 比为 2.5，

故 K_2O 过量。可向料浆中再加入精确计算的硝酸,重新过滤洗涤,经干燥、挤压成型,干燥至水分 3% ,然后磨碎、筛分,除去粒径 >5 mm 和 <2mm 的粒子,即得粒度 2～5mm、组成为 $100Fe:5Cu:5K_2O:25SiO_2$ 的沉淀铁催化剂。使用前还需用合成气还原。

2)熔铁催化剂

多以轧钢厂的轧屑或铁矿石作原料,磨碎至 <16 目,添加少量精确计算的助催化剂,如 Al_2O_3、MgO 和 CuO,其质量分数为 3%～4% ,送入敞开式电弧炉,炉温 1500℃,形成稳定相的磁铁矿,助剂呈均匀分布。由电炉流出的熔融物经冷却、多级破碎至 <200 目,然后在 400～600℃用氢气(不能用 $CO+H_2$)还原 48～50h,Fe_3O_4 几乎全部还原成铁(还原度 95%),在氮气下保存。其他还有熔结铁催化剂——赤铁矿加入 2% K_2CO_3 在 1000℃熔结,然后洗涤使碳酸钾含量下降到 0.5% ;胶结铁催化剂——粉状氧化铁加入少量氧化铝、硼砂或水玻璃作胶黏剂,在 500～1100℃下烧结,将块状物破碎到一定大小然后用碳酸钾浸渍,使其含量达到 0.5% 。另外,还有用氨处理制成的氮化铁催化剂、羰基铁催化剂等。沉淀铁催化剂的比表面积较大,为 240～250m^2/g,而熔铁催化剂的比表面积很小,只有 4～6m^2/g,所以后者在使用时一般只能用很细的颗粒,以增加外表面积。在工业合成条件下,铁催化剂的颗粒大小,一般为:固定床 7～14 目,流化床 70～170 目,浆态床 <200 目。

2. 钴催化剂的制备

20 世纪 30～40 年代,费－托合成应用最广的催化剂是以硅藻土为载体、二氧化钍和氧化镁为助剂的钴催化剂,其标准组成为 $100Co:5ThO_2:8MgO:200$ 硅藻土。用沉淀法制备,具体过程如下:将配制好的硝酸盐溶液(1L 中含 Co 40～41g,ThO_2 2.0g 和 MgO 4.0g)加热至 100℃。由于在后面沉淀时镁不能全部沉降,故硝酸镁的使用量比需用量略多一些,同时为防止钍盐水解,溶液的 pH 值应小于 2。将热的硝酸盐溶液送入已装有预热过的 1mol/L Na_2CO_3 溶液的沉淀槽。搅拌 0.5min 后加入干硅藻土粉(200 份,对钴计),继续搅拌 1min。将料浆用泵送入压滤机,用蒸馏水洗涤至中性。将滤饼与催化剂过筛时筛出的 >3 mm 部分在混合器中混合,得到的催化剂糊送旋转真空过滤机过滤,经成型、干燥、过筛,分成粒径 >3mm、1～3mm 和 <1 mm3 部分。>3mm 的粗粒占总量 30% ,返回加工;<1mm 的部分很少,只占 0.1%～0.2% ,一般将其与废催化剂一起加工。1～3mm 的部分送入还原炉,用经干燥并预热至 460℃的氢－氮混合气($H_2:N_2=3:1$)还原,催化剂床层温度 700℃,还原时间约 50min。测定催化剂还原程度的方法是对一定的催化剂样品加酸处理测量析出的氢气体积。还原后的催化剂用氮气冷却,装在专用的容器内并用惰性气体保护。

7.2.2.4 费－托合成催化剂的失活、中毒和再生

催化剂的活性和寿命是决定催化反应工艺先进性、可操作性和生产成本的关键因素之一,对费－托合成也不例外。催化剂的使用寿命直接与失活和中毒有关,主要有以下几方面。

①硫中毒。因为合成气在经过净化后仍含有微量硫化氢和有机硫化合物,它们在反应条件下能与催化剂中的活性组分反应生成金属硫化物,使其活性下降,直到完全丧失活性。不同种类的催化剂对硫中毒的敏感性不同,镍催化剂最敏感,其次是钴催化剂,铁催化剂最不敏感。不同硫化物的毒性不同,总的来说,硫化氢的毒化作用不如有机硫化物强;对后者而言,其毒性大小顺序为:噻吩及其他环状硫化物 >硫醇 >二硫化碳 >COS。

研究发现,少量的硫化氢在初期不但不会使钴、镍和铁催化剂中毒,相反还能增加其活性。譬如,对钴催化剂和镍催化剂,在催化剂中硫含量达到 0.8% 前,烃的总收率一直是增

加的，继续增加硫含量才出现中毒表现，总烃收率明显下降。铁催化剂对硫的承受能力更强。有人曾用经硫化氢处理过的铁催化剂和未脱硫的合成气进行超常规试验，结果表明，含硫 3.7% 的催化剂在反应温度 210～215℃ 和反应压力 1 MPa 条件下操作 144h，活性仍很高，后将压力升至 2 MPa，活性更高。试验发现，有一定硫含量的铁催化剂，在活性出现下降时，只要适当提高反应温度或增加反应压力，活性即可恢复。如含硫 17.5% 的铁催化剂在反应压力 1～2 MPa 和反应温度 210～230℃ 条件下活性很低，而在 3MPa 和 279℃ 时，一氧化碳转化率可达到 62.5%。甚至铁催化剂在吸收了 40%～42% 的硫后，在 210～290℃ 和 0.1～3MPa 条件下已显示丧失活性时，如果提高反应温度和反应压力又能呈现一定的活性。

铁催化剂对硫中毒的敏感性与制备时的还原温度有关，在较低温度下还原的铁催化剂（加有铜）不易中毒。原因是这种催化剂中的铁以高价氧化铁（为主）和低价氧化铁存在，它们可以与硫化氢反应生成不同价态的硫化铁，而有机硫化物可以在其作用下转化为硫化氢而与其反应。在 500℃ 高温下氢气还原后的铁催化剂中主要是金属铁，氧化亚铁含量很少，不到 1%。它很容易被硫化物中毒，仅吸收 0.5% 的硫就完全丧失活性。

采用低温甲醇洗净化工艺，合成气中的硫含量可降低到 0.03mg/m³ 以下。这样低的硫含量完全可以保证催化剂的正常操作寿命。

②其他化学毒物中毒。Cl⁻ 和 Br⁻ 对这类催化剂也是有毒的，因为它们会与金属或金属氧化物反应生成相应的卤化物，而造成永久性中毒。其他还有铅、锡和铋等，也是有毒元素。

③催化剂表面石蜡沉积覆盖导致催化剂活性降低。这种蜡大致可分 2 类，一类是在 200℃ 左右用氢气处理容易除去的浅色蜡，另一类是难以除去的暗褐色蜡。蜡沉积问题钴催化剂更突出。

④由于析炭反应产生的炭沉积和合成气中带入的有机物缩聚沉积使催化剂失活。反应温度高和催化剂碱性强，容易积炭，严重时可使固定床堵塞。

⑤由于合成气中少量氧的氧化作用引起钴催化剂中毒。为此，一般规定合成气中氧的含量不能超过 30%。

⑥钴催化剂和镍催化剂在高压下可能转变成挥发性的羰基钴和羰基镍而造成活性组分的损失，所以这类催化剂一般用于常压合成。

⑦催化剂床层温度升高，催化剂表面发生熔结、再结晶和活性相转移而造成活性下降。

费-托催化剂一般不像其他贵重催化剂那样，进行反复再生。因为通常主要是硫中毒，可采用逐渐升高反应温度的操作方法在一定温度区间内维持铁催化剂的活性。硫中毒后的催化剂其再生是很不容易的，需要将全部硫彻底氧化除尽，然后再还原才有效。一般不采取这样的再生方法。钴催化剂表面除蜡相对比较容易，可以在 200℃ 下用氢气处理，也可以用合成油馏分（170～274℃）在 170℃ 下抽提。

7.2.3 新催化剂的研究与开发

自费-托合成技术出现后，催化剂的研究与开发从未停止。尽管经过鲁尔化学公司和 Sasol 公司等多家单位的努力，费-托合成用工业催化剂的水平已有很大提高，但新催化剂的研究与开发在世界范围内不但没有放松，相反还在不断加强。主要进展如下。

7.2.3.1 Fe/分子筛复合型双功能催化剂

为了提高费-托合成的选择性，突破 ASF 产物分布规律的限制，Mobil 公司在开发两段合成工艺的同时，研究了 Fe/ZSM - 5 分子筛复合型双功能催化剂，大大提高了 10 个碳原子以下烃类，即汽油的产率。另外发现，将 Zn - Cr 系甲醇催化剂与 ZSM - 5 分子筛制成复合催化剂后，在反应温度 427℃和反应压力 8.3MPa 条件下，由一氧化碳和氢气可以得到大量芳烃，而甲烷等低碳烃产率很低，其产物分布完全改变。

7.2.3.2 多元金属催化剂

多元金属催化剂可以改善催化剂的活性、选择性和使用寿命，目前大量使用的 Fe - Cu - K_2O - SiO_2 沉淀铁催化剂也属于这一类。为了从合成气直接合成 $C_2 \sim C_4$ 烯烃，世界上许多著名的化学公司以及研究机构做了大量工作。我国中国科学院大连化学物理研究所等也取得了重大进展。主要方法有：

①在以铁为主要金属的前提下，加入对一氧化碳有较强吸收能力的锰、钒、钛等金属，提高对低碳烯烃的选择性；

②铁催化剂中加入卤素——KCl 或 KBr，也有较好效果；

③采用通式为 $M_x[Fe(CN)_6]_y$ 的铁氰酸盐作为催化剂前驱体，M 为 Fe 或 Cu，在规定条件下热解或还原处理制成催化剂；

④以钴为主，加入锰、锆、锌和钾等。这里值得一提的是，锰作为催化剂主要活性成分之一其潜在价值尚未得到充分发挥，应予重视。

7.2.3.3 新一代钴催化剂

由于对高十六烷值柴油和优质喷气燃料的需求增加，提高费 - 托合成中间馏分油的选择性便成为新的途径。钴催化剂在这一方面具有优异性能，故其价值又得到承认。为此，Shell 公司和 Sasol 公司都开发了这一工艺所需要的催化剂，主要组成为 Co - ZrO_2 - SiO_2。还有 1 种加了贵金属的钴催化剂，组成为 120Co: 5Pt: 100Al_2O_3，在 225℃下反应，产物全部为烃类，并具有高活性[3000g 产品/(kg 金属·h)]。另外，还有用 Co(CO)$_8$ 和负载有铂或钯的载体制成的催化剂用于浆态床费 - 托合成等。

7.3 直接液化催化剂

7.3.1 煤加氢液化催化剂种类

煤加氢液化催化剂种类很多，有工业价值的催化剂主要是：①金属催化剂。主要是钴、钼、镍、钨等，多用于重油加氢催化剂。②铁系催化剂。含氧化铁的矿物或铁盐，也包括煤中含有的含铁矿物。③金属卤化物催化剂。如 $SnCl_2$、$ZnCl_2$ 等是活性很好的加氢催化剂，由于回收和腐蚀方面的困难还没有正式用于工业生产。

7.3.2 影响催化剂活性的因素

催化剂的活性主要取决于催化剂本身的化学性质和结构，这些与催化剂的活性组分筛选和制备有关，但也与使用条件关系密切。下面简要讨论使用条件对催化剂活性的影响。

7.3.2.1 催化剂加入量

一般来说，催化剂对化学反应起催化作用有一最小量，也称催化剂起始用量，低于该量就显示不出其催化作用，然后随催化剂用量增加，催化作用加强，到某值时，再增加，催化剂的作用效果不再增加，有时甚至还下降。

7.3.2.2　催化剂加入方式

煤液化是在气液固三相之间发生反应，属典型的非均相催化反应，催化剂与反应物之间的接触状况十分重要，尤其是在无溶剂时，固体催化剂与煤简单物理混合接触效果最差，显示出的催化活性也最低；将煤浸渍在催化剂的水溶液中，催化剂主要吸附分布在煤颗粒的表面和孔隙中，其接触效果最好，显示出催化活性最高；而将催化剂和煤在球磨机中粉碎混合，其接触效果和催化活性介于两者之间。现在的高活性人工合成铁系催化剂，倾向于将超细粉碎和浸渍相结合的方式，即采用湿法超细粉碎（对天然含铁矿物）和合成铁系催化剂浸渍分散在煤中（如日本附着炭和中国 S - 25）。

7.3.2.3　液化反应的溶剂

催化剂在液化过程中的催化活性随溶剂性质变化而变化。如果使用非供氢溶剂或弱供氢溶剂，催化剂的催化作用显著，催化剂添加量的影响也较明显；使用强供氢溶剂时，催化剂的作用及用量对煤液化转化率的影响变弱，但对液化产品组成和分布仍有较大影响。

7.3.2.4　炭沉积

炭沉积、蒸汽烧结和金属沉积通常是催化剂在使用过程中失去活性的主要原因。蒸汽烧结主要出现在高温催化反应系统，这里暂不涉及，可参照有关催化剂专著。这里简要讨论炭沉积。

煤在液化过程中热解产生的热解自由基碎片极易发生聚合结焦，而系统中有机蒸气也会发生裂解生成游离炭，两者易沉积在催化剂表面上，导致其失去活性。一般炭沉积导致催化剂失活开始进行得很快，随后变缓，它属于一种暂时性的中毒，可通过高温燃烧方式将炭烧掉，使催化剂再生。由于在煤初始加氢液化阶段（煤糊加氢）催化剂失活快，所以通常采用一次性催化剂，这也是采用可弃性廉价催化剂的主要原因之一。

7.3.2.5　煤中矿物质

煤中的矿物质有两大类，第一大类是不与有机物直接结合、以松散的颗粒形态存在，如各种黏土矿物质、黄铁矿、石英、石膏和方解石，黄铁矿在高硫烟煤中特别多；第二大类是与有机物结合的灰，又包括两小类，第 1 小类是存在于煤中有机酸的无机盐，通常称作腐植酸盐，第 2 小类包括二氧化钛类耐热氧化物以及钪一类痕量元素等。煤中的矿物质组成复杂，种类繁多，它们对煤加氢液化催化作用具有两重性，既有促进催化作用，又有减弱催化剂的催化作用。许多研究结果证明，煤中的富铁矿物（黄铁矿）具有催化活性，钛和高岭土也具有一定的催化活性。

7.3.3　催化剂的制备

7.3.3.1　催化剂制备方法简述

众所周知，催化剂的研制和生产涉及许多学科的专门知识。催化剂的制备技术是影响催化剂活性，特别是使用性能的主要因素，催化剂生产工厂犹如"矿物加工厂"。

近年来，以科学理论指导催化剂生产已受到各国学者的普遍重视，先进的测试技术正广泛用于催化剂开发和生产，催化剂制备科学正在形成。催化剂生产技术正在从"技巧"水平逐渐提高到科学水平。

在实验室的各种试验结果好的高活性催化剂，也并不意味着工业催化剂的完成。一般所讲的催化剂制备方法，包括原料配制、浸渍、成型、焙烧和活化等各个阶段，在组织或进行工业催化剂生产时，应该注意以下事项。

①满足用户对催化剂的性能要求。作为工业催化剂除了高活性和选择性好以外，还应具有较长的寿命和合理的流体力学特性。高活性，可以提高装置处理量和降低反应温度以降低装置能耗。选择性好，可以增加目的产品产率和收率。长的寿命是指需要具有良好的热稳定性、机械稳定性、结构稳定性和耐中毒性，保证在实际生产中长期稳定运转。合理的流体力学特性是从化学工程观点要求催化剂具有最佳的颗粒形状和较好的颗粒强度，有利于生产操作。

②制备重复性好。催化剂生产中由于原料来源改变或操作控制中极细小的变化都会引起产品性质的极大变化。制备重复性问题在实验室研究制备工艺的阶段就应引起重视。当几种制备技术都能达到同样的性能要求时，应尽量选择操作可变性较大的制备方法，使生产控制容易一些，保证产品质量更加稳定。

③合理选择原材料。在原材料杂质含量符合要求的前提下，应尽可能选用资源丰富、供应充分、价格便宜且毒性小的工业原料和一般化学试剂，以降低催化剂生产成本，保证工业生产催化剂在性能和价格上均具有竞争力。

④生产装置适应性强。催化剂生产的吨位数一般不大，但产品品种却是极为繁多。为了适合品种多、灵活性大的特点，催化剂生产者常把各类生产设备装配成几条生产线，将使用相同单元操作的几种催化剂按需要量和生产周期的长短安排于同一些生产线上生产。这样可以提高设备利用率，降低产品成本，并生产出不同组成及形状的各种催化剂。

⑤注意废料处理，减少环境污染。催化剂生产中常常产生大量有毒的废气和废液，在设计生产装置时必须考虑到废气处理和废液中无机盐的回收向题，生产过程中也应尽量避免使用毒性大的物质作原料以改善劳动条件。

催化剂的制备方法很多，如沉淀法、浸渍法、混合法、离子交换法、热熔融法、喷涂法和化学键合法等。而工业上制备固体催化剂最常用和普遍的方法是沉淀法、浸渍法和混合法。所以，这里简要介绍沉淀法、浸渍法和混合法。

沉淀法、浸渍法和混合法这三种工艺基本上都包括：原料预处理、活性组分制备、热处理及成型等4个主要过程。选用的主要单元操作有：研磨、沉淀、浸渍、还原、分离、干燥、焙烧等。单元操作的安排和每一步骤的操作条件对成品催化剂的性能都会有显著影响，这些内容在前面已经做了介绍。

7.3.3.2 煤液相加氢铁系催化剂的制备

在煤初始液化阶段，煤中的矿物质对催化剂影响较大，所以目前的液化新工艺都采用可弃性铁系催化剂、天然矿物或工业废渣。由前面的讨论可知，粒度对催化剂的催化活性有很大影响，目前倾向于使用超细颗粒的催化剂，亚微米和纳米级。对于固体的矿物或工业含铁废料，大多采用气流粉碎方法。

合成铁系催化剂的制备与沉淀法基本类似，主要采用非晶形沉淀方法，并省去老化与焙烧后续工序，这里不再重复。

7.4 甲醇合成催化剂

我国20世纪50年代末建成 ZnO/Cr_2O_3 系催化剂的高压法合成甲醇装置，现已改用 Cu – Zn 系催化剂。70年代初以南京化学工业公司研究院为主开发成功中压法合成甲醇技术，采用

Cu – Zn 系催化剂。70 年代末我国先后引进 ICI 冷激式低压法和 Lurgi 管壳式低压法甲醇装置，其生产能力均为 10 万吨级。西南化工研究院于 70 年代末开始进行低压铜系催化剂的研究。80 年代初完成研究开发工作，1986 年 12 月建成我国第 1 套等温式低压法合成甲醇装置并投产成功，比引进的管壳式低压法甲醇装置早开车半年。目前我国甲醇生产装置约有 120 套，总生产能力为 $264.32 \times 10^4 t/a$，其中低压法合成甲醇装置 34 套，生产能力达 $189.1 \times 10^4 t/a$。

我国最大的上海 20 万吨级甲醇装置于 1995 年底投产成功，运行结果表明，其主要技术经济指标已经达到国外同类装置的先进水平。

7.4.1　甲醇合成催化剂

自从一氧化碳加氢合成甲醇工业化以来，甲醇合成催化剂和合成工艺不断研究改进。就目前来说，虽然实验室研究出了多种甲醇合成催化剂，但工业上使用的只有锌铬(ZnO/Cr_2O_3)和铜基催化剂。

7.4.1.1　锌铬催化剂

锌铬催化剂是一种高压固体催化剂，是德国 BASF 公司于 1923 年首先研究开发成功的。锌铬催化剂的活性较低，为获得较高的催化活性，操作温度在 590 ~ 670K 之间；为了获取较高的转化率，需在高压条件下操作，操作压力为 25 ~ 35MPa，因此被称为高压催化剂。

锌铬催化剂的耐热性、抗毒性以及机械性能都较令人满意，其使用寿命长、使用范围宽、操作控制容易，目前国内外仍有一部分工厂采用该催化剂生产甲醇。1966 年以前世界上几乎所有的甲醇合成厂家都采用此类催化剂，目前逐渐被淘汰。

7.4.1.2　铜基催化剂

铜基催化剂是一种低压催化剂，其主要组分为 $CuO/ZnO/Al_2O_3$，由英国 ICI 公司和德国 Lurgi 公司先后研制成功；操作温度为 500 ~ 530K，操作压力却只有 5 ~ 10MPa，比传统的合成工艺的操作压力低许多，对甲醇反应平衡有利。

铜锌催化剂在 20 世纪 60 年代就被发现。铜锌催化剂制造选用高纯度的硝酸铜、硝酸锌溶解在碳酸钠溶液中，用共沉淀法得到(Cu，Zn)$_2$(OH)$_2CO_3$，然后高温热还原成具有多孔结构的催化剂。由于热稳定性差，很容易发生硫、氯中毒，没有工业化。这些缺点在加入其他助剂后得以改善，并形成具有工业价值的新一代铜基催化剂。

铜锌催化剂加入氧化铝，可以发现催化剂铜晶体尺寸减小，活性提高；三氧化二铬的存在可以阻止一小部分氧化铜还原，从而保护了铜催化剂的活性中心。Herman 等对金属氧化物之间的相互作用进行了系统的研究，结果表明，420K 时纯氧化锌或纯氧化铜的活性为零，而 ZnO/CuO 催化剂的活性与加了氧化铝或三氧化二铬的相比，提高不多，但是大大提高了抗老化能力。铜锌催化剂根据加入的不同助剂可以分为以下三个系列：

①$CuO/ZnO/$ Cr_2O_3 铜锌铬系；

②$CuO/ZnO/$ Al_2O_3 铜锌铝系；

③除①、②以外的其他铜锌系列催化剂，如 $CuO/ZnO/$ SiO_2、$CuO/ZnO/ZrO$ 等。

7.4.1.3　钯系催化剂

新型催化剂的研制方向在于进一步提高催化剂的活性，改善催化剂的热稳定性，以及延长催化剂的使用寿命。近年来，研制成功大量的新型甲醇合成催化剂，总的来看，催化剂的活性提高幅度不大，而有的催化剂的选择性反而降低。以贵金属钯为主活性组分的甲醇催化剂性能见表 7 – 3。

从表7-3可以看出，与传统(或常规)催化剂相比较，钯系催化剂的活性并不理想，这也进一步确立了铜锌铝、铜锌铬催化剂在甲醇合成工业中的主宰地位。

表7-3　钯系甲醇合成催化剂性能

催化剂	反应温度/℃	反应压力/MPa	空速/h⁻¹	活性/[mol/(L·h)]
$PdCl_2/SiO_2/CaCl_2$	300	17.2	20000	21.8
$PdCl_2/SiO_2/CaCl_2$	300	17.2	10000	7.8
$PdCl_2/SiO_2/Li$	300	17.2	10000	8.2
$PdCl_2/SiO_2/Mn$	300	17.2	10000	6.2
$PdCl_2/SiO_2/Mo$	300	17.2	10000	14.0
$PdCl_2/Al_2O_3/Ca$	300	17.2	20000	2.6
Pd/SiO_2	180	0.07		2.4×10^{-3}
$Pd/SiO_2/Al_2O_3$	180	0.07		7.8×10^{-3}
Pd/TiO_2	250	1.03	6400	0.5
Pd/ZrO_2	250	1.03		0.13

7.4.1.4　钼系催化别

铜锌铝、铜锌铬催化剂是甲醇合成的主要催化剂。但是由于原料气存在少量的硫化氢、二硫化碳、氯、溴、以及磷、砷、汞、铅的化合物，极容易导致催化剂的中毒。实际操作表明，催化剂的中毒主要是由硫化物引起的。因此，耐硫催化剂的研制越来越引起人们的注意。

$MoS_2/K_2CO_3/MgO-SiO_2$ 含硫甲醇催化剂，在反应温度533K、反应压力8.1MPa、空速3000h⁻¹、$H_2/CO = 1.42$、含硫量1350mg/L条件下，一氧化碳转化率为36.1%，甲醇选择性为53.2%。其杂质为甲烷、乙烷以及少量的乙醇。钼系耐硫催化剂性能见表7-4。

表7-4　钼系耐硫甲醇合成催化剂性能

催化剂	一氧化碳的转化率(摩尔分数)/%	甲醇选择性(摩尔分数)/%
MoS_2/K_2CO_3	28.2	28.7
$MoS_2/K_2CO_3/Al_2O_3$	18.2	5.9
$MoS_2/K_2CO_3/SiO_2$	22.0	22.1
$MoS_2/K_2CO_3/MgO$	14.5	30.6
$MoS_2/K_2CO_3/MgO-SiO_2$	36.1	53.2

很遗憾，虽然 $MoS_2/K_2CO_3/MgO-SiO_2$ 含硫甲醇催化剂的单程转化率很高，为36.1%，但甲醇选择性太低，只有53.2%，且副产物后处理复杂，距工业化应用还有较大差距。

7.4.1.5　低温液相催化剂

与一氧化碳加氢气固相合成反应相比，低温液相合成法具有单程转化率高(90%以上)、生产成本低、产品质量好、反应条件温和等特点，自20世纪70年代以来得到了充分的研究和发展。

低温低压催化剂中金属盐有乙酸镍、乙酸钯、乙酸钴以及钌铼等，相应地被称为镍系、钯系、钴系和钌铼系催化剂。其中镍系催化剂活性最高，转化率也高，但是乙酸镍容易挥发而且毒性大。由亚铜盐与醇盐组成的铜系催化剂，其催化活性和选择性与镍系催化剂十分相似，但在产物甲醇生成的情况下，变为非均相体系。

铜系催化剂是一种高分散的固体物，通过红外光谱和核磁共振等分析表征研究认为，

CuCl/CH$_3$ONa 体系中铜主要是 +1 价态。Cu/SiO$_2$ 和 Cu/Al$_2$O$_3$ 催化剂很活泼，但易被一氧化碳严重毒化，当修饰 Cu/Al$_2$O$_3$ 时可得到活性更高、不易中毒的催化剂。用共沉淀方法制备的 Cu/MgO 催化剂显示了最好的结果。例如，反应温度 105 ~ 150℃ 时显示了很好的活性，初活性转化频可达到 300molCH$_3$OH/(molCu $\cdot$ h^{-1})。此外，碱性位的存在有利于底物的活化与吸附，对反应有利。

钌基催化剂常用于羧酸或羧酸酯的加氢，例如 Ru$_3$(CO)$_{12}$，经强酸氢碘酸或 HBF$_4$ 促进后是活泼的，并且在加氢过程中不易被一氧化碳毒化。但是，它们的甲醇选择性最高仅达到 50%，因为系统的强酸性促进了副产物的形成，例如二甲醚(5% ~ 40%)、甲烷(3% ~ 10%)和二氧化碳(15% ~ 30%)。

7.4.2　催化剂的制备

催化剂的制备方法很多，但铜系甲醇合成催化剂的生产基本上都是采用沉淀法。沉淀的方式有 3 种：①将碱液加进金属硝酸盐溶液中的酸式沉淀法；②将金属硝酸盐溶液加进碱液中的碱式沉淀法；③金属硝酸盐溶液与碱液按比例并流沉淀法。

典型的沉淀法制备工艺流程如图 7 - 3 所示。

图 7 - 3　铜系甲醇合成催化剂典型沉淀法的制备工艺流程图

催化剂的生产是一项非常精细的工作，每一步操作都有可能影响到催化剂的性能。影响催化剂性能的因素很多，除了催化剂组分、组成配比、沉淀剂的选择、沉淀方式、制备条件(如沉淀温度、沉淀 pH 值、老化时间等)、干燥和焙烧温度及时间等外，还有下列因素也应引起重视：

①催化剂中的杂质也会严重地影响到催化剂的选择性和活性。例如，有较高浓度的铁、钴、镍和二氧化硅等酸性氧化物存在时，有利于生成甲烷、链烷烃和石蜡，并降低活性；碱金属盐、二氧化硅、铝酸钠等的存在，有利于高级醇的生成；硫、氯和铂等贵金属存在时，会降低催化剂的活性，导致催化剂中毒，因此要严格控制原料中的杂质含量。

②盐、碱溶液的浓度要有利于浆液中离子的扩散，以使金属离子分散均匀和反应完全。因此，以稀溶液为宜，一般浓度小于 2mol/L。

③加料顺序和加料速度。

④搅拌速度在不同阶段要适中。

7.4.3　催化剂的使用

7.4.3.1　催化剂的装填

由于反应器的型式和内部结构不同，因此催化剂的装填方法会有所不同，但都可以采用撒布法装填。对于管式反应器也可以采用逐根管装填。撒布法装填快些。逐管法要确保装填质量，不'"架桥"，装填时间要长。催化剂可按常规方法装填，装填过程中应注意下列几点：

①催化剂装填之前要制订装填方案。反应器内不准有异物，铁锈要清扫干净。

②根据催化剂的尺寸选择适当规格的惰性球，确保惰性球的质量，惰性球的装填只能装至规定高度，要装实、装均。

③催化剂装填之前，必须用筛网过筛．以除去运输中产生的少量粉尘、碎片。

④筛好的催化剂要及时装入合成塔内，以防吸潮和被污染，不准在阴雨天装填。

⑤催化剂装填完毕后，将上管板彻底清扫干净，用空气进行吹除。最好用真空清除机将管内和管板上的催化剂粉尘清除干净，然后测定每根反应管的压力降。反应管压力降的偏差应以小于5%为宜，以免影响气流分布。

⑥操作人员进入合成塔内装填时，必须戴好防尘面具，严禁直接踩在催化剂上，可在催化剂上铺木板，操作人员站在木板上，防止催化剂踩碎。

⑦装填时要防止催化剂颗粒落入合成塔周边环隙、接管、温度计套管和中心管内等。

7.4.3.2 催化剂的升温还原

铜系催化剂一般是以氧化物的形式供货，铜是活性组分，氧化铜无活性，还原后才具有活性。催化剂还原的好坏，直接影响到催化剂的催化活性、选择性、产品质量、消耗指标和催化剂寿命。因此，选用正确的还原方法，严格控制还原条件和还原速率是决定催化剂性能好坏的关键之一。

催化剂还原过程中会发生强放热的反应，因此在还原中要注意控制还原速率，防止局部过热。为了控制铜系催化剂还原反应的速率，使还原过程升温平稳、出水均匀，就必须选择一种合理的还原方法。不同的铜系催化剂，由于其组成、制备工艺、使用范围不同，还原方法和升温还原程序也会有所不同，因此，每次新装催化剂都必须制订严密的升温还原方案。

还原过程中应特别注意下列几点要求：

①用氮气升温。以含1%H_2的$H_2 - N_2$混合气作为还原气。可以用合成气代替氢气，也可以用天然气代替氮气。

②还原气的质量(体积分数)

氧气含量：<0.1%；

一氧化碳含量：<0.2%；

二氧化碳含量：<5%。循环气中二氧化碳含量小于10%，不饱和烃和油极微量，无重金属等。

③还原条件：还原压力小于0.5MPa，空速大于$1000h^{-1}$，加大空速有利于还原反应更迅速更稳定地进行。

还原温度(催化剂床层温度)：

室温~120℃	升温	氮气
120~160℃	还原初期	含1%H_2的$H_2 - N_2$混合气
160~175℃	还原主期	含1%H_2的$H_2 - N_2$混合气
175~230℃	还原后期	含1%H_2的$H_2 - N_2$混合气
230℃	还原末期	含2%H_2的$H_2 - N_2$混合气

④还原过程中要求升温平稳、补氢稳定，还原主期出水均匀，精心操作，及时记录排出的还原水量。做到提温小提氢，提氢不提温。

⑤还原终点的判断：当连续分析进出塔气中氢的含量相等，排出的还原水量与计算应该排出的还原水量相近而不再生成水，同时催化剂床层温度均衡时，就可确认催化剂还原结束，此即为催化剂的还原终点。

7.4.3.3 催化剂的开车

催化剂还原结束后，将催化剂床层温度降至 210～220℃，则可导入合成气进行开车。有的采用氮－氢混合气升压至 3MPa 左右，再导入合成气开车。有些资料报道，催化剂床层温度低于 210℃导入合成气，将显著增加石蜡的生成，而降低催化剂活性，影响操作。

由于合成甲醇反应是强放热反应，导气升压将使床层温度快速上升，因此，导气要慢，控制升压速度在 0.5～1MPa/h，也可采用分段提压，严防床层升温过快而烧坏催化剂。

升压、升温过程中要启动循环机，维持较高的循环速度。并严防气体夹带液体或可被冷凝的蒸气或催化剂的有害毒物进入床层。

7.4.3.4 催化剂的正常操作

1. 运行影响因素

在正常操作过程中，操作条件对催化剂活性和选择性的影响是非常明显的，主要影响因素有以下几个：

1）合成压力

在一定的压力范围内，甲醇的合成率与合成压力成正比例增加，一般压力增加 10%，甲醇产率也将增加 10%，但当压力提高到 8 MPa 以上时，甲醇产率随压力提高的比率就逐渐降低。

2）反应温度

合成甲醇反应是一个强放热的可逆反应，因此，反应温度的控制极为重要。若反应未达到平衡，一般床层温度提高 1℃，甲醇产率大约增加 3%。但是不同的催化剂，在不同温度段其增加比率不一样。C302－2 催化剂在 220～260℃范围内的催化活性基本上符合上述规律。

3）空速

空速的变化主要是循环量的变化。在较低的空速下，甲醇产率随空速的增加而成比例增加，但空速大到某一值时，甲醇产率的增加极小，甚至导致降低。在实际生产中，一般选用 6000～20000h^{-1}。

4）合成气组成

合成甲醇反应中氢与甲醇的理论分子比为 2∶1，但反应气体受催化剂表面吸附的影响，一氧化碳在催化剂表面上的吸附速率远大于氢，存在吸附竞争，因此，要求反应气体中的氢含量要大于理论量，以提高反应速率，增加甲醇产率。一般入塔气中的 H/C 比大于 4。特别是，在入塔气中（CO＋CO$_2$）浓度较低时，（CO＋CO$_2$）浓度的改变对合成甲醇产率影响较大。合成气中惰性气体含量增加，会使一氧化碳和氢的分压降低，对化学平衡不利，将会影响合成反应速率和甲醇产率。在实际生产中，入塔气中惰性气体含量宜控制在 8%～15%。

2. 正常运行操作

合成甲醇催化剂的使用过程，一般采用变条件操作。新催化剂的开车运行可分为初期、中期、后期 3 个阶段控制。初期即轻负荷生产阶段，在此期间，以较低合成压力、低温、低一氧化碳含量、高惰性气含量运行，使催化剂稳定化。轻负荷生产阶段可以运行 2～3 个月或 1～3 个月，依甲醇市场销售情况、设备运行状况和催化剂种类来确定运行时间的长短。中期是生产甲醇的主要阶段，运行时间长达 1～2 年以上。后期生产阶段运行时间较短，在此期间，应将各操作参数提高到最大值，直到更换催化剂。

正常操作条件的具体数值要依催化剂的种类和合成工艺而定，但在正常操作过程中都必须注意下列几点：

①为了维持满负荷生产，在调整的诸因素中，首先要调整的是合成压力、空速和组成，其后才是反应温度，要分段交替进行调整。

②在甲醇合成过程中，各个阶段应严格控制工艺操作条件，严禁催化剂床层温度急剧变化。操作温度大幅度波动会造成催化剂局部过热，长期高温操作会加速催化剂晶粒的增长从而加速催化剂"衰老"。

③高温、高压及床层温度低于210℃的操作，会加速副反应的进行，主要的产物有高级烷烃和高级醇。

④中毒是催化剂失活的主要原因，因此，应严格控制新鲜原料气中的有害毒物含量。严防设备检修、清洗时带入毒物。对新鲜原料气中的毒物含量要求：总硫 $< 0.1 \times 10^6$，氯 $< 0.01 \times 10^6$，氧 $< 0.1\%$，不饱和烃和油雾极微量，不含重金属等。

7.4.3.5 催化剂的停车

国外的经验和国内的试验都表明，使用的催化剂在装置停车后封存于合成气气氛中，对催化剂的活性有明显影响。当催化剂封存于合成气气氛中3d再开车时，催化剂的活性相当于使用了3个月。因此，应重视停车操作，严防含一氧化碳、二氧化碳的气体封存催化剂。

①预计停车时间在12h内的短期停车。短期停车程序：维持合成压力和反应温度，停转化气压缩机，切断合成原料气，继续开循环压缩机直至合成环路中（CO + CO₂）含量小于0.2%，可以降低循环气流量，保持催化剂床层温度在210℃以上，处于等待开车状态。

②预计停车时间超过24h的停车。可按正常停车程序进行。正常停车程序：维持合成压力和反应温度，停转化气压缩机，切断合成原料气，继续开循环压缩机直至合成环路中的（CO + CO₂）含量小于0.2%，以小于1.0MPa/h的速度降压至0.5MPa，以小于50℃/h的速度降温至100℃，然后停循环压缩机。催化剂在剩余的惰性气体和氢气或导入纯氮气封存，保持系统压力为正压。

③计划长期停车。按正常停车程序进行。

④预计停车时间在12~21h的停车。需根据造成停车的原因来确定采取短期停车或正常停车。

⑤事故停车。当发生燃烧、爆炸、大量反应气泄漏；主要工艺设备、管道破裂；有害杂质超标较多，在半小时内不能恢复的；停电、停水、停蒸汽等，均做紧急停车处理。应迅速切断新鲜合成气和其他引起事故的事故源，再根据发生的事故采取短期停车或正常停车，凡因前工段停车在8h之内可以恢复生产的，按短期停车处理。

❖ 知 识 拓 展

碳一化学催化新进展

20世纪70年代后期碳一化学重新兴起，其目标已相当明确：从煤和天然气出发生产燃料和化工产品，取代部分石油资源，以调整三大主要能源的资源和消费结构的失衡。重点是代用燃料龙头甲醇和基本有机化工龙头乙烯现有工艺的改进和革新，以及C₁化合物通过链增长向C₂以上含氧化合物和长链烃的转化。实现这些过程的途径有2条：一是天然气直接转化为液态燃料和有用的化工产品；二是煤和天然气经合成气途径向目标产物转化。在这些转化研究中，许多新的工艺和新的技术已经涌现（如图7-4所示）。这些新的工艺和技术有些已经达到可工业化的程度，有些虽然有好的苗头和合理的线路，但一些重大技术问题还未解决。本节拟就从天然气和煤出发的碳一化学催化新技术和新工艺作简要介绍。此外，由于温室效应对全球气候影响越来越大，二氧化碳的消除日益受各国政府和科学家的重视。作为 C_1 化学品的一个分支，二氧化碳向有机化学品转化利用也出现了一些新途径，以下一并加以介绍。

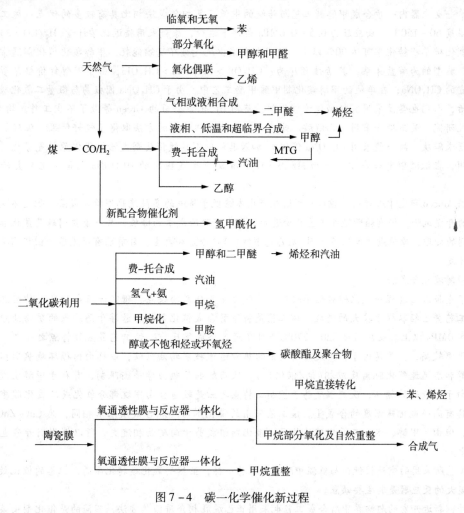

图 7 - 4　碳一化学催化新过程

天然气(煤)间接转化利用

由于甲烷分子结构的相对稳定，其脱去部分氢后的甲基和亚甲基比甲烷更活泼，导致其反应程度难以控制；其次，在临氧状态下，甲烷转化是强放热反应，可能在规模运转时将导致反应温度的失控；其三，在缺氧(或氧化性反应物)或无氧状态下，由于其甲烷活化中间体更活泼，易于连续脱氢积炭从而导致催化剂失活，所以甲烷直接转化虽然展示了一定的应用前景，但离工程化依然很遥远。为实现天然气和煤取代石油资源，20 世纪 70 年代后期以来，由天然气和煤经合成气途径仍是催化研究的重点。

1. 甲醇的液相合成

传统的中低压甲醇合成法是氢和一氧化碳在 2% ~ 10% 二氧化碳参与下，于反应温度 220 ~ 300℃、反应压力 58 ~ 10MPa 经 Cu/ZnO/Al₂O₃ 催化而制得甲醇。甲醇合成是高放热反应，而催化剂活性组分铜在高温下易于烧结，导致催化剂寿命缩短；其次，受热力学平衡限制，一氧化碳转化率较低，大量的尾气循环导致了压缩(机)能耗的增加。为了克服这 2 个弊端，两种新的甲醇合成工艺，即低温甲醇合成和液相甲醇合成工艺受到了研究工作者的重视，到目前为止，二者均已达到可进行工业试验和基础设计水平。

1) 低温甲醇合成法

低温甲醇合成新工艺包括甲醇在强碱体系下羰化为甲酸甲酯(MF)和 MF 氢解生成 2 分子甲醇 2 部分。

两步反应可以在单一的或分离的反应器中进行，其主产物甲醇和甲酸甲酯比例可以根据市场要求改变操作条件调整。

在单一反应器内一步合成甲醇新工艺与传统的中低压气相合成法相比具有较多的优点：该工艺一般在反应温度 $60 \sim 150 ℃$、反应压力 $0.5 \sim 0.6 MPa$ 条件下运行，原料采用接近化学计量（$H_2/CO = 2$）的合成气，一氧化碳单程转化率可达 90% 以上，可以大大减少尾气循环压缩能耗。甲醇羰化催化剂通常为强碱催化剂，典型的为醇盐体系，其活性顺序为：$CH_3OK > CH_3ONa > CH_3OLi$，由于甲醇钾价格昂贵，故多使用便宜的 CH_3ONa；在单纯的甲醇羰化制甲酸甲酯工艺中，由于 CH_3ONa 因极易与微量二氧化碳和水反应而失活，人们也尝试采用有机碱作为催化剂，英国 BP 化学公司的 Green 等做了不少工作，均为专利，未作系统研究。吴玉塘等采用三乙醇胺、咪唑与环氧丙烷相结合的方法取得了较好结果，但环氧丙烷回收问题还未解决。故一般采用 CH_3ONa 催化剂 加入其他助剂延缓催化剂失活并强化原料气净化。最近的研究表明，在低温甲醇合成中，产物 MF 与 CH_3ONa 反应生成稳定的 HCOONa 也是催化剂失活的重要原因。

根据 Amoco 研究中心评估，该过程甲醇生产成本略低于传统的多段绝热甲醇合成法，但还不足以弥补新工艺的开发风险，仍有赖于造气工艺的改进和二氧化碳脱除成本的降低；另一重要问题是羰化和氢解失活催化剂的处理，原位或非原位催化剂（尤其是甲醇钠）自修复和再生，目前已有所进展，但仍需要进一步研究和开发。

2）甲醇液相合成法

为了克服工业过程一氧化碳转化率较低和尾气循环能耗高的缺点，研究者正在开发一种浆态液相甲醇合成工艺并已经取得了较大的进展。该工艺是将甲醇合成催化剂细粉悬浮于高沸点的矿物油中，在反应压力 $5.0 MPa$ 以上、反应温度 $220 \sim 270 ℃$ 条件下通入合成气反应。该工艺最显著特点之一是一氧化碳单程转化率较高，主要是由于：①反应所放出的热量迅速被矿物油吸收，最终由内循环换热器撤出；②产物甲醇和水迅速气化脱离反应相（油/催化剂），从而削弱了热力学平衡限制，有利于甲醇生成。特点之二是由于矿物油的循环，反应温度易于控制。特点之三是较适合由甲烷部分氧化或二氧化碳重整等所制备的具有高一氧化碳深度的合成气。该工艺采用的催化剂与气相合成法基本相同，为 $CuO/ZnO/Al_2O_3$ 催化剂，但由于甲醇、水和二氧化碳的作用，催化剂组成易于向矿物相流失，所以催化剂寿命也是主要的指标之一。

该工艺所采用的空速较低，与低温甲醇合成工艺一样，虽然一氧化碳转化率高，但总的催化效率仍然很低，庞大的反应器是其主要缺点。

此外，新近开发的超临界甲醇合成工艺也采用正己烷液相介质撤热方法，不同的是催化剂由浆态循环床改为固定床，有利于介质循环，同时采用高压（$9.5 MPa$）反应，使反应产物分散于液体介质中，可通过水萃取法分离，而不必采用浆态床反应的气液分离方法。该工艺过程也取得 47% ~ 68% 的一氧化碳单程转化率。其主要缺点除与浆态床合成工艺相似外，液体介质运行损耗大于高沸点矿物油损失，故操作费用和投资、生产成本的优劣还有待于具有稳定工艺参数后详细地经济评估。

2. 合成气直接合成二甲醚

从 20 世纪 80 年代初期开始，二甲醚（DME）作为一种化工产品以其独特的性质而受到人们的重视。它可以作气溶胶推进剂取代能破坏臭氧层的卤代烃类，同时由于它的物理性质相似于石油液化气（LPG）主要成分丙烷和丁烷，作为交通和民用燃料将具有广阔的潜在市场。二甲醚最初主要来自甲醇合成的副产物或者由甲醇脱水制备。后来在甲醇合成汽油（MTG）研究中，为了减轻分子筛负荷，将 MTG 过程改为以 CH_3OH/DME 混合物为原料进而开发了由合成气直接 合成二甲醚，再在分子筛上合成汽油的两步液化过程（TIGAS 过程）。由于二甲醚独特的物理性质和巨大的潜在市场，由合成气直接合成二甲醚作为独立的化工过程受到研究者的青睐，从而得到快速发展。

该工艺采用双功能催化剂将甲醇合成和甲醇脱水制二甲醚一步完成，可克服热力学平衡限制，大大提高了一氧化碳单程转化率。在反应压力 $2 \sim 5.0 MPa$、反应温度 $230 \sim 270 ℃$ 条件下，一氧化碳转化率可达 80% ~ 90%，DME 选择性可达 90% 以上，基本上可达平衡转化。采用的催化剂一般为商业甲醇催化剂或者改性商业甲醇催化剂，脱水催化剂多为改性 ZSM – 5 分子筛催化剂和 Al_2O_3 催化剂。丹麦 Topsøe 公司采用 CuOZnO/Al_2O_3 和氨改性 ZSM – 5 分子筛催化剂已建成年产万吨的中试装置；我国中国科学院大连化学物理研究所采用改性甲醇合成催化剂和 ZSM – 5 分子筛复合 SD 系列催化剂，在直径 100mm 管式反应器中完成 2000h 寿命实验，达到可进行大型中间试验水平。最近，日本 NKK 公司与东京大学联合开发了天然气自热重整、与合成气液相合成二甲醚联合的完整的从天然气出发生产二甲醚工艺，DME 合成采用的 ϕ90mm × 2000mm 浆态鼓泡反应器，催化剂为 CuO/ZnO/Al_2O_3 细粉，液体介质为正十六烷。根据该公司估计，与传统甲醇合成法相比，单位产品投资下降 14%，天然气消耗下降 19%，单位热值成本下降 20%。

3. 甲醇或二甲醚合成低碳烯烃

作为石油化工产业龙头产品，乙烯具有非常重要的战略地位，从天然气和煤出发制备乙烯是实现资源结构转换的最根本目标之一。从合成气直接合成低碳烯烃当然是人们所希望的，遗憾的是由于该反应受热力学平衡限制且产物按 Schulz – Flory 分布，乙烯选择性低，所以，20 多年来研究重点集中在合成气经甲醇合成烯烃(MTO)和合成气经二甲醚合成烯烃(SDTO)过程的开发上。合成气制甲醇和二甲醚工艺前面已经介绍，为了便于一氧化碳和烯烃变压吸附分离，甲醇和二甲醚必须分离后再进入低碳烯烃的合成。

UOP 和 Uorskhydro 公司在 1995 年南非举行的第四届国际天然气转换会议上，报告了他们联合开发的天然气经甲醇制取烯烃的工艺过程，采用 UOP 公司生产的 SAP – 34 分子筛催化剂和循环流化床反应器制备乙烯和丙烯，其乙烯/丙烯比可通过反应温度调节以提高乙烯选择性，目前已完成中型试验。大连化学物理研究所在第五届国际天然气转换会议上，报告了其从合成气经二甲醚制低碳烯烃中型试验结果：在 ϕ20mm × 500mm 流化床反应器中，常压、550℃、空速 5 ~ 7h^{-1} 条件下，DME 转化率为 100%，乙烯和 $C_2 \sim C_4$ 选择性分别为 50% ~ 60% 和 99%，所采用的催化剂为自合成 SAPO – 34 分子筛(三乙胺模板剂)为主的 DO 123 催化剂。

MTO 过程和 SDTO 过程的主要设计思路和催化剂是相似的，都不失为从天然气和煤出发取代石油乙烯的最有希望的工艺线路。一般，天然气经合成气合成液体燃料和化学品，其造气投资和生产费用占全过程的 40% ~ 60%，所以新工艺的前景有赖于造气过程的改进。天然气催化或非催化氧化及自热重整制合成气技术将大大降低造气能耗，尤其是如果陶瓷膜空分技术能够开发成功，可极大地提高天然气制乙烯工艺的经济可行性。值得注意的是，采用膜空分技术的天然气部分氧化制合成气研究已取得了可喜的结果。

4. 甲醇合成汽油

1980 年，新西兰政府为了缓解石油禁运造成的能源危机，在比较了 Fiscaer – Tropsch 法和甲醇法制合成燃料方案后，决定采用后者，因为从经济角度来看它更为合理。于是决定采用 Mobil 公司 1976 开发成功的甲醇合成汽油(Methanol – to – Gasoline，简称 MTG)工艺并与之合作建厂，于 1985 年建成以本国天然气为原料，年产 6.02Mt 合成汽油生产厂，可满足新西兰汽油用量的 1/3。

这是第一次以甲醇法合成汽油的成功尝试，其核心技术是 Mobil 公司开发的 ZSM – 5 择形分子筛催化剂，它具有三维均匀孔道(约 0.55nm)，能够高选择性地合成汽油，其碳数可被控制在 C_{10} 以下。所经历的反应过程为：

$$2CH_3OH \longrightarrow CH_3OCH_3 + H_2O$$
$$CH_3OCH_3 \longrightarrow 轻质烯烃 + H_2O$$
$$CH_3OCH_3 \longrightarrow 重质烯烃 + H_2O$$
$$重质烯烃 \longrightarrow 芳烃 + 烷烃$$

该工艺在操作条件稍加改变并对催化剂加以修饰后，可将反应控制在第 1 步或第 2 步，并与甲醇合成相结合，变成由合成气直接合成二甲醚工艺；若使反应控制在第 2 步，则变成 MTO 过程；若将合成气直接制二甲醚与二甲醚制汽油相结合，两步等压操作、中间产物不经分离过程，可以大大节约分离能耗，这就是丹麦 Topsøe 公司开发的 TIGAS(Twostep – Integrated Gasoline – Synthesis)过程。

此外由 AECI 与 Mobil 公司开发的 MTC(Methanol – to – Chemicals)过程，是将 MTG 和 MTO 结合经由甲醇合成既含汽油又含约 25% 乙烯的工艺。每天处理 1.5t 甲醇的实验厂已运行 1 年多。

思考题

1. 简述费-托合成催化剂的主要组成和各部分的功能。
2. 常见费-托合成催化剂的制备流程。
3. 什么是煤的直接液化？加氢液化催化剂有哪些类型？
4. 煤液化催化剂活性的影响因素有哪些？
5. 甲醇合成催化剂有哪些类型？各有什么特点？
6. 简述合成甲醇催化剂的使用要求。
7. 查阅文献资料，论述 C_1 化学的发展前景及将来在能源需求中的作用。

第8章　精细化工催化过程

8.1　概述

　　化工产品可以划分为两大类别，即基本化工产品和精细化工产品。精细化工产品最初是指经过深度加工所制得的产品，到了20世纪70年代，又提出一些新定义，其中一种得到公认的定义是：凡能增进或赋予一种（类）产品以特定功能，或本身拥有特定功能的小批量、高纯度和高附加值的化学品，称为精细化工产品，有时也称专用化学品。因此，精细化学品多半是带有多功能团的、含有杂原子（氧、硫、氮、磷、卤素）的、结构复杂的有机化合物。

　　与基本化工产品相比，精细化工产品的生产有诸多特点，如：多品种、小批量；生产流程长、工序多；技术密集度高等。因此，由基础原料到精细化工产品的制作过程技术要求较高，常常要经历许多有机合成反应以及一些化工过程，才能制得所需结构和功能的化合物。但是，若干基本反应是许多精细化工产品生产过程所共有的，催化剂在这些反应中起着重要的作用。

　　20世纪70年代的"石油危机"迫使人们重视资源的充分和有效利用，促进了精细化工的发展。80年代以来各国相继实现了石油化工生产战略方针的历史性转变，优先开发社会急需且经济效益又高的精细石油化工产品，使其在石油化工产品中的比重有了很大的增长。此外，无机精细化工也在迅猛发展，在品种和数量上都大幅度增加。目前，精细化工在国民经济中已经占据十分重要的地位，其作用日益明显。

　　到了20世纪90年代，由于可利用的资源如石油等日趋紧缺，自然环境日趋恶化，合理利用资源、防止环境污染已成为急需解决的重要问题。为此，绿色化学和绿色化工迅速兴起。"绿色"的核心内容之一是采用"原子经济反应"。在各类化工产品的生产中，以"原子经济性"标准来衡量，精细化工产品生产过程反应的原子利用率普遍较低，原子经济性差。据统计，在制药工业中，平均每生产1t产品要副产高达25～100t的废物，这是大宗化工产品生产过程的数十倍。为了改变这种不合理的状况，一个重要的手段就是开发新的反应途径，特别是用催化反应取代传统的化学计量反应。典型的实例如BCH公司开发的一种合成布洛芬的新工艺。布洛芬是一种广泛使用的非类固醇类的镇静、止痛药物，传统生产工艺包括6步化学计量反应，原子有效利用率低于40%，新工艺采用3步催化反应，原子有效利用率达80%（如果考虑副产物乙酸的回收则达到99%）。"绿色"的核心内容之二是要从源头上阻止环境污染，就是要研究与设计出对环境和人类健康无害或较少危害的清洁化学工艺、化工过程和化工产品。要实现这一要求，采用新型催化剂和相应的环境友好工艺也是重要途径之一。

目前，我国的精细化工产品品种单调，没有形成系列化，质量和技术水平还不能满足各行业发展的需要，许多生产过程能耗高，资源消耗大，严重污染环境。"三废"处理成本高，不符合绿色化学的要求。我国的有关部门正在制订规划，采取措施，如开发新的催化剂和新的反应途径，以促进我国精细化工的发展。

8.2　氧化反应

8.2.1　催化氧化概述

精细化工氧化反应是普遍而又重要的反应。通过氧化反应可以将碳氢化合物原料(烯烃、芳烃和烷烃)转化为各种多功能的衍生物。

在精细化工生产的氧化反应中，过去主要使用化学计量的氧化剂，如高锰酸盐和铬酸盐等。这种经典的方法有重大的缺点，如伴生大量的无机盐、造成环境污染等。因此，近年来逐渐为催化氧化过程代替，在催化剂作用下使用氧气或过氧化氢作为氧化剂，不但价格低廉，而且对环境友好，副产是水，不会造成环境污染，符合清洁生产和可持续发展的要求。可见，环境友好新工艺的核心是催化剂。图 8-1 为催化氧化过程的氧化还原循环示意图。

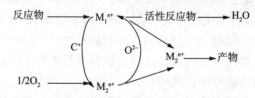

图 8-1　催化氧化过程的氧化还原循环

M 为催化剂中的过渡金属元素

精细化学品通常具有较高沸点和较低的热稳定性，更适宜于采用反应条件比较温和的液相和液/固催化过程。因此，特别要求开发和使用高活性和高选择性的、易于回收和可以多次重复使用的固体催化剂。

8.2.2　催化氧化催化剂

催化剂多为钴、锰等过渡金属离子的盐类，溶解在液态介质中形成均相。氧化反应的催化剂大致可以分为三大类：金属和金属离子；过渡金属氧化物和多氧金属簇(杂多化合物)；氧化还原分子筛。

8.2.2.1　金属和金属离子

贵金属催化剂通常负载在活性炭上，广泛用于醇和二醇的氧化脱氢和碳水化合物氧化反应，原则上可以包含下面几类反应：

$$—CHO \longrightarrow —COOH$$
$$—CH_2OH \longrightarrow —COOH$$
$$CHOH \longrightarrow C=O$$

贵金属催化剂的主要缺点是较易失活，因而它在工业上的应用受到一定的限制。目前应用比较广泛的是将过渡金属负载在离子交换树脂上进行催化氧化反应，同时离子交换树脂负载还可以延长催化剂的使用寿命，反应后经回收可以重复使用。金属离子也可以离子交换锚合在分子筛上，如以叔丁基过氧化氢为氧化剂，Co(Ⅱ)交换的 NaX 分子筛催化 2，6 - 二烷基苯酚氧化，由于分子筛孔穴的空间限制，1，4 - 二烷基苯醌的选择性很高。而在均相条件下则有大量的副产物 1，4 - 二苯苯醌。

8.2.2.2　过渡金属氧化物和多氧金属簇

1. 过渡金属氧化物

许多过渡金属氧化物可以溶于过氧化氢/叔丁醇溶液中，生成可溶的无机过氧酸(V_2O_5 生成 HVO_4)。所谓的 Milas 试剂就是过渡金属氧化物(五氧化二钒、三氧化铬等)溶于过氧化氢/叔丁醇溶液而成的。Milas 试剂在碱性条件下催化烯烃环氧化反应：

$$CH_3CH\!=\!\!CH_2 + RO_2H \xrightarrow{\text{催化剂}} CH_3CH\!\!\overset{\displaystyle O}{\overbrace{}}\!\!CH_2 + ROH$$

反应的限速步骤为氧原子从亲电的金属烃类过氧化物转移到烯烃。此过程特别适用于制备要求化学、区位或者立体选择性的环氧化合物。Arco 公司已将其商业化。

2. 杂多化合物催化剂

杂多化合物在固态时由杂多负离子、抗衡正离子(质子、金属正离子)以及结晶水(或其他分子)组成。它们的三维排列称为二级结构，以区别于杂多负离子的一级结构。根据杂多化合物的结构和组成不同，其固体样品可用沉淀、再结晶，或沉淀、干燥方法制备。在制备过程中，必须小心防止杂多负离子的水解和沉淀时金属离子与杂多负离子配比不当。在制备含有多种配位原子的杂多负离子时更须加倍小心地进行制备和表征。

杂多酸有很强的酸性和特别强的氧化能力，是很好的双功能催化剂，而且通过改变其组成元素可以较大幅度地调变其酸性和氧化还原性。杂多化合物在含氧有机溶剂中有相当大的溶解度。它既可作为多相催化剂，也可作为均相催化剂，反应条件也比较温和。杂多化合物作为催化剂已经用于几个石油化工工艺过程，在精细化工合成中是很有潜力的新型催化剂，目前已经有许多成功应用的实例。

8.2.2.3　氧化还原分子筛

首例氧化还原分子筛是 20 世纪 90 年代初开发的钛硅分子筛 TS - 1。现在氧化还原分子筛已经形成系列产品，如 TS - 2、VS - 1、CrS - 1、VAPO、ZSM - 5 等。

TS - 1 分子筛在温和条件下以过氧化氢为氧化剂能选择催化许多重要的氧化反应，如烯烃环氧化、苯酚羟基化、环己酮氨氧化、醇氧化等。TS - 1 分子筛有很高的催化活性和选择性，对较难反应的烯烃，如乙烯和烯丙基氯化物，在温和条件下以甲醇为溶剂环氧化仍有很高的收率。但对较活泼的环己烯，由于择形催化作用环氧化反应进行很慢。TS - 1 分子筛催化氧化产物的化学选择性取决于溶剂的选择。以水或甲醇为溶剂，2，3 - 丁二醇氧化为 2，3 - 丁酮醇有很高的选择性，收率均大于 90%；若以丙酮为溶，则相当一部分 2，3 - 丁酮醇进一步氧化为 2，3 - 丁二酮。更为可贵的是，以过氧化氢为氧化剂，TS - 1 分子筛能选择性地将包含 2 个或更多官能团的有机分子，如丙烯醇、甲基丙烯醇、丙烯醛和甲基丙烯醛等催化氧化。

8.2.3　催化氧化典型实例

8.2.3.1　烯烃氧化

在 Pd(Ⅱ) + $CuCl_2$(水溶液)催化剂的作用下，烯烃氧化为醛。由于反应体系中有 $CuCl_2$ 引起氯化反应，产生相应的氯化物，对乙烯为 2%，丙烯为 7%，丁烯为 25%。若以杂多酸取代 CuCl$_2$，则副产氯化物大为降低，对乙烯可降到 0.01%。因而，可以将该氧化过程用于高碳烯烃的氧化。此外，杂多酸对设备的腐蚀也大为降低。

$$C_2H_4 + Pd(\text{Ⅱ}) + H_2O \longrightarrow CH_3CHO + Pd(0) + 2H^+$$

$$Pd(0) + HPAN - n + 2H^+ \longrightarrow Pd(\text{Ⅱ}) + H_3(HPAN - n)$$

$$H_2(HPAN - n) + \frac{1}{2}O_2 \longrightarrow HPAN - n + H_2O$$

8.2.3.2　芳烃氧化

2 - 甲基萘氧化得到 3 - 甲基 - 1，4 - 萘醌，它是合成维生素 K 的中间产物，用杂多酸作催化剂比用传统的三氧化铬收率高出 1 倍。

8.2.3.3　环氧化反应

以 TS - 1 分子筛为催化剂，用 30% 过氧化氢水溶液与乙烯在室温下反应，环氧乙烷选择性达 96%，过氧化氢转化率 97%。

另外，在杂多化合物作用下，以过氧化氢为氧化剂，醇、二醇和酚的环氧化可以得到很高的产物收率，反应条件温和，可以在均相或两相体系进行。

8.3　还原反应

8.3.1　催化还原概述

狭义地讲，在还原剂作用下使有机分子增加氢原子或减少氧原子，或两者兼而有之的反应称为还原反应。而广义地讲，能使某原子得到电子或使电子云密度增加的反应通称为还原反应。

还原反应在精细化工中占有重要的地位，通过还原反应可以制得一系列产物。下列基团可以在一定条件下还原：—OH，C═O，COOH—，COOR—，C═N，C═C 等。

还原方法可以分为：

①化学还原法，即使用化学物质作为还原剂的方法。

②电解还原法，即有机化合物从电解槽的阴极上获得电子而完成还原反应的方法。

③催化氢化法，即在催化剂作用下有机化合物与氢发生还原反应的方法。

8.3.2　催化加氢还原反应

8.3.2.1　催化加氢反应类型

在催化剂作用下加氢还原可定向进行，副反应少，产品质量好，产率高。催化加氢法对于精细化学品的合成更有特殊的优点：①如采用干净的还原剂（如氢气），避免了对环境的污染；②不用预先保护某些基团，采用更短、更直接、更有效的合成路线；③能将几个不同的催化和非催化反应组合为一个过程，使操作简化；④具有独特的产物选择性、化学选择性、区位选择性和对映体选择性等。因此，在精细化工中催化加氢法广泛用于从不饱和碳氢化合物、含氧及含氮化合物制取饱和碳氢化合物、醇类和胺类。近年有关环境保护的规定日益严格，要求工业上达到高收率、零排放，催化加氢法显得更为重要，应用也更为广泛。

加氢反应可以分为下列三种类型：

1. 不饱和键加氢

加氢和脱氢形成可逆平衡，这是加氢过程的一大特点。能加氢的不饱和键有碳碳双键和三键、芳香键、醛或酮的 C＝O 键、含氮化合物中的 C≡N 键等。如下列反应：

$$RCH＝CH_2 + H_2 \Longrightarrow RCH_2—CH_2$$

$$CH≡CH + H_2 \Longrightarrow CH_2＝CH_2$$

$$CH_2＝CH_2 + H_2 \Longrightarrow CH_3—CH_3$$

$$\bigcirc + 2H_2 \Longrightarrow \bigcirc$$

$$C＝O + H_2 \Longrightarrow CH—OH$$

$$R—C≡N + 2H_2 \Longrightarrow R—CH_2—NH_2$$

2. 有机化合物加氢

在氢的作用下有机化合物还原，生成水。如脂肪酸加氢制取脂肪醇，醇加氢得烷烃，酰胺或硝基化合物加氢还原成胺类等。

$$RCOOH + 2H_2 \longrightarrow RCH_2OH + H_2O$$

$$ROH + H_2 \longrightarrow RH + H_2O$$

$$RCONH_2 + 2H_2 \longrightarrow RCH_2NH_2 + H_2O$$

$$RNO_2 + 3H_2 \longrightarrow RNH_2 + 2H_2O$$

这类加氢反应也包括不生成水，而是生成氯化氢、氨、硫化氢等其他不含碳的化合物的反应。

$$RCOCl + H_2 \longrightarrow RCHO + HCl$$

$$RSH + H_2 \longrightarrow RH + H_2S$$

3. 氢解

即在氢的作用下发生氢键的断裂：包括直链烷烃、脂环烃以及含侧链芳烃的氢解。

$$RCH_2R' + H_2 \longrightarrow RCH_3 + R'H$$

$$\bigcirc + H_2 \longrightarrow CH_3 \longrightarrow CH_2 \longrightarrow CH_2 \longrightarrow CH_2 \longrightarrow CH_2 \longrightarrow CH_3$$

$$\bigcirc—R + H_2 \longrightarrow \bigcirc + RH$$

这一类反应在石油炼制过程和石油化工中用得较多，以得到不同类型的燃料油或基本化工原料。催化氢化法在工业生产上有两种主要的工艺：液相氢化法和气相氢化法。气相氢化是反应物在气态下进行的催化氢化，实际上是气－固多相反应。液相氢化是在液相介质中进行的催化氢化，实际上它是气－液－固多相反应，反应条件比较温和，更适合于精细化工。

8.3.2.2　催化加氢催化剂

用于催化加氢反应的催化剂种类很多，有金属、金属氧化物或硫化物等。加氢催化剂是各种形态的贵金属，如粉末、合金、负载形催化剂等；也有普通金属如镍、钴、铜等。其中最常用的是骨架镍、金属钯、铂、铑等，不同的催化剂性能也不尽相同。

1. 催化剂载体

贵金属催化剂通常负载在活性炭或氧化物载体上。载体的作用是不容忽视的，一方面载体的化学组成影响催化反应的进行，载体和金属间的相互作用关系到催化剂的结构(金属粒子的大小和形貌)及电子性质；另一方面，载体本身和反应物可能发生反应，影响整个反应的进程。

2. 金属的分散度

金属的分散度和金属微晶的大小也是重要的影响因素。金属分散度愈高，在表面上的金属原子数目就愈多，催化活性也就愈高。金属粒子非常小时（<1nm），往往观察到催化活性降低。这是由于金属与载体间的相互作用加强以及结构灵敏性所致。金属微晶的大小也影响到产物的选择性。

3. 催化剂颗粒大小和孔径分布

催化剂颗粒大小影响加氢反应的速率。颗粒越小，比表面积越大，单位质量催化剂的活性越高。对于多孔催化剂，颗粒大小决定内扩散的极限。颗粒大小也影响到催化剂在溶液中的分散和气泡在溶液中的凝聚状况。

催化剂的孔径和金属在多孔催化剂中所处的位置是重要的，直接影响传热和传质过程，控制扩散的机制，从而关系到催化反应的速率和产物的选择性。

4. 反应介质的选择

液相加氢还原通常选择乙醇、乙酸乙酯、乙酸、碳氢化合物（烷烃、芳烃）、乙醚、水等作为溶剂，有时也用二氯甲烷。如果反应物是液体，也可以不用溶剂。

溶剂的作用是重要的，溶剂的极性对于加氢产物的立体选择性有决定性作用。多功能团化合物加氢的化学选择性依赖于溶剂的选择，由于溶剂和反应物及催化剂的作用可以导致不同的反应结果。

部分加氢反应，由于官能团的连续加氢和相应的副反应的竞争，产物的选择性依赖于溶剂的选择。如乙炔加氢反应。

加氢反应在一定条件下可以终止在所形成的活泼官能基团上。如腈或硝基化合物的加氢还原可以在生成氨基时终止反应。但若用乙酐作为溶剂，则氨基进一步还原为酰胺。

5. 催化剂的修饰剂

催化剂的修饰剂对催化加氢的选择性有很大影响。修饰剂除了能够改变催化剂的电子性质之外，还能和反应物竞争吸附中心，甚至完全阻塞催化剂表面的活性中心。如用 Lindlar 催化剂使炔烃加氢变为烯烃就有这种情况。

8.3.2.3　催化加氢还原反应实例

1. 卤代芳香硝基化合物的加氢还原

卤代芳香硝基化合物是许多精细化学品，如农用品、医药、染料和颜料等的重要中间化合物。过去从卤代芳香硝基化合物制备苯胺主要采取在酸性介质中用铁粉还原的方法。所产生的废水、废渣难以处理，费用昂贵；而且氧化铁玷污产品，质量难以保证。许多国家为了保护生态环境已经改用催化加氢还原法。

$$Ar—NO_2 + 3H_2 \longrightarrow Ar—NH_2 + 2H_2O$$

以贵金属（铂、钯、铑、钌）或镍为催化剂，在适当条件下有很高的化学选择性，即在不影响其他基团，如 $C_6H_5—X$（X 为卤素）、$C \equiv C$、$C \equiv O$、$C \equiv N$ 等的情况下对硝基有选择地加氢还原。铂和镍是最常用的催化剂。由于经济上的考虑，只有在特殊情况下才使用铑、钌贵金属。钯作为加氢催化刈，若在未加修饰情况下使用，则有使卤代芳香化合物的 C—X 键断裂的倾向，只有氟化物例外。镍的抗腐蚀性较差，在反应时有相当数量的镍溶解，会玷污产品。

商品催化剂除骨架镍外，通常使其表面部分氧化，但硝基化合物能防止金属氧化物还原为活性金属。这效应以铂的氧化物最为显著，在碱性条件下对镍、钯也有同样的结果，这导致金属活化有一定的诱导期。但用氢气或其他还原剂(对贵金属用甲醇)对催化剂预先还原可缩短诱导期。采用高氢压可以在原位使金属催化剂活化。

2. 脂肪的加氢

天然油脂又称脂肪,主要成分是多种脂肪酸的甘油三酯。天然油脂的组成大体是固定的,但是会随不同的国家和地区而不同。两类天然油(植物油和动物油)的典型组成如表8-1。天然油的双键全部或部分加氢后,熔点升高,气味、色泽、稳定性都得到改善。加氢的过程也称为硬化的过程,所用的催化剂为镍催化剂。

表8-1　植物油和动物油的脂肪酸组成　　　　　　　　%

脂肪酸	碳数	双键数	豆油	牛油
月季酸	12	0		0~1
十四酸	14	0		2~6
棕榈酸	16	0	8	20~23
棕榈油酸	16	1		2~4
硬脂酸	18	0	4	14~29
油酸	18	1	28	35~50
亚油酸	18	2	53	2~5
亚麻酸	20	4	6	0~2
花生酸	20	0		0~2
皂化值			189~195	100~200
碘值			120~111	40~48
熔点/℃			(-20)~(-23)	40~48

镍催化剂的制备方法如下:将镍盐溶于水中,加入细粉状载体如硅藻土、硅胶或氧化铝等,蒸干,得到的是负载于载体上的氧化镍。使用前要在干燥的氢气氛中还原。活化后的镍催化剂要防止被空气再氧化。为此,将催化剂与已氢化的高熔点(50℃)油脂混合,热熔喷雾成型,此时活性金属镍已被封包在油脂中,可有效地防止再氧化。

商品镍催化剂约含22%的金属镍,表观密度$0.2~0.7kg/L$,孔体积$0.5cm^3/g$,比表面积$50~100m^2/g$,平均粒径约$10\mu m$。催化剂表面有一氧化镍保护层,不影响使用。骨架镍有较高的密度和机械强度,也是很好的油脂加氢催化剂。

8.4　酸碱催化反应

酸碱催化反应包含在许多石油化工和精细化工过程中,特别是在药物、农用化学品、香料和食用香精的合成过程中,酸碱催化反应发挥着重要的作用。

近60年来人们开发了300多种固体酸碱催化剂,对它们的活性和选择性做了深入广泛的研究,用现代实验技术研究它们的内在结构和表面性质,并且将它们用于许多工业化过程。固体酸碱催化剂与其他酸碱催化剂相比有下述优点:对环境友好,副产的"三废"较少,且易于处理;不腐蚀设备,不要求特殊的材质;催化剂有较高的选择性和较长的寿命,且易于分离回收,可再生和重复利用,因而在经济上有相当的优势,得到了广泛的使用。

8.4.1 固体酸催化剂

重要的固体酸催化剂有沸石分子筛、氧化物和复合氧化物、杂多化合物、阳离子交换树脂、固体磷酸核磷酸盐等。

8.4.1.1 沸石分子筛催化剂

1. 硅铝沸石分子筛

沸石分子筛是一类具有骨架结构的微孔晶体材料，构成其骨架的最基本结构单元为 TO_4 四面体，四面体的中心原子最常见的是硅和铝。TO_4 四面体通过顶点的氧原子互相联结，形成花样繁多的次级结构单元(SBU)，即这些次级结构单元是由初级结构单元 TO_4 四面体通过共享氧原子按不同的连接方式组成的多元环。沸石的孔径大小决定能进入沸石结构内部的分子的大小，因此利用不同结构的沸石可以达到择形吸附分离和择形催化的目的。

沸石分子筛表面有质子酸和 Lewis 酸两种，与表面氧桥相连的 H 为质子酸的来源；而沸石骨架中的铝以及 AlO_2^- 位骨架外的铝氧化物则是 Lewis 酸的来源。OH 基团的比活性随沸石分子筛的结构不同而不同，酸性羟基数目则取决于骨架铝的原子数。用其他元素，如硼、钛、钒等，对铝进行同晶取代可大幅度调变沸石分子筛的酸性质。

自 1948 年第 1 次人工合成丝光沸石分子筛以来，到目前为止已人工合成出几百种沸石分子筛。最早在工业上得到应用的是 A 型、X 型和 Y 型沸石分子筛，20 世纪 60 年代 Mobil 公司合成的 ZSM-5 沸石分子筛属于新一代分子筛。ZSM-5 沸石属高硅五元环型(Pentasil)沸石，其基本结构单元(称为 $[5^8]$ 单元)由 8 个五元环组成，这种基本结构单元通过共边联结成链状结构(五硅链，即 Pentasil 链，图 8-2)，然后再围成沸石骨架。ZSM-5 沸石骨架中含有两种相互交叉的孔道体系，如图 8-3 所示。ZSM-5 沸石的孔道体系是三维的，平行于 c 轴方向的十元环孔道呈直线形，椭圆形孔道的孔径为 0.51 nm×0.55nm；平行于 a 轴方向的十元环孔道呈之字形，其拐角为 150°左右，孔径为 0.53nm×0.56nm。ZSM-5 沸石属正交晶系，其理想的晶胞组成为：$Na_n[Al_nSi_{96-n}O_{192}] \cdot 16H_2O$，其中 n 代表晶胞中的铝原子数，可以从 0 变到 20 左右。经过高温焙烧或某些化学处理，ZSM-5 沸石的晶体对称性有可能降低，其晶体结构也可由正交晶系转变成单斜晶系。

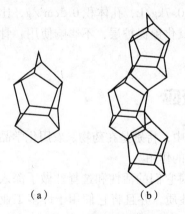

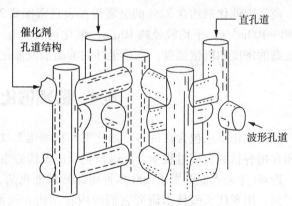

图 8-2 ZSM-5 沸石中的特征单元
(a)$[5^8]$单元；(b)五硅链

图 8-3 ZSM-5 沸石三维孔道结构示意图

2. 磷酸硅铝系分子筛(SAPO)

多孔结晶磷酸铝是非硅、铝骨架的一类新型晶体，虽然其中少数物质在结构上属于沸石类分子筛，但大多数却属于新型结构，因而命名为磷酸铝系分子筛(AlPO$_n$)。所谓第2代分子筛，由于其晶体骨架呈电中性，因而不具有离子交换性能。该类分子筛表面上无强酸中心，直接用作催化剂仅具有弱酸性。AlPO分子筛有良好的热稳定性和水热稳定性。

随后又合成了磷酸硅铝分子筛(SAPO$_n$)，目前已合成的SAPO有几十种微观结构，它们的孔口从8元环到12元环，孔径0.3~0.8nm。SAPO分子筛通常是看作硅取代部分磷进入骨架结构形成的。

近年来通过对骨架原子杂原子化对这种分子筛进行调变。这些杂原子分子筛可以表示为MeSAPO。Me指的是铁、钴、镍、锰、锌等，调变后的分子筛具有阳离子交换的能力和产生质子酸中心的潜力。

SAPO通常是由水热法合成。例如，在一定配比的活性水合氧化铝、磷酸和硅溶胶的混合物中，加入三丙胺、二丙胺等有机胺或季铵盐作模板剂，于100~200℃下晶化一定时间(几小时~几天)后就可制得磷酸硅铝分子筛。依照合成条件的不同，其组成可以在很宽的范围内改变.

磷酸硅铝分子筛是一种具有18元环的中孔分子筛，已用于芳烃、芳胺烷基化反应，并具有择形选择性。

3. 中孔分子筛——M41S

1992年，美国Mobil公司报道了一类孔径可在1.5~20nm之间进行调变的新型沸石族M41S。M41S分子筛具有很高的热稳定性、水热稳定性和耐酸碱性。MCM-41是M41S中的一员，经过表征发现这是一种具有六方相的一维孔道结构的分子筛(图8-4)。它几乎无强酸中心，主要以弱酸和中等强度的酸为主，与ZSM-5沸石分子筛相比，弱酸量相近，中强酸远远超出，而强酸量却相差很多，是一种酸性较弱的催化剂。

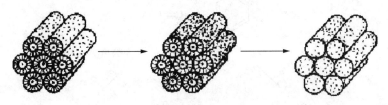

图8-4　MCM-41分子筛孔道结构

此外，对各类分子筛进行适当的化学修饰，以改善其孔径和孔结构，调变它的酸强度和酸中心密度，包括插入各种无机或有机化合物，有望开发出新的分子筛催化剂。

8.4.1.2　酸性氧化物

硅酸铝催化剂属于酸性氧化物一类，可以是天然的，如沸石、硅藻土、膨润土、铝矾土等，也可以是合成的。二氧化硅对烷基化反应只有很小的催化活性，氧化铝比二氧化硅好一些，但也不是好的催化剂。而氧化铝和二氧化硅以适当比例配合并含有少量结构水时具有良好的催化活性，广泛用于气相烷基化催化反应。

工业硅酸铝催化剂通常含有 Al$_2$O$_3$ 10%~15%、SiO$_2$ 85%~90%，催化活性与催化剂表面水合或吸附质子状况密切相关。一般认为是活性的 HAlSiO$_4$ 负载在非活性的二氧化硅上，只有表面上的氢才是有效的催化活性中心。

制备合成硅酸铝催化剂一般采用能产生二氧化硅和氧化铝的原料，通常用硅酸钠(水玻璃)和硫酸铝，先在一定温度及 pH 值下反应生成硅酸铝水凝胶，再经水洗过滤、干燥、焙烧等工序制得多孔催化剂产品。杂质含量过多会影响催化剂的活性和选择性。

8.4.1.3 杂多化合物

杂多酸是两种以上不同金属的含氧酸缩合而成的酸。杂多化合物是指杂多酸及其盐类。杂多酸在水和含氧有机溶剂中有很大的溶解度。杂多酸不论在溶液中还是处于固态都是很强的质子酸。由于杂多负离子体积大，对称性较高，电荷密度相对较低，因而在水溶液中很易解离，放出质子。在液相酸催化反应中12杂多酸的活性高于硝酸、硫酸和高氯酸等无机质子酸。

杂多酸的中性盐虽然并不具有明显的酸性，但某些金属盐的催化活性甚至比母体酸的还高。现在业已证明，这些盐的酸性及催化活性主要来自它们与反应介质的相互作用，因金属正离子本质的不同，至少有两种产生酸中心的机理：水解或氧化还原。

另外，有阳离子交换树脂和磷酸等有时也作为酸性催化剂使用，这里不加赘述。

8.4.2 烷基化反应

烷基化反应系指在有机化合物分子中的碳、氮、氧等原子上引入烷基的反应，包括烷基、烯基、炔基、芳基等。烷基化反应是制备精细化工中间原料和优质燃料的重要反应。

烷基化反应所用的烷化剂通常是卤代烷、烯烃和炔烃、醇、醛和酮等。

催化剂对烷基化反应有决定性影响。以芳香化合物烷基化为例，通过烷基化反应将烷基置换芳香化合物的氢原子，如果被置换的氢原子在芳环上是亲电子取代反应，采用酸催化剂；如果被置换的氢原子是在芳环的支链上，则采用碱催化剂或自由基反应。因而烷基化产物依赖于所用的催化剂(图8－5)，产物的收率也依赖于催化剂。

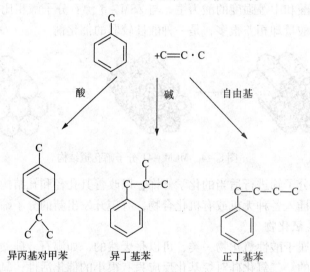

异丙基对甲苯　　　　异丁基苯　　　　正丁基苯

图8－5　催化剂类型对苯与丙烯烷基化反应产物的影响

早期烷基化反应采用均相 Lewis 酸催化剂三氯化铝、三氯化铁、氢氟酸、氟化硼等，收率低，腐蚀设备严重，产物纯度不高，更甚者是严重污染环境，与现代"绿色化工"零排放的要求相距甚远。

自发现 ZSM－5 沸石分子筛和开发了从乙烯生产乙苯的催化过程后，芳烃烷基化反应取得了突破性的进展。目前工业上采用的烷基化催化剂有高硅分子筛、Y 型分子筛和丝光沸石等。

酸性分子筛除了在石油化工的烷基化反应中占据重要地位外，也广泛用于制备精细化工的中间原料和化学品。

8.4.2.1　异丙苯

异丙苯(IBP)是重要的中间原料,用于生产苯酚、丙酮、苯乙酮以及合成橡胶和树脂的单体 α - 甲基苯乙烯等。过去,工业上生产异丙苯主要以苯与丙烯为原料,在催化剂作用下经烷基化制备。过去大多数采用固体磷酸或三氯化铝作催化剂,存在严重的腐蚀和污染物处理问题。近年许多大公司,如 DOW、Unocal Lumms、CDtech,Mobil 和 UOP 等,开发了采用新固体酸作为催化剂合成异丙苯的多种工艺过程。

DOW 公司的 3 DDM 过程采用经修饰后的丝光沸石催化剂。丝光沸石有一维孔结构,容易因孔道口积炭而失活。Dow 公司开发了一种高度脱铝的丝光沸石催化剂,Si/Al 比大约为70,有高强度和低密度的酸中心。高度脱铝改变了一维结构,形成有较大孔道的"假三维"结构;低密度酸点可防止导致积炭的低聚和氢转移反应;高的酸强度可以减少不需要的副产物(如正丙苯)的生成,因而具有较高的选择性和寿命。产物主要为异丙苯、对和间二丙苯。由于分子筛微孔的择形作用禁阻了邻二异丙苯和三异丙苯的生成。

Mobil 公司开发的合成异丙苯工艺过程采用 MCM - 22 分子筛催化剂。它最早用于生产乙苯,后移植用于生产异丙苯。MCM - 22 分子筛有 2 个独立的二维孔体系,独特的孔结构。它具有很高的酸强度以防止丙烯低聚和积炭。Mobil 公司后来又推出了一种新型催化剂——MCM - 56,它是一种层状硅酸铝,比 MCM - 22 分子筛有更高的活性,异丙苯收率达99.7%,产物纯度高达99.97%。在保持同样的丙烯转化率和异丙苯选择性的条件下,还可采用更高的空速。

我国在异丙苯合成催化剂和工艺研究开发方面也取得了一定进展。北京燕山石化公司新建的 80kt/a 液相法异丙苯生产装置采用了新开发的沸石催化剂;上海石油化工研究院开发的高选择性 M - 92 分子筛催化剂,已在实验室完成了 2000h 的稳定性试验,丙烯转化率为100%,异丙苯选择性达 99.5%,有望实现工业化。

8.4.2.2　异丙基甲苯

间/对异丙基甲苯经氧化酸解可制得间/对苯酚,它们都是重要的农药中间体,也是有用的工业溶剂。丙烯与甲苯反应采用固体磷酸作为催化剂。产物有 60% 间位和少于 0.5% 的邻位异丙基甲苯。由于环境保护和经济原因,开发了分子筛催化剂:如采用经硅酯化学蒸气沉积修饰的 ZSM - 5 分子筛。典型的反应条件为:反应温度 275℃,空速 $5h^{-1}$,甲苯/丙烯 =15。过量的甲苯可以限制丙烯低聚反应,在此条件下对异丙基甲苯的选择性大于 90%,丙烯转化率也大于 90%。

8.4.2.3　直链烷基苯

含有 10 ~ 14 个碳原子的单烷基苯是生产烷基苯磺酸盐的原料。烷基苯磺酸盐是合成洗涤剂的重要活性物。直到 20 世纪 60 年代中期,生产烷基苯的烷化剂是四聚丙烯。用这种烯烃最终制成的是异十二烷基苯磺酸盐。由于它含有较多的支链,很难生物降解,因而会造成环境污染。现在已转向生产直链烷基苯磺酸盐。这就需要用 α - 烯烃作为烷化剂。苯和 α -烯烃烷基化通常在液相中进行,原来采用氢氟酸或三氯化铝作为催化剂。

UOP 公司开发了用 $C_{10} \sim C_{14}$ 烯烃与苯烷基化合成直链烷基苯的新过程,采用固体酸催化剂(氟化硅铝混合氧化物),用固定床反应器,所得产物有较高的直链烷基苯含量。也就是说,2 - 烷基苯异构体的收率最高。由 2 - 烷基苯异构体磺化生产的洗涤剂水溶性最好。此外,固体酸比氢氟酸安全,没有强腐蚀性,不用特殊的金属材料,不用处理大量的废物和废水，因而设备投资和操作费用都较低。

8.4.3　环合反应

环合反应指的是在有机化合物分子中形成新的碳环或杂环的反应。它是通过生成新的碳－碳、碳－杂原子或杂原子－杂原子键来完成的。芳香化合物的环合反应广泛用于制备精细化学品和中间原料。

绝大多数成环反应都是先由两个反应物分子在适当的位置发生反应，连接成一个分子，但尚未形成新环；然后在这个分子内部适当位置上的反应基团间发生缩合反应同时形成新环。通过环合反应得到的芳香酮是用于制备药物和香料的重要中间原料。例如，异丁苯是合成对异丁基苯甲基乙酸的中间原料。它可以通过烷基化反应、环合反应、还原反应来制备。

环合反应通常采用酸催化剂，如使用盐酸和超出化学计量的金属氯化物，会产生大量无机副产物，因为酮/催化剂加成物很易水解。从含有大量无机废物中回收催化剂在经济上是不合算的。因此，近年改用固体酸催化剂，如固载化杂多酸（盐）、多聚磷酸、氟化离子交换树脂、固体超强酸等。

沸石分子筛是芳香化合物环合反应活性最高的催化剂，特别是具有较大孔径的 Y 型和 β 分子筛。分子筛的孔结构和对反应产物中间物及产物的吸附状态对反应产物的选择性有重大影响。苯甲醚或 3，4 － 二甲氧基苯甲醚与乙酐在 HY 分子筛催化下进行环化反应已经实现了工业化，中孔分子筛 MCM － 41 可用于合成更大分子的精细化学品和中间原料。例如，催化 1 － 萘酚和二甲基苯甲酸环合反应，产物为 1 － 羟基 － 2 － 萘，具有很高的收率。

8.4.4　缩合反应

缩合是精细有机化工中的一类重要单元反应。缩合一般是指两个或两个以上分子间通过生成新的碳－碳、碳－杂原子、杂原子－杂原子键，从而形成较大的单一分子的反应。缩合反应往往伴随有脱去某一种简单分子，如水、卤化氢、醇等。缩合反应能提供由简单有机物合成更复杂有机物的合成方法，包括脂肪族、芳香族和杂环化合物，在香料、医药、农药和染料等许多精细化学品生产中得到广泛应用。

酸催化在缩合反应中有重要作用。最近利用固体酸催化剂开发了两个新的过程来生产两种新的精细化学品。

双酚 － A 是生产聚碳酸酯的中间原料，通过酚和丙酮缩合而成。现在用磺化离子交换树脂取代盐酸催化剂。琉基烷基胺用作助催化剂。使其与离子交换树脂上的磺酸基键合，以避免玷污产物。高活性的离子交换树脂也能除去缩聚反应中产生的水。此催化剂具有很高的选择性，丙酮转化率达 100%。不需要再循环使用原料，产物可以一次结晶，从而节省投资和减少操作费用。此外，磷钨酸也是从苯酚和丙酮合成双酚 － A 的良好催化剂。

另一个是通过甲醛、乙醛和氨缩合生产吡咯和甲基吡咯的过程。采用 ZSM － 5 分子筛作催化剂，在流化床中进行反应。ZSM － 5 分子筛催化剂具有择形催化能力，因而优于无定形固体酸催化剂，3 － 甲基吡咯的选择性增加。3 － 甲基吡咯是生产维生素 B 和其他药物及农药的重要原料。

8.4.5　水合反应

环己醇可用于制造环己酮、己二酸、己内酰胺（尼龙 6 单体）等，也可用于生产增塑剂、乳化剂及溶剂。通常由环己烯水合制环己醇所使用的催化剂是高浓度的硫酸。近年开发了用沸石分子筛作催化剂使环己烯水合制环己醇的方法。该法使用的 ZSM－5 分子筛具有较大的外表面酸量，是以二烷基硫脲为模板剂合成，并经钛、锆、铪等金属离子交换后制得的。环己烯水合反应主要是在分子筛的外表面进行的，因而，提高外表面酸量就可以提高水合反应速率。

Asahi 以苯为原料，通过两步过程生产环己醇。第一步用钌催化剂使苯加氢得到环己烯；第二步用 HZSM－5 分子筛催化环己烯水合生产环己醇。小量的环己烯溶于置有分子筛的水相中，并吸附进分子筛孔道，在 100～120℃ 水合为环己醇，转化率 10%～15%，选择性达 98%。HZSM－5 分子筛是高硅沸石分子筛（$SiO_2/Al_2O_3 = 25$）。高硅分子筛的疏水性是关键的因素，因而环己烯在水中能够接近分子筛表面。该分子筛外表面酸点数对总酸点数之比为 0.07/1。另外，H－ZSM－5 分子筛的孔道限制了体积较大的副产物二环己醚的生成。HZSM－5 分子筛的晶粒大小应等于或小于 0.1μm，以便反应物能很快到达分子筛所有的活性点。

仲丁醇是生产甲乙酮的主要原料。Texaco 公司以磺化阳离子交换树脂作催化剂，使仲丁烯直接水合生产仲丁醇，反应在超临界条件下进行。

8.4.6　酯化反应

酯化反应通常指醇或酚和含氧酸反应生成酯和水的过程。产物酯的种类非常多，广泛用于香料、医药、农药、增塑剂和胶黏剂、溶剂的生产等，也是重要的有机合成中间体

传统的酯化反应多用无机酸（如浓硫酸）作催化剂，设备腐蚀严重，副反应较多，生产周期较长，工艺复杂，催化剂难以回收利用，后处理需要反复中和水洗，产品损失多且产生大量废水污染环境。近年采用固体酸克服了上述诸多缺点。

离子交换树脂，特别是磺酸型阳离子交换树脂已广泛用于大约 400K 下的酯化反应。在一些酯化反应中采用氟化的离子交换树脂，如具有较高热和化学稳定性的 Nafion 树脂。

杂多化合物用于酯化反应也已取得了很好的结果。乙酸异戊酯是一种用途广泛的有机原料，已主要用于生产涂料、香料及化妆品等，用杂多酸（HPA）催化的最佳选择性达 99%，转化率为 100%。

$$CH_3COOH + i － C_5H_{11}OH \longrightarrow CH_3COOC_5H_{11}$$

以钨锗酸为催化剂，通过液相反应，可合成氯乙酸丁酯、氯乙酸戊酯、氯乙酸己酯。其酯化率均高于 97%。

$$ClCH_2COOH + ROH \longrightarrow ClCH_2COOR \qquad R = C_4H_9、C_5H_{11}、C_6H_{13}$$

此外，还可用沸石分子筛为酯化催化剂。如用硅铝比为 50 的 HZSM－5 分子筛催化乙酸和丁醇的酯化反应（醇酸比为 1∶1），转化率为 98%。沸石用于己二酸二异辛酯的合成，具有很高的催化活性、选择性和重复使用性。当 HY 沸石的焙烧温度为 500℃、反应温度122～130℃、二乙基己醇∶己二酸＝2∶1（体积比）和反应时间为 4h 时，己二酸二辛酯的产率可达 97.89%。

不同类型的酯化反应所要求催化中心的酸强度是不同的，酸强度过弱，催化活性不够，而且可能更有利于醇脱水、醚化等副反应；酸强度过强，则容易引发裂解结焦等副反应使催化剂失活。一般来说，对于酯化反应中等强度的酸中心有较高的催化活性。

8.4.7 醚化反应

将烯烃转化为醚类产品可得到高价值的溶剂及高辛烷值汽油的调和组分，因此醚化工艺及其催化剂越来越受到重视。

乙二醇醚具有独特的性能，因为分子中既有醚键又有不同的烷基，既可溶解有机物小分子、大分子、合成或天然的高分子物质，又可不同程度地与水或水溶性化学物互溶，因而被广泛用作溶剂、防冰剂、制动液、清洗剂和化学中间体等。

乙二醇醚的工业生产是以环氧乙烷和醇为原料经醚化反应而得。采用酸作催化剂时，可加快反应速率，降低反应温度和压力；但会腐蚀设备，酸催化剂从副反应生成的醚醛和缩醛生成液中分离困难，采用固体酸催化剂效果较理想。

例如以磷钨酸作催化剂由环氧乙烷和乙醇合成乙二醇–乙醚，反应温度为 $50 \sim 70℃$，反应压力 $<0.3MPa$，反应时间 $<60min$，搅拌速度为 $192r/min$，质量比为乙二醇:乙醚 $=4:1$。在此条件下，环氧乙烷转化率为 38%，而乙二醇乙醚产率为 75%，副产物双醚在产物中的含量为 2%，有工业应用前景。

甲基叔丁基醚(MTBE)是高辛烷值汽油的调和组分，有很高的经济价值。目前 MTBE 的生产普遍采用强酸性大孔阳离子树脂类催化剂。其异丁烯转化率高，MTBE 选择性好。但是树脂催化剂一旦表面积炭而失活就无法烧焦再生。因此，将酸性强、热稳定性好的分子筛作为催化剂已成为一种趋势。

8.5 不对称催化反应

8.5.1 概述

不对称合成是制备手性化合物最常使用的方法。所谓手性(Chirality)即立体异构形式，具有手性的两个分子的空间结构彼此间的关系如同实物与镜像或左手与右手的关系，相似而不叠合，如乳酸分子(图 8–6)。互为手性的分子称为对映异构体(Enantiomers)。它们的一般物理和化学性质极为相似，其最明显的区别是两种对映体使偏振光分别向右或向左偏转：右旋和左旋分别用"d"(右)和"l"(左)或用"$+$"和"$-$"表示。国际上通用的手性分子标记法还有源于甘油醛构型的 D、L 标记法，以及依据与手性中心官能团顺序规则的 R、S 标记法。

早已发现 2 个分子结构互为镜像的对映异构体(手性化合物)，它们的生理作用是不同的。此外，处在凝聚态或晶态时的光学纯对映异构体分子具有独特的性质，如非线性光学性质或铁电性质等。与其外消旋混合物的性质是完全不同的。近年手性化合物受到高度的重视。

手性是自然界的最基本属性之一。构成生命体的有机分子绝大多数是不对称的。手性是三维物体的基本属性。如果一个物体不能与其镜像重合，就称为手性物体。

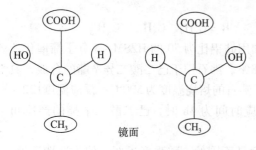

图 8–6 乳酸分子的镜像关系

未认识手性药物之前曾有过惨痛的教训。2001 年，三位化学家诺尔斯、野依良治和夏普莱斯曾分别发明了手性合成催化剂，开创了高效合成手性药物的催化技术；随后 10 多年中，手性技术、不对称催化合成、手性药物工业迅速发展，成为国际上广泛关注的高新技术领域之一。手性催化技术既能提供医药、农药、精细化学品所需的关键中间体，还能开发出环境友好的绿色合成方法。

手性合成即选择一个较好的手性诱导剂，使无手性或前手性（Prochiral）的作用物转变成光学活性产物，并使一种对映异构体大为过量，甚至得到光学纯的对映体。由于立体结构不对称的物质都具有手性，手性合成又称为不对称合成。

目前不对称合成有了长足的进展，已应用于制备医药、香料、农药、食品添加剂中其有光学活性的对映异构体化台物和具有上述性质的新型材料。

手性合成反应需要一些特殊的条件。一般来说，其反应体系要有手性因素，如手性反应物、手性试剂、手性溶剂以及手性催化剂等，其中手性催化剂起着举足轻重的作用。最早使用的手性催化剂是酶。20 世纪 60 年代出现了第 1 个均相金属手性催化实例，其后 30 多年来均相金属催化剂在不对称反应中的应用有了相当大的进展。

制备不对称对映异构体精细化学品及其中间物主要采用液相反应，间隙式进行，目前批量都较小，所用的催化剂以可溶性的或高度分散的细粉为主。从工艺上说，多相催化优于均相催化，因为它易于处理和分离。但固体催化剂难以在分子水平上设计和解释。

手性催化技术研究主要涉及以下几方面：

①手性配体的设计、含成和应用。目前用到的配体有手性双膦及单膦配体、手性胺类配体、手性醇类配体、手性酰胺类配体及手性冠醚类配体等。

②不对称合成反应　包括加氢、氧化，还原、羰基化、环氧化、烷基化以及 Heck 反应等。

8.5.2　不对称催化反应

手性分子的每个对映体都把偏振光旋转到一定的角度，其数值相等但方向相反，因此，如果一个对映体的量超过了另一个，手性化合物就可能是光学活性的。评价不对称催化反应的重要指标之一是"对映体过量"或"$ee(\%)$"，它表示一个对映体对另一个对映体的过量，通常用百分数表示。

$$ee(\%) = \frac{[R] - [S]}{[R] + [S]} \times 100$$

式中，R、S 分别代表互为镜像的左旋、右旋两种对映异构体。

另一种方法是采用光学收率 $oy(\%)$。定义如下：

$$oy(\%) = \frac{[\alpha]_m}{[\alpha]_p} \times 100$$

式中，$[\alpha]_m$ 为产品混合物使偏振光偏转的角度；$[\alpha]_p$ 为纯对映体使偏振光偏转的角度。当偏振光旋转的角度与混合物的组成呈线性关系时，对映体过量与光学收率相等。通常，对映体过量和光学收率越大，反应的对映体选择性或光学选择性越高。

不对称催化反应研究、开发及应用的时间虽然不长，但进展很快，对一些反应，手性产品的光学收率已经超过 90%。不对称催化反应的应用领域还将不断扩大。

大多数不对称催化反应是基于功能团位点上的平面 sp^2 碳原子转化为四面体 sp^3 碳原子时发生的。这些功能团包括羰基、烯胺、烯醇、亚胺和烯键，反应包括不对称加氢或其他基团的不对称加成（图 8 − 7）。

❖ 第二篇　应用技术

通过不对称催化可以将含有对映体基团的底物转化为对映体富集的化合物，如图 8-8 的示例。这些反应破坏了起始底物的对称性。

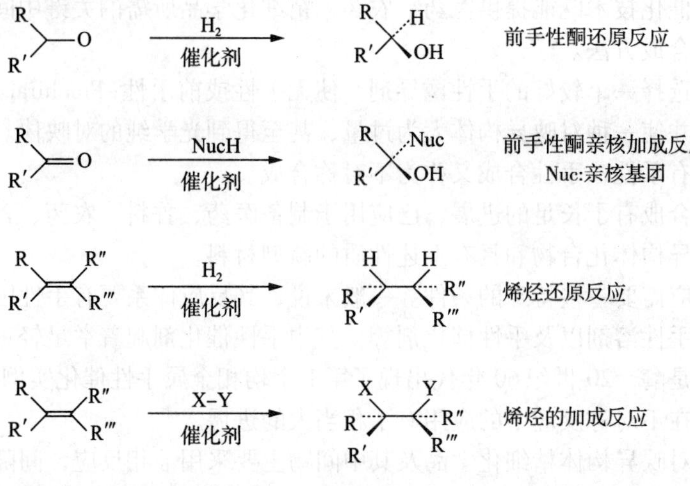

图 8-7 平面 sp^2 碳原子转化为四面体 sp^3 碳原子的不对称催化

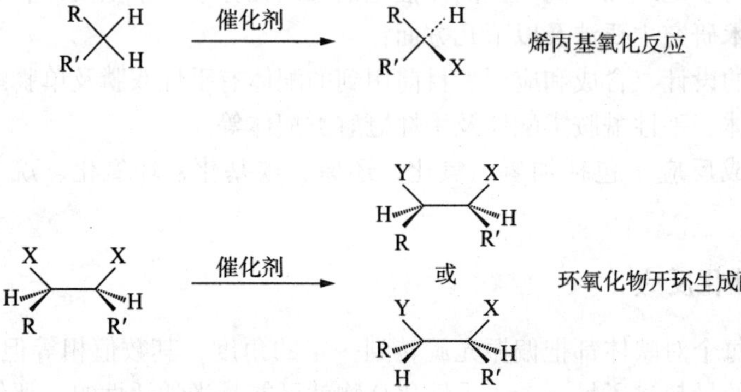

图 8-8 破坏起始底物对称性的不对称催化

不对称催化也可以通过动力学拆分外消旋混合的底物而达到，在反应中底物的一种对映体选择性地转化为产物，而另一种则没有反应，保留了下来。在某些反应中，底物转化为产物时两种对映体都转化为同一种对映体，外消旋底物动力学拆分的例子如图 8-9 所示。

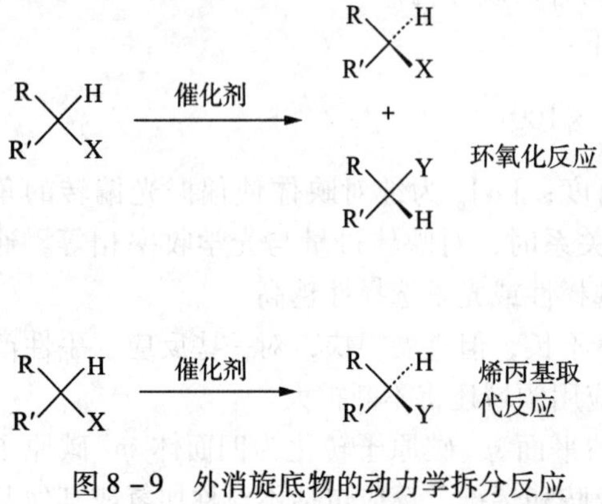

图 8-9 外消旋底物的动力学拆分反应

在不对称催化反应中，底物和有手性中心的催化剂结合起来形成非对映过渡态。在一个没有手性中心的环境下，分子结构互为镜像的两种对映异构体形成的可能性是相同的。在有手性中心的环境下，两个空间构型不同的过渡态的活化能差异将导致优先选择生成某一种对映异构体。过渡态活化能的差异来源于手性催化剂和底物（反应物）的相互作用。在 25℃，活化能相差 6kJ/mol 和 12 kJ/mol，将导致对映体量分别为 80%（90%：10%）和 98%（99%：1%）。

用于不对称催化的对映异构体选择催化剂应

当具有控制不同底物的活化和控制反应产物的功能。对多相催化，则假定催化剂和被吸附的底物以及被吸附的手性助剂（修饰剂）的相互作用，导致控制活化过程。实验表明，能够转化为有光学活性对映异构体的底物都具有能和催化剂手性活性中心相互作用的功能基团。

8.5.3　手性催化剂

手性分子催化剂与一般催化剂的不同在于，不但要保证较高的产率，还要使产物有较高的光学纯度。在 20 世纪 70 年代早期，酶作为不对称催化剂一直占据主要地位。经过多年的研究，现在已知的不对称催化剂除酶外还有不对称金属络合物、生物碱等。此外，经手性助剂修饰的金属可作为手性多相催化剂。

手性催化剂由活性金属中心和手性配体构成。金属中心决定催化剂的反应活性，用催化剂的转化数（TON）表示 1 个催化剂分子能催化多少底物分子，用转化频率（TOF）表示催化剂的反应速率。手性配体则控制立体化学，即对映体选择性。

不对称金属配合物催化剂有如下优点：①目的产物收率较高。②金属能催化的反应较多。将不同的金属与配体相互组合，可得到种类繁多的配合物催化剂，适用范围较广。③在不影响催化能力的前提下，金属配合物催化剂可固定于高聚物载体上，为其回收和利用提供了方便。④催化剂用量少。如以 Rh/DEGPHOS 作催化剂生产 L – 苯丙氨酸，1t 反应物仅需催化剂 400g。

能用于手性催化的优良配体应具备以下条件：①底物不对称中心形成时不对称配体应结合在中心离子上，而不造成溶剂效应。②催化剂活性不应因不对称配体的引入而有所降低。③配体结构应易于进行化学修饰，可用于合成不同的产物。对于不同的催化反应、不同的金属离子，必须选择适当的配体。

目前使用的配体可归为以下几类：手性膦化物、手性胺类、手性醇类、手性酰胺类及羟基氨基酸、手性亚砜类和手性冠醚类。其中影响最大和应用最广的是手性膦配体：一方面因为它能和多种金属离子形成性能卓越的配合物催化剂；另一方面膦化学已分支为一门系统的学科，为各种膦配体的合成提供了方便。

8.5.4　酒石酸修饰的镍加氢催化剂

目前酒石酸修饰的镍加氢催化剂是研究最充分的手性催化剂。催化剂修饰时 pH 值、温度、时间等因素强烈地影响对映选择性。通常反应温度在 60 ~ 100℃，氢压 8000 ~ 10000kPa。溶剂影响对映选择性，有如下顺序：正烷醇 > 丙酸甲醇 ~ 乙酸乙酯 ≫ 四氢呋喃 ≫ 甲苯 ~ 乙腈。半极性的质子溶剂，特别是丙酸甲酯有很高的对映选择性。加入弱酸增加对映选择性，特别是在甲基丙酮加氢反应中加入特戊酸是必要的，而不宜加入水。

在用来修饰的各种镍催化剂中以骨架镍最好。镍粉或固载的镍催化剂也适用。骨架镍催化剂的原料为金属合金粉。先将金属镍和铝（或硅）按一定比例熔融制成脆性合金，再粉碎成具有一定粒度范围的粉末，然后用氢氧化钠溶液与合金粉反应，使不需要的铝（或硅）从合金粉中以铝（或硅）盐形式除去，即得到具有骨架结构的骨架镍催化剂。

很难表征和控制骨架镍催化剂的结构，对催化剂修饰的腐蚀作用可能强烈地改变催化剂的表面性质。对于负载镍催化剂，镍分散度很大程度地影响对映选择性。镍粒子大小最佳值为 10 ~ 20nm。

如果用溴化钠等无机盐进行复合修饰，不仅提高了对映体选择性（10% ~ 30%），而且改进了反应的再现性。这是由于溴化钠并不吸附残存在镍上的修饰剂，却能使无区别性的活性点中毒失活。表8-2为几种双烯酮和酮酯类不对称氢化反应结果，催化剂为酒石酸-溴化钠不对称复合修饰的骨架镍催化剂。反应温度100℃、氢压10MPa时，每单位不对称源（酒石酸）的光学活性增大1000倍以上。将上述不对称修饰的骨架镍催化剂载于硅树脂上或者用有机胺处理，可增加催化剂的稳定性，可以反复使用，并保持性能不变，而且反应后催化剂也容易分离。

表8-2　几种双烯酮和酮酯类不对称氢化反应结果

底物	产物（醇）	对映选择性/%
$CH_3CO(CH_2)_5CH_3$	$(S)-CH_3CH(OH)(CH_2)_5CH_3$	9
$CH_3COCH_2CH_2COOCH_3$	$(R)-CH_3CH(OH)CH_2CH_2COOCH_3$	8
$CH_3COCH_2COOCH_3$	$(R)-CH_3CH(OH)CH_2COOCH_3$	83
$CH_3COCH_2COCH_3$	$(R)-CH_3CH(OH)CH_2COCH_3$	74

不对称催化反应还有不对称催化还原、不对称环氧化、不对称催化加成等反应，在此不作介绍。

多相不对称催化是一个多学科交叉的新领域，涉及材料科学、有机化学、配位化学、物理化学等，通过各学科的融合和集整，以开展多相手性催化的深入研究。20世纪90年代手性催化发展迅速，21世纪不对称催化将会成为手性技术的一项高科技产业，一批具有高经济价值的不对称合成工艺将会出现，农业、医药、精细化工、食品添加剂等行业将会发生巨大的变革。目前国际学术界关注以下3个方面的发展：①寻找更高催化活性的手性配体和催化剂；②开拓新的不对称催化反应方法；③开发具有经济价值的工业规模工艺。

知识拓展

两相（水/有机相）催化反应

1. 概述

两相（水/有机相）催化是均相催化的一个特殊情况，均相络合催化实际应用中的

一个核心问题是过渡金属催化剂的分离和循环使用。解决该问题的办法大致分为两类：一是将催化剂固载化，但固载化催化剂难以解决活性组分脱落和流失问题；二是采用水溶性膦配体，将均相催化剂动态"担载"在与产物互不相溶的水相而实现水/有机两相催化。两相催化体系既保留了均相催化反应条件温和、通过配体剪裁来控制活性和选择性等特点，同时又具备多相催化产物和催化剂易于分离的优越性，在催化反应中呈现出广泛的适用性。

1984年，以水溶性膦配体三（间磺酸钠苯基）膦（TPPTS）和铑的Wikison型配合物HRh(CO)(TPPTS)$_3$为催化剂的丙烯两相氢甲酰化反应技术（简称RCH/RP过程），在德国鲁尔化学公司获得应用，已建有两套30kt/a的正丁醛工业装置。20世纪90年代以来，水溶性膦配体和两相催化的研究工作进展很快。在新的水溶液性膦配体不断合成的同时，水/有机两相催化体系的应用范围也日益扩展，在石油化工和精细化工中发挥重要作用。

在水/有机两相催化体系中，反应在两相界面或水相中进行。反应结束后，通过相分层的方法实现催化剂与产物的分离。

2. 两相催化原理

通过向有机膦分子引入亲水的强极性功能团，如磺酸基、羧基、季铵盐、羟基和聚氧乙烯醚链等，从而合成出各种类型的水溶性膦配体。间磺酸钠苯基二苯基膦（TPPMS）和TPPTS因合成方法简单、催化性能

良好而在各类反应中广泛使用。

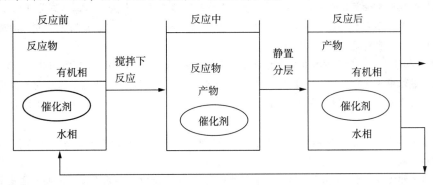

TPPMS　　　　　　　　TPPTS

水/有机两相催化是通过水溶性膦配体实现的。由水溶性膦配体和过渡金属配位生成的水溶性催化剂在催化有机合成反应完成之后，催化剂和产物分别居于水相和有机相，很大程度上简化了贵金属催化剂的分离回收步骤。该过程的基本原理如图 8 - 10 所示。通常认为，在一个水/有机两相共存的体系中，催化反应主要在水相或两相界面进行，具体取决于底物在水相的溶解性能。

图 8 - 10　水/有机两相催化基本原理示意图

3. 水溶性膦配体

水/有机两相催化过程的开发成功很大程度上是由于水溶性配体的研制取得了重大进展，其中最主要的是膦引进极性基团后可转化为水溶性配体。这些极性基团包括磺酸基、羧酸基、氨基和膦基、羟基等。其他亲水取代基(如磷酸盐)应用较少。

1)磺化膦配体

磺化膦配体是催化过程中最常用的一类水溶性金属配合物的配体。磺酸基单取代和双取代的膦配体 TPPMS 和二(间磺酸钠苯基)苯基膦(TPPDS)已用于铑羰化催化剂。利用发烟硫酸对三苯基膦进行磺化，随后经氢氧化钠中和，可制备高水溶性的三(间磺酸基苯基)膦的三钠盐。

2)季铵烷基和季铵芳基的膦盐

通过胺烷基膦和胺芳基膦的氮原子水合反应也可以制备可溶性的膦。但是由于磷原子比氮原子更活泼，必须通过氧化反应或者和金属配位，对磷原子事前加以保护，随后分别再还原或去配位以获得水溶性配体。

3)羧基化膦

早在 20 世纪 50 年代初就已经合成了羧基化膦，其中几个重要的例子如下：

还有几种水溶性膦配体在此就不一一介绍。

4) 水溶性膦催化剂用于加氢反应

水/有机两相催化最早在含碳－碳双键和碳－氧双键的不饱和化合物加氢反应中获得应用。对简单烯烃加氢反应的研究较少，主要工作集中在 α, β － 不饱和羰基化合物的选择加氢和前手性化合物的不对称加氢反应。

因受氢气在反应介质中的扩散速率和底物在水相的溶解度这两个因素影响，两相催化加氢的转化频率通常较低。甲醇等共溶剂或表面活性剂的加入能有效增加底物在水/有机相间的传质速率，从而提高催化活性。表面活性剂浓度变化对催化活性的影响规律表明，表面活性剂对反应的加速作用是通过胶束的作用实现的。但有时在较高的氢气分压(2~4MPa)下用 Rh/TPPTS 催化剂，在 α － 位的 C＝C 双键的加氢反应无需添加共溶剂、活表面活性剂仍能得到令人满意的结果，具有较高的转化率和选择性。

其他不饱和醛也能被有效地还原，对于 α, β － 不饱和醇的选择性达 96% 以上，但是催化 α, β － 不饱和酮加氢时，却是主要生成 C＝C 双键加氢产物，此时选择性高达 98%。产生这种完全相反的选择性结果的原因还有待于进一步研究。

水/有机两相催化体系中，甲酸盐可代替氢气作为加氢反应的氢供体。Ru/TPPTS 催化 α, β － 不饱和醛的加氢反应，若以甲酸钠和甲酸铵为氢供体，其目的产物收率达 90% 以上。甲酸盐浓度对加氢反应速率有显著影响。甲酸盐的采用会产生致使催化剂失活的碱性物种，但作为一种新的氢供体，甲酸盐仍值得进一步尝试。

不对称催化加氢反应是水/有机两相体系中极具潜力的应用领域。例如在脱氢 α 一氨基和 α, β － 不饱和酸的不对称加氢。

与均相体系相比较，水/有机两相体系中不对称加氢反应的光学选择性往往要差一些。这是由于在不对称加氢反应过程中，前手性底物和手性催化剂配位生成一对非对映异构体，该异构体和氢气的不可逆氧化加成反应速率的差异决定了加氢反应的光学选择性。与有机溶剂相比，水的溶剂化效应使非对映异构氧化加成产物之间的能量差变小，因此导致反应的光学收率有所下降。

5) 水溶性膦催化剂用于碳－碳偶联反应

碳－碳偶联反应包括二烯加氢聚合、CH－酸性化合物烷基化反应、双键加成反应(氢胺化和氢甲酰化)以及烯丙基体系的羰基化反应。

(1) 加氢二聚反应

1,3－丁二烯加氢二聚反应包括 4 步：①在水/有机两相体系中，用水溶性 Pd/TPPM 催化剂催化，得到二聚的 C_8 醇化合物。②在多相催化剂 $CuCrO_3$ 作用下反应，生成 C_8 醚化合物。③再回到水/有机两相体系，在 Rh/TPPM 催化下进行氢甲酰化反应，生成产物 ω, ω － 二醛。可以用环己烷来提取。④最后在钼掺杂的骨架镍催化剂作用下加氢，生成 1,9－壬二醇。

(2) CH－酸性化合物烷基化反应

丁二烯或异戊烯和酸性化合物按下式反应，生成带官能团的 1,6－辛二烯。Pd/TPPTS 是活性非常高的催化剂，而铑或铂取代钯，则活性很差。在优化条件下，反应有很高的区域选择性。

2 → R + Y·H —催化剂→ 产物

R = H，Me

Y = MeO，PtO，PhO，MeCOO，Me₂N

CH－酸性化合物的异戊基化是类似的反应，特别是1，3－二羰基化合物可以在Rh/TPPTS催化下烷基化，如巴比妥的异戊烷基化反应。

产物中两个异构体并不等量生成。当采用钯催化剂时，处在分子末端的双键移动到分子内部。活性亚甲基化合物加成有显著的区域选择性，惟一地攻击单取代基双键。在正常条件下（25℃，48h）不会产生1，3－双碳基化合物。催化剂很易回收和重复利用。

Pd/TPPMS催化C－C偶联反应，如卤代芳烃和卤代杂原子芳烃的芳构化、乙酰化、磷酰化、乙烯基化（Heck反应）都达到很高的收率（＞99％）。Pd/TPPMS也用于各种官能团反应，包括未保护的核苷酸和氨基酸。端基炔烃和碘代乙烯、碘代芳烃交叉偶联反应也取得了很好的结果。

6）水溶性膦催化剂用于制备精细化学品

近10年来Rhone－Poulene公司采用Rh/TPPTS催化剂生产多种维生素的前驱体，例如以肉桂烯和乙酰丙酮酸酯为原料，通过下列反应生产维生素E的前驱体——香叶基丙酮。

肉桂烯　　乙酰丙酮酸酯

水解去羰基

维生素E ← 香叶基丙酮

生产苯乙酸（PAA）的传统方法是从苄基氯化物经苄基氰化物到苯乙酸，生产过程中伴随有大量的无机盐生成。采用水/有机两相羰基化方法，伴生盐量减少60％，大大降低了产品成本。在两相体系中，采用水溶性配体BINAS和TPPTS与PdCl₂或Pd（OAc）₂原位生成催化剂，有机相为甲苯或二甲苯，底物氯苄或取代氯苄溶于有机相，催化剂前驱体溶于碱性水溶液（通常为氢氧化钠水溶液）中。在反应过程中，随着一氧化碳的消耗，同时生成苯乙酸和盐酸。在pH值约为2时，大量的苯乙酸钠盐被质子化溶于有机相中，而催化剂一直存在于水相之中。两相分离后经重结晶，苯乙酸纯度大于99％。

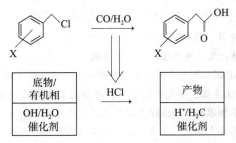

第二篇　应用技术

从丙烯醇或丙烯酸酯经羰基化后得到 β－甲酰丙酸酯(β－FAPE)，进一步反应得到丁二醇。采用两相催化法保证羰基化反应有很高的 β/α 比。

$$H_2C = CH—COOR \xrightarrow[RH/TPPTS]{CO/H_2} OHC—CH_2—CH_2—COOR \xrightarrow[-ROH]{+H_2 \ 催化剂}$$

$$HOCH_2—CH_2—CH_2—CH_2OH$$

除了羰基化外，两相催化加氢方法也十分重要。从水/α，β－不饱和醛两相混合物出发，用钌系催化剂得到不饱和醇；用 Rh 系催化剂得到饱和醛。该方法可以用于合成 2－乙基己烯醇和 2－乙基己烯酸。对于反式肉桂醛的两相催化加氢反应，调节溶液 pH 值控制反应方向，或者得到肉桂醇，或者是二氢化肉桂醛。还可以得到肉桂酸。

两相催化方法也可用于胺的合成：通过丁二烯与氨反应得到脂肪胺；硝基苯及其衍生物还原可得到芳香胺。

此外，两相催化方法还可用于低聚反应、水合反应、分子内和分子外 Heck 反应等。

4. 负载型水相催化剂

1989 年第 1 次报道负载型水相催化剂(Support Aqueous Phase Catalysts，简称 SAP)，从而为疏水型底物(如高碳烯烃、油醇等)的还原及羰化催化剂的开发开辟了新的途径。

SAP 催化剂制备方法如下：将内表面大的粒状、多孔载体物质在搅拌下加入[HRh(CO)(TPPTS)$_3$]水溶液中(配体 TPPTS 应该处于过剩状态)浸泡，而后真空干燥。所用亲水载体如控孔玻璃(CPG)有很大的可变内表面积。CPG－240 平均孔径为 23.7nm，孔体积 0.95mL/g。除去溶剂后，得到黄色粉末，其含水量(质量分数)仍有 2.9%。金属配合物均匀分布在载体的内外表面，SAP 催化剂的结构如图 8－11 所示。

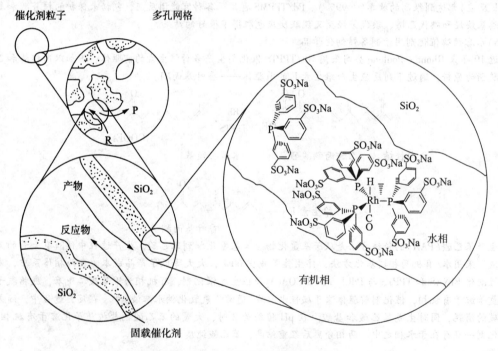

图 8－11　SAP 催化剂的结构示意图

含铑 SAP 催化剂在己烯、辛烯、癸烯的氢甲酰化反应中，转化频率几乎相同；而在水/有机两相反应体系中，上述 3 种烯烃的氢甲酰化反应速率随其水溶能力的降低而下降。证明了在 SAP 催化反应中，反应在水/有机相的界面上进行。SAP 催化剂含水量的高低是影响其活性的重要因素。当含水量较低时，催化剂则可能被"固相化"，使催化活性降低；增大水的含量，液膜在载体表面的流动性增强，催化活性随之增大；当含水量过高时，则担载水相催化剂的液膜界面反应的优势不能得到体现。然而 SAP 催化剂的含水量难以控制，且会随反应的进行而发生变化，给其制备及循环利用带来一定的困难。

5. 新兴两相催化技术

1) 温控相转移催化

一类以乙氧基链为亲水基的非离子表面活性水溶性膦配体 $Ph[C_6H_4(OCH_2CH_2)_nOH]_m$ 的铑配合物催化剂，在水/有机相转移体系中对高碳烯烃进行的氢甲酰化反应，即使不加相转移试剂，烯烃的转化率也可达90%以上。这是一种完全不同于常规的水/有机两相反应过程。由于膦配体具有非离子表面活性剂的逆反温度-水溶性特征(即浊点)，在常温下有很好水溶性的铑/磷催化剂在高于其浊点的反应温度下会从水相析出而转移到有机相，反应不是发生在水相而是在有机相进行。反应结束，冷却后催化剂又重返水相与产物分开，即所谓的"温控相转移催化"过程。温控相转移催化解决了水/有机两相体系的适用范围受底物水溶性低的限制问题，有工业应用前景。

2) 氟两相体系

目前，水/有机两相体系已发展到多相催化体系，已不限于水溶性催化剂，而是基于具有特殊性质的配体，采用多种互不相溶的有机溶剂体系及以离子液体作为反应介质。氟两相体系就是其中的一种。

氟两相体系利用了全氟烷烃、醚及叔胺在低温条件下与大部分有机溶剂(如芳烃、脂肪醇、酮、四氢呋喃等)互不相溶而又可溶解大量气体(如氧气)的特性。其原理是基于全氟化合物分子与其他溶剂分子弱的相互作用，导致在低温时互不相溶，而在较高的温度下则成为单相。反应结束后降温，体系重新分成两相，从而达到产物分离及催化剂回收的目的。为了促进过渡金属配合物催化剂在全氟相中的溶解能力，其结构中最好含有与全氟相结构相类似的氟化基团。

3) 有机/有机两相体系

含有亲水性磺酸基苯单元的三角锥型膦配体(Sulphos)与铑形成的配合物具有两亲性。该化合物不溶于水，但在极性醇溶剂(如甲醇、乙醇)及水/醇混合溶剂中却有较好的溶解性能。将非极性溶剂(如正己烷)与含 Rh/Sulphos 的醇溶剂相混合，室温下互不相溶，当温度超过60℃，则成为均相，而降低体系温度又可再次分层。该催化体系已成功地应用于苯并噻吩的选择氢解反应，产物为2-乙基苯硫吩。

思考题

1. 催化氧化过程常用催化剂有哪几类？各有什么特点？
2. 催化加氢还原反应有哪几类？
3. 催化加氢催化剂的基本要求有哪些？
4. 常用的固体酸催化剂有哪些？
5. 什么是不对称催化？在工业上有什么重要性？
6. 简述两相催化过程的原理。
7. 两相催化剂有哪些类型？各有什么特点？

第9章　无机化工催化过程

9.1　概述

无机化工是无机化学工业的简称，以天然资源和工业副产物为原料生产硫酸、硝酸、盐酸、磷酸等无机酸、纯碱、烧碱、合成氨、化肥以及无机盐等化工产品的工业。包括硫酸工业、纯碱工业、氯碱工业、合成氨工业、化肥工业和无机盐工业。广义上也包括无机非金属材料和精细无机化学品如陶瓷、无机颜料等的生产。无机化工产品的主要原料是含硫、钠、磷、钾、钙等化学矿物和煤、石油、天然气以及空气、水等。

与其他化工部门相比，无机化工的特点是：①在化学工业中是发展较早的部门，为单元操作的形成和发展奠定了基础。例如，合成氨生产过程需在高压、高温以及有催化剂存在的条件下进行，它不仅促进了这些领域的技术发展，也推动了原料气制造、气体净化、催化剂研制等方面的技术进步，而且对于催化技术在其他领域的发展也起了推动作用。②主要产品多为用途广泛的基本化工原料。除无机盐品种繁多外，其他无机化工产品品种不多。例如，硫酸工业仅有工业硫酸、蓄电池用硫酸、试剂用硫酸、发烟硫酸、液体二氧化硫、液体三氧化硫等产品；氯碱工业只有烧碱、氯气、盐酸等产品；合成氨工业只有合成氨、尿素、硝酸、硝酸铵等产品。但硫酸、烧碱、合成氨等主要产品都和国民经济各部门有密切关系，其中硫酸曾有"化学工业之母"之称，它的产量在一定程度上标志着一个国家工业的发达程度。③与其他化工产品比较，无机化工产品的产量较大。例如，1984年世界硫酸产量为147.6Mt。1983～1984年度世界化肥产量为130.2Mt(以有效成分计)，世界纯碱和烧碱的年产量也分别为30Mt以上。

无机化工催化剂(Catalyst for Inorganic Chemical Industry)是催化剂工业中的一类重要产品，用于生产无机化工产品的化学加工过程，主要包括合成气和氢气的生产、气体的净化、氨合成和硫酸的生产等。

目前，我国自己开发的无机化工类催化剂主要包括合成氨工业、硝酸工业、硫酸工业等共9类21种近百种型号催化剂。

9.2　脱硫催化剂

9.2.1　概述

合成氨原料气中，一般总会含有不同数量的无机硫化物和有机硫化物，这些硫化物的存在，会使催化剂中毒并增加气体对金属的腐蚀。此外，在空气汽提过程中硫化氢被氧化成硫黄，而硫黄的析出会堵塞设备和填料。在合成氨生成过程中，由于工艺流程和所使用的催化剂不同，对原料气脱硫的要求亦不同。

硫对甲烷化催化剂、氨合成催化剂的毒害是积累性的，为了使催化剂维持较长的使用寿命，提高设备操作周期，对原料气中硫含量要求愈来愈高。如甲烷化催化剂要求脱硫后净化气中总硫含量不得超过 $17\mu g/m^3$（标）。

脱除气体中硫化氢的方法很多，一般可分为湿法和干法两大类。湿法脱硫按溶液的吸收和再生性质可分为氧化法、化学吸收法、物理吸收法、物理化学吸收法等。

干法脱硫中最早使用的是氢氧化铁法和活性炭法，但近代合成氨工业上所使用的催化剂对原料脱硫的要求愈来愈高，而只有干法脱硫才能达到精细脱硫的要求。且由于湿法脱硫基本不涉及催化剂的使用，本节主要介绍干法脱硫。

干法脱硫剂按性质可分为三种类型：

加氢转化催化剂——钴钼、镍钼、铁钼等。

吸收型或转化吸收型——氧化锌、氧化铁、氧化锰等。

吸附型——活性炭、分子筛等。

按原料气净化后硫化氢净化度的不同又可分为粗净化 $[1\times10^{-3}kg/m^3$（标）$]$、中等净化 $[2\times10^{-5}kg/m^3$（标）$]$ 和精细净化 $[1\times10^{-6}kg/m^3$（标）$]$。在含有机硫的情况下，首先使有机硫化合物产生加氢分解反应，转化成无机硫（硫化氢），以进一步除去。

9.2.2　烃类加氢脱硫催化剂

合成氨原料气含有硫醇、硫醚、二硫化碳、羰基硫和噻吩等，常采用加氢转化催化剂使这些有机硫化物氢解成硫化氢，然后再串联脱硫剂进行原料气中硫化物的脱除。

目前，国内外用于合成氨生产的加氢转化催化剂主要有钼酸钴、钼酸镍和钼酸铁等。表 9 – 1 列出了各种加氢转化催化剂的适用范围，其中以钼酸钴催化剂的性能最佳。

表 9 – 1　各种加氢脱硫催化剂的适用范围

催化剂	适用范围	脱硫效率/%				
		总有机硫	CS_2	CoS	RSH	C_4H_4S
Ni_3S_2	煤气		80			
$Co_9S_8\cdot MoS_2/Al_2O_3$	轻油、炼厂气、油田气	>99				>90
$NiS\cdot MoS_2/Al_2O_3$	含氮化合物的轻油	>99				
$FeS\cdot MoS_2/Al_2O_3$	焦炉气	98				45~65
$CuS\cdot MoS_2/Al_2O_3$	煤气	>1		56		20
$Fe_2O_3\cdot MnO$	天然气				>95	

催化剂的组成是 $\gamma-Al_2O_3$ 负载氧化镍、氧化亚铁、三氧化钼等。催化剂通常以氧化态装填。在这种状态下，对氢解反应就显示出活性，在催化剂变成硫化态前其不可能达到最佳活性，但经硫化后可具更佳的活性，其硫化形态是 Co_9S_8、MoS_2、NiS、Fe 等。通常认为：在脱硫条件下，真正的"活性"催化剂是被不可还原的钴促进的 MoS_2。

实际上工业使用催化剂钴钼组成范围极为宽广，含钼 5%~13%，钴 1%~6%，钴钼之比为 0.2~1.0。产生这些差别的原因，是因为催化剂活性并不仅仅取决于原始配方中钴钼总量的比，而在于有多少钴钼组分变成活性组分，即催化剂中活性钴的含量。

钼酸镍催化剂在合成氨厂较少采用，多用于石油加工。钼酸镍比钼酸钴有更强的分解氮化物和抗重金属沉积的能力，它通常被用来处理沸点较高的原料油，如原油和重油。钼酸镍催化剂还有较强的脱砷能力，在反应压力 12 ~20MPa、反应温度 320 ~380℃、液时空速 4 ~ 8h^{-1}、氢油比 90、原料油含砷 0.1μg/g 条件下，脱硫后精制油含砷 <0.02μg/g，设计砷容（质量分数）可达 4.5%。钼酸镍催化剂型号甚多，但是大部分仍用来处理轻馏分，因处理重馏分或重油时，催化剂寿命较短。

钼酸铁催化剂与钼酸钴一样，具有对有机硫加氢转化的效能。我国的金属钴资源极为缺乏。以铁取代钴，不仅使催化剂生产成本降低，而且铁资源丰富易得，符合我国国情。结果表明：钼酸铁催化剂适用于一氧化碳含量高达 8% 的焦炉气和轻馏分的有机硫加氢转化，能满足小型化肥厂的生产工艺要求，脱硫率在 93% ~96%。

为降低床层阻力，丹麦 Topsøe 公司推出了 TK250、TK251 催化剂，其为外径 5 ~ 5.5mm、内径 2.2 ~2.6mm 的空心环，也有的公司挤压成轮辐状的催化剂。1994 年我国浙江省德清县化工厂技术开发有限公司研制出以 TiO$_2$ 为载体的有机硫转化催化剂 T205，可以减少贵重金属助催化剂的加入量。工厂使用表明，该催化剂比同类产品具有更好的催化活性，在 220 ~280℃ 下能正常运行，升温速率快，7h 便可投入生产。

催化剂可用硫化氢、二硫化碳或其他有机硫进行硫化，不过以硫化氢、二硫化碳硫化效果较好，经硫化后的催化剂，还能减慢积炭速率。以钴钼系催化剂为例。

硫化氢硫化反应：

$$MoO_3 + 2H_2S + H_2 = MoS_2 + 3H_2O$$
$$9CoO + 8H_2S + H_2 = Co_9S_8 + 9H_2O$$

二硫化碳硫化反应：

$$MoO_3 + CS_2 + 5H_2 = MoS_2 + CH_4 + 3H_2O$$
$$9CoO + 4CS_2 + 17H_2 = Co_9S_8 + 4CH_4 + 9H_2O$$

可能发生的副反应有：

$$MoO_3 + CS_2 + 3H_2 = MoS_2 + C + 3H_2O$$
$$CoO + 2CS_2 + H_2 = CoS_4 + 2C + H_2O$$
$$CS_2 + 2H_2 = CH_4 + 2S$$

由上述反应可见，硫化反应产物中含有一定量的甲烷和水蒸气。如产生副反应，则会积炭或析出游离硫，在 316℃ 左右氢会使大部分金属氧化物还原。为了避免在高温时催化剂可能发生预还原，要求硫化初期维持较低的温度，之后随硫化的进行再逐渐提高温度。

9.2.3 脱硫剂

原料中硫化物吸收脱除方法较多，其中氢氧化铁法和活性炭法可以处理硫化氢含量较高的原料气且脱硫剂可再生重复使用和回收硫黄。活性炭还可脱除有机硫化合物，分子筛可以对硫化氢和一些有机硫化合物进行精脱并可多次再生重复使用，高温下使用的氧化铁脱硫剂可脱除硫化氢和多种有机硫化合物，并可再生重复使用。

使用氢氧化铁法，原料气中蒸汽含量对脱硫平衡影响很大，以致硫化氢平衡分压很易超过脱硫指标要求。此外，氧化铁生成的硫化物较易被氢还原，而使硫化氢平衡浓度超过脱硫指标。加上氧化铁脱硫剂硫容量较低，再生时尾气处理困难。分子筛脱硫属于一种精细脱硫手段，可用于天然气脱硫，但由于价格较昂贵，硫容量低，再生频繁，需用 300℃ 过热蒸汽再生，故运转费用较高。另外，也有采用活性炭脱硫和锰矿脱硫法。

作为精脱硫法，以上几种方法都存在一些缺点，不能满足需要。20世纪60年代初开发了氧化锌脱硫技术，其脱硫净化度非常高，体积硫容高，性能稳定，使用方便，很快成为一种精细脱硫的常用方法。

9.2.3.1　氧化锌脱硫剂

氧化锌脱硫剂是一种转化－吸收型固体脱硫剂。主要化学成分为氧化锌，有时添加氧化铜、二氧化锰、氧化镁或氧化铝促进剂以改进低温脱硫活性和增加破碎强度，并以钒土水泥或纤维素为胶黏剂，有时还加入某种造孔剂以改变脱硫剂的孔结构。由于氧化锌能与硫化氢反应生成难于解离的硫化锌，净化气总硫可降到 $0.3\mu g/g$ 以下，质量硫容高达 25% 以上，但不能再生，一般用于精脱硫过程。它也能吸收一般的有机硫化合物，如硫化氢、COS、乙硫醇、二硫化碳等。

国内研究表明：脱硫过程不同于催化过程，硫化氢或二硫化碳不仅进入氧化锌固体颗粒孔后在内表面吸附，而且渗透到氧化锌晶粒内部进行反应。减小粒度虽能降低孔扩散阻力，但氧化锌脱硫时由外向内生成一致密 $\beta-ZnS$ 层包裹在氧化锌上，硫化锌的硫离子可渗透到氧化锌微晶内部与氧 离子交换，直至整个六方晶系氧化锌完全转化为立方晶系硫化锌为止。

氧化锌脱硫剂制备方法分沉淀法与干混法两大类。沉淀法以金属锌为原料，用硫酸溶解后再用纯碱沉淀为碳酸锌，洗涤过滤除去 SO_4^{2-}，干燥并部分焙烧成氧化锌，然后与添加剂掺混后成球，再经干燥和焙烧、过筛后即为脱硫剂成品。干混法是将氧化锌和相应的各种添加剂按一定比例配料后混碾，然后加水湿碾，挤条成型。后经干燥与焙烧，再经过筛除去不合格粒度物即为产品。典型氧化锌脱硫剂制备工艺流程如图9-1所示。

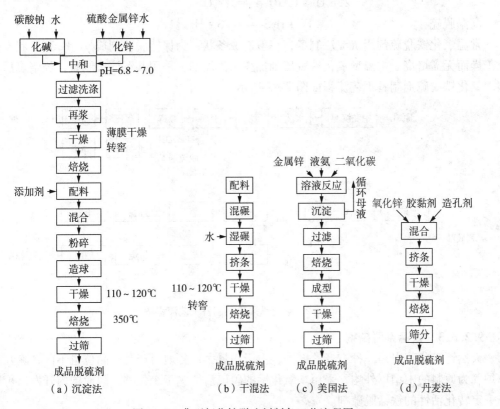

图9-1　典型氧化锌脱硫剂制备工艺流程图

图 9-1 中，（a）为保护低变催化剂用氧化锌脱硫剂的制备方法；（b）为天然气或轻油原料净化用氧化锌脱硫剂的制备方法；（c）为美国某公司天然气或轻油原料净化用氧化锌脱硫剂的制备方法；（d）为丹麦某公司氧化锌脱硫剂的制备方法。

9.2.3.2 氧化铁脱硫剂

氧化铁是一种古老的干式脱硫剂，早先用于城市煤气净化，改进的干箱铁碱法只用于城市煤气及中、小型尿素装置二氧化碳脱硫化氢。随着近几十年的发展，氧化铁脱硫剂大大改善，有些型号已经进入了精脱硫的行列。它在常温脱除硫化氢工艺方面，具有节能、降耗、价格低廉和使用方便等优点，应用范围也越来越广，是一种非常有前途的脱硫剂，同时也是在无机化工催化剂中用量增长最快的一种催化剂。

常温($20 \sim 40℃$)和低温($120 \sim 140℃$)使用水合铁 FeOOH，国内发展很快；中温（$250 \sim 350℃$）使用的为 Fe_2O_3 形态，使用前还原成 Fe_3O_4，吸收硫后成为 FeS 和 FeS_2；还有一种用于 $150 \sim 180℃$ 的 $Na_2CO_3 \sim Fe_2O_3$，有机硫被水解后再被氧化，最终被碳酸钠吸收成不可再生的硫酸钠；高温（$>500℃$）则用负载金属铁或铁酸盐。其基本反应式为：

低温脱硫 $\qquad 2FeOOH + 3H_2S =\!=\!= Fe_2S_3 \cdot H_2O + 3H_2O$

再生 $\qquad Fe_2S_3 + H_2O + 1.5O_2 =\!=\!= 2FeOOH + 3S$

中温脱硫 $\qquad Fe_3O_4 + H_2 + 3H_2S =\!=\!= 3FeS + 4H_2O$

$\qquad\qquad\quad FeS + H_2 =\!=\!= FeS_2 + H_2$

再生 $\qquad 3FeS + 4H_2O =\!=\!= Fe_3O_4 + 3H_2S + H_2$

$\qquad\qquad\quad 2FeS + 3.5O_2 =\!=\!= Fe_2O_3 + 2SO_2$

$\qquad\qquad\quad 2Fe_3O_4 + 0.5O_2 =\!=\!= 3Fe_2O_3$

高温脱硫 $\qquad Fe + H_2S =\!=\!= FeS + H_2$

常温氧化铁脱硫剂用沉淀法制备，一般制成条状，为保持脱硫剂成 $\gamma - FeOOH$ 状态，只经干燥而无需焙烧。中温型氧化铁脱硫剂加少量添加剂，采用共沉淀法制备，经焙烧后再成型。氧化铁脱硫剂制备工艺流程如图 9-2 所示。

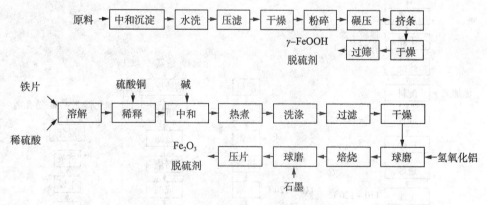

图 9-2　氧化铁脱硫剂制备工艺流程图

9.2.3.3 铁锰系脱硫剂

天然锰矿脱硫也是一种古老的方法，由于用量大，各地所产锰矿品位也不同，除几家以焦炉气为原料的中型厂外均不采用。氧化锰的脱硫活性优于氧化铁，因而国内开发出价廉并有一定转化活性的铁锰脱硫剂。

铁锰脱硫剂是以氧化铁和氧化锰为主要组分，并含有氧化锌等促进剂的转化吸收型双功能脱硫剂。使用前用氢气还原，Fe_2S_3 和 MnO_2 分别被还原成具有脱硫活性的 Fe_3O_4 和 MnO。在铁锰脱硫剂上，硫醇、硫醚、COS 和二硫化碳等有机硫首先氢解为硫化氢，然后被脱硫剂主要组分吸收。主要反应式如下：

$$3H_2S + Fe_3O_4 + H_2 = 3FeS + 4H_2O$$

$$H_2S + MnO = MnS + H_2O$$

$$H_2S + ZnO = ZnS + H_2O$$

硫醇和硫醚亦被 Fe_3O_4 和 MnO 吸收成 FeS 和 MnS 而被脱除。

铁锰脱硫剂以天然铁矿和锰矿为原料，经破碎、烘干及球磨后，加入氧化镁、氧化锌等助剂并与水混合，然后压片或挤条成型，烘干后即为铁锰脱硫剂产品，其制备工艺流程如图 9 - 3 所示。

图 9 - 3　铁锰脱硫剂制备工艺流程图

9.2.3.4　活性炭脱硫剂

活性炭是一种孔隙性大的黑色固体，是一种良好的催化剂，兼有催化和吸附作用。其主要组分以石墨微晶呈不规则排列，属无定形。其中的孔隙大小小是均匀一致的，它们为硫的脱除提供充足的反应场所和容纳反应物的空间。在气体中有氧及水汽同时存在下，活性炭可充当氧载体而将表面吸附的硫化物氧化为单体硫。

活性炭脱硫剂可以吸附脱附硫化氢，但对有机硫则可通过 3 种途径脱除，即：吸附、氧化和催化转化。吸附对噻吩最有效，二硫化碳次之，COS 最难，一般用于天然气或焦炉气脱有机硫。氧化法要添加相当于有机硫含量 $2 \sim 3$ 倍的氨、化学计量 $150\% \sim 200\%$ 的氧，可使 COS 转化为元素硫和硫酸铵。其反应式如下：

$$COS + 0.5O_2 = CO_2 + S$$

$$COS + 2O_2 + 2NH_3 + H_2O = (NH_4)_2SO_4 + CO_2$$

催化法则是用浸渍金属盐使有机硫催化转化成硫化氢后再被吸附脱除硫的方法。活性炭脱硫还可以进一步分为仅用活性炭吸附方式脱除大量硫化氢的粗脱硫和用改性活性炭经浸渍活性金属后提高脱硫精度的精脱硫两种类型。

活性炭使用一定时间后，会失去脱硫能力，其孔隙中聚集了硫及硫的含氧酸盐。除去上述物质以恢复活性炭的脱硫性能，此称为活性炭的再生。一般可再生 $5 \sim 10$ 次。目前最广泛使用过热蒸汽再生法。

粗脱硫用活性炭是以煤为原料，以焦油为胶黏剂，挤条成型后经炭化处理，用水蒸气活化，再经筛分后即成。精脱硫用活性炭则将成型活性炭用活性金属浸渍，再经干燥、焙烧和过筛后即可得到产品。活性炭脱硫剂制备工艺流程如图 9 - 4 所示。

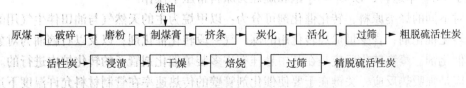

图 9 - 4　活性炭脱硫剂制备工艺流程图

9.2.4　硫氧化碳水解催化剂

有机硫 COS 广泛存在于石油馏分或煤制得的炼厂气、水煤气和半水煤气、合成氨和甲醇原料气、煤制纯一氧化碳气以及石灰窑气中。它的存在会引起多种催化利中毒，这就要涉及精脱 COS 的问题。COS 呈中性或弱酸性，难以用一般的湿法或干法脱硫方法直接加以脱除。

20 世纪 60 年代，国外就已对 COS 水解技术开展了研究。国内，湖北省化学研究所于 1991 年开发 T504 COS 水解催化剂获得成功，从而解决了联醇铜基催化剂的中毒问题。继而将该技术扩展至焦炉气、半水煤气、石灰窑气等各种原料气的精脱硫，对干法净化技术的发展起到了很大作用。

天然气和煤气中含有的 COS，在常温下用氧化锌脱除非常困难。因此可先用 COS 水解催化剂使其水解成硫化氢后再脱除，其水解反应式如下：

$$COS + H_2O \longrightarrow CO_2 + H_2S$$

Seifert 进行了热力学研究，表明降低反应温度对 COS 水解有利。

目前，市售 COS 水解催化剂的性能见表 9 - 2。

表 9 - 2　硫氧化碳水解催化剂性能

型　　号	T503	T504	C53 - 4 - 01	R10 - 15	CKA
组分	Al_2O_3	Al_2O_3 + 添加剂	Al_2O_3	Al_2O_3 >93%	Al_2O_3
外形尺寸/mm	白色小球，$\phi3 \sim 6$	球，$\phi2 \sim 4$、$\phi3 \sim 6$	条，$\phi3.2$	条，$\phi4$	条，$\phi3$、$\phi6$
堆积密度/(kg/L)	0.8 ~ 0.9	0.7 ~ 1.0	0.53 ~ 0.69	0.58	0.7
径向破碎强度/(N/cm)	30/颗	≥25/颗	120	>70	
磨损/%	<3	—	—	1.1	5
使用温度/℃	10 ~ 30	30	110 ~ 120		200 ~ 250
生产厂	中国	中国	美国 UCI	德国 BASF	丹麦 Topsφe

9.3　烃类转化催化剂

9.3.1　概述

早在 1913 年 BASF 公司就提出用烃类和水蒸气在催化剂存在下反应，制取含氢气体，后来，ICI、Standard Oil of New Jersey 和 I. G. Farben 公司进行了大量的工作。第 1 套烃类转化装置于 1936 年运转，以 $C_1 \sim C_4$ 饱和烷烃为原料常压下操作。

针对不同的烃类原料，转化催化剂可分为：以甲烷为主的天然气与油田伴生气用的天然气一段转化催化剂；含少量烯烃转化用的炼厂气一段转化催化剂；以及以石脑油为对象的轻油转化催化剂。蒸汽转化反应是在其中悬挂有许多装填催化剂管子的转化炉内进行的。由于转化反应是强吸热反应，关键在于要使催化剂管壁的传热速率在管制材料允许温度下达到最大，并且传热均匀。石脑油在我国又称为轻油，它的 C/H 比值要比天然气高，关键是在不消耗更多的蒸汽前提下，避免在催化剂上发生析碳。天然气转化催化剂组成和轻油转化催化剂很相似，都约含 14% Ni，并以 NiO 形式存在，使用前要用体积比 3:1 到 5:1 的蒸汽－氢气混合物在 700 ~ 850℃下进行还原。轻油转化催化剂不同之处在于添加了钾碱促进剂，它能防止碳的沉积，钾碱可以中和载体上的酸性位以抑制烃类的裂解。由于离开天然气或轻油一段转化炉的气体中还含有近 10% 的残留甲烷，需在二段转化炉中加入工艺空气，使其得以完全转化，加入的空气量应满足氨合成时 $H_2 : N_2$ 为 3:1 的要求。二段转化炉的温度为 1035℃ 到 1370℃。二段转化催化剂也含有 14% Ni，并以 $CaAl_2O_4$ 为载体。即使以轻油为原料，在进入二段转化炉的残留未转化的都是甲烷，故二段转化催化剂无需加钾碱来防止析碳。二段转化炉是一竖井式圆筒炉。

我国从 1965 年开始研究焦炉气部分氧化催化剂，至今已研制成功用天然气、炼厂气直到轻油为原料转化制取氢气、合成气、城市煤气和还原气的各种类型的转化催化剂，可以满足各种转化方法及各种氨厂对催化剂的需要。这批催化剂已在合成氨及石油化工、电子、冶金、机械制造工业中得以应用。

9.3.2　烃类一段转化催化剂

9.3.2.1　烃类一段转化

烃类在催化剂存在下，能在高温下转化制氢的反应，早在 20 世纪初即为人所知。1913 年 BASF 公司提出了第 1 个关于转化催化剂的专利。14 年后（即 1927 年）德国法本公司的化学家提出了在甲烷蒸汽转化发展历程上第 2 个基础性的专利。这一专利提出从装有转化催化剂的合金钢管外表面加热，从而创造出今天人们所熟知的连续甲烷蒸汽转化工艺。1930 ~ 1931 年在美国新泽西州美孚石油公司的巴威（Bayway）炼油厂建设了第 1 个工业规模的连续水蒸气转化炉。

20 世纪 40 年代一般采用低压转化，转化管内装入大量催化剂，转化管内径较大（一般为 203.2mm，即 8in），负荷较低，对催化剂的活性、强度和传热性能的要求不高，催化剂的外形为块状、柱状、球状等简单形状。

20 世纪 50 年代发展为中压转化。此时对催化剂的活性、强度和传热性能均有一定要求。催化剂的外形发展为环状，一般采用硅铝酸钙为载体。

20 世纪 60 年代，合成氨工厂日趋大型化，烃类转化工艺向着高压方向发展，转化炉的生产强度增大。1964 年第一座加压转化炉（转化压力为 3.4 ~ 4.2MPa）开工，转化催化剂采用铝酸钙为载体，以解决在高温、高压下催化剂中氧化硅的迁移问题。60 年代末，国际上许多公司开始研制并生产低表面耐火材料为载体的催化剂，来满足加压蒸汽转化工艺的要求。为了提高催化剂的高温强度、低温活性和节能降耗，各催化剂厂家在催化剂的外形上也做了许多研究工作，如法国的带 4 个大沟槽、4 个小沟槽的 RG5C 型；美国的七筋车轮状、哑铃状、多瓣状；ICI 公司公司的多孔（3 ~ 7 孔）圆筒状等。

9.3.2.2　催化剂的性能及要求

工业上烃类蒸汽转化反应进行的条件极为苛刻，催化剂要经受高温、高压及高流速气流的冲刷，而且系统中存在竞争反应，析碳时有发生。这就要求烃类转化催化剂具有良好的活性、选择性、机械强度、热稳定性及较长的寿命。

1. 活性

活性高是转化催化剂满足工业要求应具备的首要条件。烃类蒸汽催化剂中活性组分镍的

第二篇　应用技术

比表面积是决定催化剂活性的重要因素。

2. 选择性

选择性良好是转化催化剂满足工业要求的又一重要指标。转化系统中最棘手的副反应是析碳反应，一旦产生，轻则降低催化剂活性，重则烧坏炉管，导致停车更换催化剂。转化催化剂的选择性系指抑制析碳反应，或指加速消碳反应速率并使其大于析碳反应速率。习惯上选择性被称为抗析碳。

3. 机械强度

转化催化剂必须具备良好的机械强度，以抵抗转化管内气流的摩擦、冲击、重力的作用和温压变化、相变应力的作用。

转化催化剂在使用过程中具有的机械强度比新催化剂的强度更为重要。催化剂的机械强度可分为抗压强度、抗磨强度。根据其外形和尺寸又可细分为轴向抗压强度和径向抗压强度。对加压蒸汽转化过程的一段转化催化剂，应具有的最低径向耐压强度为 $98 \sim 127 N/$ 颗（在使用过程中实际具有的机械强度）。

4. 稳定性

催化剂的稳定性是指在操作条件下，温度发生波动以及有催化剂毒物的毒害下，所能保持其原有活性的能力。

1）耐热稳定性

一段转化反应在 $500 \sim 850℃$ 下进行，转化催化剂必须具备良好的热稳定性，即在苛刻的工况下，其活性不随时间延长而明显减弱。催化剂耐热温度越高，耐热时间越长，其使用寿命也越长。

2）抗毒稳定性

催化剂抵御毒物的能力称为催化剂的抗毒稳定性。转化催化剂的毒物有硫、砷、氯和其他卤素，此外有些金属也会使催化剂活性降低。

转化催化剂被硫化物毒化与硫的种类无关，仅与其总含量有关。硫化物的允许浓度随反应条件不同而变化，在 $775℃$ 时允许的极限浓度为 $0.7\mu L/L$，在 $750℃$ 时允许的极限浓度为 $0.5\mu L/L$，目前，一般要求小于 $0.2 \sim 0.5\mu L/L$。

砷不但使催化剂中毒，而且也能污染转化管。氯的毒害作用与硫相似。

5. 使用寿命

在实际使用过程中，催化剂的固体结构物状态会发生变化和遭到破坏，活性和选择性都会下降，经再生处理后仍不能使用时，则必须更换，此即为其寿命期。

影响转化催化剂寿命的主要因素如下。

①强度 近 10 多年，烧结型转化催化剂推广使用以来，强度已不再是转化催化剂寿命的制约因素了。但是，当选用黏结型转化催化剂时，运转强度往往仍然是决定其寿命的关键。

②活性 在使用过程中转化催化剂的活性总是逐渐下降的，随活性下降应升高出口温度以维持正常工艺运转参数，转化管管壁温度相应增加。管壁温度往往成为限制催化剂寿命的主要指标。

③中毒 特别是转化管进口区段催化剂的中毒是难以完全避免的，它们中毒后会将其影响推之催化剂的中下部。所以，尽可能提高原料气净化精度，对延长催化剂寿命和氨厂的总体效益是有效的。

④进口区段催化剂的还原状态　还原不彻底时，转化催化剂的高活性难以充分发挥出来。国内有的氨厂已多次因钝化较深，影响系统正常运转而提前更换催化剂。

⑤催化剂积炭　积炭对转化催化剂的性能和转化管均不利，积炭及再生后往往都明显影响催化剂的活性和强度，因积炭严重导致提前更换转化催化剂的情况是一段炉事故性更换催化剂的主要原因。

9.3.2.3　催化剂的制备

1. 催化剂的主要化学组成及各组分的作用

1）活性组分

研究表明，第Ⅷ族元素对烃转化反应均有催化活件，对甲烷和乙烷蒸汽转化的活性大小顺序为：铑、钌 > 镍 > 铱 > 钯、铂 > 钴、铁。虽然贵金属铑、钌的活性比镍高，但其价格昂贵即单位活性成本过高，故至今工业装置使用的催化剂均以镍为活性组分，有时再少量配以一些其他活性组分。其中镍含量（质量分数，下同）一般为 2% ~ 30%。部分氧化和间歇转化过程 所用催化剂通常含镍为 2% ~ 10%；蒸汽转化催化剂的镍含量则为 10% ~ 25%。

目前蒸汽转化剂中镍含量一般为 10% ~ 25%，在一定范围内，随着镍含量增加催化剂的活性提高，抗毒能力也增加。但是，活性提高的幅度逐渐减小，所以单位镍含量的活性增加有限。而催化剂的成本却增加较多。

由于制备方法不同，催化剂上单位镍含量的催化活性是不相同的，如有些浸渍型催化剂含氧化镍 10% ~ 14% 时，已相当于沉淀型催化剂含氧化镍 30% ~ 35% 时的活性。研究表明，具有较小的颗粒及较大的镍表面的转化催化剂活性较高。

2）助催化剂

只含镍和载体的催化剂往往活性易于衰退，抗积炭性能也有待提高。转化催化剂中添加助催化剂，主要是为了抑制熔结过程、防止镍晶粒长大，从而使它有较高较稳定的活性、延长使用寿命并增加抗硫或抗积炭能力。

为提高转化催化剂的抗积炭性能，常常添加能够改变催化剂表面酸性的碱金属或碱土金属，最常用的有氧化钾、氧化钙、二氧化钛、稀土元素氧化物、钠和铈的氧化物等。还有一些难挥发性的氧化物，如二氧化二铬、氧化铝、氧化镁、二氧化钛等作助催化剂，氧化镁、二氧化钛及镧、铈的氧化物等对维持转化催化剂的活性、稳定性有明显作用。

3）载体

与转化反应的高温环境相适应，转化催化剂载体通常都是高熔点氧化物，如氧化铝、氧化镁、氧化钙、二氧化锆、二氧化钛或其他化合物。常用的有 3 类。

①硅铝酸钙　以波特兰水泥形式加入，在催化剂中同时起胶黏剂及载体的作用。硅铝酸钙在高温下易产生脱水及相变，使催化剂强度下降。另外，硅铝酸钙中有害杂质含量较高，因而目前基本不用这类载体。

②铝酸钙这类载体是由含各种铝酸钙的水泥组成，其在转化过程中易脱水、相变，受高温高浓度碳的氧化物作用，使机械强度明显下降。工业上通常添加氧化铝二氧化钛、二氧化锆等耐火氧化物或采用特殊的养护方法改善其性能。

③低表面积耐火材料　这类载体经高温锻烧而成，其比表面积小、结构稳定、耐热性好，已得到愈来愈广泛的应用。常用的有 $\alpha - Al_2O_3$、$MgO - Al_2O_3$、$ZrO_2 - Al_2O_3$ 等。

2. 催化剂的制备方法

目前制备转化催化剂的常用方法有 3 种：即沉淀法、浸渍法和混合法。根据经验，人们知道制备工艺条件和操作方式对催化剂活性、强度、寿命以及其他使用性能影响极大，但究竟两者之间存在何种必然的联系，还有待人们去开拓与认识。

1）沉淀法

常以氧化铝为载体，$\gamma - Al_2O_3$、氧化镁为助催化剂，碳酸钾、碳酸钠为沉淀剂，硝酸镍为活性组分化合物，4 种物质加入同一反应器进行沉淀反应，温度控制在 70~80℃，pH 值 8~9。这时，碳酸镍与载体同时沉淀。在沉淀反应中生成的无用的盐类或从沉淀中用水洗涤除去，或采用焙烧方法分解挥发除去。将沉淀物洗涤、过滤、干燥、焙烧后，与高铝水泥、铬水泥、锆水泥（作为胶黏剂）混磨，造粒、成型、养护、烘干后可得成品，其制备工艺流程见图 9 - 5。

这种方法能获得组分均匀、低温活性好的催化剂，但制备工艺比较复杂。

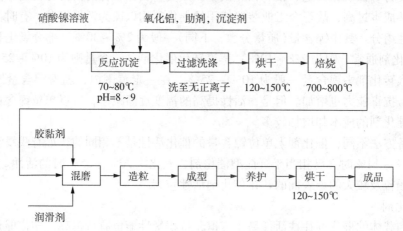

图 9 - 5　沉淀法制备工艺流程图

2）浸渍法

将氧化铝、氧化镁与助剂、造孔剂混合，造粒成型，在 800~1050℃焙烧制得载体。再采用浸泡的方法用硝酸镍和硝酸铝等的混合液浸泡载体。然后在 100~120℃下干燥，在 400~800℃下焙烧，使硝酸镍分解成氧化镍，即制成催化剂。

3）混合法

将活性组分、载体、助催化剂、胶黏剂等混合、磨细、成型、干燥、焙烧即可得到成品。

以上 3 种方法中都有高温焙烧过程，目的是使载体与活性组分、载体组分之间进行固相反应，以提高催化剂强度。例如，氧化镍与氧化镁生成固溶体，镍与氧化铝生成镍铝尖晶石，氧化镁与氧化铝生成镁铝尖晶石。焙烧温度高，焙烧时间长，催化剂的强度和耐热性就越好，但固溶体和尖晶石中的氧化镍就不易被还原成金属镍，导致镍利用率降低。

9.3.2.4　一段转化催化剂的应用

1. 催化剂的选用

转化催化剂的选用对氨厂有主要影响。尽管催化剂本身的费用在合成氨的生产成本中仅占很小比例（通常仅占 1%~1.5%），但因催化剂选择不当，造成减产、消耗定额上升，严重时将导致被迫停车，带来的损失将成倍地超过催化剂本身的费用。针对转化系统的具体要求选择适用的"优质"催化剂，主要考虑下述方面：

①原料气组成　原料气中高级烃含量高时，应选择抗积炭性能好的催化剂；原料气中含

有一定量的不饱和烃时，应选择合适的工艺条件及适宜的催化剂；

②转化压力　转化压力高时对催化剂的机械强度、抗积炭性能的要求也随之提高。

③水碳比　近年来各种节能流程相继出现，均采用低水碳比，要求选择低温活性和抗积炭能力更优良的催化剂。

④运转空速　工业装置选用的空速越高，要求选用低温活性和机械强度更好的催化剂。

⑤入口温度　入口温度越低，要求催化剂的低温活性和还原性能较好，抗毒性能也应越好。

⑥转化炉炉型　转化炉的炉型不同，炉内的供热和温度分布也不相同，对催化剂的活性和还原性能的影响也不相同。

⑦转化管尺寸　转化管尺寸与催化剂尺寸相关，管径小要求颗粒小、机械强度好的催化剂，否则易产生沟流，并使传热恶化。

2. 催化剂的还原

镍的氧化物在烃类转化反应过程中是没有催化活性的，因此在催化剂投入使用前必须将其中的氧化镍还原成金属镍。

氧化镍的形态较多，其中镍的化合价可为 2 到 8，这与催化剂的制备条件有关，不同形态的氧化镍有不同的颜色，但还原后的转化活性是相似的。氧化镍在还原过程中主要是与氢气和一氧化碳发生还原反应，在还原过程中水蒸气和氢气的浓度对还原反应有较大影响，而压力的影响却不大。

工业装置进行还原操作时，常用天然气与水蒸气的混合气进行还原，推荐还原时 H_2O/CH_4 比应为 $4 \sim 8$。还原过程中还要考虑到还原条件的影响，主要影响因素有还原温度、还原气氛和还原压力。

氧化镍开始还原的温度与转化催化剂的组成、制备方法及条件有关。通常在较低的温度下转化催化剂已被还原，但是近些年氨厂倾向在接近操作温度（ $> 700℃$ ）时才开始还原。一方面是因为在低温时还原生成的活性镍对毒物更敏感，而且中毒后不易恢复其活性；另一方面在较高温度还原可使转化管进口温度相应提高，对保证转化管进口段的转化催化剂彻底还原有利。

另外，不同的还原方法和还原剂得到的催化剂的比表面积和活性也会不同。由于水蒸气易得，可促进转化管内气流分布均匀，可脱除催化剂中的石墨和微量硫等毒物，还能抑制烃类的裂解反应，因而在大部分工业装置上被采用。

还原压力对还原反应平衡和反应速率基本无影响，一般还原压力选用 $0.5 \sim 0.8MPa$，这样可促使气流分布均匀，保证温度分布均匀，因而使还原进程一致。

当转化管出口转化气中甲烷含量趋于该条件下的平衡值、催化剂放硫已结束和管外壁温度分布已趋于正常时，才能认为转化催化剂还原活化阶段已结束。

9.3.3　烃类二段转化催化剂

9.3.3.1　烃类二段转化过程

二段转化是甲烷蒸汽转化法制氨合成气的第二步，其目的是为了进一步彻底转化一段转化气中残余的甲烷，并添加一定量的氮气，以满足合成氨所需之氢氮比（ $H_2 : N_2 = 3 : 1$ ）。近 10 余年来，一些新的节能流程中，为减轻一段炉负荷，以达到节能目的，在二段炉内添加过量空气来维持转化系统热平衡，多余的氮气则在合成气净化工序除去。通常添加的空气与一段转化气的反应是在装有催化剂的竖井炉内进行。

二段炉内进行的主要反应过程有：

$$H_2 + 1/2O_2 \Longrightarrow H_2O$$
$$CO + 1/2O_2 \Longrightarrow CO_2$$
$$CH_4 + 2O_2 \Longrightarrow CO_2 + 2H_2O$$

9.3.3.2 催化剂的性能及使用要求

二段转化催化剂的性能及使用要求与一段转化相似。但由于二段转化过程中，一段转化气与一定量的空气混合后迅速进行氧化燃烧放热反应，通常温度可高达 1000～1250℃，运转不正常时可达 1400℃以上。因此，二段转化催化剂的活性不是重要问题，通常均可达到要求，着重要求的催化剂性能如下。

1. 耐热性能

在 1000～1250℃温度范围内二段转化催化剂应当具有较稳定的结构和强度；在 1300～1450℃温度范围内短期不熔结，收缩小，不变形，活性损失仍为正常运行可承受的范围。此外，由于开、停车和添加或切断工艺空气时，二段转化炉内温度都会迅速产生温度突变，即从约 650℃突升到 1200℃左右，或从正常温度急剧下降，二段转化催化剂还要承受这种热冲击的考验。

近年来开发的节能型合成氨流程所采用的添加过量工艺空气的措施，更提高了二段转化催化剂耐热性能的要求。

2. 杂质含量

一段转化过程中高温、高压并有水蒸气存在，对二氧化硅、氧化钾、氧化钠等的迁移是十分有利的条件。例如，二氧化硅在水蒸气中的挥发性是显著的，以致它在催化剂中渐渐地被除去，而沉积在锅炉、热交换器等设备中一些较冷的部分。所以，应当十分重视二段转化催化剂中杂质的含量，一般要求：SiO_2 含量（质量分数，下同）≤0.2%；（$K_2O + Na_2O$）含量≤0.2%。

3. 二段转化炉上部使用耐热催化剂

为了承受二段转化炉顶部空间高速气流的冲击和局部过热，使二段转化催化剂在较缓和的条件下运转，二段转化炉上部空间装填耐热催化剂。耐热催化剂应当具有比二段转化催化剂更好的抗冲刷能力、更稳定的机械强度、较大的外形尺寸，应当耐约 1500℃的高温，对转化活性要求不高。实践证明，装入耐热催化剂不但经济上有利，而且对二段炉的运行也有明显的好处。

9.3.3.3 催化剂的制备

二段转化催化及的制备方法与一段转化催化剂的制备方法基本相似。但是，由于二段转化过程中反应温度更高，因此其耐热性能尤为重要。要求在 1000～1250℃范围催化剂具有较稳定的结构、活性和强度，在 1300～1400℃短期内不熔结、不缩小、不变形。

9.3.3.4 催化剂的还原

通常，二段转化催化剂总是与一段转化催化剂同时升温、还原，无需专门处理。当一、二段转化催化剂全是新催化剂时，常常发现二段转化催化剂比一段转化催化剂的还原快。显然，这是由于一段转化催化剂未还原好时，进入二段炉内的气体中甲烷含量较高，而二段转化催化剂已具有足够的温度，一定的活性时就会进行吸热的甲烷转化反应，所以温度下降；当一段转化催化剂逐渐还原好后，出口气体中甲烷含量降到较低水平，在二段炉内进行的转化反应量减少，因而温度回升。总之，二段转化催化剂的还原通常比一段转化催化剂的还原快些。

9.4 一氧化碳变换催化剂

9.4.1 概述

变换催化剂用于使烃类蒸汽转化法以及重油或煤部分氧化法所制得的原料气中的一氧化碳经与水蒸气进行交换反应而生成二氧化碳和氢气。二氧化碳经分离后可作制取尿素或碳酸氢铵的原料，氢气则作为制氨用合成气的主要组分。变换反应过程如下式所示：

$$CO + H_2O \Longrightarrow CO_2 + H_2$$

此反应为放热反应，较低的温度有利于化学平衡，但反应温度过低则会影响反应速率，因此制氢或制氨工艺的变换过程可分为既有变换与低温变换两步进行，从而保证较高的反应速率，又有较低的残留一氧化碳含量。高温变换（我国的中、小型氨厂称为中温变换）在350 ~ 500℃下进行，而低温变换则在180 ~ 250℃下进行。

高温变换自1912年以来一直沿用铁铬系催化剂，而低温变换则使用铜锌系催化剂，其早期用 Cu – Zn – Cr 系，近年全部采用 Cu – Zn – Al 系催化剂。由于重油或煤均含有一定的硫分，20世纪60年代末，德国 BASF 公司开发出钴钼系耐硫变换催化剂，它可在200 ~ 450℃较宽温域内进行，它是将活性组分钴和钼负载于 γ – Al_2O_3 或 $MgAl_2O_4$ 尖晶石载体上，适用于重油或煤造气后的变换作用。因而变换反应用的催化剂目前可分为高（中）温变换催化剂、低温变换催化剂和耐硫宽温变换催化剂三类。

9.4.2 铁铬系高温变换催化剂

早期普遍采用的催化剂基本上是氧化铁和二氧化二铬的混合物，如1936年首次生产的ICI15 – 2 催化剂即属此类型。不少国家都先后对变换催化剂进行了大量的试制和研究工作，1995年以前是研究铁铬系催化剂的高潮期。研究表明：氧化铁对一氧化碳变换反应具有一定的催化活性，但单独使用易产生碳析等副反应，且温域窄，加入三氧化铬后则活性稳定，并能抑制副反应的发生；也有的加入其他金属氧化物，常见的有氧化铝、氧化镁、氧化钾等。例如氧化镁的加入，可提高催化剂的抗硫性能；而少量氧化钾的加入，对催化剂的活性、耐热性及机械强度都有明显提高。印度肥料公司研究添加氧化铝的作用，表明铁铬系中，随氧化铝添加量的增加，催化剂堆积密度下降，机械强度增大。其添加量以 Al(OH)$_3$/Fe_2O_3 = 1% 为佳。1974年以后，只有个别关于铁铬系催化剂作用的一氧化碳变换的反应机理及动力学方面的研究报道。而与此相反，其他系列变换催化剂的研究报道，却发表了不少论文，大有方兴未艾之势。由此可见，铁铬系催化剂已基本成熟定型。

此类催化剂以 Fe_2O_3 和 Cr_2O_3 为主要组分。Fe_2O_3 是最主要成分，但不同制备方法所得到的铁晶相亦不相同。据研究，γ – Fe_2O_3 的活性明显高于 α – Fe_2O_3。虽然使用前还需将 Fe_2O_3 还原成活化态的 Fe_3O_4，但由于起始物不同，还原后 Fe_3O_4 的活性结构也不相同。从最终催化剂的活性和破碎强度考虑，都希望尽可能在制备时得到 γ – Fe_2O 晶型。

在 Fe_2O_3 还原成 Fe_3O_4 后，最大孔径分布将从20nm增大到70 ~ 80nm，造成结构不稳定，很快就会使活性下降。为此，需要添加 Cr_2O_3 等结构型助催化剂来改善晶体结构的稳定性。Cr_2O_3 在 Fe_2O_3 还原成 Fe_3O_4 时可阻止铁氧化物晶粒的长大，并能提高活性相 Fe_3O_4 的分散度，从而增大比表面积和催化活性，但 Cr_2O_3 本身并不形成新的活性中心。催化活性随 Cr_2O_3 含量增加到14%时出现一最大值，但比活性基本保持不变。Cr_2O_3 含量超过14%后，总活性和比活性均呈下降趋势。一般工业用铁铬系高温变换催化剂含 Cr_2O_3 在5%～15%，通常不超过8%。近年我国推出的低铬催化剂含 Cr_2O_3 约在3%，目前又推出了无铬催化剂，并开始用于小型氨厂。

铁铬系催化剂有许多优点：①在350～450℃时具有很高的活性；②机械强度较高，不易粉碎；③对硫化氢的毒害不如铜锌系催化剂那样敏感，即使中毒，也很易再生；④耐热性能较好；⑤对一氧化碳分解和生成甲烷的副反应具有阻抑作用；⑥使用寿命一般可达3～4年。但铬对人体有害。

高温变换催化剂的制备方法可分为机械混合法、共沉淀法和混沉淀法三类，其制备工艺流程如图9-6所示。

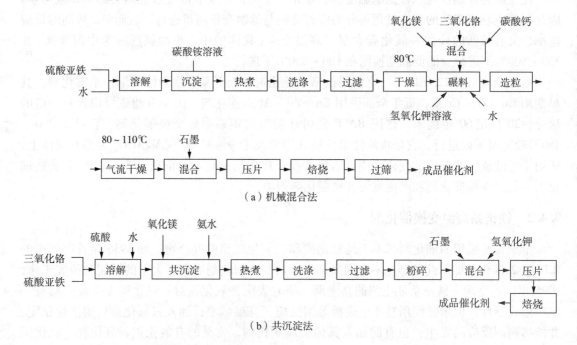

（a）机械混合法

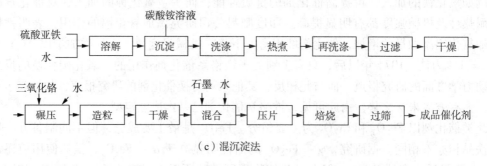

（b）共沉淀法

（c）混沉淀法

图9-6　高温变换催化剂制备工艺流程图

机械混合法是用碳酸铵母液$[(NH_4)_2CO_3 + NH_4HCO_3]$从硫酸亚铁溶液中沉淀出无定形的 $Fe(OH)_2$、$Fe(OH)_3$ 和 $FeCO_3$，沉淀干燥后与其他助催化剂进行机械混合，经压片成型和焙烧后即得。此法工艺简单，操作容易，处理量大，产品催化剂活性与强度俱佳，但粉尘大，三氧化铬有剧毒。我国早期生产的 B104 和 B106 催化剂均采用此方法。

共沉淀法是将铁盐和铬盐的水溶液用氨水使其成 Fe(OH)$_3$ 和 Cr(OH)$_3$ 同时沉淀出来，6 价铬在化铁槽中被 2 价铁还原成 3 价铬，经过滤、干燥、焙烧及压片成型后即得，也可先成型再焙烧。此法的优点是产品催化剂活性高，活性温度低，使用温域宽(330 ~ 550℃)，耐热性好，破碎强度高。但它洗涤与过滤困难，本体含硫高，成型困难。我国的 B107 及美国的 C121 - 05 催化剂均采用这种方法。

混沉淀法是将催化剂中的主要组分铁沉淀以后，再将其他组分加到所得到的悬浮体或沉淀中，进行混合或再沉淀，然后经过滤、干燥成型和焙烧而得。此法的优点在于工艺流程较简单，生长周期较短，无需用酸，对设备也无特殊要求，并利用低廉铁离子将三氧化铬还原成低价，避免了三氧化铬粉尘对人员健康的损害。用该法生产的催化剂组分均匀，质量稳定，活性高，稳定性好；缺点是颗粒破碎强度较低，易于粉化。我国的 B109 和 B110 系列、丹麦的 SK - 12 均采用此工艺，前苏联的 CTK - 1 亦采用混沉淀法。

9.4.3　铜锌系低温变换催化剂

由于金属铜的高活性，使之成为特别适用于低温催化，而在低温下，一氧化碳转化率受到来自平衡的限制最小。但早期的研究表明：由于铜不仅对毒物敏感，而且由于单独使用的铜微晶表面能量高，特别在温度高的情况下，会迅速烧结使表面积迅速丧失，从而使铜的活性衰减迅速。铜的这一特点限制了其应用，直到研究发现氧化锌、氧化铝、二氧化二铬等对铜的稳定作用，利用铜作为一氧化碳变换催化剂引起了人们的广泛兴趣。

氧化锌、氧化铝和三氧化二铬等载体最适宜作铜微晶在细分散状态的间隔稳定剂。这 3 种物质都可形成高分散度的微晶，其表面积较高，熔点显著高于铜。

而 Zn^{2+} 和 Cu^{2+} 都是 2 价，原子半径、离子半径电荷相近，因而可容易制得比较稳定的 Cu - Zn 化合物的复晶或固溶体，还原后氧化锌就均匀散布在许多微晶之间，对微晶发挥"间隔体"的作用。在制备过程中铝、锌(或铬)可形成铝锌(或铬)尖晶石结构，可稳定铜和锌，也有利于在成型中提高催化剂的物理强度。γ - Al$_2$O$_3$ 微晶一般小于 50×10^{-10} m，在 500℃ 还原气体中连续试验 6 个月，其结晶大到不超过 70×10^{-10} m。在氧化锌、氧化铝联合作用下，某些 Cu - Zn - Al 系三元催化剂正常使用 6 个月后，铜微晶仍可维持在 80×10^{-10} m 左右。三氧化二铬也有类似的作用。

良好的低变催化剂除增加主要活性组分铜的含量，更重要的是选择氧化铜和载体的最佳比例，以提供最佳的微晶粒度，从而得到最佳的活性和稳定性。一般来说，最适宜的铜含量在 30% ~ 40%，同时尽量提高游离氧化锌的比例，并使氧化锌具有最小的微晶粒度，这也是提高低变催化剂抗毒能力的有力措施。

低变催化剂中主要活性组分铜，除促进变换反应外，还能促进氢气和一氧化碳生成甲醇。在低变工段中，生成副产物的倾向随催化剂的活性而升高，催化剂载体酸性中心随碳水比的降低，停留时间的延长，反应温度和压力的升高而加强。解决副反应增加的途径是改变催化剂的制备方法。例如，对于同样组分的低变催化剂，仅仅将几种氧化物采用物理混合方式制备和采用共沉淀制备其性能差别很大。另外，氧化物制备中要求制备出微细的铜晶粒，这些微细的铜晶粒能被氧化锌和氧化铝晶粒彼此隔开，这就大大提高了铜的自由比表面积，降低了载体的比表面积，以提高其酸性中心数目，降低反应温度，也就能抑制副反应的发生，从而提高其催化剂的选择性。

世界上一些著名的催化剂公司都研制出了低碳水比的低变催化剂，其副反应较少。如英国 ICI 公司推出丸状 ICI83－2 催化剂，其含铜量较高。该公司在生产催化剂时改进了一些关键步骤。在典型的工艺条件下，ICI83－2 催化剂有很高的变换活性，与传统的催化剂相比，氨的产量大约可提高 1%。丹麦托普索公司推出的新的 LK－821 催化剂，已有 80 多家工厂使用，其寿命比 LK－801 催化剂长 1～2 年。与传统的催化剂相比，LK－821 催经剂的变换活性提高，可增产氨 500～2000t/a。德国南方化学公司推出的 C18－7 催化剂，活性比 C18－HC 催化剂高 25%，抗毒能力提高，1992 年用于工业生产。德国 BASF 公司推出的 K3－110、K3－111 新型低变催化剂，用来代替老的 K3－10 催化剂。

我国也开发出适应低碳水比的低变催化剂，如南京化学工业公司的 B206、辽河集团公司的 B205－1 催化剂。B206 催化剂在中原化肥厂低碳水比布朗流程中使用 5～7 个月，效果良好。与铁铬系催化剂相比，铜基催化剂具有良好的活性和选择性，在较低操作温度（180～260℃）范围即可达到较高的变换率，而极少生成炭、甲烷、高分子碳氢化合物等副产物。由于其活性温度低，因而国内又称其为低温变换催化剂。

铜锌系催化剂除具有低温活性的主要特点外，其操作压力较低，合成醇类的副反应也少。然而由于铜的低熔点使催化剂对热敏感。尽管氧化锌、氧化铬和氧化铝的加入，改善了铜微晶的热稳定性，但金属铜易于"半熔"的性质仍然存在。操作中不适当地提温或超温，都会因加速其半熔而使催化剂活性衰退加快。

低变催化剂中的铜和氧化锌易受硫化物和氯化物的毒害。而活性铜对氨等毒物也非常敏感，所以在工艺中对硫、氯、氨等毒物的净化要求很高。

低温变换催化剂采用混沉淀法制备。先用硝酸分别溶解电解铜与锌锭，将溶液混合后用纯碱液共沉淀，洗涤后在料浆中加入氢氧化铝或无定形氧化铝，经过滤、干燥、碾压、造粒、焙烧分解后压片成型即得，其制备工艺流程如图 9－7 所示。

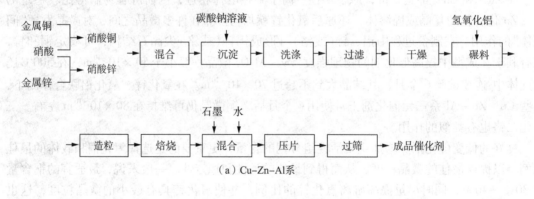

（a）Cu-Zn-Al系

（b）Cu-Zn-Cr系

图 9－7　低温变换催化剂制备工艺流程图

由于铜的加入方式不同，又可分为硝酸法和配合法两类。俄罗斯的 HTK－4 型为 Cu－

Zn - Cr - Al 型低温变换催化剂，含 CuO(54 ±3)%，ZnO(11 ±1.5)%，Cr_2O_3(14 ±1.5)% 和 Al_2O_3(19.6 ±2)%。其制备方法是：将含水的羰基碳酸铜、氢氧化铝和铬酸在捏和机中充分混合，再将物料在带式干燥器上于 100 ~200℃ 干燥 8 ~10h，用烟道气在焙烧窑中于 450℃ 煅烧 6 ~8h，煅烧后物料在螺旋混合器中与带有氧化锌的重铬酸铜胶黏剂混合，再于 100 ~110℃ 在带式干燥器上干燥 8 ~10h。干燥后物料与石墨混合后压片成型，即得成品催化剂。

9.4.4　一氧化碳宽温(耐硫)变换催化剂

当用劣质的褐煤或含硫量较高的重油作为造气的原料时，原料气的硫含量很高。铜－锌系催化剂的耐硫能力有限，因此从 20 世纪 60 年代开始寻求具有耐硫性能的变换催化剂。

有研究表明，周期表中第Ⅵ、Ⅶ、Ⅷ族过渡元素的硫化物及硫化钴和(或)硫化镍的混合物，单独使用或负于载体上，可作为耐硫变换催化剂。但目前的工业产品均为钴－钼氧化物负载在氧化铝或氧化镁等载体上的催化剂。助剂对钴－钼催化剂的影响很大。如有人研究了锂、钠、钾和铯等碱金属的促进作用。发现含钾的钴－钼催化剂有最好的活性。其加入量(以氧化物计，相对于催化剂质量)以 0.1% ~0.6% 为佳。由于钾比铯等便宜许多，故钾是最常用的促进剂。

载体对催化剂性能的影响也很大。从国外几个型号的催化剂即可看出，同是钴－钼催化剂，BASF 公司的 K8 -11 催化剂耐焦油，能再生，且操作温度低(60 ~80℃)，属中变催化剂；而丹麦托普索公司的 SSK 及 UCI 公司的 C25 -2 -02 催化剂，操作温度在200 ~475℃，既可当宽温催化剂，也可作低变催化剂用。尤其是 SSK 催化剂，由于载体处理得当，性能特别好。

催化剂的失活过程与氧化铝的晶格相变直接有关，操作温度和水蒸气对氧化铝的结构有很大的影响。因此载体性能的改进和操作温度及汽气比的控制，都对钴－钼催化剂的使用寿命有较大影响。

一般来说，钴－钼催化剂主要具有如下特点：①能耐很高浓度的硫化氢，故特别适用于重油部分氧化法和以煤为原料的流程。②活性温度较铁－铬催化剂低，而且机械强度较高。为获得相同变换率，所需钴－钼催化剂的体积只是常用铁－铬催化剂的一半，有时钴－钼催化剂还可作为低变催化剂使用。③不产生甲烷化反应，能在压力 0.75 ~3.5MPa、温度200 ~400℃范围内操作。④在使用过程中，如果在催化剂上有高分子等化合物沉积时，可以用空气与惰性气，或空气与水蒸气混合进行燃烧再生，重新硫化使用。

对于以重油或煤油为原料的合成氨厂，可选用耐硫变换催化剂。对于以天然气或轻油为原料的合成氨厂，在蒸汽转化后，一般是将铁铬系催化剂和铜锌系催化剂串联使用。对于煤气中一氧化碳含量特别高(如 CO60% 以上的纯氧顶吹转炉气)的情况，要注意催化剂的耐热性能，并在工艺上采取适当的措施。

钴－钼耐硫宽温变换催化剂的制备方法可分为混碾法和浸渍法两大类。混碾法是将载体原料与活性组分原料充分混合，然后焙烧成型。该法组分易于控制，工艺简单，但活性组分不易分布均匀。浸渍法可利用现成载体直接浸渍活性组分，此法特点是活性组分均匀分布在内表面上，利用率高，制造过程简单。它又可分为分浸、共浸、干浸及喷涂法。其制备工艺流程如图 9 -8 所示。

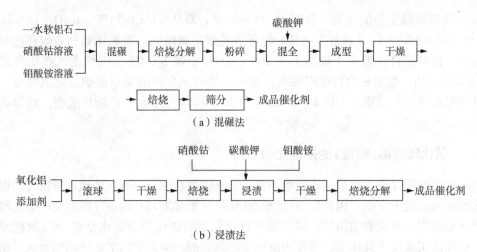

图 9 – 8　耐硫宽温变换催化剂制备工艺流程图

9.5　甲烷化催化剂

碳的氧化物是氨合成催化剂的致命毒物，在氨合成前，合成气中少量的一氧化碳、二氧化碳必须从系统中脱除。合成气中少量的碳氧化合物［一般是（CO + CO$_2$）< 0.7%］，在甲烷化催化剂存在下通过加氢转化成惰性的甲烷和易于除去的水。.

Fisher 等在 1925 ~ 1930 年比较了过渡金属的甲烷化催化性能，其平均活性大小的排列顺序为：

钌 > 铱 > 铑 > 镍 > 钴 > 锇 > 铂 > 铁 > 钯

早期的研制工作着重于铁，因为铁比较便宜，但后来发现，在铁上可能由于一氧化碳的歧化反应而积炭，使催化剂的内孔堵塞而失去活性。并且铁还有生成高级烃的倾向。在合成氨厂要使少量的 CO + CO$_2$ 全部变成甲烷比较困难，达不到合成气净化的要求。

贵金属，其中特别是钌，具有很高的甲烷化活性。在氧化铝上负载 0.55% 的钌更有实用价值。这种催化剂可以在更低的温度下操作。但在通常的条件下该催化剂并不比普通镍催化剂活泼，而从经济上算其价格毕竟太昂贵了。

镍催化剂的选择性较好，并且消除了积炭和烃类生成的问题。现在大多数工业甲烷化催化剂都以微晶镍为主要活性物质，这些微晶镍负载在氧化铝、氧化硅、高岭土或铝酸钙水泥等惰性物质上。而氧化铝是一种良好的载体，用在甲烷化催化剂上的是大孔 γ – Al$_2$O$_3$，氧化铝可起稳定细晶和阻碍镍晶相生长的作用。氧化镁也是一种良好的结构助剂，能抑制镍还原后生成的细晶粒长大，因此，能使镍催化剂具有良好的活性和稳定性。但是氧化铝和氧化镁加入后，都会增加镍还原的困难性，所以加入量和制备方法要合适。

工业上多用含各种助催化剂的 NiO – Al$_2$O$_3$ 催化剂。在氨厂条件下碳氧化物能全部转化为甲烷，可以满足氨厂对气体净化的要求，但镍对硫、砷十分敏感，气体中即使存在痕量的硫、砷，也会使催化剂发生积累中毒而逐渐失活。

20 世纪 70 年代开始陆续出现一些使用稀土或稀土与其他碱金属作为耐高温、抗积炭的甲烷化催化剂的助催化剂。稀土作为助催化剂和氧化镁一样都是使催化剂在制备时增加镍晶粒的分散度和抑制在热作用下镍晶粒长大，稀土和氧化镁在一起还有交互作用，可以加快一氧化碳脱附过程，从而提高了活性。1994 年，中国浙江省德清县化工技术开发有限公司研制出以二氧化钛为载体的 J107 甲烷化催化剂，该催化剂具有还原容易、低温活性好、机械强度高等优良性能，大幅度降低了镍和稀土的含量，因此也降低了催化剂的成本。

甲烷化催化剂制备方法有混碾法、共沉淀法和浸渍法三种，早期用混碾法，但近年多用共沉淀法与浸渍法。其制备工艺流程如图 9 - 9 所示。

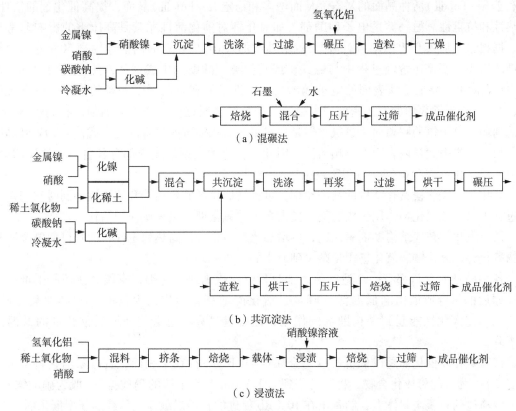

图 9 - 9　甲烷化催化剂制备工艺流程图

9.6　氨合成催化剂

9.6.1　氨合成催化剂研究进展

氨合成催化剂主要活性组分是铁，通过熔融方式加入其他助剂成分，由这种生产工艺得到的催化剂称为熔铁催化剂。催化剂在还原前是一种具有一定粒度的无定形熔块，其主要组分为四氧化三铁，含量在 90% 左右。催化剂经还原后，四氧化三铁还原成 $\alpha - Fe$，它的功能是化学吸附分子氮，并且使 N≡N 分子键削弱，以利于加氢而生成氨：

$$3H—H + N≡N \Longrightarrow 2NH_3。$$

在反应过程中，要断裂 3 个 H—H 键和 1 个 N≡N 键，就需要吸收能量，且使 1 个 N≡N 键断裂所需的能量远大于断裂 3 个 H—H 键的能量，因此，氨合成反应的控制步为氮分子的活化。而助剂组分的添加，不仅能有效地降低反应的活化能，而且能提高催化剂的稳定性和抗毒性。

第二篇　应用技术

当前，铁系氨合成催化剂的促进剂主要是氧化铝、氧化钾、氧化钙三种，氧化镁可能是加入，也可能从炉衬熔入，而二氧化硅主要是磁铁矿精粉中的杂质。按促进剂的作用原理可分为 2 类。一类是结构型助剂（或称骨架助剂），如氧化铝、三氧化二铬、二氧化锆、二氧化钛、氧化镁、氧化钙、二氧化硅等难熔氧化物。它们与磁铁矿熔融形成固溶体，还原过程或工业使用过程中，这些氧化物不被还原，起了隔离 $\alpha - Fe$（Ⅲ）晶面的作用，使晶粒变小，有利于 $\alpha - Fe$（Ⅲ）活性晶面的暴露，从而增多和稳定 $\alpha - Fe$（Ⅲ）晶面，提高催化剂的活性、耐热性和抗毒性。另一类是电子型助剂，如氧化钾对催化活性尤其是高压下的影响非常显著。据报道，加入 $0.7\% K_2O$ 时高压下的活性比加入 $0.2\% K_2O$ 时的活性提高 50% 左右。氧化钾的作用主要是在熔融过程中与磁铁矿或其他类型的助剂生成钾盐，还原后均匀分布在 $\alpha - Fe$ 表面上，降低了铁表面的电子逸出功，促进了氮和氢的吸附和氨的解吸。也有人认为，在 K^+ 附近铁表面的电子密度增大引起分子氮与金属键（$M—N_2$）的加强，有利于 $N \equiv N$ 键的削弱、分子氮的解离而生成氨。但是，过量的氧化钾可能堵塞内孔，或使 $\alpha - Fe$ 微晶熔结、长大、失去大量内表面而影响活性。因此，对每种类型催化剂都有各自的最佳添加量，一般各类催化剂均在 $0.6\% \sim 1.0\%$ 范围。

氧化钙、氧化镁具有结构助剂的作用，可提高催化剂的耐热性和抗毒性，同时它们在熔融过程中与酸性氧化物作用生成盐类，使大多数的氧化钾与磁铁矿作用活化铁表面。

稀土氧化物替代结构助剂氧化铝，可增加比表面积，提高热稳定性，而且可使碱金属氧化物氧化钾、氧化铷、氧化铯用量减少到原来的 $1/8 \sim 1/10$。

各种助剂的含量都有一个适宜值，如过量的氧化钙或氧化铝，不仅会使还原困难，还使还原后的氨合成催化剂低温活性降低，活化能增高。同样，少量的杂质如二氧化硅、氧化铝、二氧化钛能起到结构助剂的作用，但含量过高，也会使还原后催化剂的低温活性下降。

钌基氨合成催化剂是以低价态羰基金属（第Ⅷ B 族）存在于表面，具有易活化特点，以 $Ru_3(CO)_{12}$ 为钌的母体化合物，将其升华到第 Ⅰ A、Ⅱ A 族金属的硝酸盐（一般为硝酸铷）水溶液浸渍过的石墨炭载体上，制备出在 10% Rb 促进的石墨炭载体上负载的新型催化剂。

钌基氨合成催化剂 KE - 1520 对水很敏感，使用前应对反应器彻底干燥。可用新鲜合成气进行还原，实际还原时间约 30h。工厂使用表明，该催化剂不仅在高氢浓度下具有高活性，而且稳定性也达到了期望值，是低温、低压合成氨的理想催化剂。但是强烈吸附氢也是钌基氨合成催化剂的一大特点，因此会抑制氨的合成，在高压条件下钌基氨合成催化剂未必比铁基氨合成催化剂优越。

合成氨铁催化剂是世界上研究得最成功、最透彻的催化剂之一。但是，关于合成氨过程真相的探讨仍未结束，关于合成氨催化剂的结构以及氨分子生成的机理仍有大量问题未能做出回答。现代化的大型合成氨装置，单位质量氨的能耗已降到 $28 \sim 30GJ/t$，很接近 $22GJ/t$ 的理论值。显然，对合成氨催化剂效率进行任何基本的改进均将有助于缩小这一差距。尽管随着石油化工、高分子、环境催化等技术的崛起，合成氨催化剂的相对地位逐渐下降，目前已不是催化研究的主要方面，但合成氨工业及其催化剂技术的进步不会停止。

9.6.2　氨合成铁催化剂的制备

合成氨催化剂是以天然或人工合成磁铁矿为原料，采用熔融法制备，其制备工艺流程如图 9 - 10。

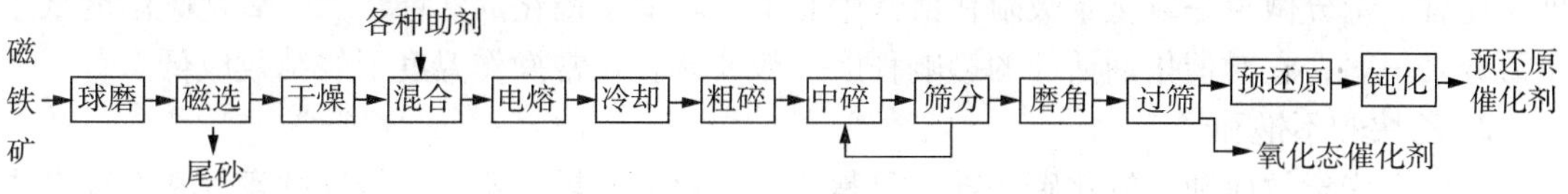

各种助剂

磁铁矿 → 球磨 → 磁选 → 干燥 → 混合 → 电熔 → 冷却 → 粗碎 → 中碎 → 筛分 → 磨角 → 过筛 → 预还原 → 钝化 → 预还原催化剂

尾砂

氧化态催化剂

图 9 - 10　氨合成催化剂制备工艺流程图

原料磁铁矿经破碎与球磨至 150 目后，再经湿式磁选精制以降低有害杂质含量。磁选机有 3 个转鼓，在磁场作用下可使 90% 以上的二氧化硅被除去，并使 $FeTiO_3$ 含量降低。熔炼在电弧炉中进行，其优点是炉温高，可使助催化剂分布均匀，并降低硫和磷等有害杂质含量，电弧炉生产能力大，熔炼时间也比电弧炉短得多。电阻炉也常用于氨合成催化剂的熔炼，其物料均匀，但炉温低（约 1600℃）、熔炼时间长（4～6h）、生产能力低；由于长期暴露在空气中，Fe^{2+} 被氧化，随时间延长，Fe^{2+}/Fe^{3+} 比值降低，需加入纯铁调节。熔浆采用倾入具有水夹套的方槽中快速冷却，这样可获得较高的活性。冷却后熔块经破碎并磨角后筛分分级。双辊破碎机破碎熔块时收率高，"球化"程度也较好。

9.6.3　预还原催化剂

氨合成催化剂的活性在很大程度上取决于还原进行的好坏。为了使还原过程能在最佳条件下进行，得到理想的催化剂活性，许多催化剂生产厂家采用预还原方法生产预还原催化剂。

预还原催化剂的生产分为 3 个阶段。

①氧化态催化剂制造并进行规则化磨角处理。

②预还原处理。在预还原炉中用氢、氮气作还原介质进行处理。由于预还原操作专业化，可在比 合成塔内更优越的还原条件下进行，床层温度分布均匀，采用大空速、低压力、低水汽浓度的工况条件，并追求高还原度，按预定升温还原指示曲线进行程序控制。

③稳定化处理。为便于储存、运输及装填，确保催化剂不自燃，对预还原催化剂进行稳定化处理，即在已还原为海绵状活性铁催化剂的表面上生成一层保护膜。经稳定化处理的催化剂在 100℃ 以下与空气接触不会发生自燃。

9.6.4　催化剂的中毒与使用寿命

9.6.4.1　催化剂中毒

硫、磷、砷、卤素等会造成氨合成催化剂永久性中毒，而含氧化物会造成氨合成催化剂暂时性中毒。

1. 含氧毒物

①氧：它是通过在活性中心上被吸附而使催化剂中的 α - Fe 氧化成氧化物，而此氧化物在合成气中可以再还原生成铁，这就会引起催化剂反复氧化 - 还原。因此，氧的作用表现为强的暂时性中毒和弱的永久性中毒。

②水：水的中毒类似氧。

③二氧化碳：它和催化剂中的氧化钾发生化学反应，并和氨作用生成氨基甲酸铵和碳酸氢铵盐类，导致合成设备和管道堵塞。

④一氧化碳：它是氨合成气中最易存在的毒物，危害也较大。它通过甲烷化反应生成甲烷和水，此反应放热量大，会引起催化剂局部温升而导致催化剂烧结，而且水也是毒物。此

第二篇　应用技术

外，还有一部分微量一氧化碳吸附在活性中心上，降低了催化剂活性，当一氧化碳浓度低于十万分之一时，它对催化剂活性的影响程度一般要比在正常操作温度下烧结效应低。

2. 乙炔和不饱和烃

它们的中毒效应和一氧化碳相同，只是乙炔转化成乙烯、乙烷，但这种毒物在合成气中较少遇到。

3. 润滑油

它会部分裂解生成胶质膜覆盖在催化剂表面上。对它来说，既是抑制剂又是毒物，是物理中毒。若润滑油中有硫，还会发生硫中毒。

4. 硫、磷、砷

硫、磷、砷及其化合物可以与催化剂形成稳定的化合物而成为永久性中毒，虽然在氨厂中遇到不多，但一旦出现，后果很严重。在工业上，硫一般都积累在催化床上层，催化剂中硫含量在0.1%以下，就会导致催化剂严重中毒，这时催化剂热点会迅速下移至催化剂床层最低层，甚至导致被迫更换催化剂。

5. 卤素

卤素及其化合物也会引起催化剂永久性中毒，其中氯及其化合物会和催化剂中的氧化钾发生反应生成氯化钾等，在高温下氯化钾会挥发从而导致催化剂活性下降。

6. 有些易还原的金属氧化物（如铜，镍的氧化物）和低熔点金属（如铅，锡等）是氨合成催化剂毒物。如用铜铵液脱除一氧化碳时，应避免铜铵液进入催化剂床层。

9.6.4.2 催化剂寿命

氨合成催化剂一般寿命较长，在正常操作下预期寿命3～10年，使用条件良好时可达10年以上。一般来说，小型氨厂催化剂寿命较短，而大型氨厂因净化条件好等原因催化剂寿命较长。

知识拓展

制硝酸和制硫酸催化剂

1. 氨氧化制硝酸催化剂

硝酸是无机化学工业的主要产品之一，用于制造化肥、炸药及合成纤维等，早期采用浓硫酸分解硝石或电弧自空气中固定氮的方法来制造，但前者受原料的限制，后者能耗太高。自1928年起就改用氨氧化法生产硝酸。它是先将氨氧化成一氧化氮，并进一步氧化成氮的高级氧化物，经水吸收后生成硝酸。氨氧化催化剂能促进氨氧化为一氧化氮的反应。

氨氧化催化剂分为铂系催化剂和金属氧化物催化剂两类。1908年建立的第1套氨氧化装置采用纯铂为催化剂。由于纯铂资源稀少，价格昂贵，人们一直探索用常见的金属氧化物取代铂作催化剂，并曾在工业上有过几次突破，但性能上不能与铂催化剂相比。纯铂活性虽高，但耐毒和耐热性能较差，在高温下形成的铂微粒易被气流带走而造成较大的损耗。铂系其他金属也不宜于单独作为催化剂，如钯易发脆，纯钌和纯铱活性低，而铢很易被氧化。

在铂系中添加第2组分铑能改善催化剂性能。铑不仅能提高催化剂活性，还能提高其机械强度并降低损耗。但铑价格比较昂贵，为了减少铑用量，部分铑可用钯替代。

目前工业上广泛使用的铂催化剂组成有：

①100% Pt：用于中压或高压氨氧化时最末层。

②95% Pt－5% Rh：用于常压及中压氨氧化。

③93% Pt－7% Rh：俄罗斯用于0.7～0.8MPa下氨氧化。

④90%Pt-10%Rh：西欧及美国用于高压氨氧化。

⑤93%Pt-3%Rh-4%Pd：俄罗斯及某些东欧国家用于常压氨氧化。

为了减少价格昂贵的铂金属用量，太原化肥厂从1989年起与昆明贵金属研究所在原有Pt-Rh-Pd三元合金网的基础上，添加了稀土组分，降低了铂金属用量，研制成四元合金网催化剂。1991年起在太原化肥厂硝酸车间试用表明，其氧化率可达97.78%，而工艺要求仅为96.5%，使用周期可达10000h以上。与原使用的三元合金网相比，每吨硝酸铂消耗量降低16mg。

铂合金网性能虽好，但价格昂贵，资源稀少，世界范围都呈现供不应求的局面。早在20世纪初就在寻求代铂催化剂，几乎试过所有的常见金属及其氧化物，其中研究较多并曾用于工业装置的仍是金属氧化物催化剂，按其主要组分可分为铁系和钴系两大类。

金属氧化物中铁系催化剂活性最高，但纯三氧化二铁在高温下易熔结而使活性迅速衰退，若添加少量三氧化二铋或三氧化二铬后性能较好。与铁系催化剂迥然不同，纯钴催化剂性能要比其他金属氧化物为优。近年在研究新钴催化剂时添加氧化铝、氧化镁或氧化钙，使与四氧化三钴形成尖晶石结构，以改善热稳定性。也有添加氧化锂或氧化钾等碱金属氧化物，还有添加二氧化铈、三氧化二钕或三氧化二镝等稀土氧化物或二氧化钍等耐热氧化物，但除四氧化三钴、二氧化铈外均未进行工业试验。

钴系催化剂的另一特点是生产能力大，除20世纪50年代初尝试在Co_3O_4-Al_2O_3催化剂后设一套铂铑网外，都是单独使用。铂合金网催化剂的制备工艺流程见图9-11。

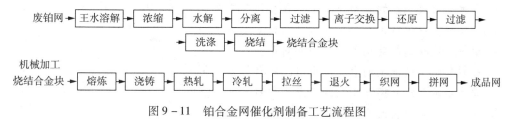

图9-11　铂合金网催化剂制备工艺流程图

2. 二氧化硫氧化制硫酸催化剂

通过化学热力学计算可知，二氧化硫氧化为三氧化硫反应可以在没有外加条件下自发进行，而且其平衡转化率很高。但是，在没有催化剂的条件下，反应速率很慢，实际上未能测出其反应速率。

硫酸生产中的二氧化硫气-固多相催化氧化过程，工业上曾使用过3种固体催化剂：铁催化剂、铂催化剂和钒催化剂。

铁催化剂要在高于640℃以上、以三氧化二铁形式存在，才有较好的活性，低于此温度，铁以硫酸盐形式存在，没有活性。但温度高于640℃，平衡转化率很低，而且氧化铁的内表面会迅速丧失。因此，尽管铁的价格十分低廉，铁催化剂仍未被普遍采用。

铂催化剂在20世纪30年代前曾被普遍采用，它的在400~420℃即有良好的活性。铂催化剂的缺点是价格昂贵，并极易受砷和氟的毒害而失活。

钒催化剂从20世纪20年代中期起，逐步取代铂催化剂。它的价格远较铂催化剂低，耐砷、氟等毒物的能力比铂催化剂强，寿命长。60年代以前，由于钒催化剂在较低温度（400~420℃）下活性不如铂催化剂，后者还有少数市场，钒催化剂的应用远不广泛。60年代后，由于制造低温钒催化剂技术被各国掌握，使之甚至在360℃即有明显活性，工业上逐渐用钒催化剂取代了铂催化剂。目前，全世界硫酸生产都使用钒催化剂。

近代工业用钒催化剂的主要化学组成是：五氧化二钒（活性组分），硫酸钾（或部分硫酸钠）（助催化剂），二氧化硅（载体，通常用硅藻土），通称为钒-钾（钠）-硅系催化剂。最近50年来，为了进一步提高钒-钾（钠）-硅系催化剂的比活性，各国都曾研究过添加新组分的催化剂，几乎触及所有的金属氧化物和某些非金属氧化物，但都未能取得成功。其中俄罗斯、日本等曾在工业上使用过加入五氧化二磷、锑、锡氧化物的钒催化剂，由于性能不稳定，很快即被淘汰。目前，各国仍使用钒-钾-硅系催化剂。

1950年，余祖熙等研制出我国第1批钒催化剂S101，用于硫酸生产。S101是中温钒催化剂，能广泛适应于各种不同的操作条件，目前南京化学工业公司催化剂厂等单位都能生产。

钒催化剂的制备方法分为混碾法和浸渍法两种。通常采用混碾法，但沸腾床用微球催化剂采用浸渍法。其制备工艺流程如图9-12所示。

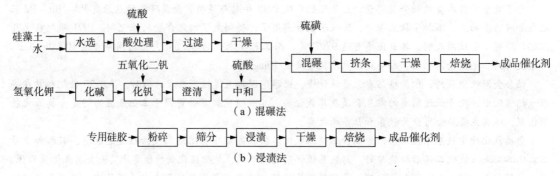

图9-12　钒催化剂制备工艺流程图

思考题

1. 常用的脱硫催化剂有哪些?

2. 硫磺回收催化剂的类型有哪些，各有什么特点?

3. 简述烃类一段转化催化剂的组成和制备方法。

4. 比较一段和二段转化催化剂的异同点。

5. 一氧化碳变换催化剂有哪些类型，各有什么特点?

6. 简述耐硫宽温变换催化剂的特点呢和制备方法。

7. 简述合成氨催化剂的特点和制备方法。

8. 合成氨催化剂的中毒因素有哪些，如何再生?

导　读

本章主要介绍了环境保护催化剂以及其当今使用的新型催化剂类型。要求学生了解环境友好工艺和环境催化的概念，了解新型催化材料的发展趋势及实例。重点掌握环境保护过程中使用的三效催化剂和 SCR 催化剂的特点和使用要求，掌握酶催化的类型、特点以及酶催化剂的制备过程和影响因素。

第 10 章　环境保护及其他新型催化剂

10.1　环境友好概念的产生

工业生产，特别是化学工业、石油炼制工业、动力生产工业和交通运输业与环境问题有着密切的关系。地球环境(大气、土壤和水源)已受到严重污染。由于人类长期大量地使用化石能源，特别是工业化国家无节制地使用，使得全球的环境逐渐恶化，地球大气层已出现了 2 个臭氧"大空洞"，一个在南极，一个在北美。继续发展下去，会使人类直接受到太阳紫外线照射，后果不堪设想。

地球环境的严重恶化，引起了各国政府的高度关注。加强环境保护和治理，主要由政府环保部门提出和领导。先集中于空气和水质的保护和治理，监控有毒有害物质，如空气中的毒物、影响水质的致癌物质、有害废弃物等。监测有长远危险性的范围、区域，如臭氧层，监测破坏臭氧层的氯氟烃和加剧温室效应的二氧化碳等气体的排放。

环保治理单靠政府提出要求，靠法规和法令是远远不够的，要从根本上解决此问题，就要将追求环保与具有竞争性的经济效益联系在一起，使产品生产和过程开发的企业领导从被动执行转为自觉的行动，于是就提出了环境经济概念。20 世纪 70 年代以前，新产品、新工艺的开发，其主要推动力是市场和过程经济。70 年代以后观念有所改变，除市场和过程经济以外，还要同时考虑环境经济。1974 年，美国著名私人企业 3M 公司就提出"执行污染预防可以获得多方面的利益"，"污染物质仅是未被利用的原料"，"污染物质加上创新技术就可变为有价值的资源"等观点。

针对传统的能源消耗，传统的化学工艺和化工生产技术造成的环境污染，提出了环境友好工艺，要求创建绿色化学(又称环境无害化学)。这是针对传统化学造成环境污染提出的新概念。绿色化学从源头上控制污染，包括全程监控、清洁生产。它是更高层次更成熟的化学，要求创建清洁化工，即不会造成环境污染的新型化工技术。对包括生产原料、产品设计、工艺技术，反应过程及设备、能源消耗等各个环节，实行全流程污染控制，生产出对环境无毒无害的新型产品，实现反应过程中三废排放量最少。

10.2　空气污染治理的催化技术

10.2.1　概述

工业、交通、能源生产中影响大气环境的主要污染物是 CO_x、NO_x、SO_x 和微粒尘埃等。

按照污染物产生或排放的源头划分，污染源主要有两类：一类是机动车尾气排放的污染源，通称动态源；另一类是发电厂、水泥厂、工业锅炉、废弃物焚烧炉等烟囱排放的污染物，通称静态源。分别采用不同的催化技术进行处理。

10.2.2 动态污染源及三效催化技术

动态源的污染处理，这里以汽车尾气处理为例。汽车是通过汽油的燃烧获取动力的，在燃烧过程中，汽油中的烃类组分与空气中的氧反应，生成二氧化碳和水等主要产物。然而，由于各种工况原因会产生不完全燃烧，从而导致未燃烧的烃类及一些醇、醛和一氧化碳等氧化中间物的排放。火焰中发生的热裂化也形成了不同于原组成的小烃分子和氢等。另外，大多数化石燃料中都含有一定的硫和氮，燃烧后它们分别以 SO_x 和 NO_x 排出。当燃烧温度超过 1700K 时，空气中的氮和氧也可以反应生成一氧化氮和二氧化氮。以汽油为动力的火花点燃式内燃机汽车尾气的典型组成如图 10 - 1 所示。

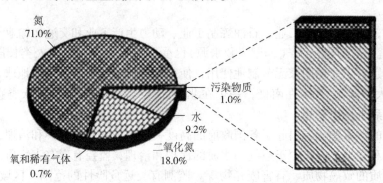

图 10 - 1 以汽油为动力的火花点燃式内燃机汽车尾气的典型组成
（图中数据均为体积分数）

汽车尾气的污染物已成为城布空气的主要污染源，对人类的健康造成了极大的危害，也严重影响了生态环境。因此，美国、日本和西欧一些发达国家和地区，先后对汽车尾气的排放实施了一系列法律法规加以规范。美国于 20 世纪 70 年代起就规定汽车出厂上路前必须要安装车用催化转化器，以改善尾气排放状况，达到环保的要求。1990 年，美国又公布了修正的空气净化法案标准：尾气排放的烃类不得超过 0.25g/mile；一氧化碳不得超过 3.4g/mile；NO_x 不得超过 0.4g/mile。

1983 年我国开始颁布汽车尾气排放国家标准。1989 年颁布了轻型汽车排放标准 GB 11641—1989，1993 年又重新修订了轻型汽车排放标准 GB 14761 - (1 - 7)—1993。现在北京、上海、广州等大城市均已实施对汽车尾气进行强制性检测，以保护大气环境。

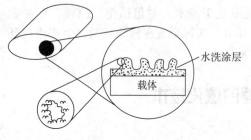

图 10 - 2 三效催化剂

10.2.2.1 三效催化剂

目前，汽车尾气净化广泛使用的是三效催化剂。在其使用条件下它可同时将尾气中的一氧化碳、碳氢化合物（HC）和 NO_x 净化处理，达到环保要求的限制标准。三效催化剂主要由载体涂层和活性组分组成，置于汽车尾气催化转化器中，如图 10 - 2 所示。

1. 载体

目前广泛使用的为块状式载体。材质有陶瓷和合金两大类。最常用的陶瓷材料为多孔堇青石（$2MgO \cdot 2Al_2O_3 \cdot 5SiO_2$），化学组成为：MgO 14%，$Al_2O_3$ 36%，SiO_2 50%，还有少量的 Na_2O、Fe_2O_3 和 CaO，商业上通常制成 $\phi 125mm \times 85mm$ 的圆柱体或者 $\phi 145mm \times 80mm \times 148mm$ 的椭圆体。材料本身主要由平均孔径为数微米的大孔构成，孔隙率（体积分数）20% ~ 40%。整体制成蜂窝状，通道截面多为三角形和方形，通道孔分布可达 62 孔/cm^2，通道壁厚为 0.15mm，最薄可达 0.1mm。堆积密度约为 420kg/m^3。这种载体的突出优点是抗热冲击性能优越，具有很低的热膨胀系数。

合金载体有不锈钢、Ni – Cr、Fe – Cr – Al 等材料。外观构型为蜂窝状，内部由交错的平板和波纹状薄金属片构成，厚度约为 0.05mm。这种载体材料的特点是机械强度高、传热快、抗震性好、压降低、寿命长等。合金载体为非多孔性的，在制备催化剂涂层时工艺较复杂。

2. 涂层

前述载体材料，无论是陶瓷抑或合金，比表面积只有 2 ~ 4m^2/g。对于负载型催化剂来说太小，既不利于活性组分的有效负载，也不利于活性组分的高度分散，对吸附消除排放尾气中的有害杂质也不够有利。解决办法就是在载体表面再复合一层高比表面积的无机氧化物涂层，也称第 2 载体。涂层材料可选用氧化铝、二氧化硅、氧化镁、二氧化铈或二氧化锆等，也可以是它们的复合物。涂层材料的选用与制作是制造商的核心技术，涂层材料必须满足以下要求：

①有较高的热稳定性。如氧化铝在 800℃ 以下时为 $\gamma – Al_2O_3$，当温度达 1100℃ 时就转变成 $\alpha – Al_2O_3$，比表面积大幅度下降，因此要加入二氧化锆、二氧化铈和三氧化二镧等来有效抑制氧化铝的晶相转变，促进其耐热稳定性。

②增强涂层中某重要组分（如上述的氧化铝）的热稳定性。

③协助或改善某些催化组分的功能。如能与贵金属发生相互作用，提供较高的内比表面积（典型的为 20 ~ 100m^2/g），且在实际工况下具有良好的稳定性。二氧化锆、二氧化铈和三氧化二镧常是涂层的首选辅助材料，因为二氧化铈是良好的贮氧化合物，需氧时可放出氧，反之可吸收氧，二氧化锆是贵金属铑的首选辅助材料，它还可以与二氧化铈形成固溶体，促进热稳定性；三氧化二镧是改善贵金属钯催化性能的良好辅助材料，可增加一氧化氮的化学吸附，促进钯催化一氧化氮的还原活性和选择性，促进一氧化碳、HC 与水的反应等。

3. 贵金属活性组分

用于汽车尾气净化的催化剂，早期多使用过渡金属铁、钴、镍等。由于它们对催化一氧化碳、HC 和二氧化氮转化的活性较差，加之高温下抗硫性能欠佳，故目前三效催化剂普遍采用铂、铑、钯贵金属作活性组分。

铂能有效地促进一氧化碳和 HC 的催化氧化，也能促进水煤气的变换反应。它对 NO_x 的催化还原能力不及铑，但在还原性气氛下易使 NO_x 还原为氨。

铑是催化 NO_x 还原的主要活性组分，在氧化气氛下还原产物为氮；在低温、无氧条件下的主要还原产物为氨，高温时的主要产物为氮。当氧浓度超过一定限度时，NO_x 不能有效被还原。铑对一氧化碳的氧化和 HC 的水蒸气重整也起到重要的催化作用。但铑的热稳定性和抗毒能力不及铂。

钯的起燃活性好，热稳定性也较高，只是对汽油中的铅和硫含量有更高的要求。钯主要用于催化一氧化碳和 HC 的转化。一般认为钯在高温下会与铂和铑形成合金，钯处于外层，对铑的活性产生负面影响，三效催化剂的各贵金属之间有相互协同作用，总体起催化促进作用。有关三效催化剂的性能影响因素以及失活等情况，借用以下几张图表综合给予说明。

图 10-3 所示为影响三效催化剂性能的诸多因素，包括构成该催化剂的载体的选择及设计、基面涂层、活性贵金属的配比、整体催化剂的制备方法等，还包括转化器的结构设计及其操作运转工况。关于这方面有众多的专门研究及相关的专利文献，此处从略。

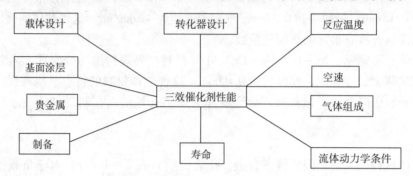

图 10-3　影响三效催化剂性能的因素

多相催化剂通常是在选定的反应条件区运转操作，可以人为强制监控，从而使其在某一最佳催化转化条件下运行，而汽车尾气净化催化剂的实际运行工况，与通常的多相催化剂有很大的不同。因为其操作条件是由发动机的运行速度和负荷来确定的，比一般化工反应过程的操作条件要恶劣得多。图 10-4 所示为汽车用催化转化器尾气净化效果的示意图，限于篇幅不做进一步的分析讨论。

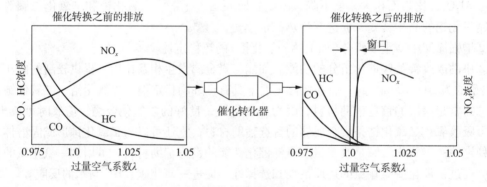

图 10-4　汽车用催化转化器尾气净化效果示意图

12.2.2.2　三效催化剂的失活

在将多相催化剂应用于化学和石油化学工业工艺过程时，一般要采取充分的预防措施以使催化剂的失活减小到最低程度，或者是将工艺过程设计成可以周期性地进行催化剂的再生。相反，汽车尾气排放控制催化剂应用量大，操作条件不可控制，而且"原料"的预处理是不可能的。此外，立法要求催化剂的耐用性应和车辆寿命同数量级。因为这些特殊性，在汽车尾气排放控制催化剂的使用过程中，它们会经历许多失活现象，其中一些是可逆的，而另一些是不可逆的；汽车在行驶过程中由于震动导致的载体机械破损，由于温度急骤变化引发热应力导致的载体破损，都会使得催化剂不可逆地失活。燃料毒物化学吸附会导致三效催化剂失活，有的可逆，有的不可逆。如图 10-5 所示，通常低温操作时失活是可逆的，这意味着当催化剂在较高温度下操作时，这些失活现象是可被消除的，当然还与尾气的净氧化性

第二篇　应用技术

或还原性相关。低温失活现象的例子有反应物和反应产物（如二氧化碳）的物理吸附或化学吸附，各种硫氧化物与基面涂层氧化物之间的反应，以及贵金属的氧化。

高温时的失活一般是不可逆的。这些反应包括基面涂层组分之间的固态反应，贵金属之间的固态反应。导致非均匀合金的生成；也包括不同贵金属和基面涂层氧化物之间的固态反应。后者的一个常见的例子是 Rh^{3+} 在过渡态氧化铝晶格中的迁移，因为三氧化二铑的晶体结构与 $\gamma - Al_2O_3$ 的是同型的。

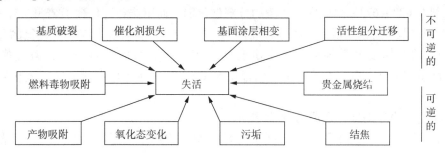

图 10 - 5　三效催化剂的可逆和不可逆失活现象概况

催化剂在高温操作时发生的最重要的失活现象是基面涂层组分的内表面积损失以及贵金属分散度的损失。基面涂层氧化物的烧结会导致基面涂层内表面积的减小。这个过程也会导致贵金属的遮蔽，因为它们是负载在这些基面涂层氧化物上的。控制基面涂层内表面积损失的最重要的参数是温度。还应该注意到，各种基面涂层组分有不同的温度（热）稳定性。

贵金属的烧结会引起贵金属表面积的损失，并产生更宽的贵金属颗粒直径分布。贵金属烧结的程度除温度外，还取决于它们的初始分散度、贵金属和基面涂层间相互作用的性质、贵金属的类型和尾气的净氧化性。在氧化性尾气气氛条件下，铂烧结得更快，而钯则在还原性尾气气氛下烧结得更快。这种现象与这些元素在相应气氛下的氧化态是一致的，并且可以用这些金属和它们相应的氧化物之间在蒸气压方面的差别来解释。对于火花点燃式发动机，在使用过程中固体温度范围要比气体温度范围宽，这是由转化反应的放热性质引起的，而且在点火失败或车辆减速的条件下，对于没有装备合适的燃料切断装置的车辆来说，未燃烧的燃料会进入催化转化器。催化剂将会使未燃烧的燃料氧化，因此更急剧地提高它的温度。虽然催化剂前端尾气的温度迅速降低，催化剂本身的温度却由于未燃烧燃料的放热燃烧而升高，固体温度甚至可能超过 1600K，引起载体的熔化。

最后，应当提及由毒物元素引起的催化剂失活。贵金属基催化剂可以被硫氧化物毒化，硫氧化物主要来源于含硫燃料组分的燃烧；还可能被磷和锌毒化，它们主要来源于发动机润滑油中的某些添加剂；还可能被硅毒化，硅有时存在于某些发动机密封物中。同时，微量的铅过去是催化剂失活的重要因素。

10.2.3　静态污染源的净化处理催化技术

静态污染源有多种类型，发电厂的烟囱排放气、各类工业生产过程的排放气、垃圾废弃物焚烧发电的排放气、民用燃烧排放气等。这些过程产生大量危害环境的废弃物，如 SO_x、NO_x（NO、N_2O、NO_2 等）、CO_x（CO、CO_2）以及二噁英、氨、烃类。其中 N_2O、CO_2 和甲烷属温室气体，会引发全球变暖、冰川融化退缩、海平面上升、气候恶化、土壤沙漠化等一系列环境问题。NO_x 与烃类相互作用导致光化学烟雾，严重危害人体健康。SO_x，NO_x 会产生酸雨，破坏生态环境，危害生物的生存发展。这些问题一直受到各国政府和人民的关注，下

第二篇　应用技术

面主要介绍处理的催化技术及其发展。

10.2.3.1 一氧化氮的催化分解

尽管在非常高的温度下一氧化氮是一种不稳定的化合物，但其分解速率却很低，因此必须使用催化剂来加速分解。经过研究，Pt/Al_2O_3 及一些非负载型过渡金属氧化物，如四氧化三钴、氧化镍、三氧化二铁和二氧化锆等是适合的催化剂。氧的存在强烈地抑制分解反应，因为氧易与一氧化氮在催化剂表面上发生竞争化学吸附。有研究报道指出，钴或铜交换的分子筛催化剂在 623～673K 温区内是活泼的分解催化剂，而用铑和钌负载于 ZSM-5 分子筛上在 523～573K 温区内也是很活泼的分解催化剂，$Cu-ZSM-5$ 催化剂对一氧化氮的分解还原能力与 Cu^{2+} 的交换度关系很大。当交换度低于 57% 时，分解活性很小；若交换度超过 72%，活性急剧上升。也有人采用杂多化合物 $H_3PW_{12}O_{40} \cdot 6H_2O$ 催化分解一氧化氮，也有良好的效果。

10.2.3.2 NO$_x$ 的催化还原与 SCR 技术

在动态污染源的尾气处理中，三效催化剂对 NO$_x$ 的转化是困难的。因此，在静态污染源污染物的处理中，人们的研究开发转向对 NO$_x$ 的选择性催化还原（SCR）过程，最后取得了成功。

NO$_x$ 的选择性还原一般选用氨作还原剂，在催化剂作用下将 NO$_x$ 还原为氮和水。SCR 技术是 20 世纪 70 年代初由日本学者开发成功的，后来在日本和西欧得到了广泛的推广应用。他们将 SCR 技术应用于热电厂及硝酸厂燃气涡轮机和垃圾焚烧炉等燃烧后的排放控制。

首先是 SCR 技术所用催化剂的选择。最早选用铂，随后发现以二氧化钛、二氧化硅为载体的五氧化二钒、三氧化钼、三氧化钨等都可用作 SCR 技术的催化剂。后来又开发出低温型和高温型两类催化剂，其中 V_2O_5/TiO_2 型催化剂受到最多的重视。对于应用于热电厂排放，最适宜的催化剂是以五氧化二钒、三氧化钼和三氧化钨为基础的负载型催化剂；对于应用于燃气涡轮机排放，分子筛型催化剂是最好的选择，铂最易受烟气中二氧化硫的毒害。Fe_2O_3 基催化剂可将二氧化硫催化氧化为三氧化硫，并形成硫酸铁。温度较高时，Cr_2O_3 基催化剂可使氨氧化成一氧化氮，含 MnO_x、NiO 和 Co_2O_3 基的催化剂易为硫酸毒害，而分子筛则易导致失活。

在 SCR 技术的应用过程中，蜂窝块状结构催化剂得到了广泛应用。图 10-6 所示为一种 SCR 整体结构催化剂。表 10-1 列出了 SCR 催化剂的主要参数。

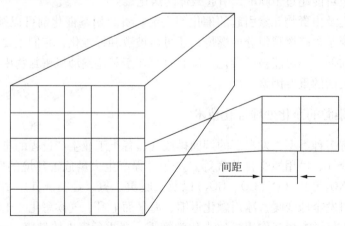

图 10-6　一种 SCR 催化剂的整体结构

表 10 – 1　SCR 催化剂的主要参数

参　数	槽的数目			
	高粉尘		低粉尘	
	20 × 20	22 × 22	35 × 35	40 × 40
直径/mm	150	150	150	150
长度/mm	1000	1000	800	800
槽的直径/mm	6.0	6.25	3.45	3.0
壁厚/mm	1.4	1.15	0.8	0.7
比表面积/(m²/m³)	2.0	1.8	1.35	1.35
孔隙率/%	64	70	64	64

采用 SCR 技术将 NO_x 选择性还原的工艺，取决于 SCR 构件置于烟道净化系统中的位置和含硫量。图 10 – 7 所示为发电厂中 SCR 装置的 3 种位置。第 1 种方案是将 SCR 单元直接置于锅炉之后，用其净化烟道气，这是"高粉尘"系统；第 2 种方案是将 SCR 单元置于静电除尘器(ESP)和烟道气脱硫（FGD）之间，属于"低粉尘"系统；第 3 种方案是将 SCR 单元置于空气预热器(APH)、ESP，FGD 之后，仅靠近烟囱。大多数 V_2O_5 型催化剂的 SCR 单元都采用第 1 种方案。在该位置上烟道气温度为 573 ~ 700K，符合一般操作温度范围。在更高温度下操作易使氨氧化，也会使催化剂烧结失活。

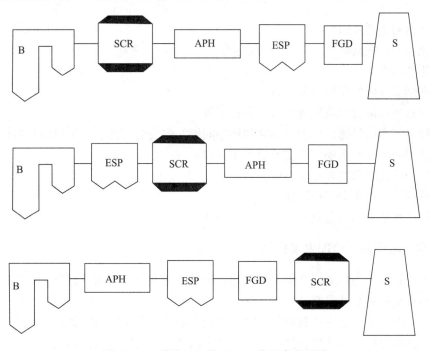

图 10 – 7　脱除 NO_x 的 SCR 工艺示意流程图

SCR 工艺可用于烟道气、工厂废气及其他排放气中 NO_x 的脱除，其示意流程见图 10 – 8。还原剂可以使用气态氨，也可以使用液氨。氨在蒸发器内蒸发再用空气稀释，待混合均匀后注入工艺管线中。控制 NO_x/NH_3 物质的量比，以确保 NO_x 的有效脱除，并最大限度地减少氨自反应器中泄漏（氨逸现象）。因为工艺要求 NO$_x$ 脱除率为80％时只允许极低的氨逸。

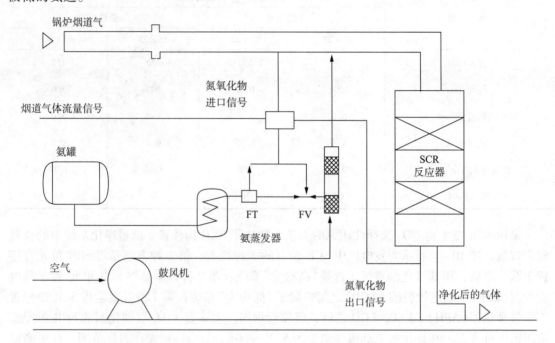

图 10-8　选择性催化还原氮氧化物工艺的示意流程图
FT—传感器；FV—控制器

产生氨逸的主要原因有：

①催化剂的严重结垢。

②催化剂的失活。

③氨在烟道气中的非均匀分布。

④当平行处理两股烟道气流时氨的分布不等。

氨不仅引起逸出问题，也引起运输和储存问题。解决的方法之一是运输和储存氨水。在 SCR 催化作用中的一些重要问题主要有以下几点：

①催化剂的化学和物理化学性质。

②催化剂体积的化学工程设计。

③催化活性随时间的退化。

10.2.4　空气污染催化治理未来趋势

前面主要针对静态污染源介绍了催化剂在环保技术方面的应用。这里简要论述在环保催化方面的新进展和对基础研究的挑战。

催化作用的一个新的应用领域是生物质的转化和其他类型废物的转化。通过燃烧可以获得生物质和民用废物中的能量。另一方面，将生物质升级成更有价值的燃料也是一种非常有前景的可行的转化应用。升级可以通过热技术（例如热解、燃烧、气化、液化等）来进行。

可以利用热解和液化来生产发电和化学合成用的燃料。然而催化剂应用于这些领域仍然处于初级阶段。

对于气化来说，催化作用将在满足环保要求方面起到重要作用。氮化物和硫化物的控制

对于避免 NO_x 和 SO_x 的排放是至关重要的。应用环保催化的主要目的是使气体净化的费用和废物排放量减到最小。预成型催化剂和整体结构催化剂，在燃气轮机及各类加热器的下游和燃烧炉中都有许多大规模的应用。但催化膜技术还处于研究发展阶段。

在美国使用过的废催化剂被认为是有害的废物，大多数制造商都将其回收。然而，如果有害废物的出口被立法所禁止，那么对用户就出现了新的问题。

催化方法用于保护和改善环境已经有了许多成功的例子。这将激励科学界继续努力了解催化作用并将其贡献于更清洁的环境。

10.3　工业废液的催化净化技术

10.3.1　废水对环境的冲击

炼油工业和化学工业的废液特性是排放量大，且组成复杂。曾经有人以类别、废水系统、废水来源和主要污染物列出了石油系统中的十几种废液。分析发现，炼油和化工行业的废水主要含有油、硫、酚、氰化物，还有多种有机化学产品，如多环芳烃化合物、芳香胺类化合物、杂环化合物等。废液中的污染物，一般可概括为烃类和溶解的有机与无机组分。其中可溶解的无机组分主要是硫化氢、氨化合物及微量的重金属；溶解的有机组分大多能被微生物所降解，但也有少部分难以被微生物降解。

包括炼油和石油化工在内的过程工业，都强调 4R 原则。即 Reduction（减少）、Reuse（再用）、Recycling（再循环）和（energy）Recovery（再回收）。最终目的是达到"零排放"。这种低能耗的清洁生产工艺，从源头开始，整个反应转化过程都实行控制，避免了污染，成为所谓的"绿色"加工工业。

10.3.2　湿空气氧化和催化湿空气氧化

湿空气氧化（Wet Air Oxidation，WAO）是处理废水，尤其是含有毒物和高浓度有机物废水的重要技术。第 1 次采用 WAO 技术处理造纸亚硫酸废液的专利出现在 1911 年。而真正工业应用是从 1954 年开始。挪威于 1958 年建立了第 1 台用 WAO 技术处理造纸废液装置，以后得到了推广。WAO 涉及有机或无机可氧化组分在高温（125 ~ 320℃）、加压（0.5 ~ 20MPa）、条件下的液相氧化，采用气相氧源（常用空气）。采用高温加压是为了强化氧在液相中的溶解度，提供氧化的强推动力。高压也为保持水处于液相，水作为热传递介质且以蒸发除去过剩的热。

有机废弃物经 WAO 氧化成二氧化碳和水，氮原子转化成氨、二氧化氮或氮分子，卤素和硫转化成无机卤化物和硫酸盐。温度越高氧化完成程度越高，产物主要是低相对分子质量的含氧化物，大多为羧酸。氧化程度是污染物在反应条件（主要是温度、氧分压、停留时间）下的可氧化程度。氧化条件的设置取决于处理的目的。WAO 遇到的一个问题是低相对分子质量羧酸阻止进一步氧化；另一个问题是氮原子都变成氨，它们进一步氧化也是十分困难的。要使氨最终分解，操作条件为温度 270℃、压力 7MPa，维持这样的 WAO 处理条件能耗很高，且 WAO 反应釜严重腐蚀。因此，后来开发了各种不同的催化湿空气氧化（Catalytic Wet Air Oxidation，CWAO）。

对比处理污染废水的化学法、反渗透法、生化法和矿化法等，WAO 法在工业规模上具有显著优点：

①作为清洁氧化剂，适用于化学需氧量（COD）10～100g/L体系。

②自成封闭系统，与环境无相互作用。

③无任何的污染转移。

④应用于高含量有机氮和氨体系，可回收机械能；COD达到20g/L时，WAO不需要任何辅助燃料，成为自维持体系。

⑤对比其他热氧化法，如非催化法，WAO法仅需要很少的燃料。WAO的操作消耗主要是压缩空气动力和高压液泵，若采用适合的催化剂（如CuO/ZnO、钌、铈等）消耗会进一步降低。

现在开发成功的WAO工艺有三种流程：第1种是过氧化氢加铁盐在100℃左右进行的WAO流程，主要消耗氧化剂，仅限于COD 0.5～15g/L体系；第2种是超临界状态下的氧化，操作费用高，且极高的压力和温度限制其发展；第3种是在催化剂参与下的WAO，即CWAO。

对于液相氧化反应，常以过渡金属盐作氧化催化剂，因为它们有多重价态。Fe^{2+}/Fe^{3+}是广泛采用的体系。均相铜盐也是最活跃的均相氧化催化剂。铜、锰、铁是广泛应用的CWAO催化剂。催化剂制备可采用金属氢氧化物的共沉淀，随后在560℃左右焙烧而得。专利文献中报道了在臭氧或过氧化氢存在下由二氧化锆，三氧化二镧和过渡金属或贵金属组成的CWAO催化体系。该催化剂需要回收再用，这会增加过程的操作成本。更重要的是催化剂在使用条件下要稳定，不能渗离出溶液体系。

近年来为了控制水体污染，要求从水中脱除氮组分，特别是氨，同样要除去化学耗氧组分。一般要求不能超过0.02mg/L的游离氨。在有氧存在条件下，氨自发转化成亚硝基和硝基化合物，所以雷鸣放电时河水中的氧含量会降低。为了维护水中生物的生存，氨氮浓度必须控制在1mg/L以下。又由于氨难以进一步氧化成氮分子，故对水环境污染特别有害。急需开发一种在WAO分解有机物的同时，又能有效分解氨的催化工艺。综合相关的研究报道，能有效完全分解氨的污水处理工艺是温度270℃、压力7.0MPa条件下的WAO工艺，但其操作费用较高，有设备腐蚀。而采用工艺条件较之WAO温和得多的CWAO工艺亦得到了氨的完全分解脱除，所用催化剂为Ru/AhO_3，工艺条件为：温度180℃，压力3.0MPa。

10.4　环境友好催化技术实例

10.4.1　概述

自20世纪70年代提出消除环境污染以来，世界各国都做出了很大努力。如美国专门设立了总统奖，鼓励保护环境的创新技术和产品。据统计，1987～1991年，世界的生产水平只提高了10%，而同期对空气、水源和土地的污染排放整体降低了41%。尽管如此，还不能达到环境友好的要求。环境友好加工工艺的要求为：极高的转化率；接近100%的选择性；污染物的浓度必须降低至10^{-6}级或零排放。这对一些应用科学，如工业催化、化学反应工程和反应器设计等工程技术，提出了更高的要求。

在短短10年左右的时间里，绿色化学与环境友好的化工生产工艺取得了令世人瞩目的成就，证明化学家和化学工程师有能力维护好地球环境，同时造福人类，将化学推向更高层次成为更成熟的化学；化工技术成为清洁的生产技术，能从生产原料、产品设计、工艺技术、反应路线、生产设备、能源消耗等各个环节，实行全流程监控，生产出环境友好的新产品，实现反应过程的"零排放"。绿色化学和清洁化工生产不仅追求环境友好，也追求"经济"优化。因为它利用了原料中所有的组分，创造出高附加值的新产品，获得高利润。下面简单介绍几种环境友好催化技术。

10.4.2　择形催化作用

近年来，以 2，6 - 二烃基萘和 p，p - 官能化联苯为基础的结构单元所衍生的液晶单体已引起人们极大的兴趣。2，6 - 二异丙基萘(DIPN)可以被选择性地氧化成若干种单体(见图 10 - 9)。这些单体可以共聚成各种专用高性能聚合物，例如聚 - 2，6 - 萘二甲酸乙二酯(PEN)。这类产品具有独特的由高度刚性和直链单体引起的棒状结构，因而具有特殊的性质，例如抗火性、在高温下的高机械强度和优良的可加工性。

目前这类产品的市场正在增长，例如在录像带、包装、电子学和宇航等方面都有应用前景。这些材料的高强度使得它们可以被拉成比传统的聚对苯二甲酸乙二酯(PET)更薄的薄膜。1990 年后期，日本将 PEN 基录像带引入了市场，增加了录制容量。能否开拓新的应用领域并增大市场量，将取决于改进技术，降低成本。烷基化反应一方面是降低费用的一条重要途径，另一方面通过选择性催化剂设计对环境污染的第 1 级预防护具有重要意义。

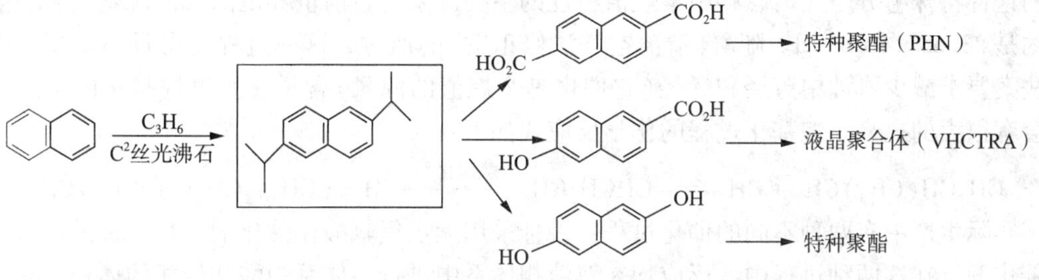

图 10 - 9　二异丙基萘的催化生产工艺

传统的用于萘烷基化的工艺如图 10 - 10 所示。通过丙烯使萘烷基化，采用 AlCl₃ 或 SiO₂ - Al₂O₃ 为催化剂。这些催化剂按热力学比率产生所需的线性 2，6 - DIPN 和不需要的非线性 2，7 - DIPN，因此要求很高费用的分离步骤来离析 2，6 - 异构体。此外，生成了较大量的三和四异丙基萘。这些烷基化的 AlCl₃ 不能被再生，必须被水解并作为有毒的化学废物处理。

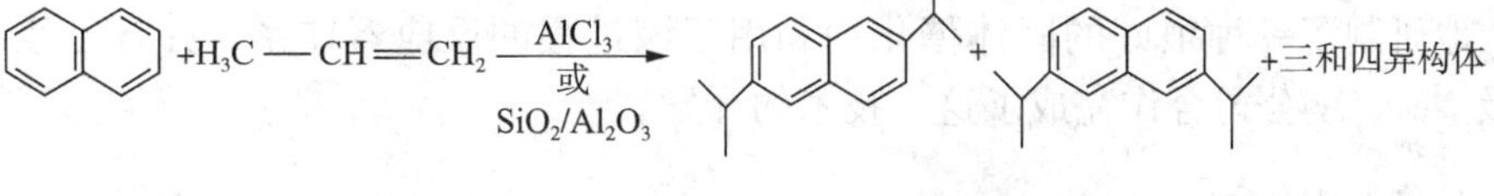

图 10 - 10　二异丙基萘(DIPN)的传统生产工艺

表 10 - 2 给出了以催化生产工艺过程为基础的的实验结果。从表 10 - 2 可以看出，具有大孔尺寸的无定形 SiO₂ - Al₂O₃ 在生成 2，6 - 和 2，7 - DIPN 之间没有显示差别，尚无选择性，两种结构的热力学比率为 1∶1。而在另一种极端情况下，ZSM - 5 沸石的孔径太小，不能以合理的速率生成任意一种异构体。

表 10 – 2　对于 DIPN 单体合成的催化剂设计

催化剂	孔径/nm	2，6 –/2，7 –异构体比率	2，6 –异构体/%
$SiO_2 – Al_2O_3$	6.0	1.0	38
L 沸石	0.71	0.8	22
β 沸石	0.73	1.0	37
丝光沸石	0.70	2.9	70
ZSM – 5 沸石	0.55	低活性	

对孔径范围为 0.6 ～ 0.7nm 的 3 种分子筛进行的研究表明，丝光沸石在选择性生产 2，6 – DIPN 异构体方面是有效的，其 2，6 –/2.7 – 异构体比率为 2.9。通过改善丝光沸石的孔结构，有可能进一步提高这种催化剂的性能。丝光沸石催化剂相对于 $SiO_2 – Al_2O_3$ 和 A1Cl$_3$ 催化剂的优点是，可以减少高成本的分离费用，减少废物排放量，而且还减少副产物的生成，因为它是高选择性、无腐蚀和可再生的催化剂。

10.4.3　汽油组分烷基化技术

从异丁烷与正丁烯烷基化生产高辛烷值汽油组分是一种广泛采用的石油炼制工艺。汽油中的这种特殊组分是无铅燃料中辛烷值特性的主要源泉。目前世界范围汽油烷基化生产能力大约是 $23.85 \times 10^4 m^3/d$。随着《清洁空气法修正案》的通过，这一过程变得日益重要，因为该法案要求减少汽油中芳烃和烯烃（它们也是辛烷值的源泉）含量。所以烷基化的生产能力将会有很大的提高。烷基化过程的化学反应式如下：

$$CH_3CH(CH_3)CH_3 + CH_2 =\!=\!=\!=CHCH_2CH_4 \xrightarrow{\text{酸催化剂}} CH_3C(CH_3)_2CH_2CH(CH_3)CH_3$$

实际生产中有两种不同的催化过程：一种采用无水氢氟酸作催化剂；另一种采用硫酸作为催化剂。在这两种过程中，反应均在双液相体系中进行，体系中酸和烃相的体积具有同样的数量级，这就要求反应中有大量的酸。例如，1 套典型的日生产能力为 $1590m^3$ 的氢氟酸烷基化装置日需要多达 182t 的无水氢氟酸。氢氟酸在催化过程中被循环，过程操作顺利，但氢氟酸具有强裂的腐蚀性和毒性；氢氟酸可能溅出，因而具有严重的潜在灾难性。因此，美国、欧洲和日本都不太可能建立新的氢氟酸烷基化工厂，而且该技术也将会逐步被淘汰。另一种硫酸催化过程是较安全的，但产生了大量的废酸，必须连续地脱除、再生和更换。

国际上许多研究单位和学者已做了多年的尝试，寻找某种固体催化剂以取代液体酸。特别是有关氢氟酸催化过程的环境影响已引起在这一领域中的开发热潮。其中 Catalytica 公司已经成功地研制了一种很好的固体催化剂和用于该过程的反应器体系，并且已经和芬兰的 Conoco 及 NesteOy 公司合作完成了这一技术的开发。

10.4.4　催化燃烧技术

美国能源部预计，在世界范围内对电力的需求都将会有非常大的增长。煤电和核电不再是解决问题的主要方案。因为申报和建造这样的电厂需要 8 ～ 12 年的时间，而且涉及到严重的安全和环境问题。然而，以天然气为燃料的涡轮发电系统是非常有吸引力的。

天然气对环境是较友好的，其燃烧产物主要是二氧化碳和水。此外，在所有的化石燃料

第二篇　应用技术

中，天然气所产生的二氧化碳量是最少的，因此就温室效应而言它是更可接受的。另一方面，天然气的价格较稳定，供应也很充足。天然气发电厂的建造周期较短，一般是 2~5 年，而且有标准组件的涡轮机设计使得易于扩大生产能力，而不需要巨大的资金投入。

采用天然气为燃料的关键问题是氮氧化物的排放。在燃烧天然气的涡轮机中，空气和燃料相混合并被压缩，温度升至 350℃。将混合气送入燃烧室内，在燃烧室中混合气被点燃并产生超过 1800℃ 的高温。再用旁路空气将来自燃烧室的气体冷却至 1300℃。因为受涡轮机叶片材料的限制，不允许有更高的温度。在 1800℃ 的高温下，空气中的氮会被燃烧成氮氧化物，导致大约有 160μg/g 的氮氧化物从涡轮机中排出。目前，为降低排放量普遍采用选择性催化还原（SCR）技术、注水技术，或者是对涡轮机进行机械方面的改善。所有这些方法都非常昂贵，而且也并不完全有效。SCR 技术是一种二级防护方法，需要注入氨，因此可能引起氨逸，排放出另一种环境污染物。

通过这些昂贵的方法，NO_x 的排放量已可降至 15~42μg/g。然而根据 1990 年《清洁空气法修正案》的方针，排放量必须被降低到 10μg/g 以下。降低的水平取于特定地域。

一个更令人感兴趣的二级防护途径是开发 NO_x 分解催化剂，并使它可以在较宽的条件下操作，产生少于 10μg/g 的一氧化氮。最吸引人的是开发一种既能够完全消除二氧化氮的形成而同时又不降低热效率的方法。

在涡轮机中，二氧化氮是在受动力学控制的反应中于 1800℃ 的温度下形成的。如果温度低于 1500℃，它的生成速率就被降低至几乎接近于零。因此，这里为第 1 级污染防护提供了一个机遇：用催化燃烧取代火焰燃烧，即一氧化氮、二氧化氮燃烧系统。挑战性的问题是要找到一种实用的催化剂，即一种在燃烧室高温和机械应力情况下具有足够的强度和寿命的催化剂。Catalytica 公司成功地开发了一种催化剂，大型中试装置试验，获得了极好的燃烧效果，在连续操作运行中，二氧化氮的生成量少于 1mg/g，一氧化碳和未燃烧的烃少于 2mg/g。

10.4.5　水相催化技术

用水代替有机物作反应介质，有利于环境友好。但水分子不是惰性分子，能对某些反应物起到活性作用，产生溶剂效应；另外，水分子对众多络合中心金属离子是良好的配体，有竞争作用。1993 年，Ruhrchemie 公司和 Rhone Poulenc 公司用水代替有机溶剂，建成了 2 套 0.3Mt/a 丁辛醇装置。关键技术是采用了三（间磺酸钠苯基）膦（TPPTS）配体，它在水中的溶解度很大，故铑 - 膦络合物 $HRh(CO)(TPPTS)_3$ 极易溶于水，在水相均匀进行氢甲酰化，产物丁醛为有机相，极易与水相分离，催化剂可循环使用，也不要求原料丙烯具有挥发性，达到环境友好。此外，很多传统的羰化反应、烷基化反应、Diel - Alder 反应等，都可利用水相进行，达到环境友好。

20 世纪 90 年代初，美国 M. E. Davis 开发了负载型水相（Supported Aqueous Phase, SAP）催化反应，将许多传统的、污染环境的有机催化反应转变成对环境友好的。SAP 催化剂由水溶性的有机金属络合物和水组成，在高比表面积的亲水载体上形成一层薄膜，载体的孔径可调，有机反应在水膜有机界面处进行，可用于诸如氢甲酰化反应、加氢反应等。这种催化体系的突出特点是选择性高，催化剂与反应体系极易分离，对贵金属活性组分回收率高（这点特别重要），无残留物（对药物、香料、专用化学品合成十分重要），无污染，受到广泛的关注和赞赏。

10.5 生物催化技术

10.5.1 概述

生物催化是利用生物催化剂(主要是酶或微生物)改变(通常是加速)化学反应速率,合成有机化学品和药物制品。生物催化涉及 3 门学科的不同部分:化学中的生物化学和有机化学;生物学中的微生物学、分子生物学和酶学;化学工程学中的催化、传递过程和反应工程学。本节主要介绍酶催化剂及利用。

酶催化剂,即指酶,一类由生物体产生的具有高效和专一催化功能的蛋白质。酶催化剂和活细胞催化剂均可称为生物催化剂。在生物体内,酶参与催化几乎所有的物质转化过程,与生命活动有密切关系;在生物体外,也可作为催化剂参与工业生产过程。酶有很高的催化效率,在温和条件(室温、常压、中性)下极为有效,其催化效率为一般非生物催化剂的 109~1012 倍。酶催化剂选择性(又称作用专一性)极高,即一种酶通常只能催化一种或一类反应,而且只能催化一种或一类反应物(又称底物)的转化,包括立体化学构造上的选择性。与活细胞催化剂相比,它的催化作用专一,无副反应,便于过程的控制和分离。

作为生物催化与化学催化的一个交叉领域,酶催化剂包括生物酶与化学模拟酶催化剂,见图 10 - 11。

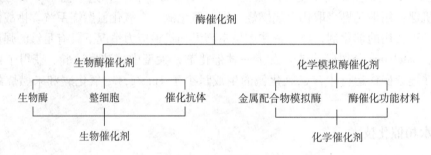

图 10 - 11 酶催化剂分类

10.5.1.1 生物酶催化剂

随着酶催化的发展,生物酶催化剂不仅包括生物酶,也包括整细胞和催化抗体。整细胞中起催化作用的也是酶,但往往不只含有 1 种酶,而是含有几种酶或者 1 个酶系。此外,在整细胞中还含有辅酶即辅因子。辅酶在某些催化反应中很重要,是一种消耗性物质,不能离体再生。整细胞包括活细胞和死细胞或休止细胞,都可以作为酶催化剂。催化抗体具有酶的催化功能,但其结构不同于酶,催化活性是通过分子生物学或化学方法向抗体中引入的,其数目有可能远远超过酶。生物酶、整细胞和催化抗体可统称为生物催化剂。

10.5.1.2 化学模拟酶催化剂

生物酶的催化功能和它的结构密切相关,对生物酶的化学模拟无疑应从结构入手。但由于生物酶的结构非常复杂,加之表征手段有限,目前还不可能从分子水平对生物酶进行全合成。即使是结构已基本清楚,比较简单的生物酶,也只能对它的活性中心结构,亦即金属和配体进行模拟,因此,具有相应催化功能的化学模拟酶大多是金属配合物或螯合物。20 世纪 80 年代初以来陆续发现,某些无机材,如半导体和分子筛等,也可以在非常温和的条件下催化某些化学反应,具有类似于生物酶的功能,被视为功能性化学模拟酶催化剂。由此可见，因为从结构上进行模拟非常困难，凡是具有生物酶功能的催化材料都可以称作化学模拟酶或人工酶。金属配合物模拟酶和酶催化功能材料仍属于化学催化剂。

10.5.2　酶催化剂的制备

生物酶可以从细胞提取，但从动植物细胞提取生物酶很不经济，不适合于生物酶催化剂的规模化制备，只能用于医学诊断或生产小批量附加价值极高的化学产品等目的。最有可能在能源、化工和环境保护中大规模应用的方法是从微生物细胞中提酶。微生物是自然界广泛存在的一种生物资源，不但廉价易得而且可以用来大规模反复制备催化各种不同反应的细胞和酶。下面着重介绍从微生物制备生物酶催化剂的途径。

10.5.2.1　菌种筛选

众所周知，自然界中生命体死亡后的腐烂、分解和有机物的降解是和微生物的活动密切相关的。这是由于任何微生物的存在和生长都必须以一种特定的有机物作为碳源和能源。尽管目前对地球上的生命起源问题众说纷纭，但微生物可以通过光合作用把二氧化碳和水变成有机物，又可以通过氧化降解把有机物分解为二氧化碳和水是毋庸置疑的。换言之，在自然界生命和有机物质的循环中起着至关重要的作用。据此，可以根据所要催化的反应，到反应底物有可能存在的地方去选取土样或水样，筛选出所需要的菌种。与化学催化剂特别是多相催化剂的筛选一样，菌种的筛选也需要进行大量重复性工作。

1. 采样

应根据反应类型和反应底物到不同地点、不同环境中采集多种土样和水样。对能源、石油化工和环境催化方面的反应，因为主要涉及烃类的转化和降解，应尽可能到油气田去采样。

2. 培养基

对于新菌种的筛选，选择合适的培养基十分关键。培养基的配方必须根据自己的经验或参考相关的文献专利去摸索。与多相催化剂的制备一样基本上无章可循。正因为如此，某些新菌种特别是生产培养基的配方都是十分保密的。

3. 培养条件

培养条件的选择对菌种筛选也非常重要，不但要提供足够的碳源和能源，温度、pH 值和供气量等也应该准确设定，带有自动控制的小型摇床和发酵罐可以满足这一要求。但最佳培养条件和参数变化范围也必须在实践中去摸索。

4. 菌种的变异

从天然土样或水样筛选出的野生菌，酶活力往往不够理想，不能直接用于生产，必须进行人工变异获得变异菌株。较为有效的方法是采用紫外光照射或化学处理。随着生物技术的发展，近年来开始用基因工程方法对菌种进行改造，可以大幅度提高酶的活性。

5. 菌种的储存

为保持菌种的活性，防止杂菌污染和霉变，筛选出的菌种应封存在沙土管中作成斜面，经过严格消毒放在恒温、恒湿条件下储存。按照规定，经过鉴定的新菌种应送交国家菌种储藏中心登记保管。多次反复传代活性下降的菌种在使用前可以扶壮。

10.5.2.2　发酵提酶

发酵是最古老的生物技术之一，我们的祖先很早就用粮食发酵来酿酒。但是作为生物催化剂的制备方法，发酵过程不是为了从某一反应底物得到预定的产品，而是通过发酵使微生物细胞快速繁殖，从少量的菌种获得大量的细胞和酶。在发酵过程中也要加入底物，但只是为了提供微生物生长所需要的碳源和能源。大规模发酵应先制备小量种子液然后进行放大。种子液的制备也是发酵过程，应严格控制菌液和无机盐培养液的比例即接种量，以及温度、pH 值和通气量等。根据规模大小，发酵可以在发酵罐或摇床中进行。发酵时间的掌握以及有无杂菌污染是发酵成败的关键。

依据菌种不同，微生物发酵后产生的酶可以留在细胞内，也可以分泌到细胞外。留在细胞内的胞内酶必须先通过离心收集菌体，将菌体悬浮到缓冲液中进行超声粉碎，然后再进行离心从上清液中提取。分泌到细胞外的胞外酶则可从发酵液离心后的上清液中直接提取。要想获得纯净的酶或酶的结晶进行结构表征，必须进一步分离纯化。酶的纯化和蛋白质相同，可采用色谱和电泳等方法，酶的结晶是很难制备的，目前已得到的酶结晶为数不多。图10－12 为生物催化剂制备的简要过程。

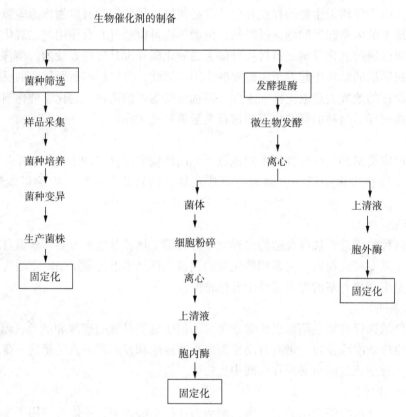

图 10－12　生物催化剂制备的简要过程

10.5.2.3　生物催化剂的固定化

生物催化反应是在常温、常压、中性 pH 值和稀水溶液中进行的。为提高酶的稳定性和生产强度，并解决酶和底物及产物的分离问题，从 20 世纪 60 年代中期起酶和整细胞的固定化就开始受到人们的关注。固定化技术和生物催化剂在工业中的应用密切相关，下面对固定化方法、载体的选择以及固定化对催化性能的影响予以简要评述。

1. 固定化方法

依据酶和载体的结合形式不同，生物催化剂的固定化方法可分为吸附法、共价结合法、交联法、包埋法和截留法等。

1）吸附法

该法最常用的载体是离子交换树脂和纤维素，也可以采用多孔玻璃和陶瓷以及二氧化硅、氧化铝和分子筛等常用催化剂载体。吸附法的优点是手续简便，只需要将载体加入酶或细胞液中使生物催化剂在载体表面上吸附即可，缺点是固载量小以及在使用中酶和细胞容易脱落。

2）共价结合法

该法是通过酶的侧链基团，如氨基或羧基与活化过的载体表面基团发生反应以制备固定化酶。载体可以选用多孔玻璃、陶瓷、不锈钢、砂子、木炭、纤维素、合成高分子以及金属氧化物等。制备手续至少需要 2 步，即根据所用载体的不同，先用双官能团试剂对载体表面进行处理，然后再将酶锚连到载体表面上。这种方法制备的固定化酶虽然比吸附法牢固、酶不易脱落，但制备手续复杂、昂贵，且容易引起酶的失活，对酶的活性中心往往需要加以选择性保护。

3）交联法

该法是借助于双官能团或多官能团试剂，与酶分子中的氨基或羧基发生交联反应，形成不溶于水的聚集体，从而达到酶的固定化的目的。常用的双官能团交联剂有戊二醛、二甲基亚胺己二酸二甲酯、亚胺辛二酸二甲酯和脂肪双胺等。显然这也是一种化学键合的固定化方法。

4）包埋法

该法通常采用高分子凝胶，如聚丙烯酰胺等。制备方法是在成胶前将酶或细胞加至高分子单体溶液中，然后通过改变温度或加入胶凝剂使其成胶。采用这种方法制备的固定化生物催化剂，可以是共价结合的，也可以是非共价结合的，取决于所选择的凝胶基质。包埋法更适合应用于细胞的固定化。

5）截留法

该法是将酶或细胞截留在不同形式的膜上，可直接制成膜反应器。膜的选择是使其微孔只能透过分子较小的反应底物和产物，不能透过生物催化剂的分子，从而达到反应分离一体化的目的。典型的制备方法是采用界面聚合、酶液干燥或相分离等技术将酶或细胞截留在中空纤维或脂质体的微胶囊中。

由于酶的分离纯化比较困难，固定化以后酶的活性又容易损失，在实际应用中应该尽可能采用整细胞直接固定化。特别是对于需要辅酶再生和由不同的酶相继起作用的多步反应，采用整细胞固定化有明显的优越性。但对不需要辅酶而且由商品酶催化一步即可完成的反应，则仍可采用酶的固定化技术。近年来，整细胞的固定化技术已成功地应用于手性药物的生物催化合成。

各类固定化方法比较见表 10 - 3。

2. 载体的选择

固定化生物催化剂的性能和载体密切相关。载体的表面组成、孔分布、几何形貌和再生性等都可以直接影响固定化生物催化剂的反应性能和工程特征。根据不同生物活性物质的要求，选择适宜的载体和相应的固定化方法，是制备理想的固定化生物催化剂的惟一途径。

无机载体渗流性好、稳定，但容量小，表面不易活化，且成本较高；而有机载体则刚好相反，容量大，表面易活化，便宜，但渗流性和稳定性差，容易发生溶胀。

载体的表面形貌，特别是比表面积和孔径极其重要。不管载体的形状如何，粒状、球状、片状、管状、纤维或膜，生物催化剂总是负载在其表面上，而固载量是由比表面积决定的。后者则和孔结构有关。无孔载体比表面积很小。生物催化剂只固载于外表面，不受内扩散影响。多孔载体比表面积大，且绝大部分表面是由内孔提供的，这种载体不但固载量大，潜在的活性高，而且可以使孔内的生物活性物质得到保护，防止外部环境带来的苛刻条件的侵扰和微生物的攻击。选择具有适宜孔径和孔分布的载体，可以制备最佳活性的固定化酶。

表 10 - 3　各类固定化方法比较

项目	吸附法	共价结合法		交联法	包埋法
物理化学方法分类	物理吸附	化学共价键结合	物理离子键结合	化学键连接	物理包埋
制备难易	易	难	易	较难	较难
固定化程度	弱	强	中等	强	强
活力回收率	较高	低	高	中等	高
载体再生	可能	不可能	可能	不可能	不可能
费用	低	高	低	中等	低
底物专一性	不变	可变	不变	可变	不变
适用性	酶源多	较广	广泛	较广	小分子底物、药用酶

载体的稳定性和再生性能直接影响过程的经济效益。所选择的载体应该使固定化酶通过以下途径再生：通过洗涤从孔中除去引起固定化酶失活的物质，使固定化酶恢复活性；通过往体系中加入新鲜酶使固定化酶再生；通过化学或物理方法把失活的酶从载体中除去，再用原来的载体重新制备固定化生物催化剂。

3. 固定化对生物催化剂性能的影响

固定化可以提高酶的稳定性，但会引起酶活性的降低和反应性能的改变。

1）固定化对酶稳定性的影响

实验表明，固定化可以提高酶的稳定性。例如，蛋白酶的失活主要是由于水解蛋白的自降解引起的。将蛋白酶与固态载体结合以后，由于其失去了分子间相互作用的机会，从而就抑制了自降解，提高了稳定性。通过分子间相互交联以提高酶的稳定性，也可用相同机理来解释。

酶分子的伸展变形是引起酶失活的另一个重要原因。为了提高反应速率和防止杂菌污染，在工业应用中往往要采用尽可能高的反应温度，这样就容易引起酶的热失活。尽管目前对酶的热失活机理尚不十分清楚，但受热会引起蛋白质分子的变形已毋庸置疑。通过固定化使酶分子和载体之间发生多点连接，可以阻止酶分子的伸展变形，提高酶的稳定性。

此外，酶的固定化还可以改变酶分子所处的微环境，反应气氛、溶剂性质和 pH 值变化等因素都有可能引起酶分子的伸展变形或失活，通过选择合适的载体和固定化方法可以使酶在反应条件下处于有利的微环境中，从而提高酶的稳定性。

2）固定化对酶活性的影响

固定化通常会引起酶活性的降低，这是由多种因素的综合影响造成的。如酶分子构形变化对活性中心的隐蔽以及空间效应、分隔效应、扩散效应等。

空间效应　固定化以后，由于酶分子和载体之间的相互作用，可能会使酶分子的构形发生变化，并使其空间自由度受到限制，从而直接影响酶的活性中心对底物的定位作用。酶固定在载体表面上产生的这种空间效应，对大分子底物表现得更为明显。为了防止酶活性的降低，可以通过加长酶与载体之间的连接键，使空间效应受到削弱。高分子凝胶包埋法制备的固定化酶，除空间效应以外，其活性还要受到底物分子在基质中扩散缓慢的影响。

分隔效应　固定化以后，即使酶的分子不发生变形，由于在均相体系中出现了固定相，也要对反应体系中的各种组分，如质子、底物、产物、辅酶、活化剂、抑制剂等产生分隔效应。从而通过酶所处的微环境的变化，如静电场、pH 值、亲水性和疏水性等影响酶的活性。微环境的变化，特别是静电场和 pH 值等的影响，往往可以通过定性和定量方法加以解释，并通过反应条件的适度调整来消除。

扩散效应　酶的固定化使生物催化反应从均相变为多相过程，这样就产生了底物从液相向固定化酶传递时的扩散阻力。多相化学催化过程的传质理论同样也适用于多相生物催化过程。扩散阻力可以分为外扩散和内扩散两种。外扩散阻力是反应底物从液相向催化剂表面扩散时，穿过包围固定化酶的液体边界层产生的，也称为液膜扩散阻力。内扩散是底物分子到达固定化酶表面以后向载体，包括凝胶、多孔载体颗粒、微胶囊、中空纤维等内部扩散所产生的阻力。扩散效应可以通过选择适宜固定化酶载体的几何形状、扩大载体孔径、减小载体颗粒尺寸、增加底物浓度、提高流速或强化搅拌等加以消除。

10.5.3　酶催化反应的类型及特征

据推测，自然界大约存在 2500 种酶，其中的 2100 种已被国际生化学会所确认。1972年，国际生化学会下属的酶学委员会按酶催化反应的类型将酶分为六大类：氧化还原酶（537 种），转移酶（559 种），水解酶（490 种），裂解酶（231 种），连接酶（合成酶，83 种）和异构酶（98 种）。原则上，任何一种化学反应都可以找到一种酶来催化。然而，在实际应用中有 85% 是水解酶类，其中蛋白水解酶占 70%，碳水化合物水解酶占 26%，脂类水解酶占 4%，主要用于轻工和食品等行业，特别是加酶洗涤剂。在石油化工和精细化工中最有应用潜力的是氧化还原酶。但由于辅酶的体外再生问题难以解决，氧化还原酶在化工中的应用总体上尚处于研究开发阶段。从酶的资源和工业应用角度来看，水解和氧化还原是两大类最为重要的酶催化反应。

与化学催化相比，酶催化反应具有反应速率快、反应选择性高和反应条件温和的特点。由于酶和反应底物结合形成的反应中间物可以大大降低反应的活化能，酶催化反应的速一般比化学催化反应快 $10^9 \sim 10^{12}$ 倍。对于特定的反应底物，酶催化反应具有化学催化反应不能比拟的化学选择性、分子部位选择性和立体选择性。因此，酶催化剂特别适合于用来催化反应步骤多、选择性差和用化学催化难以实现的石油化工和精细化工反应。酶催化反应一般均在常温、常压和中性 pH 值的水溶液中进行，反应条件温和，节省能量。由于反应产物是酶和细胞的代谢物，对酶催化反应有抑制作用，产物在反应液中的浓度不能过高，这样在热力学上就大大限制了酶催化剂的生产能力。但生物酶对温度的变化十分敏感，反应温度提高 10℃，反应速率就可以增加 1 倍。近年来，已受到广泛重视的有机相酶催化反应和极端条件下的酶催化反应，也为提高酶催化剂的生产能力开辟了新的途径。

10.5.4　酶催化反应实例及前景

随着石油资源的日益枯竭以及人们对环境的日益关注，可再生、对环境友好的生物柴油已被认为是一种新的可替代石化柴油的清洁燃料。国外已经建成了较大的生物柴油生产厂。而我国作为一个能源消耗大国，石油消费的一半以上需要从海外进口。这无疑对我国的能源安全造成了巨大的挑战。因此，生物柴油有巨大的消费市场，近些年来，国内各种规模的生物柴油生产公司如雨后春笋般建立起来。

生物柴油是由动植物油脂与短链醇经酯交换反应而得的脂肪酸单烷基酯。其酯交换反应是将甘油三酯转化变成甘油每一步反应均产生 1 个单酯。酯交换使用的催化法主要有化学法（碱催化法、酸催化法）、生物酶法、超临界法。化学法生产存在能耗大、污染严重、副产物甘油分离困难、产品后处理复杂、去除催化剂难度大、对原料要求高等问题。生物酶法的主要优点是操作方便、能耗小、无废物、绿色环保。

酶法生产生物柴油是利用脂肪酶的催化作用实现油脂与短链醇的酯交换反应。酶法对原料要求低，游离脂肪酸完全可以被脂肪酶直接酯化，副产物甘油分离简单，降低了生产工艺要求和生产成本，是生物柴油工业化生产的发展方向。目前用于催化合成生物柴油的微生物脂肪酶主要有酵母脂肪酶、根霉脂肪酶、假单胞菌脂肪酶、猪胰脂肪酶等，其催化而得脂肪酸甲酯收率一般在 70% ~ 100% 之间。

尽管酶催化反应具有如此多的优点，但目前酶作为生物催化剂在工业生产中应用率并不十分普遍。主要存在以下几方面原因：①酶本身是生物大分子，许多酶是胞内酶，细胞内部环境通常比较稳定，但是催化反应环境中存在的热、酸、碱、氧化剂、重金属离子等因素都可能导致酶分子失活，破坏了酶的稳定性。②一些酶对辅酶具有强烈依赖性，而辅酶的价格通常较昂贵，因此需要解决辅酶的来源或探索辅酶替代物的生化代谢途径。③在化学反应体系中应用酶作催化剂，酶的催化活性和选择性往往并不十分理想，还有待进一步提高。④酶的来源及成本问题。许多工业用酶成本较高而且种类有限，目前已鉴定的酶有 2500 多种，工业上生产的酶有 60 多种，真正达到工业规模的只有 20 多种。找到成本合适的酶源和发现具有应用潜力的新型酶源是实现酶工业化应用的重要前提。

思考题

1. 简述三效催化剂的组成和特点。
2. 三效催化剂的失活因素有哪些？如何再生？
3. 工业废液的处理技术有哪些？各有什么特点？
4. 什么是生物催化技术？有什么优势？
5. 简述酶催化剂的制备过程。
6. 简述酶催化反应的类型和特征。
7. 固定化对酶的活性有哪些影响？

参考文献

1 黄仲涛，工业催自欺欺人化剂手册，北京：化学工业出版社，2004.

2 王尚弟，孙俊全，催化剂工程导论，北京：化学工业出版社，2001.

3 储 伟，催化剂工程，成都：四川大学出版社，2007.

4 黄仲涛，耿建铭，工业催化，（第二版）. 北京：化学工业出版社，2006.

5 朱洪法，刘丽芝，石油化工催化剂基础知识，北京：中国石化出版社，2010.

6 李玉敏，工业催化原理，天津：天津大学出版社，1992.

7 张继光，催化剂制备过程技术，北京：中国石化出版社，2004.

8 辛勤，固体催化剂研究方法，北京：北京科学技术出版社，2004.

9 孙锦宜，工业催化剂的失活与再生，北京：化学工业出版社，2006.

10 廖代伟，催化科学导论，北京：化学工业出版社，2006.

11 汪多仁，催化剂化学品生产新技术，北京：科学技术文献出版社，2004.

12 王佳茹，催化剂与催化作用，（第二版）. 大连：大连理工大学出版社，2002.

13 吴越，杨向光，现代催化原理，北京：科学出版社，2005.

14 金杏妹，工业应用催化剂，上海：华东理工大学出版社，2004.

15 朱洪法，刘丽芝，催化剂制备及应用技术，北京：中国石化出版社，2011.